TRAGATSCH · ALLE MOTORRÄDER

Eine Typengeschichte
2500 Marken aus 30 Ländern
Über 500 Abbildungen

ERWIN TRAGATSCH

ALLE MOTORRÄDER

1894 BIS HEUTE

MOTORBUCH VERLAG STUTTGART

Einband und Schutzumschlag: Siegfried Horn

ISBN 3-87943-410-7

1. Auflage 1976

Eine Abteilung des Buch- und Verlagshauses Paul Pietsch GmbH & Co. KG.

Gesamtherstellung: Ernst Kieser KG, 89 Augsburg.
Printed in Germany

VORWORT

Dieses Buch enthält in alphabetischer Reihenfolge rund 2500 Motorradhersteller, die seit 1894 bis zum heutigen Tage existierten, respektive noch immer Motorräder auf kommerzieller Grundlage in fast 30 Ländern der Welt erzeugen. Es ist dies, soweit ich die Situation übersehen kann, das erste und einzige derartige Werk, das bei jeder Marke die Adresse der Fabrik, die Herstellungsperiode der einzelnen Firmen, aber auch interessante und wichtige Angaben technischer, sportlicher und kommerzieller Natur macht. Namen berühmter Konstrukteure, erfolgreicher Rennfahrer und Beschreibungen von oft schon lange vergessenen Marken fehlen genausowenig wie fast 500 Illustrationen und Bemerkungen über die neuesten Modelle der noch existierenden, führenden Motorradmarken in der Welt.
Damit ist das offizielle Vorwort beendet, und ich kann nunmehr meinen Lesern verraten, daß mir die Niederschrift dieser »Motorrad-Encyclopaedia« trotz vieler Probleme großes Vergnügen bereitet hat. Das sehr umfangreiche Material habe ich seit rund 50 Jahren zusammengetragen, seit dem ersten großen Rennen, das ich sah, dem »Grand Prix der Nationen« auf der Rennstrecke von Monza 1924, als der Italiener Guido Mentasti auf Moto Guzzi die 500-cm^3-Klasse, der Engländer Jimmy Simpson auf AJS die 350-cm^3-Klasse und der Belgier Van Geert auf Rush die 250-cm^3-Klasse gewannen. Und genauso international wie die Liste der damals erfolgreichen Fahrer, wurde auch dieses Werk – das als »Bibel« für alte und junge Motorradfahrer und Enthusiasten bestimmt ist – angelegt.
Zweck dieser Motorrad-Typengeschichte ist es, ein seit langer Zeit bestehendes Loch auf dem Gebiete der Motorradliteratur zu füllen. Sie ist für alle bestimmt, die direkt oder indirekt mit dem Motorradwesen verbunden sind; für jene die erst seit kurzer Zeit fahren, genau so wie für die Generation von Enthusiasten, die schon zwischen den beiden Weltkriegen hinter dem Lenker saß und sich noch an so große Namen wie Sunbeam, Brough-Superior, Indian, BSA, Megola oder Bianchi erinnert. Als Nachschlagewerk für Techniker, Händler, Sportler, Historiestudenten und Sammler historischer Motorräder und auch für Journalisten und Redakteure ist dieses Buch ebenfalls von großem Wert, zumal hier Angaben über fast jede in den zurückliegenden mehr als 80 Jahren existierende Motorradmarke enthalten sind.
Ich habe nichts unversucht gelassen, um genaue Angaben, wie z. B. Herstellungsdaten, zu bekommen. In einigen Fällen, besonders bei kleinen, schon 50 oder 60 Jahre nicht mehr existierenden Firmen, kamen diese von bejahrten Inhabern oder Angestellten, die sich nicht mehr genau erinnern können. Ich bitte daher meine Leser, in einigen Fällen gewissen Angaben mit Vorsicht zu akzeptieren. Einzelkonstruktionen fehlen in diesem Buch, das der Industrie gewidmet ist. Einer Industrie, deren riesiger Umfang es auch nicht im Rahmen dieser Zeilen gestattet, jedes einzelne Modell ausführlich zu beschreiben. Als Beispiel sei die englische Firma Chater Lea erwähnt, die innerhalb von 35 Jahren nicht nur Motoren eigener Konstruktion, sondern auch solche von Spezialfirmen wie De Dion Bouton, Minerva, Kelecom, Sarolea, MMC, Fafnir, Antoine, Trent, Brown, Peugeot, Precision, Jap, Villiers und Blackburne eingebaut hat.

ZU DIESEM BUCH

Meine langjährige technische, kommerzielle und sportliche Verbindung zur Motorradindustrie und der Presse wie auch die Kenntnis vieler »Geheimnisse hinter den Kulissen« waren für die Zusammenstellung dieser »Motorrad-Typengeschichte« von großem Vorteil. Dazu kommt, daß meine weitreichenden Sprachenkenntnisse mir direkte Konversationen mit den für dieses Werk wertvollen Quellen ermöglichten. Und wenn ich in vielen Fällen meine persönliche Ansicht vertrete, so beruht diese immer auf Erfahrungen und Kenntnissen, die ich im Laufe der Jahre sammeln konnte. Abgesehen davon standen mir zahlreiche Firmen und Freunde, besonders mit Illustrationsmaterial, zu Verfügung, und ich möchte diesen hier meinen herzlichsten Dank aussprechen. Einige von ihnen, wie Ing. Ferdinand Eichler, Fritz Hintermüller und G. L. Hartner, sind leider nicht mehr unter uns; von anderen möchte ich besonders Curt Borgenstam, Walter Brandstetter, Henry Cochard, Christian Christophe, Peter Clare, Bob Currie, Prof. Jaroslav Divišek, Ing. Michael Heise, Ted Hodgdon, Dipl.-Ing. Helmut Hütten, Basil Jones, Abramo Giovanni Luraschi, Ghislain Mahy, Emmett Moore, Václav Petřik, Obering. Siegfried Rauch, Cyril J. Scott, Robert Sexé, Phil. Smith, Obering. Martin Stolle, Alfred Winkler, August Wurring und Ludwig Zemene erwähnen. Und wenn ich dieses Werk mit vielen Illustrationen ausstatten konnte, so hatten auch Motorradfabriken wie Ancillotti, Batavus, Benelli, BMW, Bultaco, Can-Am, Ducati, Dunstall, Gori, Greeves, Harley-Davidson, Hercules, Honda, Kawasaki, Maico, Monark, Montesa, Moto Guzzi, MV Agusta, Norton-Villiers-Triumph, Ossa, Suzuki, SWM, Windhoff und Yamaha ihren Anteil daran.

Dieses Werk soll auch den Fortschritt im Motorradbau zeigen. Allerdings muß man das Wort »Fortschritt« mit etwas Vorsicht verwenden. Weil es in vielen Fällen erst durch neuentwickelte Rohstoffe, bessere Bearbeitungsmethoden sowie durch neue Erkenntnisse und Erfahrungen den Konstrukteuren und Fabriken möglich wurde, Neukonstruktionen zu schaffen, deren Grundideen schon viele Jahre zurücklagen. Als man sie mangels Erfahrungen und Möglichkeiten noch nicht besser kommerziell auswerten konnte.

Einige Beispiele, wobei auch kommerzielle Aspekte oft eine entscheidende Rolle gespielt haben, beweisen dies. So baute F.N. von 1903 bis 1927 auch einen luftgekühlten Reihenvierzylinder, der sehr gut lief, bei hoher Beanspruchung über längere Distanzen mit thermischen Schwierigkeiten zu kämpfen hatte. Heute stellt man diese Motoren bei anderen Firmen quer und verhindert damit die Probleme der schlechten Kühlung der hinteren Zylinder. Bis 1923 gab es auch bei F.N. Kardanantrieb zum Hinterrad, dessen Herstellungskosten so hoch waren, daß man ihn ab 1924 zugunsten des billigeren Kettenantriebs fallen ließ . . . um 1937 für die belgische Armee bestimmte 990-cm^3-Vierzylindermodelle mit quergestellten Boxermotoren doch wieder mit Kardanantrieb zum Hinterrad auszurüsten.

Reihenvierzylinder – die besonders in den USA in den zwanziger Jahren populär waren und dort von Henderson, ACE, Cleveland, Indian etc. gebaut wurden – gab es allerdings auch in Europa schon vor rund 70 Jahren. Bei Laurin & Klement, Binks, Wilkinson-TMC und anderen Marken. Ähnlich war es mit Parallel-Zweizylindermotoren, die schon damals von Moto-Rêve, Bercley und 1913 bei Peugeot sogar schon mit obenliegenden Nockenwellen als Rennmotoren entstanden. Auch Triumph in England hatte schon 1913 so einen Zweizylindermotor, 1933 und 1937 weitere derartige Konstruktionen. Erwähnenswert schon deshalb, weil erst der zuletzt geschaffene Motor den Trend für diese Bauweise – es handelte sich um den von Edward Turner konstruierten 496-cm^3-»Speed-Twin« – beeinflussen konnte. In 1913 entstand

ganz zufällig auch der erste serienmäßig gebaute V-Zweizylinder-Königswellenmotor. Cyclone in Amerika baute ihn, während andere amerikanische Motorradfabriken wie Reading-Standard und Excelsior, Königswellen-Ein- und V-Zweizylindermotoren nur für das Werksrennteam schufen. In Europa war die französische Marke Koehler-Escoffier die einzige Produzentin serienmäßiger Zweizylinder-V-Motoren mit obenliegenden Nockenwellen.
Fast könnte man sagen: »Nichts Neues unter der Sonne«. Selbstverständlich stimmt dies nicht, aber viel gab es schon in der Motorradindustrie der 30 hier aufgezählten Länder mit rund 2500 Motorradherstellern. So sind wassergekühlte Motoren so alt wie die Industrie; ölgekühlte gab es auch bei Bradshaw und Windhoff, verdampfungsgekühlte bei Rinne. Bei Stanger entstanden V-Zweizylinder, die Zweitakter waren, bei Economic und Ifa quergestellte Boxer-Zweitakter und wer »obengesteuerte« Zweitakter suchte, fand diese bei Schliha und Orionette. Plattendrehschieber für den Einlaß gab es schon 1921 bei den Vitesse-Zweitaktern, die von Sun verwendet wurden, Stufenkolben zur gleichen Zeit bei Dunelt, acht Kanäle bei Dolf und Zweitakt-Pumpenkolbenmotoren bei Ruppes Bekamo und den DKW-Rennmaschinen. Alleine über Zweitaktkonstruktionen könnte man ein Buch in Lexikonformat schreiben. Anfangs der zwanziger Jahre waren auch Barr & Strouds Drehschieber-Motorradmotoren beliebt und wer ungewöhnliche Motorradkonstruktionen sucht, findet diese sicherlich in Form der 640-cm^3-Megola mit dem fünfzylindrigen Radialmotor im Vorderrad oder der langen Böhmerland.
Bereits 1911 hatten Alcyon-Rennmaschinen vierventilige Zylinderköpfe, bald darauf Rudge-Motorräder das Multi-Getriebe mit 21 Gängen und zahlreiche Konstruktionen wie solche von NSU, Wanderer, ASL, Della Ferrera, Coulson, PV oder Indian bereits abgefederte Hinterräder. Und für vorne gab es bei Peugeot, Allright, Roland etc. schon die Schwinggabel von Truffault. Statt Sättel gab es bei Wilkinson, Paramount und auch bei Neander Sitze verschiedener Konstruktion, während eine »Modekrankheit«, die Verwendung von zwei Auspuffrohren bei zweiventiligen Einzylinder-ohv-Motoren von ca. 1927 bis 1932, nicht zu lange haften blieb.
In den folgenden Kapiteln werden meine Leser sicherlich noch auf viele interessante und bemerkenswerte Tatsachen stoßen. Die vielen Illustrationen werden dabei auch noch manche Erinnerungen wachrufen.

Mit einer Träne im Auge denke ich an die vielen Motorradmarken, die während der Jahre verschwanden, aber gleichzeitig mit Freude an den großen Aufschwung, den das Motorradwesen in den letzten Jahren genommen hat. Die folgenden Seiten geben ein aufschlußreiches Bild von Höhepunkten, aber auch den Tiefen einer großen Industrie, der ich diese »Motorrad-Typengeschichte« gewidmet habe. Meinen Lesern wünsche ich bei der Lektüre genausoviel Vergnügen, wie ich es bei der Abfassung, von der Marke Abako bis zur Marke Z.Z.R., hatte.

Erwin Tragatsch

129 cm³ Abako
(Eig. 2T-Motor) 1925

ABAKO

Apparatebau A.G., Kracker & Co., Nürnberg, Siegfriedstraße 9–17 D 1923–1925

Leichtkrafträder mit eigenen 129-cm³-Dreikanal-Zweitaktmotoren, Sturmey-Archer-Getrieben und Kettenantrieb zum Hinterrad. Beschränkte Produktion.

ABBOTTSFORD

Abbotsford Motor Company, Ltd., London N GB 1919–1920

Stellte Roller mit eigenen 1,5 PS ohv-Motoren handwerksmäßig her.

A.B.C.

1. A.B.C. Road-Motors Ltd., Brooklands, Byfleet, Surrey GB 1913–1914
2. A.B.C. Motors Ltd., Hersham, Walton-on-Thames, Surrey 1914–1919
3. A.B.C. Motors (1920) Ltd., Walton-on-Thames, Surrey 1920–1922
4. The Sopwith Aviation & Engineering Co., Ltd., Kingston-on-Thames, Surrey 1919–1921

Die »All British (Engine) Company« fing mit dem vom berühmten Granville Bradshaw konstruierten 496-cm³-Boxer-Zweizylindermotor und bald darauf mit kompletten A.B.C.-Motorrädern an. Bei Kriegsausbruch übersiedelte die Firma und baute ab 1919 den 123-cm³-»Scootamota«-Roller. Zur gleichen Zeit begann die Flugzeugfabrik Sopwith mit dem Bau der Bradshawschen 398-cm³-Zweizylinder-ohv-Maschine, deren Boxer-Blockmotor quergestellt eingebaut war. Diese hatte ein Vierganggetriebe und auch Hinterradfederung, wurde aber trotzdem als Vorgängerin der ersten BMW angesehen. Sie kam etwas zu früh und noch unentwickelt auf den Markt und brachte den Hersteller in kommerzielle Schwierigkeiten. So mußte Sopwith 1921 liquidieren. Ein Jahr darauf wurde auch der Rollerbau in Walton-on-Thames eingestellt.

A.B.C.

Société Française des Moteurs A.B.C., 118. Rue de Boetie, Paris F 1921–1924

Zum großen Gnome & Rhone-Flugmotorenkonzern gehörend, baute das französische Werk die englische A.B.C. unter Sopwith-Lizenz. In leicht veränderter Form mit 398 cm³, aber auch 498 cm³ Hubraum. Chefkonstrukteur war der Engländer Cpt. Bartlett, der mit Naas viele Veranstaltungen gewann.

398 cm³ ABC
(ohv-Boxer-Zweizyl.) 1921

A.B.C.

A.B.C.-Cycle Co., 88. High Street, Aston, Birmingham GB 1920–1924

Orthodox gebaute, typisch englische Zweitaktmaschinen mit 269-cm^3- und später 247-cm^3-Villiers-Motoren. Die kleine Fabrik hatte keinerlei Verbindung zu den anderen Herstellern von A.B.C.-Motorrädern. J. Barwell war der Inhaber.

A.B.C.

A.B.C.-Werk GmbH., Berlin SO 33, Cuvrystraße 46 D 1922–1925

Auch diese A.B.C. hatte keinerlei Verbindung zu anderen A.B.C.-Motorradherstellern. Eine kleine Firma, die eigene 149-cm^3-Zweitakter einbaute.

ABENDSONNE

Abendsonne Motorfahrzeugbau, Alheilgerstraße 92, Darmstadt D 1933–1934

Mit zwei gekoppelten 98-cm^3-Villiers-Zweitaktmotoren ausgerüstete 196-cm^3-Zweitaktmaschinen. Konstrukteur: Georg Weißbinder. Produktion gering.

ABERDALE

Aberdale Cycle Co., Ltd., Bridgport Rd., Edmonton, London N GB 1946–1959

Stellte nach Kriegsende »Autocycles« mit 48-cm^3-Zweitaktmotoren und danach auch Motorräder mit 98-cm^3- und 123-cm^3-Villiers sowie Sachs-Zweitaktern her. Der Motorradbau wurde zuletzt von »Bown« übernommen und unter diesem Namen weitergeführt.

ABE-STAR

Abe-Star Motor Company, Tokyo J 1951–1959

Gehörte zu den zahlreichen kleineren japanischen Firmen der fünfziger Jahre. Spitzenmodell war eine 148-cm^3-Viertaktmaschine mit eigenem ohv-Motor.

ABINGDON

1. Coxeter & Sons, Abingdon, Berkshire GB 1903–1925
2. Abingdon Ecco Ltd., Shadwell Street, Tyseley, Birmingham
3. Abingdon Works Ltd., Kings Road, Tyseley, Birmingham

Zunächst verwendete diese Marke MMC-, Fafnir- und Minerva-Einbaumotoren, ab 1907 auch eigene 3,5-PS-Einzylinder- und 5–6-PS-V-Zweizylinder-SV-Motore. Nach dem Ersten Weltkrieg gab es 348-cm^3-, 496-cm^3- und 796-cm^3-Modelle robuster Konstruktion. Ende 1925 wurde deren Bau eingestellt, doch kamen 1927 neue Leichtgewichtsmaschinen unter dem Namen A.K.D. (Abingdon King Dick) heraus.

A.B.J.

1. A. B. Jackson, Cycles, 300 Icknield Port Road, Birmingham GB 1950–1954
2. Jackson Cycles, 109–111 Pope Street, Birmingham 1

Eine Fahrradfabrik, die Leichtkrafträder mit 49-cm^3-, 98-cm^3- und 123 cm^3-Villiers-Zweitaktmotoren gebaut hat. Als die Motorradkrise begann, stellte auch A.B.J. die Produktion ein.

ABRA

Autobiciclette Brevetta Rudolfi Alfea, 10, Viale Aldini, Bologna I 1923–1927

Bei dieser Firma stellte man Motorräder mit 149-cm³-DKW-Zweitaktmotoren in beschränkter Stückzahl her. Spätere Modelle hatten eigene 132-cm³-Motoren.

A.C.E.

A.C.E.-Motor-Corporation, 2201 Erie Avenue, Philadelphia USA 1919–1929

William Henderson, Konstrukteur der mit vierzylindrigen Reihenmotoren ausgestatteten Henderson-Motorräder, verkaufte 1917 sein Werk an Excelsior (Schwinn Company) nach Chicago und gründete 1919 A.C.E., wo er ähnliche 1168-cm³-Vierzylindermaschinen mit luftgekühlten Reihenmotoren baute. Als er 1922 verunglückte, übernahm Arthur Lemon die Leitung und schuf noch eine 1384-cm³-Version, bevor 1927 das Werk an Indian überging. Bis 1929 hießen diese schweren Maschinen Indian-ACE, um dann, in verbesserter Form, als »reine« Indian in Springfield gebaut zu werden.

1198 cm³ ACE (ioe-Vierzyl.) 1923

1206 cm³ ACE (ioe-Vierzyl.) 1926

ACHILLES

A. Schneider & Co., Fahrrad- & Motorfahrzeugfabrik, Ober-Politz a. d. Nordbahn CS 1906–1912

Als diese Fahrradfabrik Motorräder baute, lag sie noch in der Österreichisch-Ungarischen Monarchie. Hergestellt wurden 3,5-PS-Einzylinder- und 5-PS-V-Zweizylindermodelle mit Fafnir und Zeus-Einbau-Viertaktmotoren. Der Fahrradbau wurde bis zum zweiten Weltkrieg aufrechterhalten.

ACHILLES

1. Achilles Werke, Weikert & Co., KG, Wilhelmshafen-Langewerth
2. Achilles-Werke West GmbH., Wilhelmshafen-Langewerth D 1953–1957

Die nach Deutschland ausgewanderten Besitzer von Achilles begannen hier mit der Herstellung rollerähnlicher 147- und 174-cm^3-Maschinen mit Sachsmotoren, später wurden auch sportliche 48-cm^3-Mopeds in die Produktion genommen. Norman in England erwarb die Produktionseinrichtung, als das Werk 1957 die Tore schloß.

A.C.M.A.

Ateliers de Constructions de Motocycles et Accessories, 5. Rue de Tilsitt, Paris F 1948–P

Eine Zubehörfirma, die Vespa-Roller mit 123-cm^3-, 147-cm^3- und 173-cm^3-Motoren unter Lizenz für Frankreich zusammengestellt hat. Das Werk befand sich in Fourchambault (N), die Zentrale in Paris.

ACME

Coventry Acme Motor Co., Ltd., Osborne Rd., Earlesdon, Coventry GB 1902–1922

Acme-Motorräder hatten zunächst belgische 2-PS-Minerva- und französische 2,5-PS-Automoto-Einbaumotoren und wurden nach mehrjähriger Unterbrechung durch den Ersten Weltkrieg wieder mit eigenen 348-cm^3-Einzylinder- und 997-cm^3-V-Zweizylinder-sv-Motoren auf den Markt gebracht. 1922 ging die Marke mit der alten Firma Rex zusammen, und 1923 wurde der berühmte Rennfahrer Walter Handley Spitzenfahrer bei Rex-Acme.

293 cm^3 Acme (sv-Jap) 1922

ADER

1. Société Industrielle des Téléphones, 25 Rue du 4. Septembre, Levallois, Seine F 1901–D
2. Société Ader, Levallois, Seine

Die berühmte französische Pionierfabrik stellte außer Einbaumotoren auch Motorräder (und Automobile) mit Ein- und V-Zylindermotoren von 2 PS und 4 PS her. Die V-Motoren wurden quergestellt eingebaut.

ADLER

1. Adler Fahrradwerke AG, Inh. Heinrich Kleyer, Frankfurt/M. D 1900–1907
2. Adler Werke AG., vormals Heinrich Kleyer, Frankfurt/M., Kleyerstraße 17 D 1949–1958

247 cm³ Adler (Eig. 2T-Zweiz.-Motor) 1952

247 cm³ Adler (Eig. 2 T-Zweizyl.-Sport) 1953

Einst eine weltberühmte Firma, die außer erstklassigen Automobilen auch hervorragende Motorräder mit eigenen 3-, 3,5- und 5-PS-Motoren baute und zahlreiche Erfolge errang. Dann gab man zugunsten der Autoerzeugung den Motorradbau auf. Erst 1949 erschien wieder ein Adler-Motorrad mit einem 98-cm³-Zweitaktmotor auf dem Markt. Es folgten verbesserte 123-, 147-, 195- und 247-cm³-Zweitakter, wobei die beiden letzteren Versionen zwei Parallel-Zylinder besaßen. Es gab auch luft- und wassergekühlte 247-cm³-Straßenrennmaschinen, die gut frisiert bis über 39 PS leisteten und mit Lohmann, Beer, Luttenberger, Vogel, Falk u. a. viele Erfolge errangen. Auch Trial- und Moto-Cross-Modelle wurden von Adler bis 1957 gebaut.

ADONIS

Société du Scooters Adonis, Neuilly-sur-Seine — F 1949–1952

Hersteller kleiner Roller mit 48-cm³- und 75-cm³-Vap-Motoren.

ADRIA

Fabrik für Motoren & Fahrräder, Paul Mühlbach, Kamenz/Sachsen — D 1912–1927

Die ersten Adria-Konstruktionen waren motorisierte Fahrräder. 1921 kam eine getriebelose 276-cm³- und 1923 eine verbesserte 282-cm³-Maschine mit eigenem Dreigang-Block-sv-Motor dazu. Alle hatten Riemenantrieb.

A.D.S.
A.D.S. Motorcycles, Liége B 1949–1954

Eine kleine belgische Firma, die 98-cm³-Sachs- und Ilo-Zweitakter einbaute.

ADVANCE
Advance Motor Manufacturing Co., Northampton GB 1906–1912

Das der Firma Smart & Gainsforth gehörende Unternehmen stellte gute 3-PS-, 3,5-PS- und 6-PS-Ein- und V-Zweizylindermaschinen mit eigenen Motoren her. Bemerkenswert die niedrig gebauten Fahrgestelle.

A.E.L.
A. E. Lynes & Co., Ltd., Moor Street, Coventry GB 1919–1924

Gehörte zu den vielen kleinen Motorradherstellern in Englands Motorradmetropole. Baute in konventionelle, typische englische Rahmen Villiers-, Jap- und Blackburne-Motoren von 147 bis 348 cm³ ein.

AEOLUS
E. H. Owen, 72. Comragh Road, London, W.14 GB 1903–1905

Eine 492-cm³-Einzylindermaschine mit gegengesteuerten Ventilen und Kardanantrieb zum Hinterrad.

AEOLUS
Bowns Ltd., Aeolus-Works, Summer Lane, Birmingham GB 1914–1916

Kleine Zweitakter mit eigenen 269-cm³-Motoren. Die Firma baute später die Bown-Motorräder.

A.E.R.
A. E. Reynolds, Barry Street, Liverpool GB 1938–1940

Produzierte ab 1927 modifizierte Scott-Motorräder unter der Marke »Reynolds-Spezial« und begann vor dem Zweiten Weltkrieg den Bau eigener luftgekühlter 246-cm³-Einzylinder- und 346-cm³-Parallel-Zweizylinder-Zweitaktmaschinen mit eigenen Motoren. Die »Reynold-Scotts« hatten 495- und 595-cm³-Zweizylinder-Zweitaktmotoren mit Wasserkühlung.

346 cm³ AER
(Eig. 2T-Zweizyl.) 1939

AERO-CAPRONI

S. p. a. Aero Caproni, Trento, Via Aeroporto 99 — I 1948–1964

Berühmte Flugzeugfabrik, die zunächst 74-cm³-ohv-Maschinen mit Preßstahlfahrgestellen, später auch 124-cm³-Versionen mit Rohrrahmen gebaut hat. Änderte den Markennamen auf »Capriolo« und sonderte sich von der zweiten Caproni-Motorradfabrik in Vizzola ab. Es gab auch ein 148-cm³-Modell mit Preßstahlfahrgestell.

AERMACCHI

1. Soc. Comm. Aeronautica Macchi S. p. a., Milano, Corso Vittorio Emanuele 15 & 31 — I 1948–R
2. Aermacchi Harley-Davidson S. p. a., Varese, Via Sanvito Silvestro 31
3. AMF Harley Davidson S. p. a. 21100 Varese, Via G. Macchi 144
4. Harley-Davidson Motor Company, Milwaukee, Wisconsin
5. AMF-Harley Davidson Varese S. p. A., 21100 Schiranna (Va.)

Jetzt den amerikanischen Harley-Davidson-Werken in Milwaukee gehörend, entstand die Aermacchi Motorradproduktion aus den bekannten italienischen Aermacchi-Flugzeugwerken in Varese. Zuerst baute man etwas ungewöhnliche 123-cm³-Zweitakter mit liegenden Motoren und offenen Fahrgestellen. Es folgten weiterentwickelte 123-, 147-, 173- und 247-cm³-Modelle mit – zum Großteil – eigenen ohv-Einzylindermotoren. 1960 erwarb die amerikanische Firma das Werk und baute auch sehr erfolgreiche 248-cm³- und 348-cm³-Einzylinder-ohv-Rennmaschinen. Derzeit stehen 90-, 123- und 247-cm³-Zweitakter und 344-cm³-ohv-Einzylinder-Modelle im Bauprogramm. Dazu kommen Werksrennmaschinen mit 248-, 348- und 489-cm³-Zweizylinder-Zweitaktmotoren, die ebenfalls in Varese gebaut werden und die in Milwaukee hergestellten großen Zweizylinder-ohv-Modelle. Walter Villa wurde auf einer 248-cm³-Harley-Davidson 1974 und 1975 Weltmeister der 250-cm³-Klasse. Seit einigen Jahren ist Aermacchi ganz von Harley-Davidson kontrolliert und damit der Namen »Aermacchi« auch am Kraftstoffbehälter verschwunden.

AEROPLAN

Fahrradhaus Gustav Lederer, Kohlfurt — D 1922–1925

Ein kleiner Produzent, der 123-cm³- und 173-cm³-DKW-Motoren in eigene Fahrgestelle primitiver Konstruktion einbaute.

AEROS

Aeros-Werke, Kaaden, Böhmen — CS 1927–1929

Mit einem BMW-ähnlichen Fahrgestell ausgestattet, besaß die von Březina konstruierte Aeros 348-cm³- und 498-cm³-ohc-Einzylinder-Einbaumotoren von Küchen. Die Firma baute auch die Fahrgestelle der 250-cm³-Bekamo.

AETOS

Ditta Motocicli Pozzi, Torino — I 1913–1914

Die Aetos hatte einen eigenen 492-cm³-V-Zweizylinder-Motor mit 3,5 PS und wurde nur in kleiner Anzahl gebaut.

A.F.W.

Allgemeine Fahrzeugwerke GmbH, Brake in Westfalen — D 1923–1925

Die Firma entstand in Gleina bei Zeitz in Sachsen, übersiedelte aber bald nach Brake, wo man von Hansa bezogene 246-cm^3-ohv-Motoren einbaute. Zu einer größeren Produktion kam die kapitalschwache Firma nicht.

A.G.F.

Ets. Faizant Fils & Co., 4. Rue Hoche, Colombes, Seine — F 1948–1956

Gebaut von einer Zubehörfirma, besaßen A.G.F.-Roller 123- und 173-cm^3-Ydral-Einbaumotoren, die auch für A.G.F.-Motorräder verwendet wurden. Diese Motorräder wurden aber nur in kleinem Maßstab gebaut.

AGON

Agon-Motorradfabrik, Franz Benninger, Augsburg — D 1924–1928

Baute Motorräder in Einzelfertigung mit 197-cm^3-Paqué-, 346-cm^3-Bradshaw-, 498-cm^3-Küchen- und Jap-Motoren von 172 cm^3 bis 996 cm^3. Die letzteren waren Zweizylinder in V-Form mit sv- und ohv-Motoren.

AGRATI

1. Ditta A. Agrati & Figli, Monticello, Como — I 1947–
2. Agrati S. R. L., Via Immacolata, Monticello, Como
3. Agrati-Garelli, Gruppo Industriale, 22068 Monticelli-Brianza (Como)

1961 wurde die 1919 gegründete Firma Garelli mit der 1900 gegründeten Firma Agrati zusammengelegt. Garelli baute jahrelang 348-cm^3-Doppelkolben-Zweitakt-Einzylindermaschinen, nach dem Zweiten Weltkrieg Mosquito-Fahrrad-Einbaumotoren. Agrati baute zunächst Elektromotoren, ab 1958 Roller. Mehr unter Garelli. Die derzeitige Produktion besteht hauptsächlich aus Modellen mit 48-cm^3-Zweitaktmotoren.

A.G.S.

J. de Groot, Veendijk 41, Havelte — NL 1971–

Die kleine holländische Motorradfabrik stellt hauptsächlich Moto-Cross-Spezialmaschinen mit 123-cm^3-Puch-, Sachs- und Zündapp-Wettbewerbsmotoren in modernen Fahrgestellen her.

AIGLON

1. M. Debarelle, Argentueil — F B–1953
2. Ateliers Aiglon, 17 de la Corvée, Courbevoie
3. Soc. An. France Motorcycles, Mandeure, Doubs

Bei Aiglon verwendete man zunächst Peugeot-, Mirus-, Zurcher-, Minerva- und FMC-Einbaumotoren, in den zwanziger Jahren baute man Zweitakter von 98 bis 250 cm^3 und einzylindrige ohv-Viertakter bis 350 cm^3. Zuletzt wurden 123- und 174-cm^3-Modelle mit ohv-AMC-Motoren und 250er mit FMC-Zweitakt-Zweizylindermotoren gebaut.

AIM

Assemblagio Italiano Motocicli, Via Zipoli 26, 57047 Prato (Fl.) I 1974–

Mit 48-cm³- und 124-cm³-Franco-Morini ausgerüstete Sport- und Moto-Cross-Maschinen einer der neueren italienischen Firmen.

AIROLITE

Small Engines Co., 131. Coventry Road., Birmingham GB 1921–1923

Leichtgewichts-Motorräder mit 110-cm³-Simplex-Zweitaktmotoren ohne Kupplung und Kickstarter.

AJAX

Ajax Motor Manufacturers Ltd., Arthur Street, Birmingham GB 1923–1924

Billig konfektionierte Maschinen mit 147-, 247- und 269-cm³-Villiers- sowie seitengesteuerten 346-cm³-Blackburne-Einbaumotoren. Keine größere Produktion.

AJAX

Ateliérs Ajax, Bruxelles B 1949–1953

Ein kleiner Mopedhersteller, der Sachs- und NSU-Zweitakter verwendete.

A.J.R.

A. J. Robertson Motorcycles, 65. Queen Street, Edinburgh GB 1925–1926

Robertson war einer der wenigen Motorradhersteller in Schottland. Seine sportlichen ohv-Maschinen besaßen 347- und 497-cm³-Motoren von Jap.

A.J.S.

1. A. J. Stevens & Co., Retreat Street, Wolverhampton GB 1909–
2. A. J. Stevens (1914) Ltd., Graiseley House, Wolverhampton
3. H. Collier & Sons Ltd., 44. Plumstead Road, London, SE 18
4. Associated Motor Cycles Ltd., 44. Plumstead Road, London, SE 18
5. A.J.S.-Motorcycles (Norton-Villiers Ltd.), North Way, Walworth Industrial Estate, Andover, Hampshire
6. Norton-Villiers Ltd., Marston Road, Wolverhampton
7. Fluff Brown, Goodworth, Clatford, Andover, Hampshire.

Einst eine berühmte und erfolgreiche Marke bei Rennen. Bereits 1897 bauten die vier Stevens-Brüder Benzinmotoren für andere Fabriken, und 1909 die erste komplette 298-cm³-A.J.S. mit seitengesteuertem Einzylindermotor. Es folgten 349-cm³- und bereits 1920 auch 349-cm³-ohv-Einzylindermodelle. Berühmt die »Big Valve« Rennversionen der zwanziger Jahre und auch die sv-V-Zweizylinderversionen mit 550, 693, 748 und 990 cm³. 1927 entstand die erste 349-cm³-ohc-Einzylinder-A.J.S. mit kettengetriebener obenliegender Nockenwelle. Es gab auch 498-cm³-sv-, ohv- und ohc-Modelle und 248-cm³-sv-Versionen. Daneben Prototypen mit 498-cm³-Vierzylinder-Reihen- und quergestellten zweizylindrigen sv- und ohv-V-Motoren. 1931 wurde A.J.S. von den Collier-Brüdern erworben und nach London zu Matchless verlegt.

346 cm³ AJS (ohv-Sport) 1924

346 cm³ AJS (sv-Touring) 1925

348 cm³ AJS (ohc-Rennmasch.) 1928

348 cm³ AJS (Eig. ohc-Rennmasch.) 1929

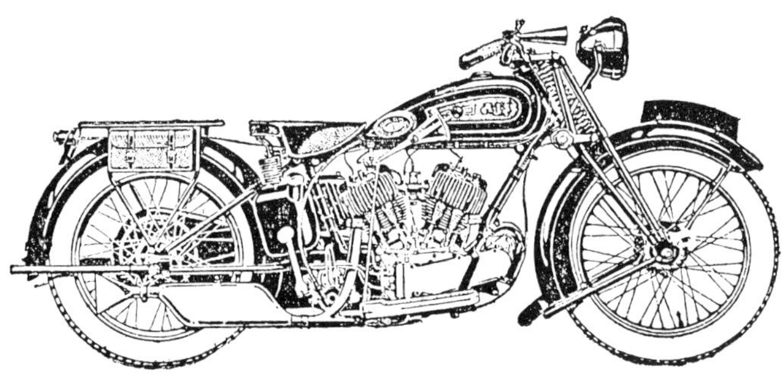

996 cm³ AJS (sv-V-Zweizyl.) 1929

349 cm³ AJS (ohv-Sport) 1931

496 cm³ AJS
(sv-Trans.-V-Zweizyl.) 1931

496 cm³ AJS
(Eig. ohc-V-Vierzyl.) 1935

346 cm³ AJS (Eig. ohv-Motor)
1947

348 cm³ AJS
(7R-ohc-Boys-Racer) 1959

Vier Jahre später entstanden 498-cm³-V-Vierzylinder-ohc-Rennmaschinen, die 1939, mit Wasserkühlung und Kompressor ausgerüstet, die schnellsten englischen Vorkriegsrennmaschinen waren. Jahrelang waren A.J.S.-Modelle den Matchless-Versionen fast gleich. 1967 wurde die Firma von Manganese Bronze Holdings unter Leitung von Dennis Poore übernommen und nach Andover, resp. Wolverhampton verlegt, wo inzwischen auch die Villiers-Werke von Poores Firma übernommen wurden. Norton war schon anfangs der sechziger Jahre von Associated Motor Cycles Ltd. übernommen worden und war zusammen mit A.J.S. nach Andover gekommen. Die dort gebauten A.J.S. waren 248-cm³-Zweitakter für Trial und Moto-Cross; alle Viertakter wurden fallengelassen. Unter diesen auch die erfolgreichen 348 cm³ »Boy Racer«, die aus den einzylindrigen ohc-Rennmodellen der Vorkriegsperiode bereits 1947 entstanden waren. Für A.J.S.-Werksfahrer gab es die sagenhaften 497-cm³-»Porcupine« (Stachelschwein)-Rennmodelle mit zwei Zylindern und zwei obenliegenden Nockenwellen, die unter Les Graham, Bill Doran, Jock West, Ted Frend, Rod Coleman und Anderen viele Erfolge errangen. Berühmte A.J.S.-Konstrukteure waren Bert Collier, Phil Walker und H. J. Hatch; erfolgreiche weitere A.J.S.-Rennfahrer vor 1939 Jimmy Simpson, Jimmy Guthrie, Leo Davenport, Frank Longmann, Tommy Spann, Frank Hough, Howard Davies und Freddy Hicks. Nach 1945 waren Reg. Armstrong, Fergus Anderson, Dickie Dale, Mike Duff, Bob McIntyre unter den Erfolgreichsten. Auch so große Fahrer wie Walter Handley, Bob Foster, Walter Rusk, Harold Daniell, Ernie Thomas und vor allem auch George Rowley fuhren für diese Marke Rennen mit Erfolgen. Malcolm Davis und Andy Roberton waren die Spitzenfahrer der A.J.S.-Zweitakt-Moto-Cross-Maschinen, deren Produktion 1973 aufgegeben wurde. Derzeit gibt es keine von Norton-Villiers Ltd. gebauten A.J.S.-Motorräder, doch wurde diese Marke offiziell noch nicht gestrichen. Norton war 1956 zu AJS-Matchless gekommen. AJS-Moto-Cross-Zweitakter werden jetzt von F. Brown wieder zusammengestellt.

A.J.W.

1. A. J. Wheaton Motor Co., Friernhay Street, Exeter — GB 1926–
2. A.J.W. Motor Co., Seabourne Road, Bournemouth
3. J. O. Ball, Pilford Heath, Wimborne, Dorset
4. A.J.W. Motorcycles Ltd., Pilford Heath, Wimborne, Dorset
5. A.J.W. Motorcycles Ltd., 8. Stone Close, West Drayton, Middlesex

Die ersten Brough-Superior-ähnlichen A.J.W.-Maschinen hatten 998-cm³-V-Zweizylinder-ohv-Motoren von Jap und British-Anzani, spätere Modelle waren mit 498-cm³-Jap-, Rudge-(Python) und ohv-Stevens-Einbaumotoren ausgerüstet. Daneben gab es 247-cm³-Zweitakter mit Villiers-Motoren, und als nach 1945 die Firma reorganisiert wurde, wurde ein seitengesteuerter 498-cm³-Parallel-Zweizylinder-Jap-Motor in wenigen Exemplaren eingebaut. Nach-

996 cm³ AJW
(ohv-8-Ventil-Anzani) 1929

her konzentrierte sich die Produktion auf 49-cm³-Mopeds mit deutschen (Sachs) und italienischen (Morini) Zweitaktmotoren. Wheaton, der Firmengründer, war Druckereibesitzer, seine Maschinen gut und schön. Jetzt importiert die Firma Mofas und Mopeds mit Demm- und Minarelli-Zweitaktmotoren aus Italien, auch Leichtkrafträder mit 48 cm³ und 80 cm³ Hubraum, die in England unter dem Namen A.J.W. gehandelt werden.

A.K.D.

Abingdon Works Ltd., Tyseley, Birmingham GB 1925–1933

Dies war die vom gleichen Unternehmen gebaute Nachfolgermarke der Abingdon Motorräder. Gebaut wurde die A.K.D. mit seitengesteuerten 298- und 346-cm³-, sowie obengesteuerten 147-, 173- und 198-cm³-Einzylindermotoren eigener Erzeugung. A.K.D. = Abingdon King Dick ist eine heute noch existierende bekannte Werkzeugfabrik.

172 cm³ AKD
(ohv-Doubleport) 1928

173 cm³ AKD
(Eig. ohv-Motor) 1929

198 cm³ AKD
(ohv-Doubleport) 1929

AKKENS

Thomas & Gilbert, Union Street, Smethwick GB 1919–1922

Preiswerte Zweitaktmaschinen mit 292-cm^3-Union-Einbaumotoren. Eine kleine Firma mit geringer Produktionskapazität.

ALATO

Flli. Mario & Giulio Gosio, 31. Corso Oporto, Torino I 1923–1925

Ebenfalls ein kleines Unternehmen, das Leichtkrafträder mit eigenen 131-cm^3-Zweitaktmotoren gebaut hat.

ALBA

1. Stettiner Präzisions- & Kettenwerk, Stettin-Möhringen D 1919–1924
2. Alba-Werke GmbH., Stettin-Möhringen, Pasewalker Kunststr. 21
3. Möhringer Präzisionswerk GmbH., Stettin-Möhringen, Pasewalker Kunststraße 21

Eine bekannte Motorradfabrik, die von Alfred Baruch – daher das Alba – gegründet wurde. Man baute 198-cm^3-, später auch 249-cm^3-sv- und ohv-Einzylindermodelle mit von Ing. Pasewalker konstruierten eigenen Motoren. Einbaumotore wurden an Teco, Huy und andere Konfektionäre geliefert. Es gab auch Alba Dreirad-Lieferwagen.

ALBERT

Albert Motorradwerke GmbH, Schneeberg, Sachsen D 1922–1924

Zu den sogenannten »Inflationsfirmen« gehörend, baute man bei Albert Motorräder mit 183-cm^3-Zweitaktmotoren in geringer Stückzahl.

ALBERTUS

Albertus Fahrzeugwerk AG, Achern, Baden D 1922–1924

Ungewöhnliche, von Julius Löwy konstruierte und vom Albertus-Motoren-Werk in Königsberg/Preußen gebaute Rohölmotoren – Dreikanal-Zweitakter – fanden in diesen Maschinen Verwendung. Sie hatten 113, 142 und 176 cm^3 Hubraum. Sie waren nicht sehr leistungsfähig und auch nicht besonders zuverlässig. Und das bedeutete das Ende dieser Firma.

ALCYON

Société des Motos Alcyon, 40 Rue de la Garenne, Courbevoie, Seine F 1902–Q

Jahrelang zu den mächtigsten Motorradfirmen Frankreichs gehörend, waren auch andere französische Motorradhersteller wie Labor, Thomann, Amor, Olympique etc. unter Alcyons Kontrolle. Eine Pionierfirma, die bald auch V-Zweizylinder und vor dem Ersten Weltkrieg sogar Parallel-Zweizylinder baute. 1912 hergestellte Rennmodelle hatten 348-cm^3-Zurcher-ohv-Vierventil-Motoren. In den zwanziger Jahren baute man 98- bis 248-cm^3-Zweitakter und 173- bis 498-cm^3-sv- und ohv-Einzylindermodelle. Sehr erfolgreich von Joly und Lemasson gesteuerte 173-cm^3-ohv-Rennmaschinen. Nach 1945 Konzentration auf moderne Zwei- und Viertakter bis 248 cm^3 und dann besonders auf zahlreiche Moped-Versionen. Ein Teil der Motoren wurde von AMC, Zurcher und Vap geliefert.

ALDBERT

Moto Aldbert, S. r. L., 14. Via Toricelli, Milano. I 1953–1959

Typisch italienische Motorräder mit 49-, 123-, 160- und 173-cm³-Zweitakt- und 173-cm³- sowie 246-cm³-ohv-Viertaktmotoren. Sportliches Aussehen und gute Verarbeitung zeichneten diese Maschinen aus.

ALECTO

1. Cashmore Bros., Zota-Works, Hildreth Str., Balham, London, S. W. 12 GB 1919–1924
2. The Whitmee Engineering Co., Ltd., Alecto Works, 3. Grove Hill, Balham, London

Mit eigenen 295- und 345-cm³-Dreikanal-Zweitaktmotoren ausgerüstete Einzylindermaschinen mit Riemen-, später auch mit Kettenantrieb.

ALERT

Smith & Molesworth, Freeth Street Works, Coventry GB 1903–1906

Auch unter dem Namen »Coventry-Alert« bekannt, besaßen diese alten Maschinen belgische Saroléa-Einbaumotoren mit 2,25, 2,75 und 3,25 PS.

ALEU

Manufacturas Mecanicas Aleu, S. A., Barcelona E 1953–1956

Ein kleiner Motorradkonfektionär, der Zweitaktmaschinen mit 198- und 247-cm³-Motoren in begrenzter Stückzahl baute.

ALFA

Alexander von Falkenhausen, München D 1925–1928

Gering war die Anzahl der von diesem bekannten Ex-BMW-Techniker und Ex-Rennfahrer hergestellten Maschinen, die englische Villiers-Zweitaktmotoren mit 172 und 346 cm³ besaßen. Er fuhr mit Erfolg eine 172-cm³-Maschine mit dem »Brooklands«-Rennmotor.

ALFA

Motocicli Alfa, Udine I 1923–1926

Baute neben 170-cm³-ohv-Maschinen mit englischen Norman-Einbaumotoren auch eine 346-cm³-Maschine mit dem ohv-Motor von Bradshaw und Blackburne.

ALFA-GNOM

Franz & Anton Rumpler, Motorradfabrik, Wiener Neustadt A 1926–1928

Auch diese 598-cm³-Einzylindermaschinen mit eigenen ohc-Motoren wurden nur in wenigen Exemplaren von der F.A.R.-Motorradfabrik gebaut.

ALGE

Alfred Geißler, Motorenfabrik, Knauthain bei Leipzig D 1923–1931

Robuste Maschinen mit eigenen sv- und ohv-Motoren von 173 bis 498 cm³. Ab 1928 wurden 172- und 346-cm³-Villiers- und 496-cm³-Blackburne-Einbaumotoren verwendet. Auch Dreirad-Lieferwagen wurden von Alge hergestellt.

ALIPRANDI

Fratelli Aliprandi, 9. Via S. Maurilio, Milano — I 1925–1930

Schöne Maschinen einer kleinen Firma mit 123- und 173-cm³-ohv-Motoren von Moser sowie 173- bis 498-cm³-sv- und ohv-Jap- und Sturmey-Archer-Einbaumotoren.

ALLDAYS

Alldays & Onions, Matchless Works, Birmingham. — GB 1903–1927

Diese Firma hatte mit Matchless in London keinerlei Verbindung, baute selbst schon 1898 Dreiräder mit De-Dion-Bouton-Motoren, bald darauf auch Motorräder und Automobile. Sehr moderne und starke Motorräder mit 499 und 539-cm³-Einzylinder- und 798- sowie 988-cm³-V-Zweizylinder-sv-Motoren eigener Konstruktion und Herstellung. Baute ab 1915 Allon-Motorräder und bis 1927 Typen mit 346-cm³-Bradshaw- und 980-cm³-Jap-V-Zweizylinder-sv-Motoren.

ALLEGRO

1. Arnold Grandjean, Avenue de la Gare, Neuchatel — CH 1923–P
2. Cycles Allegro, Avenue de la Gare, Neuchatel
3. Cycles Allegro, 2. Rue St. Honoré, Neuchatel

Populär wurde Allegro in den zwanziger Jahren, als Grandjean und Bourquin viele Siege auf der 172-cm³-Rennmaschine mit Villiers-Motoren errangen. Auch serienmäßig baute man damals 147- bis 346-cm³-Villiers-Motore ein. Es gab außerdem Viertakter mit schweizer M.A.G.- und englischen Sturmey-Archer-Motoren bis 350 cm³. Die Nachkriegsproduktion beschränkte sich auf 49- bis 198-cm³-Zweitaktmaschinen, hauptsächlich aber Mopeds.

ALLON

Alldays & Onions, Matchless Works, Birmingham — GB 1915–1924

Baute man bei Alldays vorher luxuriöse Viertakter, so war die Allon eine schöne 292-cm³-Dreikanal-Zweitaktmaschine. Zunächst ein Einheitsmodell, zu dem sich 1923 noch ein 347-cm³-Typ mit dem seitengesteuerten Jap-Motor gesellte.

ALLRIGHT

Köln-Lindenthaler Metallwerke AG, Köln-Lindenthal, Neuenhöfer Allee 90 — D 1901–1927

Bereits 1901 baute diese Firma Motorräder mit belgischen FN-, Kelecom- und Minerva-Motoren, wobei man außer dem englischen Namen Allright auch den Namen Tiger verwendete. Nach England exportierte Allright-Maschinen hießen dort Vindec-Special und V.S., wobei diese ab 1903 mit in Aachen gebauten Fafnir-Ein- und V-Zweizylindermotoren ausgerüstet waren. Ab 1906 verwendete man auch belgische Truffault-Schwinggabeln und baute nach einer Unterbrechung von 10 Jahren ab 1923 wieder Motorräder typisch englischer Konstruktion mit eigenen 149- und 173-cm³-Zweitaktmotoren und 347- sowie 497-cm³-sv- und ohv-Modelle mit Jap-Motoren. Es gab auch Modelle mit MAG und Blackburne-Einbaumotoren und ab 1923, durch Übernahme der Cito-Werke in Köln-Klettenberg und Suhl in Thüringen, sicherte sich Allright auch den Bau der damals sehr beliebten KG (Krieger-Gnädig)-Motorräder, die 498-cm³-ohv-Blockmotore mit Kardanantrieb zum Hinterrad besaßen. 1927 stellte die Firma den Motorradbau ein und konzentrierte sich auf den Bau der Tiger-Federgabeln, Bremsen etc. Konstrukteur bei Allright-KG war Ing. Rudi Albert, bekannte Fahrer Zündorf, Soenius, Kniebecke, Ehrlenbruch, Faust, Roggenbuck und Karsch.

ALLSTATE

Steyr-Daimler-Puch AG., Graz-Thondorf — A 1955–Q

Für den USA-Markt gebaute und von Sears-Roebuck in Chicago vertriebene Puch-Zweitaktmaschinen mit besonderer Betonung der 50-cm³-Moped-Klasse.

ALMA

Ets. Alma, 9 bis Rue Gabriel Péri, Clermont-Ferrand — F 1949–1959

Mit Eigenmotoren sowie mit Le Paulin- und Ydral-Einbaumotoren von 49 bis 149 cm³ ausgerüstet, baute Alma Mopeds, Leichtmotorräder und Roller. Die meisten Modelle waren Zweitakter.

ALMORA

Almora Motor & Fahrzeug AG., Kassel — D 1924–1925

Wie Albertus, verwendete auch Almora von Julius Löwy konstruierte 113- und 138-cm³-Zweitakt-Einzylindermotoren, die mit Benzin angewärmt, aber mit Rohöl betrieben wurden. Die Konstruktion war noch unausgereift, die Leistung dieser Motoren ungenügend. Das betraf auch Modelle mit 176 cm³ Hubraum.

ALP

1. Moto-Rêve Co., Alp Eng. Works, Alperton, Middlesex — GB 1912–1917
2. Alperton Motor Company, Ltd., Alperton, Middlesex

Dies war mehr oder weniger ein Zweigwerk der einst berühmten schweizerischen Motorradfabrik Moto-Rêve. Außer englischen 199-cm³-Precision-Motoren baute man auch eigene 3- und 3,5-V-Zweizylinder- und sogar Parallel-Zweizylindermotoren sowie zuletzt einen 348-cm³-Zweitakt-Einzylinder ein. Dazu kam eine 257-cm³-Maschine mit Moto-Rêve-Motor.

ALPHONSE THOMANN

Moteurs et Motocycles A. Thomann, Puteaux et Courbevoie — F 1908–1923

Einst eine bekannte Firma, die mit Thomann nicht identisch war. Baute in den zwanziger Jahren hauptsächlich 98- und 173-cm³-Zweitaktmaschinen.

ALPINO

1. Motobici s.a.r.l., Stradella (Pavia), Via Nazionale 2 — I 1948–1962
2. Moto Alpino, S.p.A., Stradella (Pavia), Via Nazionale 2

Hübsche und gut ausgeführte Leichtkrafträder mit 48-, 75-, 98-, 123- und 173-cm³-Zweitakt- wie auch 173-cm³-ohv-Viertakt-Blockmotoren. Ende der fünfziger Jahre kamen auch 48-cm³-ohv-Viertakter dazu. In allen Fällen handelte es sich um robuste Einzylindermaschinen.

ALTA

Alta Motor Cycles, John Player Industrial Estate, Clydach,
Swansea, Glamorgan GB 1968–1971

Mit 49-, 98-, 124- und 130-cm³-Suzuki-Zweitaktmotoren ausgestattete Moto-Cross und Trial-Maschinen. Das vorzeitige Ableben des Firmeninhabers beendete auch die Herstellung der Alta, die nie größeren Umfang annahm.

ALTEA

S.a. Motocicli Altea, 53. Via Brioschi, Milano I 1939–1941

Finanziert von der einst berühmten Firma Türkheimer in Mailand, baute Ing. Alberico Seilig nach seinem Ausscheiden von MAS diese 198-cm³-ohv-Einzylindermaschinen mit vertikal stehenden Ventilen und einer ungewöhnlichen Schwingarm-Hinterradfederung.

ALTER

S.A. Motorcycles Alter, Courbevoie F 1955–1956

Stellte 49-cm³-Zweitaktmaschinen in beschränkter Anzahl her.

AMAG

Allgemeine Motorfahrzeug AG, Berlin W. 9., Bellevuestraße 6a D 1924–1925

Kleine Firma, die Leichtmotorräder mit 149-cm³-Bekamo-Zweitaktmotoren baute.

AMBAG

Automobil- und Motorrad-Bau A.G., Berlin-Steglitz, Kniephofstraße 64 D 1923

Auch eine kleine Firma, die Gruhnsche 155-cm³-sv-Motoren in einfache Fahrgestelle einbaute.

AMBASSADOR

1. U.S. Concessionaires Ltd., 5. Jubilee Place, London, SW 3 GB 1947–1964
2. Ambassador Motorcycles Ltd., Pontiac Works, Fernbank Road, Ascot, Berkshire
3. DMW-Motorcycles (Wolverhampton) Ltd., Valley Road, Sedgley, Dudley, Worcs

Kaye Don, der einst berühmte Motorrad- und Autorennfahrer, war Zündapp-Motorrad- und Pontiac-Auto-Importeur für England. Daneben gründete er die Ambassador-Motorradfabrik, wobei er seine Maschinen mit Villiers-198-cm³- und 248-cm³-Zweitaktmotoren ausrüstete. 1962 zog er sich zurück, verkaufte Ambassador an DMW, wo man bald darauf den Bau dieser Motorräder einstellte.

AMC

Allied Motor Corporation, Motor Buildings, Union Park Place,
Chicago, Illinois USA 1912–1915

Zwischen dieser Firma und AMC (Matchless-AJS) in England sowie der AMC-Einbaumotorenfabrik in Frankreich bestand keinerlei Verbindung. Die amerikanische Firma baute hauptsächlich 980-cm^3-V-Zweizylindermaschinen mit eigenen wechselgesteuerten Motoren und einer ungewöhnlichen Vorderradfederung.

AMERICAN

American Motorcycle Co., 516 American Buildings, Chicago 11 USA 1911–1914

Es ist wahrscheinlich, daß diese Firma – Hersteller von 4-PS-550-cm^3-Einzylindermaschinen – mit der obigen Firma AMC verbunden war. Außerdem gab es hier auch große V-Zweizylindermodelle.

AMERICAN-X

1. Excelsior Supply Co., Randolph Street Buildings, Chicago
2. Excelsior Supply Co., 3700 Cortland Street, Chicago USA 1910–1930

Diese 996-cm^3-Excelsior-V-Zweizylinder wurden Anfang der zwanziger Jahre auch nach England exportiert, wo es schon eine Excelsior-Motorradfabrik gab. So kam es, daß man sie dort aus markenschutzrechtlichen Gründen mit »American-X« am Tank anbot.

AMI

Auto-Motoren-Industrie GmbH., Berlin-Schöneberg, Kaiser-Friedrich-Straße 16 D 1921–1925

Der obengesteuerte 49-cm^3-Ami war ein Hilfsmotor für Fahrräder, der vor den Pedalen eingebaut war. Ein ähnlicher Motor wurde auch von Gnom (später Columbus-Werk) in Oberursel gebaut. Er hatte 1 PS und 2 Gänge.

AMI

Neue A.M.A.G., Zürich CH 1950–1954

Dieser Ami war ein vom früheren Jawa-Direktor Jaroslav Frei konstruierter Roller mit 98- und 123-cm^3-Zweitaktmotoren.

AMMON

Ammon & Co., Motorradbau, Berlin S. 59., Gräfenstraße 55–56 D 1923–1925

Diese Motorräder besaßen zum Teil geschweißte Tankrohrrahmen, der andere Teil war aus normalen Rohren angefertigt. Eingebaut wurden 125-cm^3-Paqué-ohv-Motoren wie auch Einbaumotore von DKW, Bekamo und Baumi.

AMO

Aktiengesellschaft für Motorenbau, München, Hindenburgstraße 61 D 1921–1924

Primitive Leichtkrafträder mit eigenen 146-cm^3-0,88-PS-Zweitaktmotoren. Besaßen Riemenantrieb, nur eine Felgenbremse und ein vor dem Kurbelgehäuse endendes Auspuffrohr.

AMO

Amo-Motorengesellschaft, Berlin-Schöneberg, Eisenacher Straße 61 D 1950–1954

Mopeds mit eigenen 48-cm³-Zweitaktmotoren. Deshalb interessant, weil diese Firma in den zwanziger Jahren unter dem Namen Westendarp und Pieper die TX-Motorräder gebaut hatte.

A.M.S.

Construcciones Mecanicas A.M.S., Malaga E 1954–1965

Eine kleine spanische Fabrik, die Zweitaktmaschinen mit 124-, 198- und 248-cm³-Hispano-Villiers-Motoren, auch 247-cm³-Zweizylindermodelle, baute.

ANCILLOTTI

Gualtiero Ancillotti, 50020 Sambuca (Firenze), Via delle Gore I 1967–

Eine schnell aufgekommene Firma, die Sportmaschinen, besonders Moto-Cross-Modelle von 49- bis 123 cm³ mit Zweitaktmotoren von Franco Morini und Sachs baut. Errang gute Resultate bei Moto-Cross in Italien. Erstklassige Qualität und Ausführung; sehr leichte Fahrgestelle.

125 cm³ Ancillotti (Sachs-Trials) 1974

ANCORA

1. Tacchini, Pracchi & Co., 2. Via Plinio, Milano I 1923–1939
2. Pracchi & Co., 15. Via Aldrovandi, Milano
3. Ditta Umberto Dei & Co., 4. Via Pasquale Paoli, Milano

Raffaele Alberti, einst Spitzenfahrer in Italien, machte Ancora mit seinen schnellen 172-cm³-Zweitakt-Villiers-Modellen bekannt. Vorher baute Ancora 147-cm³-Villiers-Motore ein. Als dann Dei das Werk übernahm, konzentrierte er den Bau auf Zweiräder mit 60-, 74- und 98-cm³-Motoren. Unter dem Namen »U.Dei« stellte er noch nach 1945 ähnliche Räder mit von Garelli gebauten »Mosquito«-Viertaktmotoren her. Es gab auch 246- und 346-cm³-Modelle mit Villiers-Motoren.

ANDREES

H. W. Andrees, Automobil- u Motoren-Industrie, Düsseldorf 64, Oststr. 135 D 1923–1929

Die ersten Andrees-Motorräder hatten ölgekühlte 346-cm³-Einzylinder- und 496-cm³-Boxer-Zweizylinder-Motoren von Bradshaw. Ab 1925 gab es auch 347- und 497-cm³-Modelle mit

496 cm³ Andrees (ölgek. ohv-Bradshaw-Zweizyl.) 1924

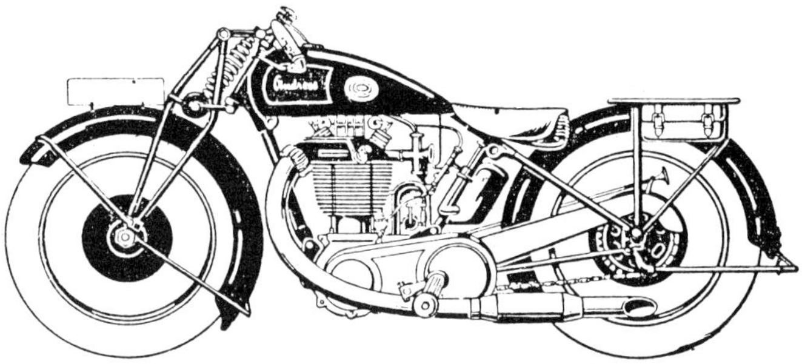

496 cm³ Andrees (ohv-Einzyl.) 1929

ohv-Einzylindermotoren von Blackburne und MAG. 1928 baute Andrees eine neue Fabrik in Arnsberg (Westfalen), wo er große Quantitäten von 198-cm³-Zweitaktmotoren und auch komplette Zweitaktmaschinen bauen wollte. Der finanzielle Zusammenbruch (1929) verhinderte dies.

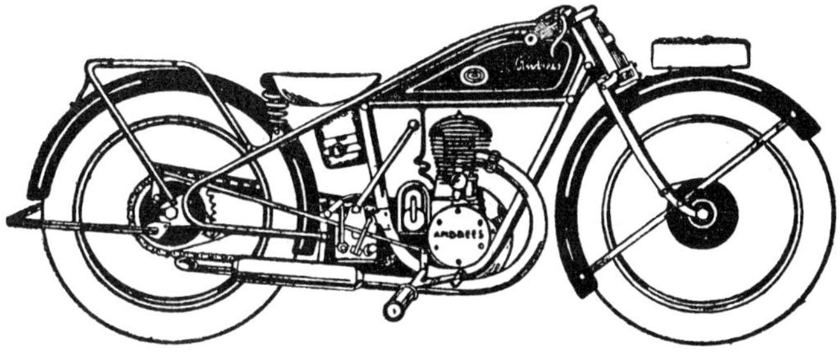

198 cm³ Andrees (2T-Einzyl.) 1929

ANGLIAN

Anglian Motor Co., Newgate Street, Beccles, Suffolk GB 1903–1912

Eine seriöse Fabrik, die gute Motorräder mit eigenen 2,5-PS-Motoren baute, aber auch verschiedene De-Dion-Bouton-, MMC-, Fafnir- und Saroléa-Einbaumotoren verwendete.

ANGLO-DANE

H. C. Fredricksen Motors, Kopenhagen DK 1912–1914

Wie schon der Name besagt, gab es hier einen starken englischen Einfluß. Praktisch ausgedrückt, kam fast alles – wie die Jap- und Villiers-Motoren – aus England.

ANKER

1. Anker-Werke, 48 Bielefeld, Borchener-Straße D 1949–1958
2. Pamag, Paderborner Maschinenbau AG, Paderborn

Eine noch heute bekannte und große Marke, doch baut man jetzt bei Anker Buchungs- und ähnliche Maschinen. Die Motorräder hatten Sachs- und Ilo-Zweitaktmotoren mit Hubräumen von 98 bis 250 cm³. 1952 übernahm die Paderborner Maschinenfabrik den Bau der Anker-Motorräder. Mopeds wurden aber noch einige Jahre lang in Bielefeld gebaut.

ANTOINE

V. Antoine Fils & Co., 41. Quai St. Lèonard, Liège B 1900–1910

Gehörte zu den Motorenherstellern der Pionierzeit, verwendete zunächst aber Kelecom-Motoren, bevor eigene 3-, 3,5- und 4-PS-Einzylinder- und 4,5- sowie 5-PS-V-Zweizylinder-Modelle auf den Markt kamen. Stellte auch Auto- und Flugmotoren her.

APACHE

Brown & Beck, Denver, Colorado USA 1907–1911

Erzeugte Einzylindermaschinen mit 597 cm³ Hubraum und nach hinten geneigten Zylinder, wie sie sich damals auch bei Indian, Marsh, Yale u. a. fanden.

APEX

Apex Motoren GmbH., Köln, Deichmannshaus D 1925–1926

Den englischen Konstruktionen der damaligen Periode ähnlich, baute auch Apex 247-cm³ und 348-cm³-ohv-Sportmotoren von Blackburne ein. Die Produktion war nicht groß.

APOLLO

M. Berlin & Co., A.B., Varnamo S 1951–

Gehörte zu den guten Konfektionären und verwendete hauptsächlich 123-cm³-Villiers und 198-cm³-Zündapp-Zweitaktmotoren, bevor sich das Werk fast ganz auf die Herstellung von 50-cm³-Mopeds verlegte. Gehört jetzt zu MCB (Volvo).

APRILIA

Industria Cicli & Ciclomotori di Beggio Cav. Alberto & Co., Via Roma,
30018 Noale (Venezia) I 1968–

Stellt sportliche Zweitaktmotorräder mit Franco-Morini- und Sachs-Motoren mit Hubräumen von 49 bis 124 cm³ her. Besonders die 49er Rennmodelle und 123-cm³-Trial-Maschinen erfreuen sich eines guten Rufs. Auch Mofas und Mopeds stehen im Bauprogramm.

AQUILA

1. Fabr. Italiana Aquila, 20. Via Illarione Pettiti, Torino
2. Fabr. Italiana Aquila, 3. Via Soluzzo, Torino I 1927–1935

Die ersten Modelle hatten 173-cm³-Zweitakt- und ohv-Motoren. In den dreißiger Jahren kamen Versionen mit 248-, 348- und 498-cm³-Python-(Rudge-)ohv-Vierventilmotoren sowie 497-cm³-sv-Küchenmotoren dazu.

AQUILA

1. Universal Motor, Moto Aquila, 5 Via Alesandro Farnese, Roma
2. Moto Trattori Aquila, Via Pisanello 5B, Milano — I 1953–1958

Eine kleine Firma, die Zweitaktmaschinen mit 49, 124, 158, 175 cm³ und ohv-Viertakter mit 99 und 174 cm³ baute.

ARAB

Arab Cycles, 345 Bell Barn Road, Birmingham — GB 1923–1926

Einfache Zweitaktmaschinen mit 147-cm³-Villiers-Motoren. Kleine Produktion.

ARBINET

Moteurs Arbinet, Rue Berbisey 72, Dijon — F 1927–1934

Ambitionierter Erzeuger von 98-, 173-, 198-, 347- und 497-cm³-Zweitaktmaschinen mit eigenen Einzylindermotoren.

ARC

S.a. Motocyclos ARC, Barcelona — E 1954–1956

Orthodoxe Leichtgewichtsmaschinen mit 123-cm³-Hispano-Villiers-Motoren.

ARCO

1. Arco Motorradwerke Augst & Co., Speyer a. R., Wittelsbacherstr. 6
2. Arco Motorradfabrik AG, Speyer a. R., Wittelsbacherstr. 6 — D 1922–1931

Typisch für alle Arco-Motorräder waren wassergekühlte Viertaktmotoren. Zuerst wurden 246-cm³-ohv-Modelle, ab 1925 auch 346-cm³-ohv-Maschinen in mehreren Ausführungen gebaut. 1927 kam es zu Veränderungen, wobei das Unternehmen von der N.V. Arco-Motorenfabriek in Amsterdam übernommen wurde. 1929 entstand ein neuer 498-cm³-Einzylindertyp, der eine obenliegende Nockenwelle – und natürlich auch Wasserkühlung – besaß. Bald darauf schloß Arco die Tore.

346 cm³ Arco (Eig. wasserg. ohv-Motor) 1927

ARDEA

Off. Mecc. S. A. Ardea, Cavaria Oggiona, Gallarate I 1928–1933

Eine kleine Firma, die Moto-Guzzi-ähnliche 173- und 247-cm^3-ohv-Einzylindermodelle mit nach vorn geneigten Motoren baute. Bestritt 1930 mit Silvio Vailati, Enrico Martelli und Virginio Fieschi auch die Int. Sechstagefahrt.

ARDEN

Arden Motor Co., Ballsall Common, Berkswell, Coventry GB 1912–1920

Einfache 269-cm^3-Zweitaktmaschinen mit Villiers-Motoren, die später eigenen Zweitaktmotoren gleichen Hubraums weichen mußten. Arden lieferte diese auch an Priory und andere Konfektionäre und baute auch kleine Automobile.

ARDENT

Manufacture Française des Scooters Ardent, 47. Rue George Clemencau, Cannes F 1950–1957

Schön konstruierte und verschalte Kleinroller mit 49- und 64-cm^3-Vap- und Le-Paulain-Zweitaktmotoren. Stellte auch Leichtkrafträder mit diesen Antriebsquellen her.

ARDIE

1. Ardie Motoren Werk AG, Nürnberg, Fürther Straße 83 D 1919–1958
2. Ardie Werk GmbH., Nürnberg, Fürther Straße 83
3. Ardie Werk AG., Nürnberg, Preißlerstraße 15

Wegen ihrer roten feuerlöscherähnlichen Kraftstoffbehälter nannte man die ersten 305-cm^3-Zweitakt-Ardiemaschinen »Minimaxe«. Diesen folgten 348er Zweitakter, aber 1922 kam Arno Dietrich, der Gründer von Ardie, bei einer Versuchsfahrt ums Leben. Mitte der zwanziger Jahre verlegte man die Produktion auf 347 bis 990 cm^3 mit englischen Jap-Einbaumotoren, wobei es auch 347-, 498- und 990-cm^3-V-Zweizylinder-ohv-Rennmodelle gab. Georg Thumshirn, Karl Dobberkau und Gerd in der Elst waren damals auf Ardie sehr erfolgreich. Später wurden auch 123, 173, 198 und andere Typen bis 500 cm^3 mit eigenen, Sachs-, Sturmey-Archer-, Bark- und Küchen-Einbaumotoren hergestellt. Es gab auch Ardie-Maschinen mit Fahrgestellen aus Duraluminium und 1938 einen 348-cm^3-Prototyp mit von Küchen konstruiertem, quergestelltem V-Zweizylinder-Blockmotor. Nach dem Zweiten Weltkrieg baute das Werk von Dr. Noack konstruierte Flachkolben-Zweitakter mit Kreuzstromspülung in den

347 cm^3 Ardie
(ohv-Jap-Motor) 1926

490 cm³ Ardie
(sv-Jap-»Jubiläumsmasch.«)
1931

246 cm³ Ardie
(Eig. 2-Zyl.-2T-Motor) 1954

Größen 124, 172, 194, 244 und 344 cm³ ein. Die letzte Maschine war ein nach vorn geneigter Parallel-Zweizylindertyp. Damals gehörte Ardie schon zum Bielefelder Dürkopp-Konzern. Rennen fuhr man noch in den dreißiger Jahren mit Fahrern wie Josef Klein und Franz Islinger, während es nach 1945 keine Ardie-Rennmaschinen mehr gab.

ARDITO

Soc. Ind. Mec. SIMES, 15. Via Fossa, Stradella, Pavia — I 1951–1954

Ardito baute in kleinem Maßstab moderne 48- bis 173-cm³-Motorräder, wobei er bei 48-cm³- und 98-cm³-Versionen Zweitaktmotoren, bei 123-, 148- und 173-cm³-Modellen ohv-Viertaktmotoren einbaute.

ARGENTRE

Ets. Argentre, 1. Rue de Romainville, Paris — F 1927–1932

Englisches Aussehen, verbunden mit französischer Konfektionsarbeit. Stellte 247- und 347-cm³-Zweitakter und 348-cm³-sv- und ohv-Modelle mit einzylindrigen Jap-Motoren her.

ARGEO

Argeo Fahrzeugwerk, Georg Kulitzky, Berlin, S 14, Stallschreiberstraße 57 — D 1924–1927

Verwendete eigene 198- und 246-cm³-Dreikanal-Zweitakt-Einzylindermotoren in einfachen Fahrgestellen. Billig gebaute Maschinen einer kleinen Fabrik.

ARGUL

Arwed Gulentz, Argul-Motorradbau, Köln/R., Weyerstraße — D 1923–1926

Leichtkraftradbau mit DKW-, Kurier-, Bubi-, Alba- und anderen Motoren von 146 bis 198 cm^3 Hubraum. Keine große Produktion.

ARI

Ari-Motorfahrzeugbau GmbH., Plauen im Vogtland — D 1924–1925

Ein kleines Unternehmen, das primitive Motorräder mit 146-cm^3-DKW-Motoren schuf.

ARIEL

GB 1902–1970

1. Components Ltd., 3. Bournbrook, Birmingham
2. Ariel Cycle Co., Ltd., 3. Bournbrook, Birmingham
3. Ariel Works Ltd., Selly Oak, Birmingham 29
4. Ariel Motors Ltd., Selly Oak, Birmingham 29
5. Ariel Motors Ltd., Armoury Road, Birmingham 11

Eine englische Fabrik aus der Pionierzeit, wo schon 1898 Drei- und Vierradfahrzeuge mit De-Dion-Bouton-Motoren entstanden. Der Sangster-Familie gehörend, baute man zunächst Zubehör für die Industrie und ab 1902 komplette Motorräder, deren 3,5-PS-Einzylindermotoren von White & Poppe in Coventry stammten. Ab 1904 baute man diese selbst unter Lizenz. Als 1914 der Krieg ausbrach, gab es Modelle mit 348-cm^3-Zweitakt- und 498-cm^3- und 670-cm^3-sv-Viertaktmotoren. Später gab es 247-cm^3-Ariels mit Blackburne- und auch wechselgesteuerten 796- und 994-cm^3-V-Zweizylinder-MAG-Motoren. Außerdem eigene Motoren mit 498, 585 und 665 cm^3 als Einzylinder in robusten Fahrgestellen. Später Satteltankmodelle mit 498 und 546 cm^3, wobei die kleineren Motoren ohv-Köpfe besaßen.
Große kommerzielle Erfolge kamen 1927/1928, als Edward Turner Chefkonstrukteur und Vic Mole Verkaufsleiter wurden. Turner schuf auch 248-cm^3-Versionen und 1930 die sagenhafte »Square Four« Vierzylindermaschine mit 498, 598 und 998 cm^3, die in weiterentwickelter Form bis Ende der fünfziger Jahre gebaut wurde. Beliebt waren auch die rassigen einzylindri-

996 cm^3 Ariel
(ioe-MAG-V-Zweizyl.) 1924

496 cm^3 Ariel
(Eig. ohv-Einzyl.) 1929

498 cm³ Ariel
(Eig. ohv-Einzyl.) 1930

498 cm³ Ariel (Eig.
ohv-Einzyl. »Sloper«) 1931

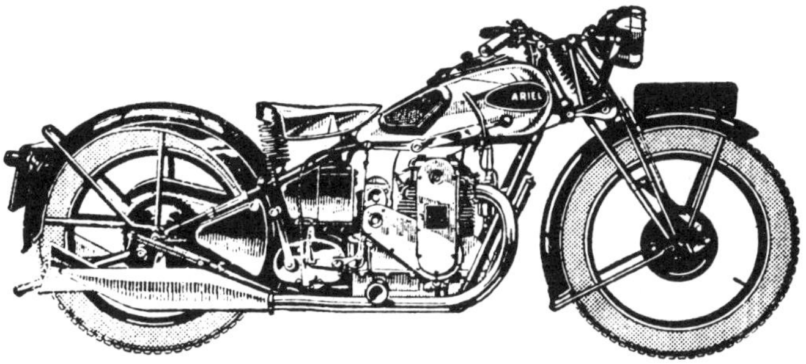

592 cm³ Ariel
(ohc-Vierzyl.) 1932

498 cm³ Ariel
(ohv-»Red Hunter«) 1935

gen 248-, 348- und 498-cm³-»Red Hunter«-Sportmodelle, deren Konstrukteur ebenfalls Edward Turner war. 1936 erwarb Jack Sangster, der Ariel-Chef, die Triumph-Werke in Coventry, und Turner übernahm deren Leitung. Ariel errang große Erfolge bei Trials mit Fahrern wie Ted Heath, Fred Povey, Harold Perrey, Alfie West etc. und baute auch nach 1945 sportliche Einzylindermodelle von 248 bis 498 cm³ mit ohv-Motoren. Ganz neu war 1959 die

998 cm³ Ariel
(Vierzyl.-Motor) 1959

198 cm³ Ariel
(Zweizyl.-2T-Arrow) 1962

von Val Page geschaffene 248-cm³-Parallel-Zweizylinder-Zweitaktmaschine, von der es auch eine 198er Variante gab. Damals wurde das Unternehmen von der BSA-Gruppe, zu der schon Triumph gehörte, übernommen und baute außer den Zweitaktern nur noch die nicht erfolgreiche 49-cm³-»Pixie« mit eigenem ohv-Einzylindermotor und zuletzt ein unorthodoxes kleines Dreirad mit dem Laura-Zweitaktmotor, bevor der Name Ariel ganz verschwand. Ein Name, der jahrelang ganz vorn in der Motorradindustrie stand.

ARISTOS

Aristos Motorfahrzeug-Werke GmbH., Berlin, W 57, Großgörschenstraße 38 D 1924

Konstruiert von Ing. Johannes Pässler, war die Aristos Nachfolgerin der gleichen, kommerziell aber erfolglosen, Menos- und Sterna-Zweizylindermaschinen. Sie hatten einen Mars-ähnlichen geschweißten Kastenrahmen und einen längsliegenden 614-cm³-Boxermotor mit seitengesteuerten Ventilen und Wasserkühlung. Die unorthodoxe Aristos sah gut aus, war aber nie voll durchkonstruiert und konnte sich in der damaligen Inflationszeit auch nicht besonders durchsetzen.

ARLIGUE

Soc. An. Moteurs Arligue, Lyon F 1950–1953

Wie damals viele andere französische Konfektionäre, stellte auch diese Marke Zwei- und Viertakter von 98 bis 248 cm³ mit AMC- und Ydral-Einbaumotoren her.

ARMAC

Armac Motor Company, Chicago, Illinois USA 1911–1913

Nicht weniger als 14 Typen mit 4-PS-Einzylinder- und 7-PS-V-Zweizylindermotoren stellte dieses Unternehmen her. Trotzdem war die Produktion klein.

ARMIS

Armis Cycle Mfg. Co., Ltd., 290 Heenage Street, Birmingham GB 1920–1923

Gehörte zu den besseren englischen Motorradkonfektionären und baute 347-cm^3-Precision-Zweitaktmotoren, 298- und 654-cm^3-sv-Jap- sowie 348-cm^3-Blackburne-Motoren in gute Fahrgestelle ein.

ARMOR

Ets. Armor, 23. Avenue Trudaine, Paris F 1910–1934

Eine alte Firma, die zuletzt vom einst großen Alcyon-Motorradkonzern aufgesogen wurde. Baute während der Jahre Zweitakter von 98 cm^3 und Viertakter von 173 cm^3 aufwärts. Hatte Ende der zwanziger Jahre Modelle mit 498-cm^3-ohv- und ohc-Blockmotoren und zum Teil auch mit Kardanantrieb zum Hinterrad.

ARMSTRONG

Armstrong Cycle Works, 507–509 Harrow Rd., Paddington GB 1902–1905

Konfektionierte Motorräder mit 211-cm^3-Minerva-Motoren und Chater-Lea-Fahrgestellen.

ARMSTRONG

The Armstrong Motorcycle Works, 21. Gt. Portland Str., London GB 1913–1914

Mit 269-cm^3-Villiers-Motoren ausgestattetes Zweitakt-Modell.

ARNO

Arno Motor Co., Gosford Street, Coventry GB 1906–1914

Baute Motorräder mit eigenen 249-, 348- und 499-cm^3-sv-Einzylindermotoren. Die Konstruktion war aber veraltet. So hatten auch die letzten großen Typen noch Tretpedale.

ARROW

Kirk & Marifield, 37 Bradford Street, Birmingham GB 1913–1917

Konfektionierte Motorräder mit 211-cm^3-Levis und auch Precision-Motoren.

ARROW

Arrow Motor Co., California Avenue & 19th Street, Chicago USA 1909–1914

Leichtkrafträder mit 1,5-PS-Einzylindermotoren eigener Erzeugung.

ASAHI

Miyata Works Ltd., 19 2-chome, Higashirokugo, Ota-ku, Tokyo J 1953–1965

Eine alte japanische Waffenfabrik, die bereits 1909 einige Motorrad-Prototypen gebaut hat, aber erst nach dem zweiten Weltkrieg 123- und 173-cm^3-Zweitakter herstellte.

ASCOT

The Ascot Motor Co., 212. Pentonville Rd., London N GB 1905–1906

Kurzlebiger Motorradkonfektionär, der Minerva- und Antoine-Motoren einbaute.

ASCOT-PULLIN

Ascot Motor & Manufacturing Co., Ltd., Letchworth GB 1928–1930

Sehr ungewöhnliche, verkleidete 498-cm^3-ohv-Motorräder mit liegendem Zylinder und hydraulischen Bremsen sowie eingebauten Instrumenten. Vom berühmten im April 1973 verschiedenen Ex-Rennfahrer Cyril Pullin konstruiert, waren sie ihrer Zeit weit voran, aber auch

492 cm^3 Ascot-Pullin (ohv-Einzyl.) 1928

noch nicht ganz durchkonstruiert, als sie auf den Markt kamen. Nur wenige Exemplare sind erhalten geblieben, nachdem die Produktion keinen großen Umfang annahm.

ASHFORD

Ashford Cycle Co., High Street, Ashorf, Kent GB 1905

Von einer kleinen Fahrradfirma mit Minerva- und Fafnir-3,5-PS-Motoren gebaute Konfektionsmotorräder einfacher Bauweise.

A.S.L.

1. Air-Springs Ltd., Stafford GB 1907–1915
2. A.S.L. Manufacturing Co., Corporation Street, Stafford

Interessant deshalb, weil die A.S.L.-Federnfabrik hier 3,5-PS- und 5-PS-Einbaumotore von Simms, Precision, Jap und Fafnir in eigene, mit beiderseitiger pneumatischer Federung ausgestattete Fahrgestelle gesetzt hat. 1913 wurde anstatt der Hinterradfederung nur eine »Sattelstützrohrfederung« eingeführt.

ASPES

1. Aspes – Fabbrica Cicli e Ciclomotori, 11. Via E. Ferrario, 21013. Gallarate I 1967–
2. Fabbrica Motocicli Aspes, Via Magenta 29, 21013 Gallarate

Eine kleine, aber sehr aufstrebende Fabrik für sportliche Leichtgewichtsmotorräder mit zum Teil besonders frisierten Zweitaktmotoren von Morini, Minarelli und aus eigener Erzeugung. Spezialität: 49- und 123-cm³-Moto-Cross und Geländemaschinen, die in Italien sehr erfolgreich sind. Für Aspes fährt auch Felicino Agostini, jüngerer Bruder von Weltmeister Giacomo Agostini.

ASSO

Costruzioni Meccaniche Algadi, Via Verolengo, Torino — I 1927–1931

Nette, mit eigenen 173-cm³-ohv-Blockmotoren ausgerüstete Sportmaschinen.

ASTER

1. Ateliers de Construction Mècanique L'Aster, Boulevard Carnot, St. Denis, Seine — F 1898–1910
2. Ateliers de Construction Mècanique L'Aster, 102 Rue de Paris, St. Denis, Seine

Eine einst berühmte Einbaumotorenfabrik, die selbst Dreiräder, Motorräder und Automobile hergestellt hat. Berühmt der 335-cm³-Einzylindermotor mit wechselgesteuerten Ventilen, der auch von Orent in den USA eingebaut wurde.

ASTON

Aston Motoring & Engineering Co., Witton Lane, Birmingham — GB 1923–1924

Mit den von derselben Firma gebauten Atlas-Motorrädern bis auf den Namen am Kraftstoffbehälter identisch, wurde die 142-cm³-Aston mit Riemenantrieb bei den Ein- und Zweigang-Modellen und mit Kettenantrieb beim Dreigangmodell geliefert.

ASTORIA

Astoria Motorenwerk GmbH., Nürnberg, Äußere Rollnerstraße 55 — D 1923–1925

Baute 289-cm³-Dreikanal-Zweitakter und wurde 1925 von Nestoria übernommen.

ASTORIA

Moto Astoria S.R.L., 39. Via Astesani, Milano (Affori) — I 1950–1957

Sehr gut gebaute Zweitakter von 124 bis 246 cm³ und auch eine rassige 174-cm³-ohc-Sportmaschine standen im Bauprogramm dieser Firma, deren Besitzer der Ex-Rennfahrer Virginio Fieschi war, der 1957 starb. Damit endete auch die Existenz von Astoria.

ASTRA

1. Astra Motoren GmbH., München, Luisenstraße 58 — D 1923–1925
2. Astra Motoren GmbH., München, Forstenriederstraße 1

Ernst Henne, der Ex-Weltrekordmann, begann seine Rennfahrerlaufbahn auf Megola und dann diesen Astra-Motorrädern. Die kleine Firma baute 348- und 500-cm³-sv- und ohv-Blackburne-Motoren, in einigen Fällen auch gleichvolumige Jap-Motoren ein, nachdem die allerersten Astra-Motorräder von SMW gelieferte, unter Douglas-Lizenz gebaute Bosch-Douglas-293-cm³-Boxer-Zweizylindermotoren besaßen.

ASTRA

Max Türkheimer & Co., 22. Via Lanzone, Milano — I 1931–1953

Eine alte italienische Motorrad-Importfirma. War mit »Components Ltd.« (Ariel) in England eng verbunden und baute bereits 1905 eigene Motorräder. Später wurden OTAV-Maschinen von Türkheimer gebaut, während Astra-Motorräder mit 123, 174, 220, 250 und 500 cm^3 Hubraum als sv- und ohv-Einzylinder hergestellt wurden, wobei Türkheimer (als Ariel-Importeur für Italien) auch viele Ariel-Teile bei den Astra-Maschinen verwendete.

ASTRAL

Ets. Astral, 7. Rue de la Republique, Puteaux, Seine — F 1919–1923

Stellte 98- und 122-cm^3-Zweitaktmaschinen her und gehörte zur Austral-Gruppe, die fast gleiche Typen baute.

ATALA

Offizina Meccania Atala, 1. Via Oglio, Milano — I 1925–1934

Mit 173- bis 498-cm^3-Jap- und Blackburne-Motoren ausgerüstete Konfektionsmaschinen.

ATALA

Cesare Rizzato & Co., S.n.C., 35100 Padova, Via Venezia 29 — I 1954–

Baute eine große Anzahl von Moped-, Roller- und Leichtkraftradmodellen mit eigenen 49-, 69-, 98- und 124-cm^3-Zweitaktmotoren und hat sich in den letzten Jahren als Zubehörteil-Lieferant spezialisiert.

ATLANTA-DUO

O.E.C. Ltd., Atlanta Works, Highbury Str., Portsmouth, Hants — GB 1935–1936

Eine ungewöhnliche, zum Großteil verschalte Motorradkonstruktion mit zahlreichen neuen Bauelementen. Wurde mit 248-, 348- und 500-cm^3-ohv-Jap-Motoren angeboten, konnte sich aber nicht durchsetzen.

ATLANTIC

Etablissements Besse, 4-6 Boulevard de la République, Aix-Le-Provence — F 1929–1932

Stellte in beschränkter Anzahl kleine 98-cm^3-Zweitakter mit Chaise- und 347- sowie 497-cm^3-ohv-Einzylindermaschinen mit Blackburne-Motoren her.

ATLANTIK

Fahrzeugfabrik Meyer zu Stapelage & Söhne, Brackwede, Westf. — D 1924–1925

Einfache Leichtkrafträder mit 198-cm^3-sv-Motoren von Hansa.

ATLANTIK

Atlantik-Werke, Bamberg — D 1925–1926

Mit 173-cm^3-Zweitaktmotoren ausgerüstete, primitiv gebaute Motorräder.

ATLANTIS

Motoren & Fahrzeugwerk, Paul Arthur Kreuzer, Kiel D 1926–1932

Gute Konfektionsmotorräder, die zunächst 348- und 398-cm^3-Zweitaktmotoren, später wechselgesteuerte 498-, 746- und 990-cm^3-MAG- und 497-cm^3-ohc-Motoren von Küchen hatten. Sie waren auch mit 498-cm^3-sv-Jap- und 597-cm^3-sv-Blackburne-Motoren erhältlich.

ATLAS

Atlas-Engineering Co., Coventry GB 1913–1914

Ein kleiner Hersteller, der 492-cm^3-Jap- und 496-cm^3-Blumfield-Motoren mit seitengesteuerten Ventilen einbaute.

ATLAS

Aston Motor & Engineering Co., Witton Lane, Birmingham GB 1923–1925

Das war die »Schwester« der kleinen 142-cm^3-Aston mit Villiers-Motor.

ATLAS

Maschinen & Fahrzeugfabrik Weißbach & Schleif, Leipzig-Gohlis D 1924–1929

Gut und solid gebaute 248-cm^3- und 348-cm^3-Einzylinder-Zweitaktmaschinen, mit denen Schleif auch gute Resultate bei Sportveranstaltungen erzielte.

ATTOLINI

Gustavo Attolini, Motocicli, Spineda I 1920–1923

Mit Hinterradfederung ausgerüstete 269-cm^3-Zweitaktmodelle, deren Motoren von Villiers in England stammten.

AUGUSTA

1. Ditta Blatto & Niri, 12. Piazza Solferini, Torino I 1924–1931
2. S.a.Fiab – Fabbrica Italiana Augusta, 101 Via Audinot, Bologna

Augusta darf man nicht mit MV-Agusta verwechseln. Blattos Konstruktionen hatten Königswellenmotoren; zunächst mit 347 cm^3, die sich nicht bewährten. Besser waren die nachher gebauten 123- und 173-cm^3-Sport- und Rennmodelle, obwohl es auch diesen fortschrittlichen Konstruktionen an Zuverlässigkeit mangelte.

AURORA

Aurora Motor Manufacturing Co., Ltd., Coventry GB 1902–1907

MMC, Coronet, Whitley, Condor und andere in Coventry gebaute 2,25-, 2,75- und 3,25-PS-Einzylindermotoren wurden von Aurora benützt.

AURORA

Aurora Motors, Mona Terrace, Douglas, Isle of Man GBM 1919–1921

Auf der Insel Man, wo die T.T.-Rennen gefahren werden, gab es zwei Motorradhersteller. Peters in Ramsey und Autora, wo man 318-cm^3-Dalm-Zweitaktmotore einbaute, in der Hauptstadt Douglas.

AUSTEN

Austen Cycle Co., Lewisham, London, S.E. GB 1903–1906

Bekannt ist nur, daß diese kleine Firma auch 2,25-PS-Kelecom-Motore einbaute.

AUSTRAL

1. Cycles Austral, 12. Rue de Lamartine, Paris F 1908–1932
2. Ets. Austral, 7 Rue de la République, Puteaux, Seine

Gehörte zu den Firmen der Pionierzeit. Stellte lange Zeit 211-cm^3-Zweitakter und nach 1918 verschiedene 246-cm^3-Zweitakter wie auch 248- und 348-cm^3-Viertakter mit Zurcher- und Jap-Motoren her.

AUSTRIA

Austria-Motorenwerke, Josef Mezera, Wien III, Rundweg 21–26 A 1903–1907

Vom Vater des Inhabers Ignatz Mezera gegründet, baute die Firma Fahrrad-Hilfsmotoren und 0,8-PS-Leichtkrafträder, die zu den ersten in der Ö. U. Monarchie gebauten Zweitaktern gehörten.

AUSTRIA

Austria Motor Fahrzeuge, K. Lamperts, Trautmannsdorf a. d. Leitha A 1930–1933

Aus Duralumin hergestellte, von Ardie, Nürnberg, bezogene Fahrgestelle mit 246- und 346-cm^3-Villiers-Motoren, die teilweise Wasserkühlung besaßen. Daneben baute man eine seitengesteuerte 346-cm^3-Maschine mit Sturmey-Archer-Motor. Konstrukteur: Ing. Hauler.

AUSTRIA-ALPHA

Josef Illichmann, 8. Hasnerstraße, Wien XVI A 1933–1952

Der Ex-Werner-MAG-Rennfahrer Illichmann baute zunächst 246-cm^3-V-Zweizylinder-Rennmaschinen und auch 498-cm^3-ohv-Einzylinder. Nach dem Krieg entstanden Sportmaschinen mit 249-cm^3-Puch- und 244-cm^3-Ilo-Zweitaktern. Die Produktion war beschränkt, da sich der Konstrukteur, der auch durch Fußschaltungen, Vordergabeln, Bremsen etc. bekannt wurde und auch viele Maschinen auf Hinterradfederung umbaute, immer mehr seiner großen Gießerei widmete.

AUSTRO-ILO

Temple & Co., Wien VI, Mollardgasse 67 A 1938

Wegen der Besetzung Österreichs durch die Deutschen (1938) konnte Temple nur wenige Maschinen mit dem 120-cm^3-Ilo-Motor herstellen.

AUSTRO-MOTORETTE

1. Steirische Fahrzeugwerke AG, Puntigam bei Graz
2. Grazer Motorenwerke AG, Puntigam bei Graz A 1924–1927

Leichtkrafträder, von Ing. Karl Schüber konstruiert, mit 144-cm³-Parallel-Zweizylinder-Zweitaktmotoren, die 2,5 PS bei 3000 U/Min. abgaben. Man baute auch 82-cm³-Hilfsmotoren und von Schüber konstruierte 173-cm³-Rennmaschinen mit Doppelnockenwellenmotoren. Die Firma stellte ab 1927 die 346- und 498-cm³-Titan-Motorräder her.

AUSTRO-OMEGA

Josef Pruckner, Motorradbau, 12. Lebzeltergasse, Korneuburg A 1932–1939

Martin Schneeweiß, Hermann Deimel, Franz Behrendt, Rudi Hunger und andere bekannte Fahrer steuerten diese sehr gut ausgeführten Motorräder erfolgreich bei Rennen. Serienmäßig baute die Firma 348-, 496- und 746-cm³-Jap-Motoren und englische Komponenten ein. Einige 348-cm³-Rennmaschinen hatten jedoch Sturmey-Archer-Motoren. Nach dem Zweiten Weltkrieg stellte Pruckner nur noch Seitenwagen her.

AUTINAG

Auto-Industrie AG, Düsseldorf-Mörsenbroich D 1924–1925

Einfache 127- und 198-cm³-Zweitakter und 496-cm³-Modelle mit MAG-Motor. Konstrukteur: Ing. Frankowski. Identisch, aber etwas sportlicher ausgeführt waren die ebenfalls hier gebauten Dümo-Motorräder.

AUTO-BI

1. Buffalo Automobile & Auto-Bi Co. 1442–1453 Niagara Street, Buffalo, N. Y.
USA 1902–1912
2. Buffalo Automobile & Auto-Bi Co., 106, Broadway, Buffalo, N. Y.

Baute gewöhnliche Motorräder und auch Roller-ähnliche Modelle mit halbverschalten Antriebsquellen. Verwendet wurden amerikanische 1,5-PS- und 2,5-PS E.R.-Thomas-Motoren.

AUTO-BIT

Auto-Bit Motorcycle Works, Tokyo J 1952–1962

Stellte 249-cm³-Einzylindermodelle englischer Bauweise her.

AUTO-ELL

Motorradbau Max Ell, Stuttgart, Herzogstraße 7 D 1924–1926

Gründer der bekannten Autofirma, baute Leichtkrafträder mit 142-cm³-Grade-Motoren und fuhr selbst mit diesen bei Veranstaltungen.

AUTOFLUG

Autoflug OHG, Berlin-Johannisthal, Sternplatz D 1921–1923

Flugzeugtechniker mit Egon Weitzel an der Spitze konstruierten nicht nur Roller-ähnliche 117- und 122-cm³-Fahrzeuge mit kleinen Rädern und langen, offenen Fahrgestellen. Sie schufen auch Motorräder, die Hugo Ruppes 129- und 146-cm³-Bekamo-Zweitaktmotoren mit Hilfskolben im Kurbelgehäuse besaßen.

AUTOGLIDER

1. Autoglider Ltd., Caxton House, Great Charles Street, Birmingham — GB 1919–1922
2. Townsend & Co., Birmingham

Auch hier handelte es sich um ein Roller-ähnliches Fahrzeug, das jedoch über dem kleinen Vorderrad den 269-cm³-Union-Zweitaktmotor hatte. Zuletzt den 269-cm³-Villiers.

AUTOMOTO

1. Chavant, Gros, Pichard & Co., 38. Rue Gretenberg, St. Etienne, Loire — F 1901–1962
2. S.A. des Constructions Mechanique de la Loire, St. Etienne, Loire
3. Société Automoto, 152. Avenue Malakoff, Paris
4. Terrot-Automoto, Beaulieu-Valentigney

Ein alter Hersteller von soliden, aber nicht besonders sportlichen Motorrädern in der Zeit vor dem Zweiten Weltkrieg, als man Zweitakter von 98 bis 249 cm³ und einzylindrige sv- und ohv-Modelle bis 499 cm³, zum Teil mit Blockmotoren, herstellte. Damals gab es auch mit Chaise-ohc-Motoren ausgerüstete Typen, während andere Modelle Zurcher-, Jap- und Villiers-Motoren besaßen. Nach 1945 kam der französische 123- bis 248-cm³-ohv-Motor von AMC zum Einbau, als im Rahmen der Konzentration der französischen Motorradindustrie Automoto zur Terrot-Magnat Debon-Peugeot-Gruppe kam. 1962 hörte die Firma auf, als selbständige Marke zu fungieren.

AUTOPED

1. The Autoped Company of America, New York — USA 1915–1921
2. Imperial Motor Industries Ltd., Denmark Street, Charing Cross Road, London

Mit einen über dem kleinen Vorderrad liegenden 155-cm³-Viertaktmotor ausgerüstet, wurde der Autoped in Amerika und England, sowie unter Lizenz von Krupp in Deutschland sowie CAS in der Tschechoslowakei gebaut. Es war ein Roller, der sich aber so wenig wie andere Roller der damaligen Periode durchsetzen konnte.

AUTOSCO

Brown & Layfield, Empire Parade, Sydenham, London, S.E. — GB 1920–1921

Auch der Autosco war ein nach dem Ersten Weltkrieg – ohne Erfolg – gebauter Roller, dessen Motor einen Hubraum von 180 cm³ besaß. Andere Roller der damaligen Zeit: Scootamota, Kingsbury, Harper, DKW-Lomos, Postler, Unibus, Whippet, Monet-Goyon, CAS, Marseel etc.

AVADA

Avade Moped Works, Amsterdam — NL 1953–O

Ein kleiner Moped-Hersteller, der 49-cm³-Zweitakter einbaute.

AVENIR

L'Avenir, Hazenstraat, 53, Lier — B 1956–

Baute Mofas und Mopeds mit 49-cm³-Zweitaktmotoren, doch konnte Marien, die Herstellerfirma, fast nur im eigenen Land Umsätze erzielen.

AVIS-CELER

1. A. & W. Lambrecht & Co., Hannover-Linden, Dickhornstraße 11 — D 1925–1931
2. Otto Hammer & W. Lambrecht, Hannover-Hainholz, Schulenburger Landstraße 94

Hermann Widemann, Hannovers erfolgreichster Bahnrennfahrer, fuhr 248- und 348-cm³-Avis-Celer-Motorräder mit englischen ohv-Jap-Motoren. Serienmäßig baute die kleine ambitionierte Firma 173-, 198-, 246- und 348-cm³-Zweitakter mit Villiers-Motoren und ab 1928 auch 347- und 498-cm³ohv-Einzylinder mit schweizer MAG-Einbaumotoren. Sie gehörte in Deutschland zu den ersten Marken, die Satteltanks einführten.

AVON

Avon Motor Cycle Co., Southbridge Road, South End, Croydon — GB 1919–1920

Beschränkte Herstellung einer 346-cm³-Zweitakt-Einzylindermaschine mit Villiers-Motor.

A.W.D.

August Wurring, Breitscheid, Post Lintorf, Bezirk Düsseldorf — D 1921–

Wurring baut noch heute – auf Bestellung – Leichtkrafträder mit 247-cm³-Ilo-Motoren, doch stellte er während der Jahre nicht nur viele Rennmaschinen-Fahrgestelle für bekannte Rennfahrer, sondern auch komplette und sehr gut ausgeführte Motorräder von 123 bis 499 cm³ mit Einbaumotoren von DKW, Kühne, Küchen, Jap, Blackburne, Villiers, Ilo, Sachs und anderen Firmen her.

A.W.O.

Volkseigener Betrieb »Autovelo«, Suhl in Thüringen, DDR — DDR 1950–O

Motorräder mit obengesteuerten 246-cm³-Blockmotoren und Kardanantrieb zum Hinterrad. Es gab auch Sport- und Werks-Rennversionen; letztere wurden zum Teil auch mit zwei Parallel-Zylindern und obenliegenden Nockenwellen mit Ketten- und Wellenantrieb gebaut. In den sechziger Jahren verlegte man den Bau auf 49- und 73-cm³-Mofas, Mopeds, Leichtkrafträder und ähnliche Modelle, die nunmehr den Namen »Simson« trugen. Nicht ohne Grund, ging das Unternehmen doch aus der früheren Autofabrik Simson-Supra hervor. Und »Simson« stand auch schon vorher am Kraftstoffbehälter serienmäßiger 246-cm³-Modelle, nachdem die Marke A.W.O. nicht mehr verwendet wurde. Mehr unter Simson.

AYRES-HAYMAN

Viaduct-Motor-Co., Broadheath, Manchester — GB 1920

Von einer kleinen Firma gebaut, war die kurzlebige Ayres-Hayman eine 688-cm³-Zweizylindermaschine mit einem von Coventry-Victor hergestellten sv-Boxer-Motor.

AZA

Motor-Company, 16. Vinarska, Praha VII — CS 1924–1926

Die Bezeichnung »Aza« wurde von der englischen Jap-Einbaumotorenfabrik für kleine Typen verwendet. Die in Prag gebaute Aza hatte solch einen 147-cm³-Motor, errang aber keine große Verbreitung. Dieselbe Fabrik stellte in Prag auch die 996-cm³-sv-V-Zweizylindermaschinen der Marke MC her.

AZZARITI

Vincenzo Azzariti, Venezia. — I 1931–1934

Stellte Rennmaschinen mit eigenen 174- und 348-cm³-ohc-Motoren, zum Teil Parallel-Zweizylinder mit Kettenantrieb zur obenliegenden Nockenwelle, her. Mit desmodromischer Ventilsteuerung versehen.

B.A.C.

Bond Aircraft & Engineering Co. (Blackpool) Ltd., Towneley Works, Berry Lane, Longridge, Preston. — GB 1951–1953

Mit 98- und 123-cm³-Villiers-Zweitaktmotoren ausgerüstet, gehörte die »Gazelle« zu den ersten Nachkriegsrollern in England. Außer diesen Modellen produzierte Bond auch 98-cm³-Leichtkrafträder mit Villiers-Motoren und 123-cm³-Modelle mit Jap-Zweitaktern.

BADGER

Badger Manufacturing Co., Boston, Mass — USA 1920–1921

Ungewöhnliche Konstruktion mit 163-cm³-Viertaktmotor im Hinterrad.

B.A.F.

Ing. B. A. Frisek, 2. Palackého Namĕsti, Praha II — CS 1927–1930

Mit Bekamo-Zweitaktmotoren ausgestattete 173- und 248-cm³-Maschinen sowie 346-cm³-ohv-Einzylindermodelle mit Kühne- und 498-cm³-ohc-Versionen mit französischen Chaise-Einbaumotoren. Die Bekamo-Motoren hatten Hilfskolben im Kurbelgehäuse.

BAFAG

Badische Albertus-Fahrzeugwerk AG., Achern in Baden — D 1922–1924

Fast gleich mit den 113- und 176-cm³-Albertus-Motorrädern, die den von Julius Löwy konstruierten Rohölmotor besaßen. Leider waren diese Antriebsquellen zu schwach und zu unverlässig. So konnte auch die Bafag nicht lange bestehen.

BAIER

1. Motoren & Apparatefabrik Wilhelm Baier, Berlin, Kaiserdamm 5 — D 1924–1930
2. Motoren & Apparatefabrik Wilhelm Baier, Berlin-Charlottenburg, Windscheidstraße 10
3. Motoren & Apparatefabrik Wilhelm Baier, Berlin-Charlottenburg, Knobelsdorferstraße 14
4. Baier-Werk GmbH., Berlin-Charlottenburg, Bismarckstraße 3
5. Baier-Motorenbau GmbH., Berlin-Charlottenburg, Rankstraße 30

Gehörte zu den zahlreichen Berliner Herstellern von Zweitaktmotoren in den zwanziger Jahren. Baute zunächst nette 198- und 249-cm³-Einzylinder- zum Teil mit Blockmotoren; ab 1927 eine 492-cm³-Zweitakt-Einzylindermaschine mit Doppelkolben-Motor, wie er sich in verschiedenen Formen auch bei Puch, Garelli und Bacchi vorfand. Hier lagen die zwei Kolben hintereinander im luftgekühlten Zylinder. Das Fahrgestell war BMW-ähnlich, der Motor aber unzuverlässig und unwirtschaftlich.

BAILIEUL

Ets. Bailieul, 34. Rue Kleber, Levallois F 1904–C

Kleine Firma, die Motorräder mit Peugeot- und Buchet-Motoren baute.

BAKER

Baker Motorcycles Ltd., Alvechurch Rd., Northfield, Birmingham. GB 1927–1930

E. A. Baker, der einst bei Cleveland in Amerika tätig war, dann in England Precision-Einbaumotore erzeugte und Beardmore-Precision-Motorräder konstruierte, war Inhaber der kleinen Baker-Motorradfabrik. Hier stellte er 147-, 173-, 198- und 246-cm³-Zweitaktmaschinen mit Villiers-Motoren her. Dann, während der Wirtschaftskrise, verkaufte er seine Firma an James.

BALALUWA

Balaluwa-Fahrzeug AG, München, Schommerstraße 1 D 1924–1925

Hinter diesen ungewöhnlich »deutschen« Namen verbargen sich hochmoderne 347-cm³-ohv-Einzylindermaschinen, die schon damals große Innenbackenbremsen, Kettenantrieb mit Dreiganggetriebe etc. besaßen. Die Inflation, ungenügende Entwicklung und Geldmangel waren wohl die Gründe, daß Balaluwa bald wieder vom Markt verschwand.

BALKAN

Nationale Motorradwerke Balkan BTRLA, Lovech BG 1958–

Bulgariens großes Motorradwerk stellte zuerst Jawa-ähnliche 246-cm³-Zweitakter her; konzentrierte in den letzten Jahren die Herstellung auf 49- und 73-cm³-Zweitakter in zahlreichen Ausführungen, die auch ins Ausland geliefert werden.

B.A.M.

Berlin-Aachener Motorenwerke AG., Aachen D 1933–1937

Während des »Dritten Reichs« war es fast unmöglich, ausländische Motorräder nach Deutschland einzuführen. So sah sich die deutsche FN-Zweigniederlassung genötigt, die belgischen FN-Motorräder in B.A.F. Umzubenennen, damit sie »deutsch« wurden. In Wirklichkeit handelte es sich aber weiter um 198-cm³-Zweitakt-, 346-cm³-sv- und 497-cm³-sv- und ohv-Modelle der belgischen F.N.-Waffenfabriken. Mit B.A.M. am Kraftstoffbehälter!

BAMAR

Fahrzeugwerke Barth & Co., Marburg an der Lahn D 1923–1925

Motorrad-Konfektionär, der 149- und 198-cm³-DKW-, Alba-, Gruhn-, Baumi- und andere Motoren einbaute. Die Produktion hatte lokalen Charakter.

BAMO

Bautzener Motorradfabrik Stäubigen & Klingst, Bautzen D 1923–1925

Mit 148- und 173-cm³-DKW-Motoren ausgestattete Konfektionsmotorräder.

BANSHEE

1. Smith, Jackson & Co., 26. Scale Lane, Hull, Yorks.
2. Banshee Manufacturing Co., Ltd., Crown Close Works, Bromsgrove D 1921–1924

Stellte mittelmäßige Konfektionsmotorräder mit 269-cm³-Villiers-, ölgekühlten 346-cm³-Bradshaw-, 347- und 497-cm³-Blackburne- und, als eine der ersten Firmen, mit dem 348-cm³-Barr-&-Stroud-Schiebermotor her. Die ersten Modelle hatten 269-cm³-Arden-Motore.

BARDONE

Nicola Bardone, Milano, 24. Via Timavo I 1938–1939

Besser als Erzeuger von Dreirädern bekannt, stellte Bardone vor dem Zweiten Weltkrieg auch 499-cm³-ohv-Einzylindermaschinen in robuster und schwerer Konstruktion her.

BARNES

Geo A. Barnes, 34. Algernon Road, Lewisham, London, S.E. GB 1904

Nicht viel ist über diese Motorräder bekannt, zumal sie höchstwahrscheinlich nur auf Bestellung mit verschiedenen Einbaumotoren gebaut wurden. Baute Stevens-Motore ein.

BARON

Baron Cycle Co., 42–44 Summer Row, Birmingham GB 1920–1921

Auch Baron, Hersteller von Maschinen mit 269-cm³-Villers- und 346-cm³-Blackburne-Motoren mußte bald feststellen daß es schwer ist, gute Motorräder zu erzeugen und auch zu verkaufen.

BARRY

Brüder Bardas, Maschinenfabrik, Müglitz in Mähren, Schillerstraße 40 CS 1932–1939

Ein früher bekannter Rennfahrer, der von Dipl.-Ing. Friedrich Drkosch konstruierte 247-cm³-Rennmotorräder baute. Ein Volksmotorrad mit einen 98-cm³-Zweitaktmotor kam – 1938 konstruiert – nicht mehr zum Serienbau. Die Rennmaschinen hatten ohv-Einzylindermotoren.

BARTALI

Mototecnica Dell'Italia Centrale S.r.l., 55R Via della Scala, Firenze I 1953–1961

Diese Fabrik gehörte dem berühmten Fahrradrennfahrer Gino Bartali und baute Zweitaktmaschinen mit 48, 125 und 160 cm³ und 123-, 173- und 198-cm³-ohv-Modelle. Sehr rassig die 160-cm³-»Marziano«-Supersportmaschine.

BARTER

1. Humpage, Jacques & Pedersen, Luckwell Lane, Bristol GB 1902–1904
2. Humpage, Jacques & Pedersen, Ashton Gate, Bristol

Unorthodoxe Einzylindermaschinen mit Antrieb direkt von der Nockenwelle. Der Konstrukteur W. J. Barter schuf dann die Fairy-(Fee)-Motorräder mit zweizylindrigen Boxermotoren, aus denen später die ersten Douglas-Maschinen entstanden.

BARTISCH

1. Franz Bartisch, Mech. Werkstätte, Wien X, Triester Str. 49
2. Franz Bartisch, Mech. Werkstätte, Wien X, Knöllgasse 6 — A 1927–1929

Der österreichische Techniker schuf erst eine 348-cm³-ohc-Maschine mit durch Kette angetriebener obenliegender Nockenwelle und dann eine 496-cm³-ohc-Einzylindermaschine, die Nockenwellenantrieb mittels Welle hatte und sehr modern durchkonstruiert war.

BASTERT

Bastert-Werke, Gustav Bastert, Bielefeld-Heepen — D 1949–1955

Die noch existierenden Bastert-Werke bauten Fahrräder, Mofas, Mopeds, Leichtkrafträder und auch den Roller, der als Bastert-Einspurauto auf den Markt gebracht wurde. Alle Maschinen hatten 49- bis 248-cm³-Zweitaktmotore von Ilo und Sachs.

B.A.T.

B.A.T. Motor Mfg. Co., 2. Kingswood Road, Penge, London S.E. 20 — GB 1902–1926

Bekannt durch Federrahmen und viele Siege und Rekorde, hatten diese Motorräder, von der Tessier-Familie gebaut, einen sehr guten Ruf. Man stellte außer 492-cm³-Einzylinder-ohv-Modellen hauptsächlichm 654-, 770-, 964- und 980-cm³-V-Zweizylindermaschinen mit Jap-Motoren her. Spitzenfahrer waren T. H. Tessier und die Brüder Bashall, die auch bei den ersten TT-Rennen sehr gute Erfolge erzielten.

BATAVUS

1. Rijwiel- & Motorenfabriek, A. Gaastra, Ouderschoot, Heerenveen — NL 1911–
2. Batavus N.V. Rigwiel & Motorenfabriek, Heerenveen, Industrieweg 4

Sehr gut ausgeführte Motorräder mit Villiers-, Ilo- und Sachs-Motoren von 49 bis 198 cm³ mußten in den letzten Jahren einer Reihe von 49-cm³-Mofas, Mopeds und auch sportlichen Leichtkrafträdern mit Sachs-Motoren weichen.

49 cm³ Batavus (Sachs-2T) 1974

BAUDO

Officine Meccanicche Baudo, Torino, Via Beretti 37 — I 1920–1931

Baute jahrelang V-Zweizylinder-sv-Maschinen mit englischen 474-, 668- und 972-cm^3-Jap-Motoren; nach 1924 auch solche mit 173-, 246- und 346-cm^3-sv-Jap-Einzylinder- und 173-cm^3-ohv-Moser- sowie Barr-&-Stroud-, Train- und Blackburne-Motoren.

BAUER

1. L. Bauer & Co., Klein-Auheim am Main — D 1936–1954
2. Bauer-Werke GmbH., Klein-Auheim am Main

Diese bekannte Fahrradfabrik stellte vor 1939 motorisierte Fahrräder mit 75- und 98-cm^3-Sachs-Motoren und nach 1945 auch Leichtkrafträder mit 123-, 147- und 173-cm^3-Ilo- und Sachs-Motoren her. Eine 1952 geschaffene eigene 248-cm^3-ohv-Einzylindermaschine mit vor dem Zylinder liegenden Vergaser und hintenliegenden Auslaßkanal war ein Versager und führte mehr oder weniger zur Einstellung der Bauerschen Motorradherstellung.

BAUGHAN

Baughan Motors, Lower Street, Stroud, Glos — GB 1930–1936

Eine kleine Firma, die gute Motorräder, besonders Trial-Modelle, mit 247-, 347- und 498-cm^3-Blackburne-sv- und ohv-Motoren baute und auch Seitenwagenmaschinen für den Geländesport mit angetriebenem Seitenwagenrad hergestellt hat. Baughan selbst war ein anerkannter ACU-Trial-Fachmann und fuhr selbst erfolgreich bei vielen Veranstaltungen mit.

BAYERLAND

Ing. Anton Bayerlein, München, Hübnerstraße 4 — D 1924–1930

Hauptsächlich mit englischen Jap-Einbaumotoren ausgestattete 248-, 348- und 498-cm^3-sv- und ohv-Maschinen guter Konstruktion. Bayerlein schuf auch mehrere Rennmaschinen, von denen besonders die von Sepp Giggenbach gesteuerte 990-cm^3-V-Zweizylinder mit ohv-Jap-Motor große Erfolge, wie z. B. 1927 am Nürburgring beim Großen Preis, errang.

BAYERN

Leichtfahrzeug GmbH., München, Forstenriederstraße 14 — D 1923–1926

Die ersten Modelle besaßen von SMW unter Lizenz gebaute 298-cm^3-Bosch-Douglas-Zweizylinder-Boxermotoren, später wurden 498-, 746- und 988-cm^3-V-Zweizylinder-MAG-Motoren mit wechselgesteuerten Ventilen verwendet.

BAYLEY-FLYER

1. McLeod Manufacturing Co., Portland, Oregon — USA 1914–1917
2. Bayley-Flyer Autocycle Co., Chicago, Illinois

Sehr unkonventionell in der Konstruktion, hatte der Bayley-Flyer einen liegenden 3,5-PS-Zweizylindermotor, Kardanantrieb, Handstarter und eine automatische Schaltung. Trotzdem wurde er kein Erfolg und verschwand bald von der Bildfläche.

B.B.

Motorenbau B. Bortius, Stettin, Lange Gasse 4 D 1923–1925

Ebenfalls in Stettin hergestellte 198-cm³-Alba-sv-Motoren wurden von diesem kleinen Konfektionär verwendet. B.B.-Motorräder waren in Mittel- und Süddeutschland nicht vertreten.

B.B.

Motocicli Ugo Bocchi, Parma I 1925–1927

Mit horizontalem Zylinder ausgestattete 123-cm³-Zweitaktmaschinen eines kleinen Herstellers.

B.C.R.

1. M. Raynal, 2-bis Rue Etienne Dolet, Le Frentin Bicebre F 1923–1930
2. M. Raynal, 110 Avenue de Fontainbleau, Le Frentin Bicebre

Gehört zu den ersten Maschinen mit guten Vorder- und Hinterradfederungen. Die Modellreihe umfaßte 98- und 174-cm³-Zweitakter sowie 248-, 348- und 498-cm³-sv- und ohv-Modelle mit Jap- und 499-cm³-ohc-Chaise-Motoren. Raynal war auch Hersteller der Poinard-Maschinen.

B.D.

1. Tovarna na Stroje, Breitfeld & Danek, Praha X CS 1927–1929
2. A. G. Strojiren, drive Breitfeld & Danek, Praha X

Sehr gut von J. F. Koch konstruierte 498-cm³-Einzylinder-Tourensport-ohc-Blockmaschinen einer bekannten Maschinenfabrik, die dann von der Autofrabrik »Praga« übernommen wurde. So kam es, daß 1929 aus den schönen und guten B.D.-Motorrädern Praga-Motorräder wurden.

490 cm³ BD
(Eig. ohc Blockmotor) 1928

BEARDMORE-PRECISION

F. E. Baker Ltd., Precision Works, Kings Norton, Birmingham GB 1922–1924

Bakers Precision-Einbaumotorenfabrik wurde nach dem ersten Weltkrieg vom großen Beardmore-Konzern, Hersteller von Automobilen, Schiffen, Lokomotiven, Flugzeugen etc., übernommen und stellte nunmehr komplette Motorräder mit 247-, 347-, 498- und 596-cm³-sv-und ohv-Einzylindermotoren her. Daneben gab es einen Typ mit dem 346-cm³-Barr-&-Stroud-

Schiebermotor und auch Spezial-Werksrennmaschinen mit 248 und 348 cm³, vierventilligen Zylinderköpfen für die ohv und – zum Teil – Blattfedern für die Ventile. Diese bewährten sich aber genausowenig wie verschiedene ohc-Motoren, die alle von A. Francis im Glasgower Zweigwerk von Beardmore konstruiert und gebaut wurden.

347 cm³ Beardmore-Precision (B&S-Schiebermotor) 1923

BEAUFORT

Argson Engineering Co., Ltd., Beaufort Works, South Twickenham, Middlesex GB 1923–1926

Zuerst für Argson Invaliden-Dreiradwagen konstruiert, fand der 170-cm³-Beaufort-Zweitakt-Blockmotor auch in Leichtkrafträdern dieser Firma Verwendung.

BEAU-IDEAL

Richards Beau-Ideal Cycle Co., Ltd., Heath Town, Wolverhampton GB 1905–1906

Konfektionsmotorräder aus der Pionierzeit mit Clement, Minerva und Jap-Motoren.

BEAUMONT

Beaumont Motors (Leeds) Ltd., Cleopatra Works, Harehills, Leeds GB 1921–1922

»Monty« Beaumonts Motorräder hatten den alten 269-cm³-Wall-Zweitaktmotor und 346-cm³-sv-Blackburne-Motoren. Bekannt wurde er nach 1945, als er den Kendall-»Volkswagen« mit Dreizylindermotor konstruierte, der viel Geld verschlang und doch nie in Serie ging. War später mit der Mira-Versuchsstrecke und Scott-Motorrädern verbunden.

BE-BE

Berlin-Burger-Eisenwerk AG., Berlin N. 113, Greifswalderstraße 42 D 1923–1927

Eine der vielen damals in Berlin gebauten Zweitaktmaschinen mit einem 117-cm³-Dreikanalmotor. Eine größere Verbreitung errang die Be-Be nicht.

BECCARIA

G. Beccaria, 11 Viale Villanova, Mandovi, Cueo I 1925–1928

Typisch englische Bauweise und auch mit englischen 346-cm³-Villiers- und 347-cm³-sv- und ohv-Blackburne-Einbaumotoren.

BECKER

Karl Becker, Motorfahrzeugbau, Dresden, Waisenhausstraße 8 D 1903–1906

Mit eigenen und Fafnir-Motoren ausgerüstete Ein- und V-Zweizylindermodelle. Kleine Produktion über die nicht mehr viel bekannt ist.

BEESTON

1. Beeston Cycle Co., Parkside, Coventry GB 1898–1910
2. New Beeston Cycle Co., Parkside, Coventry

Ein großer, vom Motorrad-Pionier Harry John Lawson gegründeter Konzern baute in mehreren Fabriken – zum Teil voneinander unabhängig – Beeston Kraftfahrzeuge mit drei, zwei und auch vier Rädern. Die bereits 1898 gebauten Motorräder mit verlängertern Fahrradrahmen hatten einen 364-cm³-Motor mit 1,75 PS, der zwischen dem Hinterrad und dem Tretlager lag, wobei sich auch der Kraftstoffbehälter hinter dem Sattel befand. Der Motor stammte von De Dion, nachdem Lawson auch die De Dion-Patente für England erworben hatte.

BEHAG

Bremer Eisenhandels AG., Bremen, Kaiserstraße 7–11 D 1924–1926

Zu den kleinen, im Motorradbau unerfahrenen Firmen gehörend, die nach der Inflation den Markt mit 218-cm³-Einzylindermaschinen und auch mit einigen Modellen mit 348-cm³- und 498-cm³-Jap-Motoren bereicherten.

BEKAMO

1. Berliner-Kleinmotoren-Aktiengesellschaft, Berlin, Bremer Straße 48 D 1922–1925
2. Bekamo-Kraftfahrzeug-Aktiengesellschaft, Berlin NW 21, Alt-Moabit 94

Hugo Ruppe, einst Besitzer der MAF-Autofabrik, schuf die ersten DKW-Zweitakter und gründete dann die Bekamo-Werke, wo er Zweitakter mit Kurbelkastenhilfspumpe baute und auch seine eigenen 129-cm³-Motorräder mit eisenarmiertem Eschenholzrahmen, später mit »normalen« Rohrfahrgestellen schuf. Es waren sehr leistungsfähige Motoren, und die Fahrer Josef Thevis, Paul Lüdtke, Max Hucke, Ing. Kurt Pohle, Karl Jurisch u. a. siegten mit ihnen bei vielen Rennen. Bekamo-Motoren wurden auch von anderen Firmen eingebaut und unter Lizenz hergestellt. Schon 1923 hatte Ruppe eine Zweigfabrik in Rumburg in der Tschechoslowakei gegründet, wo man zunächst Berliner Bekamos montierte, ab 1925 aber die Motoren und das ungewöhnliche TX-Fahrgestell selbst baute.

BEKAMO

Kaehlert & Ruppe, AG., Motorradwerke, Rumburg CS 1923–1930

Die von Ing. Kurt Pohle und Dir. Ahrens bei TX (Westendarp & Pieper) in Berlin geschaffenen Tankrohr-Fahrgestelle bildeten das Rückgrad der tschechoslowakischen 129- und 173-cm³-Bekamo-Motorräder, während die ab 1929 gebauten 247-cm³-Modelle bei Aeros in Kaaden hergestellte Rohrrahmen besaßen. Obwohl sehr leistungsfähig, hinderte der ungewöhnliche TX-Rahmen eine weite Verbreitung der kleineren Modelle, die mit Ing. Heller,

Olbrich, Kosinka und anderen Fahrern bei Rennen gut abschnitten. Die »normalere« 247-cm^3-Bekamo kam zu einer ungünstigen Zeit auf den Markt. Als Einbaumotoren wurden 173- und 247-cm^3-Bekamos u. a. von Velox und BAF verwendet.

BENELLI

1. S.p.A. Fratelli Benelli, 5. Via G. Mameli, Pesaro — I 1911–
2. S.A.S. Fratelli Benelli, 5. Via G. Mameli, Pesaro
3. Fratelli Benelli S.p.A., 22. Via Mameli, Pesaro
4. Benelli S.p.A., 22. Via Mameli, 61100 Pesaro

Die von den fünf Brüdern Benelli gegründete berühmte italienische Marke hatte nach dem Zweiten Weltkrieg, in welchem die Werksgebäude großteils zerstört wurden, eine wechselnde Struktur. So gründete 1951 Ing. Giuseppe Benelli seine »Motobi«-Motorradfabrik, die 1969 wieder mit dem Stammhaus vereinigt wurde. Dann erwarb De Tomaso das Werk, welches er im Oktober 1972 mit Moto Guzzi in Mandello vereinigte, wobei er aber den Namen Benelli beibehielt. Berühmt wurde das Werk durch ab 1928 gebaute sehr schnelle 173-cm^3-ohc-Rennmaschinen, die mit dem später verunglückten Tonino Benelli, Ricardo Brusi, Carlo Baschieri u. a. viele Erfolge errangen. Serienmäßig baute das Werk sportliche 123- bis 500-cm^3-ohc-Einzylindermodelle, teils mit durch Kette angetriebener ohc. Man baute nach dem Krieg auch wieder schnelle 250-cm^3-ohc-Werksrennmaschinen, wie sie schon vorher von Mellors, Soprani, Martelli und Gianni Leoni und später von Dario Ambrosini erfolgreich gesteuert wurden. Es gab auch Versuche mit Vierzylinder- und Kompressorrennmaschinen.

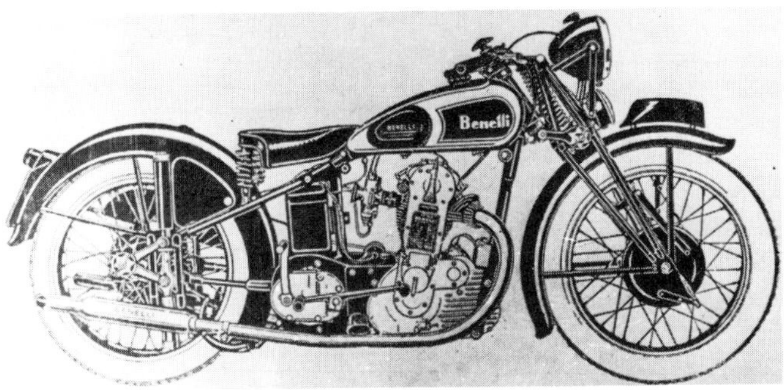

248 cm^3 Benelli (ohc-Sportmasch.) 1939

248 cm^3 Benelli (2 × ohc-Werksrennmasch.) 1947

648 cm³ Benelli (ohv-Zweizyl.) 1972

498 cm³ Benelli (Vierzyl.-ohc-Motor) 1974

Man schuf später neue, schnelle Vierzylinder, wie sie von Grasetti und Anderen gefahren wurden. Die Reihe der seit 1948 gebauten Serientypen begann mit 48-cm³-Fahrradmotoren bis zu 248-cm³-Modellen mit eigenen Zwei- und Viertakt-ohv- und ohc-Motoren in verschiedenen Ausführungen, inklusive Parallel-Zweizylinderversionen. Verschiedene Modelle bekamen einen »Motobi«-Anstrich, das heißt liegende Zylinder. Andere wurden in verschiedenen Farben sowohl als Benelli wie auch als Motobi gebaut. Unter der Leitung von Alessandro de Tomaso gibt es 125-cm³-Zweitakter, modernisierte Motobis mit 123-cm³- und 245-cm³-ohv-Einzylinderrmotoren, 124-cm³- und auch 232-cm³-Zweitakter mit zwei Parallel-Zylindern, vierzylindrige 498-cm³-ohc-Modelle, zweizylindrige 643-cm³-ohc-Versionen und nunmehr auch einen sechszylindrigen 748-cm³-Typ mit 76 PS bei 9000 U/min., der hauptsächlich für den USA-Markt bestimmt ist.

BENOTTO

Motocicli Benotto S.p.A., Milano — I 1953–1957

Ein Komnfektionär von Zwei- und Viertaktern mit 48 bis 198 cm^3. Die Zweitaktmotoren stammten überwiegend von Ilo.

BERCLEY

Société des Motorcycles Bercley, Bruxelles B 1905–1909

Sehr fortschrittliche, von Gustave Kindermann konstruierte Motorräder mit eigenen 616-cm^3-Parallel-Zweizylinder-sv-Motoren, die eine dreifach gelagerte Kurbelwelle und schon mechanisch betätigte Einlaßventile besaßen.

BERESA

Beresa Werke AG., Motoren- & Fahrzeugfabrik, Beckum, Bez. Münster D 1923–1925

Einfache, in kleiner Stückzahl gebaute 198-cm^3-sv-Einzylindermodelle.

BERGFEX

Bergfex Motorfahrzeug-Fabrik, Berlin O 17, Stralauer Allee 29b D 1904–1909

Ein- und V-Zweizylindermodelle mit Fafnir- und eigenen Motoren.

BERGO

Fahrzeugfabrik H. Ahlers & Berg GmbH., Kiel D 1924

Mit 145-cm^3-DKW-Zweitaktmotoren ausgerüstete, billige Konfektionsmotorräder.

BERINI

Motorenfabriek Pluvier N.V., Rotterdam NL O–

Bekannter Hersteller von Mopeds und Kleinkrafträder mit 49-cm^3-Motoren mit Drehschieber-Einlaß.

BERLIN

V.E.B. Industriewerke, Berlin-Ludwigsfelde DDR 1958–1965

Mit 148-cm^3-MZ-Zweitaktmotor ausgerüsteter Roller, der später durch das Modell »Troll« abgelöst wurde.

BERNARDET

Soc. Anonyme Bernardet, Avenue de la Republique 104, Châtillon-sous-Bagneux (Seine) F 1930–1934

Nicht mit dem späteren gleichnamigen Rollerhersteller zu verwechseln. Baute Motorräder, die Zwei- und Viertaktmotoren mit 98 bis 498 cm^3 von Train und Chaise hatten.

BERNARDET

Scooters Bernardet Soc. An., Châtillon-sous-Bagneux (Seine) F 1949–1957

René, Robert und Roger Bernardet, die drei »R«, schufen den einst sehr populären französischen Roller, der mit 123- oder 246-cm^3-Ydral-Zweitaktmotor ausgerüstet war.

BERNEG

Costruzioni Meccaniche Berneg, 120. Via Porettana, Caselecchio die Reno, Bologna — I 1954–1961

Baute von Ing. Drusiani konstruierte 159- und 174-cm³-Parallel-Zweizylinder-ohc-Maschinen moderner Konstruktion. Es waren in beschränkter Stückzahl hergestellte teure Sportmaschinen.

BERO

Fahrradwerk Schaumburg, Bückeburg — D 1924–1925

Motorräder aus adeligem Geschlecht? Bückeburg ist der Sitz der Schaumburg-Lippes, doch waren die primitiven, mit 145-cm³-DKW-Motoren ausgerüsteten Bero-Motorräder alles andere als aristokratisch.

BERTIN

Moteurs Bertin, (A. Bertin), 6. Rue Roger Salengro, St. Laurent Blangy — F 1955–1958

Kleiner Produzent von verschiedenen 49-cm³-Zweitaktmaschinen.

BERWICK

1. Berwick Motor Co., Riverside Works, Tweedmouth — GB 1929–1930
2. Berwick Manufacturing Co., Banbury, Oxon

Mit Kardan als Hinterradantrieb ausgerüstete und in beschränkter Zahl gebaute 246- und 346-cm³-Einzylindermaschinen mit Villiers-Zweitaktmotoren.

BETA

1. S.p.A. Giuseppe Bianchi, 130 Via Nazionale, Firenze — I 1950–
2. S.p.A. Giuseppe Bianchi, 3. Via Bellariva, Firenze
3. Betamotor S.a.S., 50145 Sesto Florentino, 28. Via A. Righi, Firenze
4. Betamotor S.A.S. Ing. Giuseppe Bianchi & Co., Firenze (Brozzi)
5. S.I.M., S.p.A. Societa Italiana Motocicli, 50067 Rignano Sull'arno (Firenze)

Keine sehr große, aber sehr agile Firma, die während der Jahre zahlreiche Zwei- und Viertakter von 38 cm³ (mit Mosquito-Motor) bis 198 cm³ mit zum Teil auch eigenen Motoren baute und jetzt den Hauptteil ihrer Produktion nach den USA liefert, wo die Maschinen den Namen »Premier« tragen. Beta erzeugte früher auch 173-cm³-ohc-Einzylinder-Rennmodelle, jetzt Maschinen für Moto-Cross und Trial (amerikanische Enduros) mit 49- und 123-cm³-Zweitaktmotoren. Neuerdings auch eine 30-PS-248-cm³-Zweitaktversion.

BEUKER

1. Alois Beuker GmbH., Bocholt in Westfalen — D 1921–1929
2. Alois Beuker GmbH., Inh. W. Seibel, Bocholt i. Westfalen

Die ersten Beuker-Motorräder hatten 231-cm²-Zweitaktmotoren. Es folgten 145-, 173-, 198- und 246-cm³-Dreikanal-Zweitakter eigener Produktion. Modellreihe ab 1927 etwas veraltet, ansonsten robuste Bauernmotorräder.

BEZDEZ

Bratri. Vesely, Mech. Dilny, Bela pod Bezdezem — CS 1923–1926

Einzylindrige Fahrrad-Hilfsmotoren und Leichtkrafträder mit eigenen 145-cm³-sv-Einzylindermotoren. Beschränkte Produktion.

BH

Motores BH., Barcelona — E 1956–1960

Kleiner Mopedhersteller, der 49-cm³-Zweitakter verwendete.

BIANCHI

1. S.p.A. Edoardo Bianchi, Via Borghetto, Milano — I 1897–1967
2. S.p.A. Edoardo Bianchi, Via Nino Bixio, Milano
3. S.p.A. Edoardo Bianchi, Viale Abruzzi 16, Milano
4. S.p.A. Edoardo Bianchi, Via Fantoli 11, Milano
5. Officine Metallurgiche Edoardo Bianchi, Velo S.p.A., Via Larga 31, Milano

Edoardo Bianchi war ein Pionier, der schon 1897 motorisierte Fahrzeuge baute. Dann stellte er Motorräder mit Ein- und V-Zweizylindermotoren und ab 1900 auch Automobile her. Sehr erfolgreich von 1925–1930 von Varzi, Nuvolari, Moretti und Zanchetta gefahrene 348-cm³-ohc-Doppelnockenwellen-Renneinzylindermaschinen und zehn Jahre später 498-cm³-ohc-Einzylinder mit Alberto Ascari, Guido Cerato, Arthur Bizzozero, Carlo Fumagalli u. a. Baute vor dem Zweiten Weltkrieg robuste 248- bis 498-cm³-ohv-Einzylinder, später Zweitakter und teilweise auch Viertakter von 48 bis 248 cm³ in zahlreichen Varianten. Konstruierte 1938 luftgekühlte Vierzylinder 499-cm³-Kompressorrennmaschinen und in den sechziger Jahren auch zweizylindrige 348- und 498-cm³-Rennmotorräder. Kam bald darauf in kommerzielle Schwierigkeiten und stellte Motorradbau ein. Dieser war schon früher vom Autobau – Autobianchi – getrennt worden.

173 cm³ Bianchi
(Eig. ohv-Motor) 1939

BICHRONE

Henri Lepappe, 28. Rue Demours, Paris — F 1902–1907

Gehörte zu den ersten Herstellern von Ein- und V-Zweizylinder-Zweitaktmotoren, die man auch an andere Motorradhersteller in den Größen 2,25 PS, 2,50 PS und 2,75 PS lieferte.

B.I.M.

B.I.M-Motorcycle Company, Takecho, Tokyo J 1956–1961

War eine der kleineren japanischen Marken, die BMW-Konstruktionen mit 248, 348, 498 und 598 cm³ Hubraum und seitengesteuerten Ventilen ohne kommerzielle oder sonstige Erfolge kopierten.

BIMA

Société des Cycles Peugeot, Beaulieu-Valentigney, Doubs F 1952–

Vom großen Peugeot-Konzern hergestellte 49-cm³-Zweitakt-Mofas und verschiedene Typen von Mopeds mit liegend angeordnetem Zylinder.

BIMM (BIMOTOR)

1. Motori Bimm, José Becocci, Via Siena, 50045 Montemurlo (Firenze)
2. Bimotor, 50045 Montemurlo (Fi), Via Bisenzo 43–47 I 1972–

Einer der vielen neueren Hersteller von 49-cm³-Leichtgewichtmaschinen, die den italienischen Minarelli-Zweitaktmotor verwenden. Baut auch 123-cm³-Cross- und -Trials-Modelle.

BIMOFA

1. Bielefelder Motorradfabrik Gustav Kunstmann, Bielefeld, Brunnenstraße 15 D 1922–1925
2. Bielefelder Motorradfabrik GmbH., Bielefeld, Brunnenstraße 15

Einfache Motorräder mit von Hansa gebauten 1,8-PS- und 2,5-PS-sv-Einzylindermotoren. Das größere Modell hatte einen liegenden Zylinder.

BINKS

Charles Binks Ltd., Whitehall Factory, Nottingham GB 1903–1906

Stellte als eine der ersten Motorradfabriken außer Einzylindermodellen auch Motorräder mit 385-cm³-Reihenvierzylindermotoren her. In Fahrzeuglängsrichtung bevorzugt, doch baute Binks – der später eine große Vergaserfabrik besaß – diese luftgekühlten vierzylindrigen sv-Motoren auch quergestellt ein.

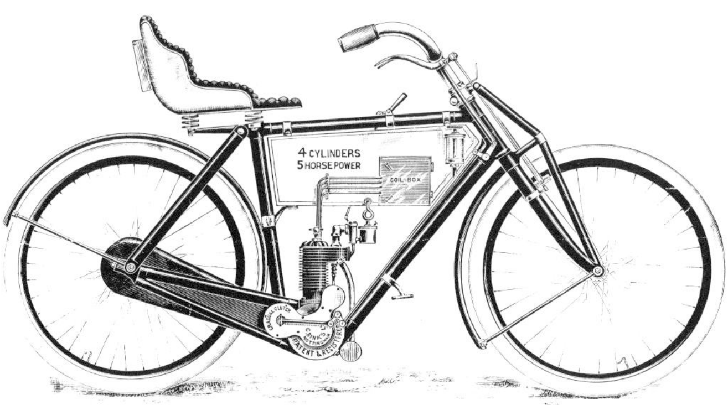

480 cm³ Binks
(Eig. Vierzyl.) 1904

BIRCH

J. N. Birch, Patentee & Manufacturer, Nuneaton, Warwicks GB 1902–1905

Der Konstrukteur vereinigte das Kurbelgehäuse mit dem Dreiecksrahmen, wie sich das damals auch bei den unter Birch-Patenten gebauten Bradbury-Motorrädern fand. Eine interessante, aber unpraktische Konstruktion die sich nicht bewährte. Als Motoren verwendete er 2-PS-, 2,5-PS- und 3,5-PS-Einzylindermotoren.

BINZ

D 1954–1958

War ein kurzlebiger Erzeuger von 48-cm³-Rollern mit Ilo- und Sachs-Motoren.

BIRMA

Motorcycles Birma S. A., Lyon F 1949–O

Versuchte nach dem Zweiten Weltkrieg, ohne größere Erfolge, Leichtkrafträder mit 98-cm³-Aubier-Dunne-Zweitaktmotoren herzustellen.

BISMARCK

Fahrradfabrik Bismarck AG., Bergehof, Radevormwald, Rheinl. D 1931–1956

Die bekannte Fahrradfabrik schuf schon vor dem Zweiten Weltkrieg 75- und 98-cm³-Leichtkrafträder mit Sachs-Motoren. Nach dem Krieg wurden von Ing. Emil Fischer konstruierte 98-, 147- und 173-cm³-Zweitaktermodelle, ebenfalls mit Motoren von Sachs und Ilo gebaut. Gute Konfektionsarbeit.

BISON

Bison-Motorradfabrik GmbH., Liesing bei Wien A 1924–1926

Der spätere Austro-Daimler-Konstrukteur Ing. Oskar Hacker konstruierte diese mit Hinterradfederung ausgestatteten Boxer-Zweizylindermaschinen, deren 298-cm³-Douglas-Motoren von Bosch und die nachher eingebauten 492-cm³-sv-Motoren (wie die 678-cm³-Versionen von Coventry-Victor) von BMW stammten. Kapitalmangel verhinderte eine größere Serienherstellung.

BITRI

NL 1955–1957

Stellte in kleinem Umfang 147-cm³-Roller her.

B.J.R.

Construcciones Mécanicas, Bantista Esplagues, Algemesi E 1953–P

Kleiner Hersteller von 123- und 174-cm³-Maschinen mit Zweitaktmotoren.

BLACKBURNE

1. Burney & Blackburne, Berkhamstead GB 1908–1921
2. Burney & Blackburne, Tongham, Surrey
3. Burney & Blackburne, Atlas Works, Bookham, Surrey

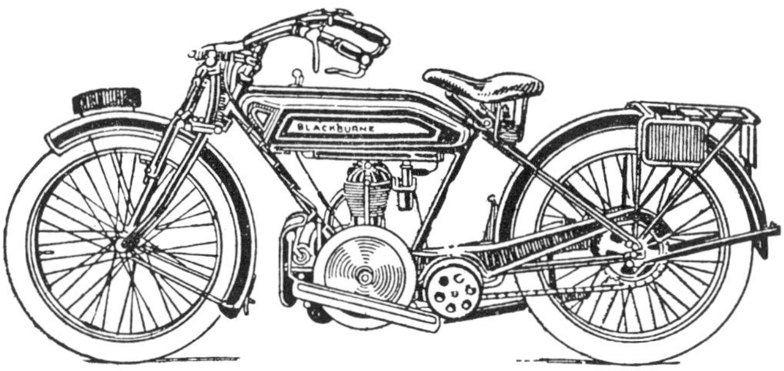

448 cm³ Blackburne
(Eig. Einzyl.) 1921

Cecil und Alick Burney gehörten zu den Pionieren der englischen Motorradindustrie. Zunächst bauten sie zusammen mit dem Flugzeugkonstrukteur Geoffrey de Havilland ihre Motoren und Motorräder. In den ersten zwanziger Jahren waren 499-cm³-sv-Einzylinder- und 998-cm³-V-Zweizylindermodelle – mit der für Blackburne-Motoren typischen außenliegenden Schwungscheibe – in Produktion. Ende 1921 gab man den Motorradbau an O.E.C. nach Gosport ab, um sich ganz dem Einbaumotorenbau widmen zu können. Die Brüder Burney schieden damals aus der Firma aus.

BLACKFORD

Frank Blackford Cycles Ltd., Tottenham, London, N. GB 1902–1904

Mit 211-cm³-Einzylinder-Minerva-Motoren ausgerüstete Motorräder.

BLACK-PRINCE

1. Black-Prince Motors, E. W. Cameron, Askern, Doncaster GB 1919–1920
2. Black-Prince Motors Ltd., Barnard Castle, Co. Durham

Der »Schwarze Prinz« war in Wirklichkeit ein unorthodoxes schwarzes Schaf, dessen 499-cm³-Zweitakt-Zweizylindermotor nur eine Zündkerze sowie einen Preßstahlrahmen mit Hinterfederung besaß. Weniger ambitiös, aber wesentlich besser war ein »normales« Einzylindermodell mit dem 346-cm³-Union-Motor. Trotzdem hatte der Hersteller nur eine kurze Produktionsperiode.

BLEHA

Motor- und Fahrradwerke Bleha GmbH., Neheim-Ruhr D 1923–1926

Mit 142-cm³-DKW- und eigenen 247-cm³-Zweitakt-Einzylindermotoren ausgerüstet, gehörte die Bleha zu den besseren Zweitaktmarken ihrer Periode.

BLERIOT

Blériot Aeronautique, Suresnes, Seine F 1920–1923

Wie andere Flugzeugwerke wandte sich auch Blériot nach dem Ersten Weltkrieg dem Motorradbau zu. Größere Erfolge blieben versagt, zumal die 498-cm³-Parallel-Zweizylinder-sv- und ohv-Modelle noch mit »Kinderkrankheiten« behaftet auf den übersättigten Markt kamen und auch zu teuer waren, um kommerzielle Erfolge zu erringen.

BLOTTO

Moteurs Blotto, Dijon F 1951–1955

Stellte Zweitaktmaschinen mit Einbaumotoren von 123 bis 348 cm³ her. Die kleine Firma hatte kaum mehr als regionale Bedeutung.

BLUMFIELD

Blumfield Limited, 70. Lower Essex Street, Birmingham GB 1908–1914

T. W. Blumfield war ein erfolgreicher Konstrukteur, der schon mit den ungewöhnlichen Pennington-Motorrädern verbunden war. In seinem eigenen Werk baute er ein- und zweizylindrige Motorräder und auch luft- und wassergekühlte Einbaumotoren für andere Motorradhersteller. Die hauptsächlichsten Modelle hatten 3,5 PS und, als Zweizylinder, 5 PS.

B.M.

1. Bonvincini Mario, 14. Via Massarenti, Bologna I 1950–
2. Bonvincini Mario, 24. Via Pellegrino Orlandi, Bologna

Zunächst wurden hier 123- und 173-cm³-Ilo-Zweitakter und auch solche italienischer Herstellung eingebaut. Es folgten kleine 49-cm³-Modelle mit eigenen ohv- und ohc-Einzylinder-Blockmotoren und auch 123- und 174-cm³-ohc-Versionen sowie Roller mit 75er-Zweitakt- und Motorräder mit 83er-ohv-Motoren. Baut jetzt F.-Morini-Motoren ein.

B.M.

Officine Mecchaniche Meldi 23 bis, Via Ormea, Torino I 1928–1931

Eine noch ältere italienische B.M., die in kleinen Stückzahlen gebaut, mit 492-cm³-Jap-Einzylinder-sv- und ohv-Motoren ausgerüstet war.

B.M.G.

Budapesti Motor és Bérautoipari Kft., Molnar Str. 51, Budapest H 1939–1944

Leichtkrafträder mit eigenen 98-cm³-Zweitaktmotoren.

B.M.P.

Soc. Brevetti Malasagna, Pinerolo I 1920–1925

Mit Vierganggetriebe ausgestattete 240-cm³-Zweitakt-Einzylindermodelle.

B.M.W.

1. Bayerische Motoren Werke GmbH., München 46, Schleißheimer Straße 288 D 1923–
2. Bayerische Motoren Werke AG., 8 München 40, Lerchenauer Straße

BMW erntstand 1916 aus den Rapp-Flugzeugwerken und der Gustav-Otto-Flugmaschinenfabrik. Bereits 1922 gebaute 492-cm³-sv-Boxer-Zweizylinder-Motorradmotoren kamen in Victoria-, Helios-, SMW-, Karü- und andere Konfektionsmaschinen. Dipl.-Ing. Max Friz schuf 1923 die erste komplette BMW mit quergestelltem 492-cm³-Boxer-Blockmotor und Kardanantrieb. Ihr folgte 1924 eine von Obering. Rudolf Schleicher entwickelte ähnliche ohv-

493 cm³ BMW
(Boxer sv-Zweizyl.) 1923

493 cm³ BMW
(ohv-Zweizyl.-R. 47) 1927

734 cm³ BMW
(sv-Zweizyl.-R 11) 1932

Version, und 1925 kam eine einzylindrige 248-cm³-BMW dazu. Die erste R32 BMW wurde 1926 durch die stärkere R42 und die obengesteuerte R37 1927 durch die verbesserte R47 ersetzt. 1929 kamen auch 733-cm³-sv- und ohv-Zweizylindermodelle, teilweise mit Preßstahlfahrgestellen, dazu, die immer weiter entwickelt wurden. 1937 baute BMW die erste 592-cm³-Zweizylindermaschine, nachdem schon 1933 eine 198-cm³-Einzylinderversion, die R2, am Markt erschienen war. Es gab in den dreißiger Jahren auch 246-, 296-, 346- und 398-cm³-BMW-Einzylinder-ohv-Kardanmodelle und nach 1949 verbesserte modernisierte 246-cm³-Versionen. Auch die Zweizylindermodelle mit 492 und 592 cm³ wurden weiterent-

734 cm³ BMW
(sv-Zweizyl.-R 12) 1934

498 cm³ BMW
(ohc-Zweizyl.-Rennmasch.)
1954

247 cm³ BMW
(Einzyl.-ohv-Motor) 1966

599 cm³ BMW
(ohv-Zweizyl.-R 60/5) 1971

wickelt, wobei ohv-Motoren zur Verwendung kamen. Derzeit baut man in München, genau ausgedrückt im Werk Spandau von BMW, 599-, 745- und 898-cm³-ohv-Maschinen, wobei die R 90 S 67 PS bei 7000 U/min. entwickelt und eine Spitze von über 200 km/h erreicht. Bekannte

898 cm³ BMW
(Zweizyl.-ohv-Motor) 1974

Techniker wie Friz, Schleicher, Furtenberger, Wolf, Hopf, Boensch, Rücker, von Falkenhausen, Stolle und Rennfahrer wie Meier, Gall, Kraus, Bauhofer, Soenius, Köppen, Stelzer, Henne, Stegmann, West, Zeller, Enders, Noll, Faust, Hillebrand, Ley, Deubel, Schneider, Klankermeier, Scheidegger, Camathias, Hiller, Wiese, Roese, Fath, Schoth und andere brachten BMW an die Spitze. 1928 erwarb die Firma die Dixi-Autowerke in Eisenach (Thüringen – DDR), wo vor 1939 auch BMW-Motorräder gebaut wurden. Nach dem Krieg war der Motorradbau zunächst wieder in München, wurde dann aber nach Spandau verlegt. BMW war jahrelang sehr rennfreudig und baute schon 1929 492- und 733-cm³-ohv-Werksrennmaschinen mit Kompressor. 1935 kamen die ersten 498-cm³-BMW-ohc-Rennmaschinen mit Kompressor für die Werksfahrer heraus, und 1939 gewann Georg Meier die englische Senior Tourist Trophy als erster und bisher letzter deutscher Fahrer. In den fünfziger Jahren gab es auch kleine Serien von kompressorlosen 498-cm³-ohc-Rennmodellen, die an Privatfahrer abgegeben wurden. 1957 zog sich das Werk vom Rennsport für Motorräder zurück und unterstützte nur in beschränktem Maß führende Seitenwagenfahrer. BMW war nicht die erste Maschine mit quergestelltem zweizylindrigen Boxermotor, aber die einzige Motorradfabrik der Welt, welche dieses Konstruktionsprinzip behielt und weiterentwickelte und damit nicht nur sportliche, sondern auch große kommerzielle Erfolge erringen konnte.

B.N.F.

Bielefelder Nähmaschinen- und Fahrradfabrik AG., Bielefeld — D 1903–1907

War einer der ersten Motorradhersteller in Bielefeld. Erzeugte 2,75-PS-Einzylinder- und 3,5-PS-V-Zweizylindermaschinen, deren Motoren hauptsächlich von Fafnir kamen.

BOCK & HOLLÄNDER

Bock & Holländer, 72. Hauptstraße, Wien III — A 1905–1911

Stellte schon 1898 motorisierte Vierradfahrzeuge, später richtige Automobile unter dem Namen »Regent« her. Die Motorräder hatten zum Großteil V-Zweizylindermotoren mit wechselgesteuerten Ventilen, 3,5 und 6 PS. Als die Firma von WAF (Wiener Automobil Fabrik) übernommen wurde, stellte man den Motorradbau ein.

BODO

Fritz Kindermann, Motorradbau, Thale im Harz — D 1924–1925

Ein kleiner Motorradkonfektionär, der 147er DKW-Zweitaktmotoren einbaute.

BOGE

Otto Boge, Kommanditgesellschaft, Motorenwerk, Bielefeld D 1923–1927

Die noch heute bestehende bekannte Bielefelder Kompressorenfabrik baute in den zwanziger Jahren auch gute 246-cm³- und 346-cm³-Motorräder mit eigenen sv-Einzylindermotoren. Der Bielefelder Rennfahrer Kurt Wemhöner errang auf einer 248-cm³-Boge mit Blackburne-Motor und später mit einem 348-cm³-Velocette-ohc-Rennmotor zahlreiche Rennerfolge.

BÖHME

Dr. Martin Böhme, Berlin W. 50., Neue Ansbacher Straße 7 D 1925–1930

Auch Böhme gehörte zu den Berliner Zweitaktspezialisten der zwanziger Jahre. Seine Motoren arbeiteten mit Stufenkolben und Wasserkühlung für den liegenden Zylinder. Es gab Modelle mit 123, 129, 173 und 246 cm³ Hubraum.

BÖHMERLAND

1. Albin Liebisch, Motoren & Motorradbau, Schönlinde, Nordböhmen CS 1925–1939
2. Albin Liebisch, Motoren & Motorradbau, Schluckenau-Kunratitz, Nordböhmen

598 cm³ Böhmerland (Tourenmod.) 1927

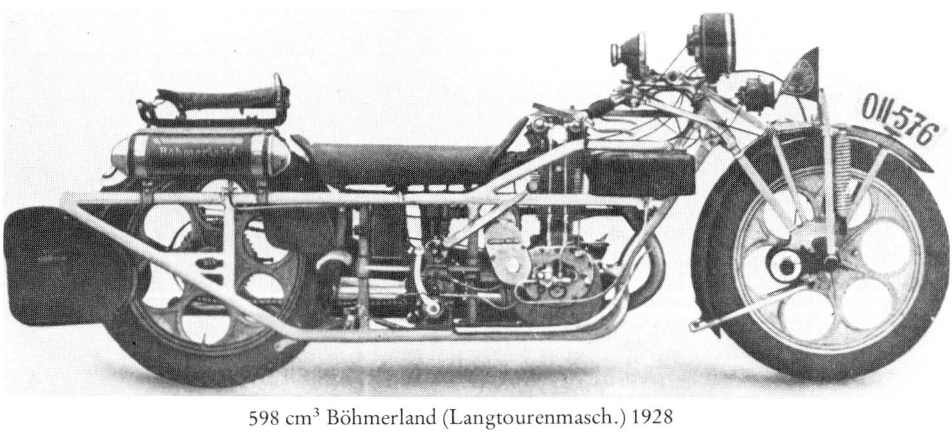

598 cm³ Böhmerland (Langtourenmasch.) 1928

Böhmerland-Motorräder – die auch unter dem tschechischen Namen Cechie auf den Markt kamen – gehörten zu den ungewöhnlichsten Konstruktionen und wurden dennoch über eine Periode von fast 15 Jahren gebaut. Alle hatten von Liebisch konstruierte 598-cm^3-ohv-Einzylindermotoren und die wohl längsten und robustesten Fahrgestelle, die man überhaupt im Motorradbau je verwendete. Ungewöhnlich auch die gegossenen Leichtmetallräder, der bei einigen Modellen verwendete Doppelsitz und die neben dem Hinterrad liegenden doppelten Seitentanks . . . und auch die noch 1939 ungekapselten Ventile und Stössel! Eine 1938 eingeführte 348-cm^3-Zweitaktmaschine mit etwas leichterem Fahrgestell ging nicht mehr in Serie.

BOLIDE

Ets. Cycles & Moteurs Bolide, Pantin F 1902–1910

Mit eigenen 1,5-PS-Motoren ausgerüstete, längst vergessene Motorräder einer Fahrradfabrik.

BOND

1. Bond Aircraft & Engineering (Blackpool) Ltd., Townley Works, Berry Lane, Longridge, Lancs GB 1949–1953
2. Ellis (Leeds) Ltd., 45 Stanningley Rd., Leeds 12

Das erste von Bond gebaute Fahrzeug war ein »Minibike« mit 98-cm^3-Villiers-Motor und genietetem Preßstahlrahmen. Dann wuchs diese Maschine zu einem richtigen Motorrad mit Rohrrahmen und 98-cm^3- sowie 123-cm^3-Villiers-, später auch 124-cm^3-Jap-Zweitaktmotoren.

BOOTH

Booth Motor Co. 19. Grand Parade, Putney, London, S.W. GB 1901–1903

Erzeugte Motorräder mit 2,75-, 3,50- und 4-PS-Einbaumotoren von De Dion Bouton und Minerva.

BORD

Bord Motor Co., The Arcade, 29. Finsbury Pavement, London, E.C. GB 1902–1906

Auch dieser kleine Motorradhersteller, der unter anderem ein 1,50-PS-Modell erzeugte, schied bei der Motorraddepression 1906 aus.

BORGHI

S.p.A. Carlo Borghi, 7–9, Via Melzo, Milano I 1951–1963

Die von Borghi hergestellten Kleinkrafträder hatten 38 und 49 cm^3 und besaßen Mosquito- und Cucciolo-Motoren. Außerdem baute er 123-cm^3-»Olympia«-Maschinen mit dem englischen BSA-Zweitaktmotor.

BORGO

1. Fabbrica Italiana Velocipedi e Motocicli Borgo, Torino I 1906–1926
2. Moto Borgo (E. M. Borgo), Torino

Berühmt als Hersteller von Kolben, baute Borgo auch erfolgreiche Ein- und V-Zweizylinder-sv- und ohv-Motorräder, für deren Konstruktion E. M. Borgo und sein Bruder Carlo verantwortlich waren. Das letzte, von 1923 bis 1926 gebaute Modell war eine 498-cm^3-V-Zweizylindermaschine mit Blockmotor.

BORHAM

Borham Engineering C., 122. Hammersmith Rd., London, W. GB 1902–1905

Konfektionierte, ziemlich primitive Motorräder mit 2- und 2,5-PS-Einbaumotoren von Minerva.

BOUCHET

Ets. Alphonse Bouchet, Saint-Cheron F 1904–1905

Von diesen Maschinen ist nur bekannt, daß man zu ihrem Betrieb Acetylen verwendete.

BOUGERY

Jacques Bougery, Paris F 1896–1902

Eine der ersten französischen Marken. Der Motor befand sich zwischen den Pedalen und dem Hinterrad eines verstärkten Fahrrades.

BOUNDS-JAP

Jack Bounds, Kilburn High Road, Kilburn, London GB 1909–1912

Eine kleine Firma, die, wie der Name besagt, Jap-Einbaumotore verwendete. Hergestellt wurden 345-cm^3-Einzylinder- und 500-cm^3-V-Zweizylindermodelle.

BOVY

A. Bovy, Constructeur, Sainté Marie, Molembeek, Liége B C–1932

Albert Bovy stellte schon 1902 Transportfahrzeuge, später auch Personenwagen in beschränkter Anzahl her. Seine nach englischen Vorbildern gebauten Motorräder hatten Einbaumotoren von 98 bis 998 cm^3, die von Python, Jap, Blackburne, MAG und Aubier-Dunne geliefert wurden. Robuste Fahrgestelle.

BOWDEN

E. M. Bowden, Patents Syndicate Ltd., 29–30 Baldwin Gardens, London, E.C. GB 1902–1905

Chef der Firma war Frank (später Sir Frank) Bowden, der FN' und dann eigene Motoren mit 2 und 2,5 PS in seine Fahrgestelle einbaute. Die Fabrik stellte auch Bremsen, Kabel und ähnliches Zubehör her. Frank Bowden gründete später die Raleigh-Sturmey-Archer-Werke in Nottingham.

BOWN

1. Bown Mfg. Co. Ltd., Aeolus Works, Snow Hill, Birmingham — GB 1914–1922
2. Bowns Ltd., Aeolus Works, Summer Lane, Birmingham

In kleinen Stückzahlen hergestellt, hatten Bown-Motorräder 147er Villiers- wie auch 248er und 348er sv-Jap- und Blackburne-Motoren.

BOWN

Bown Cycle Co., Ltd., Tonypandy, Glamorganshire — GB 1950–1958

Übernahm die Herstellung der »Aberdale«-Leichtkrafträder und stellte billige Maschinen mit 98- und 123-cm³-Villiers-Motoren, zuletzt jedoch nur 49-cm³-Mopeds mit Sachs-Motoren, her.

B.P.R.

Buratti, Ponti et Roch, Acacias, Genf — CH 1929–1932

Von früheren Angestellten der Motorradfabriken Moto-Rêve und Motosacoche gegründet, baute dieses kleine Unternehmen 347- und 497-cm³-Einzylindermodelle mit sv- und ohv-M.A.G.-Einbaumotoren, konnte aber die damalige Wirtschaftskrise nicht überstehen. Es gab auch ein Zweigwerk von B.P.R. auf französischem Boden.

BPS

Motos Boudet – Portal, 94 route de Toulonjac, 12200 Villafranche-de-Rgue — F 1973–

Eine junge Firma, die in Frankreich Leichtkrafträder für Moto-Cross und Trial erzeugt. Als Motoren finden 49- und 123-cm³-Zweitakter von Sachs, Franco Morini, Aspes und Minarelli Verwendung.

BRAAK

Motorraderzeugung Johann Braak, Gronau in Westfalen — D 1923–1925

Konfektionierte Motorräder mit 129- und 198-cm³-Heilo- und Namapo-Einbaumotoren in Fahrgestellen, die höchstwahrscheinlich Gruhn/Berlin lieferte.

BRADBURY

Bradbury & Co., Ltd., Wellington Works, Odham — GB 1901–1925

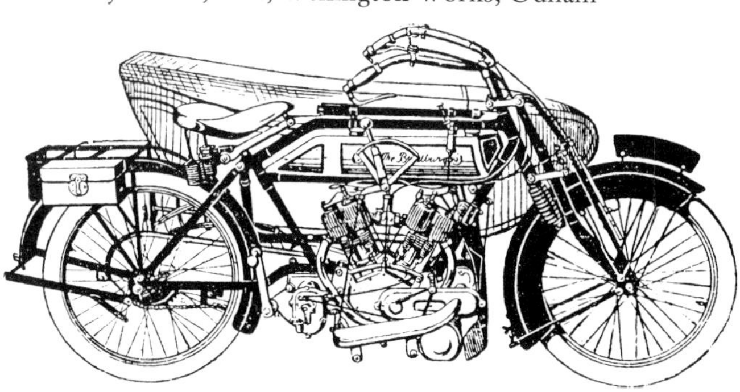

788 cm³ Bradbury
(Eig. V-Zweizyl.) 1921

Eine alte und renommierte Motorradfabrik, die hochklassige Motorräder baute. Die ersten, nach Birch-Patenten gebauten Einzylindermaschinen besaßen 2- und 2,5-PS-Motoren. Bei Ausbruch des 1914–1918er Krieges, gab es 554-cm^3-Einzylinder- und 749-cm^3-V-Zweizylindermodelle, und auch ein 499-cm^3-Boxer-Zweizylindertyp wurde damals hergestellt. Verbesserte Versionen folgten nach Kriegsende, und als Bradbury die Tore für immer schloß, gab es noch einen 349-cm^3-sv-Einzylindertyp, aber kein Modell mit einem liegenden Zweizylindermotor mehr.

BRAND

Brand & Sohn GmbH., Berlin W. 35., Kurfürstenstraße 149 — D 1925–1930

Gut konstruierte 123-, 147- und 173-cm^3-Zweitaktmaschinen mit Lizenz-Bekamo-Motoren, die einen Hilfskolben im Kurbelgehäuse besaßen und sehr leistungsfähig waren.

123 cm^3 Brand
(2T-Bekamo-Motor) 1925

BRAVIS

Bravis-Motorradbau, München — D 1924–1926

Franz Seelos, später Werksfahrer auf D-Rad in Spandau, fuhr diese 150-cm^3-Zweitakt- und 297-cm^3-sv-Maschinen, deren Zweizylindermotor von SMW unter Bosch-Douglas-Lizenz gebaut wurde.

BREDA

Aer-Breda S.p.A., Soc.-It. Ernesto Breda, Milano — I 1946–1951

Von einer früheren Flugzeugfabrik gebaut, handelte es sich hier um ein Motorfahrrad, das einen 65-cm^3-Zweitaktmotor besaß.

BREE

Motorenbau Theodor Brée, Wien IV, Weyringergasse — A 1902–1904

Noch in der Pionierzeit gebautes Leichtkraftrad mit Brées eigenem 1,5-PS-Zweitakt-Einzylindermotor.

BRENNABOR

Brennabor-Werke, Gebr. Reichstein, Brandenburg/Havel — D 1902–1940

Ganz stimmt das zweite Datum in der Herstellungsperiode der Brennabor-Motorräder nicht. Von 1933 bis 1940 wurden nur Motorfahrräder gebaut, und schon vorher, 1912, mußte der

Motorradbau dem Autobau Platz machen. Die ersten Motorräder hatten Zedel-, spätere Fafnir- und eigene Motoren mit 3,50, 4 und 6 PS. Letztere waren Zweizylinder-V-Modelle. Brennabor war für gute Qualität und Ausführung seiner Motorräder bekannt.

BREUIL

Louis Breuil, 35. Avenue de Grande Armée, Paris F 1903–1908

Peugeot-, Aster-, Zurcher- und andere -Einzylinder- und -V-Zweizylinder-Einbaumotore von 4 bis 6 PS kamen hier zur Verwendung.

BRIDGESTONE

1. Bridgestone Tire Co., Ltd., Bridgestone Building 1.1, Kyobashi, Chuo-ku, Tokyo J 1952–R
2. Cycle Industrie Ltd., Kita Yaetsu Bldg. 11-2, 3-chome, Nihonbashi, Chuo-Ku

Zum großen Bridgestone Reifenkonzern gehörend, begann das Werk mit dem Bau von 49-cm^3-Mopeds, kam dann immer mehr nach vorn und breitete sich in vertikaler wie horizontaler Hinsicht aus. Es kamen einzylindrige 98-cm^3- und zweizylindrige 173-, 247- und 348-cm^3-Zweitaktmodelle mit Plattendrehschiebern und auch Rennversionen sowie zahlreiche Spezialausführungen dieser Maschinen dazu. Interessant, daß wegen des Reifenabsatzes im eigenen Land ein Großteil der Bridgestone-Motorradproduktion im Ausland, besonders den USA, abgesetzt werden mußte, bis mit Rücksicht auf die Reifenkunden Honda, Yamaha, Suzuki und Kawasaki die Produktion von Motorrädern schließlich ganz eingestellt werden mußte.

BRILANT-ALCYON

Fuchs & Co., Fahrradhaus, Zuckmantel CS 1932

Begann den Bau des 98-cm^3-Alcyon-Zweitakters in der Tschechoslowakei, doch wurde die Herstellung bald wieder eingestellt.

BRILLANT

Félix Bosse, 22 Rue Béranger, Paris F 1903–1904

Ein kleiner Konfektionär der Pionierjahre, dessen Maschinen Peugeot- und Zurcher-Motore besaßen.

BRITAX

Britax (London) Ltd., 115–129 Carlton Vale, London N.W. 6 GB 1954–1956

Stellte einfache Kleinroller mit 48-cm^3-ohv-Ducati-Motoren, später auch die ersten serienmäßigen englischen 49-cm^3-Rennmaschinen, Hurricane genannt, mit 48-cm^3-ohv-Cucciolo-Motoren her.

BRITISH-RADIAL

British Radial Engine Co, 429b, Kings Rd., Chelsea, London, S.W. 10 GB 1920–1922

Von J. E. Manes konstruierte Dreizylinder-Radialmotor-Motorräder mit gekapselten seitengesteuerten Ventilen und außenliegender Schwungscheibe. Die Zylinder waren um je 120 Grad versetzt. Orthodoxes von Chater-Lea gebautes Fahrgestell. Nur wenige dieser Maschinen wurden verkauft.

BRITISH-STANDARD

1. British-Standard Motors, 145. Lichfield Motors Aston, Birmingham GB 1919–1923
2. British-Standard Motors, 41 Newtown Row, Birmingham

Nicht nur dem Namen nach, sondern auch auf Grund ihrer Konstruktion waren diese Konfektionsmaschinen mit 147- bis 548-cm³-Villiers-, T.D.C.-, Jap-, Bradshaw- und Blackburne-Motoren »Standard«, das heißt orthodox.

B.R.M.

Officine Meccaniche Ricardo Balentani, Modena I 1955–1957

Ein kleiner, kurzlebiger italienischer Produzent von 49-cm³-Zweitakt-Einzylindermaschinen, der keinerlei Verbindung zur englischen Rennwagenfirma B.R.M. hatte.

BROCKHOUSE

Brockhouse Engineering (Southport) Ltd., Crossens, Southport GB 1948–1955

Stellte zuerst den »Corgi«-Mini-Roller, einen zusammenklappbaren Roller mit 98 cm³ Hubraum, und ab 1952 für die amerikanische Firma Indian, die von Brockhouse erworben wurde, die 248-cm³-»Indian-Brave« mit einem eigenen einzylindrigen sv-Blockmotor her.

BRONDOIT

Ets. Société Anonyme Brondoit, Herstal B 1924–1929

Die Paul Le Bussy gehörende Marke war auch als »Brondoit-Herstal« bekannt. Bemerkenswert, daß die 246- und 346-cm³-Zweitaktmaschinen zwei außenliegende Schwungscheiben besaßen. Ab 1928 kam eine 497-cm³-Maschine mit dem M.A.G.-Doppelauspuff-ohv-Motor dazu. Als Le Bussy 1929 verunglückte, bedeutete dies auch das Ende der kleinen Fabrik.

496 cm³ Brondoit-Herstal (ohv-MAG) 1928

BROUGH

W. E. Brough, Vernon Road, Basford, Nottingham GB 1908–1926

Der »alte« Brough stellte zunächst Ein- und V-Zweizylinder-Motorräder her, bevor er – 1913 – Bradshaws 496-cm³-ABC-Boxer-Zweizylinder in Längsrichtung verwendete. Nachher schuf er eigene Boxermotoren; Zweizylinder-ohv-Versionen mit 496 cm³ und sv-Maschinen mit 692 cm³ und zuletzt sogar 810 cm³. Seit 1921 konkurrierte er mit den Brough-Superiors seines Sohnes George Brough, der später auch das Werk am Vernon Road übernahm.

497 cm³ Brough (Boxer-Zweizyl.) 1919

BROUGH-SUPERIOR

1. George Brough, Haydn Road, Nottingham GB 1921–1940
2. George Brough, Vernon Road, Basford, Nottingham

Die teueren, großen Brough-Superior-Motorräder, konstruiert von George Brough, dem Sohn von W. E. »Bill« Brough, galten als »Rolls-Royce unter den Motorrädern«. Mit dem Vater im Bezug auf Motorradkonstruktionen uneinig, machte sich George – bereits als Techniker und Rennfahrer wohlbekannt – selbständig. Bei Montgomery in Coventry wurden für ihn die ersten Fahrgestelle gebaut, aber schon 1922 stellte er diese selbst her. Seine V-Zweizylinder-

986 cm³ Brough-Superior (sv-Jap-V-Zweizyl.) 1923

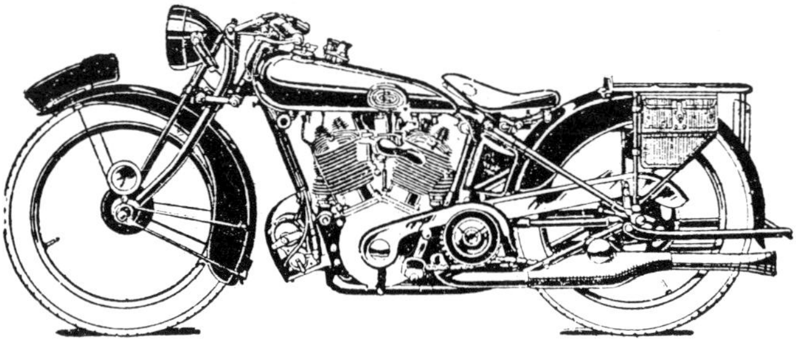

986 cm³ Brough-Superior (sv-Jap-»SS 80«) 1924

980 cm³ Brough-Superior (ohv-Jap-Rennmasch.) 1925

980 cm³ Brough-Superior (SS 100 ohv-Jap) 1930

1150 cm³ Brough-Superior (sv-V-Zweizyl.) 1939

modelle entstanden ohne Rücksicht auf Kosten. Sie besaßen zunächst 980-cm^3-V-Zweizylinder-sv-Jap-Motoren und 748-cm^3-MAG-Motoren, die ebenfalls V-Motoren, aber mit wechselgesteuerten Ventilen waren. 1925 schuf er die berühmte SS 100 mit dem 996-cm^3-ohv-Jap-Rennmotor, der 45, später aber 55 und zuletzt 85 PS hatte. Es gab auch 678-, 746- und 1148-cm^3-V-Zweizylinder-Modelle mit sv- und 598-, 678- sowie 748-cm^3-ohv-Motoren von Jap, in den dreißiger Jahren auch 990-cm^3-ohv-Motoren von Matchless. George Brough schuf auch mehrere Vierzylindermodelle, meist Prototypen, mit 996 cm^3 Hubraum. Hierbei handelte es sich um luftgekühlte V-Vierzylinder, luftgekühlte Reihenvierzylinder und 1938 auch um quer zur Fahrrichtung eingebaute Vierzylinder-Boxermotoren. 1931 gab es auch ein Modell mit dem modifizierten wassergekühlten 796-cm^3-Austin-Automotor und zwei nebeneinanderliegenden Hinterrädern. Brough-Superior-Rennmaschinen mit 996-cm^3-ohv-Jap-Motoren gewannen viele Rennen und brachen zahlreiche Weltrekorde mit Eric Fernihough, Freddy Dixon, George Brough selbst, Eddy Meyer, Noel Pope, Joe Wright, E. C. E. Baragwanath, Bert Le Vack, Kpt. V. Kucka, Ernst Zündorf, Ron Storey und anderen Fahrern. Sie gehören, nachdem der 1970 verstorbene George Brough nach dem Krieg den Motorradbau nicht mehr aufnahm, zu den gesuchtesten Liebhabermaschinen in der Welt. Bemerkenswert auch, daß er nie Einzylindermaschinen und auch kein Modell mit weniger als 500 cm^3 Hubraum gebaut hat.

BROWN

Brown Bros. Ltd., Great Eastern Street, London, E.C. GB 1902–1919

Eine große Kraftfahrzeugzubehörfirma, die 348- und 496-cm^3-Einzylinder und 498-cm^3-V-Zweizylinder-sv-Maschinen baute. In den zwanziger Jahren hießen diese Maschinen Vindec, hatten aber mit den vorher importierten deutschen Allright-Motorrädern, die in England Vindec-Special und V.S. hießen, keinerlei Verbindung.

BROWN-BICAR

J. F. Brown, 40. Oxford Street, Reading GB 1907–1913

Von einer kleinen Firma hergestellt, handelte es sich hier um etwas ungewöhnliche, zum Großteil verkleidete Motorräder mit 3-PS-Einzylinder- und 5-PS-V-Zweizylindermotoren von Jap. Ein nach den USA vergebener Lizenzbau hatte nicht mehr Erfolg als die englische Originalkonstruktion.

BRUNEAU

Motorcyclettes Bruneau, 12. Rue Victor Hugo, Tours F 1903–1910

Die ersten Modelle hatten Zurcher-Einbaumotoren, doch baute Bruneau um 1905 herum eine der ersten 498-cm^3-Maschinen mit Parallel-Zweizylindermotor eigener Konstruktion und Erzeugung.

B.S.A.

1. The Birmingham Small Arms Co., Ltd., Small Heath, Birmingham 11 GB 1906–1971
2. B.S.A. Cycles Ltd., Small Heath, Birmingham 11
3. B.S.A. Motor Cycles Ltd., Armoury Road, Birmingham 11

Rahmen und ähnliche Teile für Fahrräder und Motorräder von B.S.A. gab es schon lange, bevor B.S.A. 1906 mit der Herstellung kompletter Motorräder begann. In kurzer Zeit erran-

492 cm³ BSA (Eig. sv-Motor)
1925

346 cm³ BSA
(Eig. ohv-Motor) 1926

996 cm³ BSA
(Eig. sv-V-Zweizyl.) 1927

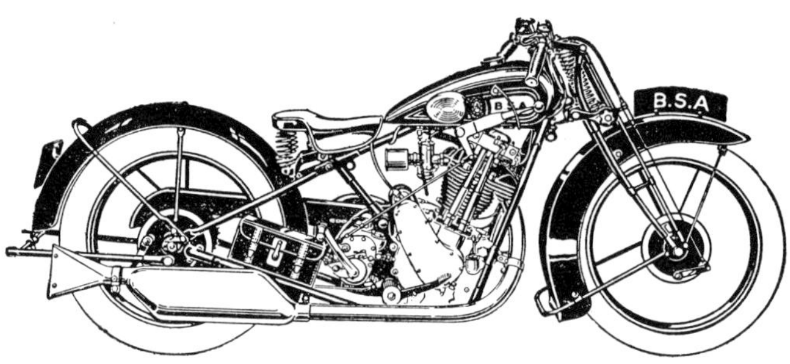

492 cm³ BSA
(Eig. ohv-Einzyl. »Sloper«)
1928

746 cm³ BSA
(ohv-V-Zweizyl.) 1935

496 cm³ BSA
(Eig. ohv-»Emp.-Star«) 1936

497 cm³ BSA (ohv-Gold-Star)
1960

173 cm³ BSA
(2T-Bantam-Sport) 1967

249 cm^3 BSA
(ohv-Star) 1967

646 cm^3 BSA
(ohv-Zweizyl.-Lightning)
1967

gen diese einen hervorragenden Ruf, wobei es sich besonders um 497- und 547-cm^3-sv-Einzylinder, später auch 769- und 996-cm^3-V-Zweizylinderversionen mit eigenen Motoren handelte. Zwischen den beiden Weltkriegen wurden Modelle von 173 cm^3 bis zu diesen großen Zweizylindertypen mit sv- und ohv-Motoren gebaut, und nur die 173er hatte einen eigenen Zweitaktmotor. Es gab in den dreißiger Jahren auch 496- und 746-cm^3-ohv-Modelle mit V-Zweizylindermotoren und dann die zur Weltberühmtheit gelangten ohv-Einzylinder-»Gold-Star«-Versionen mit schnellen 499-cm^3-Rennversionen. In modernisierter Form wurden sie auch noch bis in die sechziger Jahre gebaut, nachdem bald nach 1945 die 123-cm^3- und dann auch größeren »Bantam«-Zweitakter eingeführt wurden. Nach dem Zweiten Weltkrieg kamen auch Triumph und Ariel zur B.S.A.-Gruppe, und damit begann eine starke Zusammenarbeit mit Triumph in Meriden. Sie wurde so eng, daß sich Modelle soweit ähneln, daß Teile austauschbar waren. B.S.A. führte auch am Anfang der siebziger Jahre 498- und 654-cm^3-Parallel-Zweizylinder und dann auch die dreizylindrige 741-cm^3-»Rocket-3« ein. Daneben gab es zahlreiche erfolgreiche Moto-Cross- und Trial-Modelle bis zu 500 cm^3, die von Jeff Smith, John Banks, John Burton und zahlreichen anderen Fahrern in aller Welt gesteuert wurden. Während des Kriegs war auch der 1973 verstorbene berühmte Triumph-Konstrukteur Edward Turner bei B.S.A. Andere mit B.S.A. verbundene Namen: Perrigo, Povey, Crisp, Uzzell, Marjorie Cottle, Munro, Cashmore, Martin, Handley, Rist, Vincent. Bis Ende 1975 wurden bei BSA noch Triumph »Tridents« gebaut.

BUBI

B. Pront, Cleve im Rheinl., Haagsche Straße 40 — D 1921–1924

Fahrräder und Leichtkrafträder mit eigenen 1,5-PS-Zweitaktmotoren.

BUCHER

Motocicli Bucher S.p.A., Milano, Via A. Foggazaro 45 I 1911–1920

Auch unter dem Namen »Bucher-Zeda« bekannt, baute diese Firma Ein- und V-Zweizylindermodelle und bereits 1911 solche mit ohv-Motoren, die 342, 499 und 568 cm^3 hatten.

BUCHET

Société Anonyme Buchet, 15. Rue Greffulhe, Levallois F 1900–1911

Buchet war als Einbaumotorenhersteller und Autofabrikant besser bekannt als durch seine Motorräder, die nicht in großen Stückzahlen gebaut wurden. Interessant der 1903 hergestellte 4245-cm^3-Parallel-Zweizylindermotor, der für ein Renndreirad geschaffen wurde.

BÜCKER

Franz Bücker, Fahrzeugbau, Oberursel/Taunus, Hohenmarktstraße 19 D 1922–1958

Diese Firma gehörte zu den besten Motorrad-Konfektionären Deutschlands. Sie stellte Motorräder von 98 bis 990 cm^3 mit Einbaumotoren von Cockerell, Rinne, Columbus, MAG, Jap, Blackburne und Bark, nach 1945 ausschließlich mit Ilo- und Sachs-Zweitaktmotoren, her. War auch bei Rennen erfolgreich und gewann noch nach dem Krieg mit Friedl Schön auf einer 248 cm^3 (Jap) die deutsche Straßenmeisterschaft.

B. & H.

B.-&-H.-Engineering Co., Ltd., Napier Works, Napier Road, Ponders End, Mddx. GB 1923

Ein Motorenhersteller, der ohne größeren Erfolg große V-Zweizylindermaschinen mit eigenen 996-cm^3-sv-Motoren baute.

BULLDOG

H. H. Timbrell, 59. Slaney Street, Birmingham GB 1920

Kleiner Motorradkonfektionär, der hauptsächlich 269-cm^3-Villiers-Motoren einbaute.

BULLO

Bullo-Fahrzeugwerk AG, Bremen, Am Dom 6 D 1924–1926

Ein unorthodoxes elektrisches Motorrad, dessen Motor sich im Drehpunkt der Lenkung über dem Vorderrad befand. Es handelte sich um einen 0,7-PS-Hauptstrommotor, der durch eine 120-Ah-Batterie gespeist wurde.

BÜLOW

Ernst Bülow, Kraftfahrzeugwerk, Magdeburg-Neustadt, Inslebener Str. 1 D 1923–1925

Mit eigenen 2-, 2,5- und 3-PS-Zweitaktmotoren ausgerüstete Leichtkrafträder.

BULTACO

1. Compania Espanola des Motores, S. A. Cemoto, San Adrian de Besos, Apartado de Correos, Barcelona E 1958–
2. Bultaco Compania Espanola de Motores SA, Barcelona

244 cm^3 Bultaco (Eig. 2T-Pursang) 1974

Gehört nicht nur zu den führenden Motorradherstellern in Spanien, sondern auch zu den erfolgreichsten Trial- und Moto-Cross-Zweitaktmaschinen überhaupt. Von Francesco Bulto gegründet, nahm die Firma einen ständigen Aufschwung mit ihren leichten, schnellen und guten Konstruktionen. Die ersten Modelle hatten 123-, 154- und 198-cm^3-Motoren. Jetzt stellt Bultaco 74-, 125-, 148-, 174-, 244- und 326-cm^3-Einzylinder-Zweitaktmaschinen für die Straße, den Gelände- und Moto-Cross-Sport in zahlreichen Varianten her, nachdem man den Bau der früher erfolgreichen 124-cm^3-Rennzweitakter aufgegeben hat.

BURFORD

Consolidated Alliance Ltd., 1. Albermarle Street West, London, W. 1 GB 1914–1915

496-cm^3-sv-Einzylindermaschinen, deren Herstellung durch den Krieg abgebrochen werden mußte. Baute auch 269-cm^3-Modell mit Villiers-Motoren.

BURGERS-E.N.R.

Burgers-E.N.R. & Machine Fabriek N.V., 71 Rozengaarderweeg, Deventer NL 1987–1924

Schon die ersten dieser Motorräder hatten eigene Motoren. Dann wurden auch 676-cm^3-V-Zweizylinder-sv-Jap- und 497-cm^3-Einzylinder-sv-Blackburne-Motoren von dieser einst bekannten Maschinenfabrik eingebaut. Zuletzt gab es ein Modell mit dem englischen 246-cm^3-Vitesse-Drehschieber-Zweitaktmotor.

BURKHARDTIA

Burkhardtia Motorradbau AG, Magdeburg D 1904–1908

Die bekannten Grade-Werke in Magdeburg stellten auch die 165-cm^3-Ein- und 244-cm^3-Parallel-Zweizylinder-Zweitaktmotoren der Burkhardtia her.

BURNEY

1. Burney, Baldwin & Co., Twyford, Berks GB 1923–1925
2. Burney, Baldwin & Co., Ltd., 24. Oxford Street Chambers, Reading

Cecil Burney, einst Mitinhaber von Burney & Blackburne, konstruierte diese 497-cm³-sv-Einzylindermaschinen mit außenliegender Schwungscheibe, und Baldwin war der berühmte Rennfahrer Cpt. Baldwin. Auch ein 679-cm³-V-Zweizylindermodell wurde, aber nur in geringer Stückzahl, gebaut.

B.&.S.

Brand & Söhne GmbH., Berlin W. 35, Kurfürstenstraße 149 D 1925–1930

Identische Leichtkrafträder mit den 123-, 147- und 173-cm³-Brand-Konstruktionen, die Bekamo-Zweitaktmotoren mit Hilfskolben besaßen.

BUSI

Officine Meccanicche Busi, Bologna, Via Ugo Fossolo 38 I 1950–1953

Stellte 123-, später auch 160-, 173- und 198-cm³-Zweitaktmaschinen mit sportlichem Einschlag her.

BUSSE

Busse Kraftfahrzeuge, Kommandit-Gesellschaft, Magdeburg D 1922–1926

Stellte gut durchkonstruierte und robuste Maschinen mit 143-cm³-Grade-, 147- und 173-cm³-DKW-, 198-cm³-ohv-Paqué- und auch eigenen Zwei- und Viertaktmotoren her.

BUYDENS

Ets. Motos Buydens, Liége-Herstal B 1950–1955

Kleiner Motorradkonfektionär, dessen 123- bis 248-cm³-Zweitaktmaschinen seinerzeit moderner Konstruktion mit Motoren von Ydral und Sachs ausgestattet waren.

B.V.

1. Balzer & Vemola, Motorradfabrik, Tovacov u. Prostejova CS 1923–1930
2. Balzer & Vemola, Motorradfabrik, Prostejov, Olomoucka Tr. 48
3. Balzer & Kostal, Motorradfabrik, Prostejov, Olomoucka Tr. 48
4. Volt-Watt AG., Motorradfabrik, Prostejov, Olomoucka Tr. 48

Im Gegensatz zu anderen kleinen Motorradfabriken wurden hier die meisten Bauteile, auch Motoren und Getriebe, im eigenen Betrieb herstellt. Gebaut wurden 173er Zweitakter, 346er sv- und 496er ohv-Einzylinder- und 746er sv-V-Zweizylindermodelle. Eine 1925 gebaute 496-cm³-Rennmaschine besaß einen einzylindrigen ohc-Motor, bei dem die obenliegende Nockenwelle bereits durch eine Kette angetrieben wurde. Julius Vemola fuhr sie bei Bergrennen in der Tschechoslowakei.

CABTON

Mizuho Mfg. Co., Ltd., 1. Ohyama-Aza-Minami, Ohyama-machi, Tanba-gun, Aichi Pref J 1954–1961

Gehörte zu den besseren Motorradherstellern in Japan. Die nach typisch englischen Vorbildern gebaute Modellreihe umfaßte Zweitakter von 123 bis 246 cm³ und ohv-Parallel-Zweizylindermodelle von 248 bis 648 cm³.

CAESAR

Caesar Cycle Co., Ltd., Empire Works, Clarendon Street, Earlsdon, Coventry GB 1922–1923

Einfache, mit 269-cm³-Villiers-Zweitaktmotoren ausgestattete Konfektionsmaschinen, die in geringer Stückzahl gebaut wurden.

CALCOTT

Calcott Bros. Ltd., Gosford Street, Coventry GB 1910–1915

Die durch ihre Autoproduktion bekannte Firma baute auch mit White-&-Poppe-Einbaumotoren ausgestattete Motorräder, die zuletzt eigene 249-cm³- und 292-cm³-Einzylinder-sv-Motoren besaßen.

CALTHORPE

1. Minstrel & Rea Cycle Co., Barn Street, Birmingham 5 GB 1911–1939
2. Calthorpe Motor Cycle Co., Lion Works, Barn Street, Birmingham 5
3. Bruce Douglas (Bristol) Motors Ltd., Whitchurch, Bristol

Die von George Hands gegründete Firma stellte zunächst 211-cm³-Zweitakter sowie Ein- und V-Zweizylindermodelle mit Precision- und Jap-Motoren her. In den zwanziger Jahren bestand die Produktion aus Modellen von 147 bis 498 cm³ mit Villiers-, Blackburne-, Jap- und ab 1925 auch eigenen 348-cm³-ohv- und 498-cm³-ohc-Einzylindermotoren. Ab 1929 gab es die »Ivory«-Reihe mit eigenen 248-, 348- und 498-cm³-ohv-Einzylindermotoren, wobei die 348-cm³ am beliebtesten war. 1938 ging die Firma in Konkurs, und Bruce Douglas verlegte das Unternehmen nach Bristol, wo noch neue Prototypen mit 347- und 497-cm³-ohv-Matchless-Motoren gebaut wurden, bevor der Krieg die Herstellung beendete.

493 cm³ Calthorpe (Eig. ohc-Motor) 1925

CALVERT

Stoke Newington Motor Co., Stoke Newington Road, London GB 1899–1904

Pionierfabrik, die außer Minerva-Motoren auch eigene 2,25-, 2,75- und 3,25-PS-Einzylindermotoren verwendete.

CAMBER

Bright & Hayles, 78 Church Road, Camberwell, London GB 1920–1921

Die von einem Motorradhändler gebauten Motorräder hatten 492-cm^3-Einzylinder-sv-Precision-Einbaumotoren.

CAMBRA

Dr. Carl M. Brandt Motoren GmbH, Berlin S. 14, Dresdner Str. 76 D 1921–1926

Im Gegensatz zu anderen damaligen Berliner Motorradproduzenten war Dr. Brandt – nicht mit Brand zu verwechseln! – ein Vertreter von Viertaktmotoren, und auch die Motoren seiner 180- und 198-cm^3-Einzylindermaschinen hatten seitengesteuerte Ventile.

CAMILLE-FAUCAUX

Camille Faucaux Scooters, Paris F 1952–1954

Kleiner Produzent von einfachen Rollern mit 65-cm^3-Motoren.

CAMPION

Campion Cycle Co. Ltd., Robin Hood Street, Nottingham GB 1901–1926

Einst bekannte Fahrradfabrik. Baute Motorräder mit Minerva-, MMC-, Fafnir-, Precision-, Villiers-, Jap- und Blackburne-Motoren von 147-, bis zu 996-cm^3-V-Zweizylindermodellen mit Brough-Superior-ähnlichen Kraftstoffbehältern. Lieferte Fahrgestelle auch an andere Motorradhersteller und baute von 1924 bis 1926 komplette New Gerrard-Motorräder für den schottischen Rennfahrer/Konstrukteur Jock Porter.

CAN-AM

Bombardier-Rotax GmbH., Motorenfabrik, A 4623 Gunskirchen A 1973–

173 cm^3 Can-Am (2T-Rotax-Bombardier) 1973

Die zur kanadischen Bombardier-Gruppe gehörenden österreichischen (aus dem früheren Sachs-Zweigwerk hervorgegangenen) Rotax-Werke bauen nunmehr außer Motoren auch komplette 124-, 175- und 250-cm³-Zweitakt-Moto-Cross-Motorräder, die mit Plattendrehschieber versehen sind.

CAPPONI

Motocicli Capponi & Co., Torino — I 1924–1926

Zweitaktmaschinen mit eigenen 173-cm³-Dreikanalmotoren.

CAPRIOLO

1. S.p.A. Aero Caproni, Casella postale 226, Trento — I 1948–1963
2. S.p.A. Aeromere, Trento, Via Aeroporto, 99

Die frühere Flugzeugfabrik begann den Motorradbau mit 73-cm³-ohv-Modellen, die eigene Blockmotoren und Preßstahlfahrgestelle, später Rohrrahmen besaßen. Andere Typen hatten 123-cm³-ohv- und zum Teil auch ohc-Stirnnockenwellenantrieb.

CAPRONI-VIZZOLA

Costruzioni Aeronautiche Caproni, Vizzola Ticino — I 1953–1959

Eine andere, früher zum Caproni-Konzern gehörende, Flugzeugfabrik. Hier handelte es sich um Motorräder mit von NSU in Neckarsulm bezogenen Motoren. Eingebaut wurden Zweitakter von 98 bis 200 cm³ und ohv-Viertakter – inklusive dem »Max«-Motor – von 173 bis 247 cm³.

CARABELA

Acer Mex S.A., Avenida Uno Num. 4, Naucalpan, Edo de Mexico — MEX 1971–

Primär auf den amerikanischen Markt ausgerichtet, baut die mexikanische Motorradfabrik sportliche Zweitaktmaschinen für Straße, Gelände und Moto-Cross. Die Hubräume sind 66, 98, 123, 193, 199 und 346 cm³. Ein Teil der Motoren stammt von europäischen Firmen, z. B. von Jawa und auch 248-cm³-Villa-M/C-Motoren.

CARDAN

Moteurs Cardan, Boulogne — F 1902–1908

Mit De-Dion-Bouton-Motoren ausgerüstete Motorräder, die den nach ihm – Cardan – benannten Wellenantrieb zum Hinterrad besaßen.

CARFIELD

1. Carfield Motor Cycle Co., Windmill Lane, Smethwick — GB 1919–1924
2. Carfield Ltd., 32. Windmill Lane, Smethwick

Mit Federrahmen ausgestattete 247- und 269-cm³-Villiers-Zweitaktmodelle, 346-cm³-sv-Typen mit Blackburne-Motoren und 688-cm³-Zweizylinder-sv-Boxerversionen mit Coventry-Victor-Motoren.

CARNIELLI

1. S.p.A. T. Carnielli & Co., 14. Via F. Cavalotti, Vittorio Veneto — I 1951–
2. S.p.A. T. Carnielli & Co., 61. Via Dante, 31029 Vittorio Veneto

Begann mit robusten 73-cm³-Zweitaktmaschinen und baute auch dreirädrige Transportfahrzeuge mit 98er NSU-ohv-Motoren. Es gab auch mit Victoria eine Zusammenarbeit. Später verlegte sich das Werk auf zahlreiche Modelle von Mofas, Mopeds etc. mit 48-cm³-Zweitaktmotoren.

CARLEY

M. Rocher, Constructeur, Usines a Cenon Vienne — F 1950–1953

49-cm³-Miniroller mit liegendem Zweitaktmotor. Kleine Produktion.

CARLTON

North British Machine Co., Ltd., Glasgow — GB 1922

Ein kleiner Konfektionär, der in offene Fahrgestelle 269-cm³-Villiers-Zweitaktmotoren einbaute.

CARLTON

1. Carlton Motor Cycles, Carlton-in-Lindrick, Notts — GB 1913–1940
2. Carlton Cycles Ltd., Dock Street, Workshop, Notts
3. Carlton Cycles Ltd., Bridge Street, Workshop, Notts
4. Carlton Cycles Ltd., Clarence Road, Workshop
5. Carlton Cycles (Raleigh Industries Ltd.), Eastgate, Workshop, Notts

Dem berühmten Konstrukteur und Rennfahrer D. R. O'Donavan gehörende Fahrrad- und Motorradfabrik, die Leichtkrafträder mit 123-cm³-Villiers-Motoren gebaut hat. Gehört jetzt zur Raleigh-Gruppe.

CARPATI

6-Mertie Werk, Zarnesti, Brasov — R 1960–

Führender rumänischer Mopedhersteller. Verwendet eigene 68-cm³-Zweitaktmotoren. Carpati ist eine staatliche Lastkraftwagenfabrik.

CARPIO

Bicycles & Motocycles G. Carpio, Rue de Boetie, Paris — F 1930–1935

Leichtgewichts-Motorräder mit 98-cm³- und 124-cm³-Zweitakt-Aubier-Dunne- und Stainless-Motoren.

CARREAU

Usines Carreau, Puteaux — F 1903–C

Baute in der Pionierzeit kleine Motorräder mit 1,5-PS-Motoren.

C.A.S.

Ceska Automobilova Spolecnost, Praha II, Riegrovo Nabrezi 24 — CS 1921–1924

Dem »Autoped« nachempfundene Kleinroller mit 129- und 147-cm³-Zweizylinder-Boxermotoren und Zweitakt-Motorräder mit eigenen 173- und 225-cm³-Einzylindermotoren, die von Ing. J. Reichziegel konstruiert wurden. Sowohl Roller wie auch die Motorräder hatten Vollscheiben-Räder.

CASAL

1. Metalurgia S.A.R.L., Estrada de Tabueira Esqueira, Aveiro — P 1966–
2. Metalurgia Casal S.A.R.L., Apartado 83, Aveiro

Eine schnell aufgekommene Fabrik, die zunächst Zündapp-Motoren, jetzt aber moderne eigene 49- und 124-cm³-Zweitaktmaschinen in gute Fahrgestelle einbaut und im Programm auch 74-cm³-Versionen sowie Geländesportmodelle hat. Baut auch 248-cm³-Gelände-Modelle mit 25-PS-Zweitakt-Einzylindermotoren.

CASALINI

1. Costruzioni Mecchaniche Casalini, 27. Via Trento, Piacenza — I 1958–
2. Giovanni Casalini, 36 Via Rigolli, 29100 Piacenza

Stellte früher Kleinroller mit 49-cm³-Motoren, jetzt hauptsächlich Mofas und Mopeds in einer großen Modellreihe her.

CASOLI

Moto Casoli, 1. Via G. Cardano, Milano — I 1928–1933

Der Ancora ähnlich, war auch die Casoli eine 173-cm³-Maschine mit Villiers-Zweitaktmotor.

CASTADOT

J. Castadot, Boulevard D'Avory, Liége — B 1900–1901

Mit 1,5-PS-Zedel-Motor ausgerüstet, wurden nur wenige Castadot-Motorräder gebaut.

CASTELL

Castell & Sons, 164. Malden Rd., Kentish Town, London N.W. — GB 1903

Ein kleiner Pionier-Konfektionär, der belgische Saroléa- und Minerva-Motoren einbaute.

CASWELL

Caswell Ltd., 27. Great Eastern Street, London — GB 1904–1905

Auch hier wurden 2,5-, 2,75- und 3,5-PS-Minerva-Motoren in verstärkten Fahrradrahmen verwendet.

CAYENNE

Hayes-Pankhurst Mfg. Co., St. Leonards on Sea, Sussex — GB 1912–1913

Sehr interessante Konstruktion mit wassergekühltem 497-cm³-V-Zweizylinder-ohv-Motor, der höchstwahrscheinlich von Buchet in Frankreich bezogen wurde.

CAZALEX — F 1951–1955

Leichtgewicht-Motorräder mit Motoren von 50 bis 124 cm³.

CAZANAVE

F 1955–1957

Stellte ebenfalls Mopeds und Leichtkrafträder mit 49-cm³-Motoren her.

CBR

Motocicli Cigala, Balberis & Ruda, Torino I 1912–1914

Hersteller von Zweitaktmaschinen, einer 225-cm³-sv-Maschine und auch größeren Typen mit 3-, 5- und 8-PS-Motoren.

C.C.

Charles Chamberlain, Bispham, Blackpool GB 1921–1924

Offerierte Motorräder mit 269-cm³-Villiers- und 348- und 497-cm³-sv-Blackburne-Einzylindermotoren, zuletzt sogar Modelle von 147 bis 990 cm³, doch fand sich auch in England nie jemand, der diese Maschinen sah oder gefahren ist. Die letzten Maschinen sollen mit Jap-Motoren ausgerüstet gewesen sein.

CCM

Clews Competition Machines, Shinfal Street, Bolton GB 1971–

Spezialist in Competition-Maschinen und Hersteller der einzylindrigen 499-, 545- und 580-cm³-ohv-Moto Cross-Modelle, deren Motoren früher von BSA kamen, jetzt aber eigener Konstruktion und Herstellung sind.

CECCATO

1. S.p.A. Ceccato, Montecchio Maggiore, Vicenza I 1950–1963
2. Ceccato & C., Società per Azioni, Alte Ceccato (Vicenza)

Hatte ein großes Modellprogramm mit 48-, 75-, 98-, 124- und 173-cm³-Zweitaktern und zum Teil auch ohv, sowie kleinen 75- und 98-cm³-ohc-Einzylinder-Blockversionen, die noch durch eine ähnliche 123er ergänzt wurden.

CEDOS

1. Hanwell & Sons, Components Ltd., Northampton GB 1919–1929
2. Cedos Motors Ltd., Northampton
3. Cedos Motors, J. Connell & Co., Northampton, Brunswick Place

Erzeugte bis 1924 ausschließlich 211- und 249-cm³-Zweitaktmodelle mit normalen und auch offenen, für Frauen geeigneten, Fahrgestellen. Die Motoren hatten schon abnehmbare Zylinderköpfe und eigene Vergaser. Dann kamen auch 348-cm³-ohv-Modelle mit Bradshaw- und Blackburne-Motoren und eine 348-cm³-sv-Blackburne und 990-cm³-sv-Maschine mit dem V-Zweizylinder Jap dazu.

C.E.M.E.C.

Centre D'Etudes Moteurs a Explosion et Combustion, Rue des Prés, Biévres F 1948–1955

Dieses Unternehmen übernahm die bankrotte CMR und baute weiter Motorräder, die auf BMW-Konstruktionen beruhten. So die seitengesteuerte 746-cm³-»L7« mit 24 PS, eine kleine Serie von 30 Maschinen (C8) mit ohv-Motoren und auch einige 493-cm³-Modelle. Dann ging auch sie bankrott und Ratier übernahm das, was noch geblieben war.

746 cm³ CEMEC (Eig. sv-Boxer-Zweizyl.) 1954

CENTAUR

Neu-Co, Motorradbau, Forchheim, Oberfranken — D 1924–1925

Eine kleine Firma, die 1,5-PS-Einbaumotoren, welche höchstwahrscheinlich von Gruhn bezogen wurden, in einfache Fahrgestelle setzte.

CENTAUR

1. Centaur Cycle Co., Ltd., Stoke, Coventry — GB 1901–1915
2. Centaur Co., Ltd., Coventry

Ungewöhnliche 348-cm³-V-Zweizylinder und 492-cm³-Einzylinder-sv-Maschinen, die in ihren ersten Ausführungen den Schalldämpfer innerhalb des vorderen Rahmenrohrs hatten. Später wurden Zylinder mit viereckigen Kühlrippen verwendet. Die Centaur war zu ihrer Zeit ein bekanntes Motorrad.

CENTER

Center Motor Co., Ltd., Tokyo — J 1950–1962

Sportliche 149-cm³-Einzylindermaschinen mit ohv-Blockmotoren.

CENTURY

Century Cycles Ltd., London S.E. — GB 1902–1905

Eine schon lange vergessene Marke mit Minerva- und MMC-Einbaumotoren.

C.F.

1. S.A. Autogarage Piacenza, 35 Via G. Taverna, Piacenza — I 1928–1971
2. Meccanica s.r.l., 11. Via Federico Confalonieri, 61110 Pesaro

Ein kleines Unternehmen, das bis 1936 schnelle 173- und 247-cm³-ohc-Einzylindermodelle baute, die auch schöne Rennerfolge – besonders bei den nationalen italienischen Rennen – erringen konnten. Dann gab es eine Unterbrechung der Produktion und eine Reorganisation. Ende der sechziger Jahre wurde der Bau von 49-cm³-Zweitaktmaschinen aufgenommen. Catelli und Fiorani (C.F.) verkauften 1937 das Werk an Fusi.

C.F.C.

Compagnie France du Cycles, Boulogne F 1903–1906

Mit 1,75-PS-Einzylindermotoren ausgestattete Fahrradfahrgestelle.

CHAMPION

Champion (Peerlees) Motorcycle Mfg. Co., St. Louis USA 1911–1913

Luftgekühlte 1261-cm³-Vierzylinder-Motorräder, die unter »Militaire«-Lizenz mit Kardanantrieb, Kugelschaltung und einem auto-ähnlichen Kastenrahmen in beschränkter Stückzahl hergestellt wurden.

1306 cm³ Champion (ioe-Vierzyl.) 1917

CHAMPION

Bridgestone Cycle Industry Ltd., 1 1-chrome, Kyobashi, Chuo-ku, Tokyo J 1960–1967

Die großen Bridgestone-Reifenwerke hatten nie besonderes Interesse daran, in Japan ihren Namen auf Motorräder zu geben. So kommt es auch, daß jetzt die Bridgestone-Leichtkrafträder und Mopeds mit ihren 49- bis 123-cm³-Zweitaktmotoren den Namen Champion trugen.

CHARLETT

Charlett Motorenbau GmbH., Berlin S. 42, Ritterstraße 33 D 1921–1924

Hersteller von Leichtkrafträdern mit eigenen, im Rahmen nach vorne geneigten 195-cm³-sv-Einzylindermotoren.

CHARLKRON

Charlkron Motorradbau, Ohligs/Rheinland, Hochstraße 43 D 1925

Kleiner Hersteller gut konstruierter 348- und 496-cm³-Einzylinder-ohc-Maschinen mit »K« (Küchen)-Motoren.

CHARLTON

Charlton Motor Co., London S.E. GB 1904–1908

Mit französischen 402-cm³-Buchet-Motoren ausgerüstete Motorräder.

CHASE

F. W. & A. A. Chase, 9. Station Road, Anerly, London, SE GB 1902–1906

Die Brüder Chase waren bekannte Radrennfahrer, und die von ihnen gebauten Motorräder hatten niedrige Fahrgestelle mit verschiedenen Einbaumotoren, von MMC, Minerva, Precision und anderen Firmen.

CHATER und CHATER LEA

1. Chater Lea Ltd., 74-84 Banner Street, Golden Lane, London, EC GB 1900–1937
2. Chater Lea Ltd., New Icknield Way, Letchworth, Herts

Eine bekannte Firma, die Rahmensätze, Muffen, Getriebe und andere Teile an zahlreiche Motorradhersteller lieferte und selbst Motorräder mit Einbaumotoren von Kelecom, Fafnir, Brown, Trent, MMC, Antoine, Minerva, De Dion Bouton, Peugeot, Sarolea, Precision, Jap, Blackburne, Villiers u. a. erzeugte. Berühmt die 990-cm³-V-Zweizylinder-Chater-Lea mit dem sv-Motor und noch berühmter die ab 1926 gebaute 348-cm³-»Camshaft«-ohc-Einzylindermaschine, deren Konstrukteur Dougal Marchant – ein berühmter Rennfahrer und Weltrekordinhaber – war. Andere erfolgreiche Chater-Lea-Fahrer: Michael Gayer (Österreich), Carlo Barsanti (Italien), George Tucker (England) und Josef Hajek (Tschechoslowakei). Das Werk existiert noch, baut aber keine Motorräder mehr.

348 cm³ Chater-Lea (ohc-Rennmasch.) 1926

CHELL

Chell Motor Co., Moorfield Road, Wolverhampton GB 1939

Mit 123-cm³-Villiers-Zweitaktmotoren ausgerüstete Leichtkrafträder.

CHIORDA

1. Chiorda de Fratelli Trapletti, Via Palma i Vecchio 12, Bologna — I 1954–
2. Chiorda de Fratelli Trapletti, 24060. Vigano S. Martino, Bologna

Stellte ursprünglich 48-cm³-ohv-Leichtgewichtsmaschinen, jetzt sportliche 49-cm³-Zweitaktmodelle mit Franco-Morini-Motoren und auch Sportmodelle für Geländeveranstaltungen her.

CHRISTOPHE

Soc. An. Christophe, 154. Av. de Neuilly, Neuilly-sur-Seine — F 1920–G

Fast gleich mit den »Automoto«-Modellen baute auch Christophe Zweitakter bis 250 und sv-Typen von 248 bis 498 cm³ mit Einzylindermotoren. Ende der zwanziger Jahre gab es auch eine 498-cm³-Doppelport-ohc-Blockmaschine.

C.I.E.

Compagnie Internationale D'Electricité, Herstal — B 1900–1905

Zwei berühmte Techniker, M. Couturier und Paul Kelecom, standen hinter dieser Pioniermarke, unter der 3- und 4-PS-Einzylindermaschinen hergestellt wurden. Kelecom baute auch Einbaumotoren und war dann jahrelang technischer Direktor von F. N., für die Motorradabteilung.

CIMA

Ing. P. Cima & Fratello, Torino 13, 25. Corso Re Umberto — I 1924–1927

Kleiner italienischer Motorradkonfektionär, der hauptsächlich 247- und 347-cm³-Blackburne-sv- und ohv-Motoren verwendete.

CIMATTI

1. Marco Cimatti, 4. Via Casarini, Bologna — I 1949–
2. Ditta Cimatti, Pioppe di Salvaro, Bologna
3. Cimatti Enrico S.p.A., 40040 Pioppe di Salvaro (Bo.)

Cimatti kam in den letzten Jahren immer mehr in den Vordergrund und gehört jetzt zu den besten Motorradkonfektionären Italiens. Seine zum Teil sehr sportlichen und gut ausgeführten Maschinen haben 49- und 123-cm³-Zweitaktmotoren von Franco Morini und Minarelli. Baut auch mehrere Moto-Cross-Modelle.

C.I.T.A.

Ateliers Cita, Quai de Maestricht, Liége — B 1922–1925

Stellte Motorräder mit eigenen 173-, 198- und 348-cm³-ohv-Einzylindermotoren in Dreiecksfahrgestellen her.

CITO

1. Cito-Werke AG., Suhl in Thüringen — D 1905–1927
2. Cito-Fahrradwerke AG., Köln-Klettenberg, Luxemburger Str. 280
3. Cito-Werke AG., Köln-Klettenberg, Luxemburger Straße 280

Die Cito-Story ist etwas kompliziert, zumal man bereits 1905 mit Ein- und V-Zweizylinder-Fafnir-Motoren ausgerüstete Motorräder und dann, nach einer fast zehnjährigen Unterbrechung, die 503-cm^3-K.G.-(Krieger-Gnädig-)ohv-Einzylinder-Kardanmaschinen baute. Das war 1922. 1923 kam eine 346-cm^3-Zweitaktmaschine dazu, im gleichen Jahr aber auch schon die Werksübernahme durch Allright in Köln. Dort baute man bis 1927 neben den eigenen Allright-Modellen mit Jap-Motoren auch die nunmehr auf 498 cm^3 »reduzierte« K.G. in modifizierter Form. Nachher wurde sie von Henkel in Mäbendorf bei Suhl bis 1932 in Kleinserie weitergebaut.

CITYFIX

Gottfried Delius, Fahrzeugfabrik, Osnabrück — D 1949–1953

Hersteller von Leichtkrafträdern mit 58er-Lutz- und 98er-Sachs-Zweitaktmotoren und auch von mit diesen Motoren ausgerüsteten Rollern.

C.L.

Compagnia Levante GmbH., Hamburg 11 — D 1951

Die in der Fachwelt unbekannte Firma offerierte einen 34-cm^3-Roller unter diesem Namen.

CLAES

Claes & Flentje, Mühlhausen, Thüringen — D 1904–1908

Diese auch unter dem Namen »Pfeil« bekanntgewordenen Motorräder hatten 3,5-PS- und 5-PS-Einbaumotoren von Fafnir in Aachen.

CLARENDON

1. Hannon & Smith, Dale Street, Coventry — GB 1901–1911
2. Clarendon Motor Car & Cycle Co., Ltd., Earlsdon, Coventry

Ein mittelgroßes Unternehmen, das außer Fahrrädern auch Motorräder und Automobile hergestellt hat. Ein 3-PS-Einzylindertyp mit eigenem sv-Motor und mehrere Modelle mit Einbaumotoren von Scout, Birch, Hamilton, Whitley und Coronet wurden, soweit es den Motorradsektor betraf, hergestellt. Robuste »Bauernmotorräder«.

CLAUDE DELAGE

Ets. Claude Delage, 12 Rue Houner, Clichy, Seine — F 1925

Eine kleine Firma, die damals sowohl Motorräder wie auch Automobile ohne kommerzielle oder sportliche Erfolge gebaut hat. Mit der bekannten Autofabrik von Louis Delage gab es keine Verbindung.

CLEMENT

1. Ets. Clement & Cie., Levallois-Perret — F 1897–1925
2. Ets. Adolphe Clement, Levallois-Méziéres

Der Pionier der französischen Kraftfahrzeugindustrie stellte außer Automobilen auch Motorräder mit Ein- und V-Zweizylindermotoren sowie Einbaumotoren für andere Firmen her.

Zuletzt baute Clement eine einzylindrige Leichtgewichtsmaschine mit 63-cm^3-Hubraum- und ohv-Blockmotoren, nachdem der junge (Louis) Clement 1920 auch schon eine 998-cm^3-ohc-V-Zweizylinder-Rennmaschine geschaffen hatte.

CLEMENT-GARRARD

Garrard Mfg. Co., Ltd., Magneto Works, Ryland Street, Birmingham — GB 1902–1911

Die Clement-Geschichte ist sehr verzweigt und kompliziert, zumal er nicht nur in Frankreich mit Bayard, Gladiator und anderen Firmen, sondern auch in England mit Garrard, Talbot, Sunbeam etc. direkt oder indirekt verbunden war. Seine Clement-Garrard-Motorräder nannte er zu Recht »Federgewichtsmaschinen«, zumal diese lange Zeit nur verstärkte Fahrradgestelle – und diese auch für die 3-PS-V-Zweizylindermodelle – hatten. Daneben gab es 1,5-PS- und 2-PS-Einzylinderversionen mit zum Gabelkopf geneigten Motoren, die außenliegende Schwungscheiben besaßen, wodurch das Kurbelgehäuse klein gehalten werden konnte.

CLEMENT-GLADIATOR

Ateliers Clement-Gladiator, 76. Grande Rue, Pré Saint Gervais, Seine — F 1901–1935

Baute große Automobile, bevor man zur Herstellung robuster Motorräder mit Motoren von 98 bis 598 cm^3 Hubraum überging. Gehörte zu den ersten Firmen, die Hinterradfederung einführten und mit solchen Fahrgestellen schon Ende der zwanziger Jahre Rennen erfolgreich bestritten. Hierbei wurden 248-cm^3-ohv-Motoren von Jap verwendet, wie überhaupt damals diese englischen Motoren serienmäßig zum Einbau gelangten.

CLESS & PLESSING

Fahrrad- & Motoren-Werke Cless & Plessing, Graz — A 1903–1906

Eine kleine Firma, die, teilweise an Puch angelehnt, Einzylindermaschinen mit 2,75 und 3,5 PS sowie V-Zweizylinder mit 5 PS baute.

CLEVELAND

Cleveland Motorcycle Co., Cleveland, Ohio — USA 1915–1929

348 cm^3 Cleveland (ioe-Einzyl.) 1925

996 cm³ Cleveland
(ioe-Vierzyl.) 1929

Motorräder mit 269-cm³-Zweitaktmotoren. 1924 wurde eine 347-cm³-Einzylindermaschine mit ohv-Motor und bald darauf eine 746-cm³-Reihenvierzylindermaschine mit Luftkühlung gebaut. Dieser folgte 1928 ein verbesserter und auf 996 cm³ gebrachter Vierzylindertyp, als letztes von Cleveland gebautes Motorrad.

CLEVELAND

Cleveland Motor Cycle Co., Douglas Street, Middlesborough GB 1911–1914

Freddy Dixon, der einst weltberühmte Rennfahrer und Techniker, war bei dieser kleinen Firma tätig. Er bestritt auf diesen englischen Cleveland-Motorrädern – die 2,75- und 3,5-PS-Precision-Motoren besaßen – auch seine ersten Rennen.

CLUA

Construcciones Meccanicas Clua, s.l., 6 Avenida General Goded, Barcelona E 1952–1964

War mit der italienischen Firma Alpino verbunden und verwendete auch deren 74-, 98-, 123- und 173-cm³-Zweitaktmotoren in modernen Fahrgestellen.

CLYDE

1. G. H. Wait, Green Lane Road, Leicester GB 1898–1912
2. Wait & Co., Queen Street, Leicester
3. Clyde Motor Co., Queen Street, Leicester

Wait war ein Pionier des Kraftfahrzeugwesens in England. Er baute Dreiräder, Leichtkraftwagen und auch 2,75-, 6,5- und 8-PS-Motorräder in guter Konstruktion und Werkmannsarbeit. Außer diesen eigenen Motoren verwendete er auch Einbaumotoren von Jap. Und bereits 1903 gab es Clyde-Motorräder mit Wasserkühlung.

CLYNO

1. Clyno Engineering Co., Ltd., Thrapston, Northants GB 1911–1924
2. The Clyno Engineering Co., Pelham Street, Wolverhampton

Erstklassige 5-, 6- und 8-PS-V-Zweizylinder-Maschinen mit Stevens-sv-Motoren. Wurden im Ersten Weltkrieg auch von den englischen und russischen Armeen mit Seitenwagen und aufmontierten Maschinengewehren benützt. Nach einer 1922 durchgeführten Reorganisation wurden nur noch 269er-Einzylinder-Zweitakt- und 925er-V-Zweizylinder-sv-Maschinen gebaut. 1922 begann Clyno den Bau von Automobilen und stellte 1924 den Motorradbau ein.

C.M.

Fabbricca Motocicli Motocarri C.M., Via Aglebert 22, Milano I 1930–1957

Zwei berühmte Techniker und Rennfahrer, Oreste Drusiani und Mario Cavedagni, gründeten diese Firma, deren erste 173-cm^3-Maschinen eigene ohc-Motoren besaßen. Es folgten 496er-ohv- und 248er-ohc-Einzylindermodelle, nachher auch 348- und 496-cm^3-ohc-Versionen. Ing. Salvia, der die Firma in den Jahren nach 1934 leitete, schuf auch schnelle 348-cm^3-Rennmaschinen, die u. a. von Guglielmo Sandri gesteuert wurden. Nach 1945 gab es 123-, 158- und 173-cm^3-Zweitakt-Einzylindermodelle und eine 246-cm^3-Parallel-Zweizylinder-Zweitaktversion, die gute Sporterfolge errang.

C.M.

Carl Metzger, Motorradbau, München, Seidenstraße 30 D 1921–1923

Mit von Cockerell gebauten 110-cm^3-Zweitaktmotoren ausgestattete Leichtkrafträder.

C.M.M.

Coventry Motor Mart, London Road, Coventry GB 1919–1921

Eine Garage, die in eigene Fahrgestelle 269er-Union-Zweitaktmotoren in beschränktem Maß eingebaut hat.

CMM

Construction de Motocycles et de Moteurs Industriels, 60. Avenue Rockefeller, Lyon, Rhône F 1927–1935

Zum Teil mit Preßstahlfahrgestellen ausgerüstete Zwei- und Viertaktmodelle mit Aubier-Dunne-, Jap-, Chaise- und anderen Motoren von 98 bis 499 cm^3 Hubraum.

C.M.P.

Ciclimotori S.A.S., Via Canal Morto 59, Padova I 1953–1956

Erzeugte Zweitaktmaschinen mit 49, 73, 98 und 123 cm^3 und auch 123-cm^3-ohv- und ohc-Modelle mit Sachs-, teilweise auch Ceccato-Motoren.

C.M.R.

Centre de Montage et de Recuperation, Avenue de Neuilly, Neuilly sur Seine F 1945–1948

Baute nach Kriegsende aus existierenden, zum Teil aber auch neuangefertigten BMW-Teilen vornehmlich Seitenwagenmaschinen mit R-12- und R-71-Motor. Dieser sv-Zweizylinder hatte 745 cm^3 Hubraum. 1948 ging das Werk bankrott.

COCKERELL

1. Friedrich Cockerell, Fahrzeugmotorenbau, München, Gunzenrainerstraße 6 D 1919–1924
2. Cockerell Fahrzeug- und Motorenwerke GmbH., München, Schwanthaler Straße 5
3. Cockerell Fahrzeug- und Motorenwerke GmbH., Nürnberg, Siegfriedstraße 17

Cockerell, der auch die berühmte Megola konstruierte, schuf die schnellen Zweitakt-Cockerell-Motorräder mit liegenden, luft- und wassergekühlten 110-, 145- und 169,5-cm³-Einzylindermotoren. Mit Karl Adam und Hans Letnar gewannen sie 1924 die Deutsche Straßenmeisterschaft in ihrer Klasse. Er baute zahlreiche andere Motorräder, Motoren und auch Automobile. Außerdem 38-cm³-Fahrrad-Hilfsmotoren. Einer der größten Motorradkonstrukteure Deutschlands, verstarb er 1965.

CODRIDEX

Ets. Codridex, Lyon — F 1952–1956

Baute Mopeds mit 49- und 65-cm³-Zweitaktmotoren.

COFERSA

Motocicletas Cofersa, Madrid — E 1953–1960

Kleine Firma, die Leichtkrafträder mit 98- bis 198-cm³-Zweitaktmotoren konfektionierte.

COLIBRI

Josef Walter & Co., Wien XXI, Frömmelgasse 28 — A 1952–1954

Es gab in München gebaute Colibri-Fahrrad-Hilfsmotoren; hier handelte es sich jedoch um 123-cm³-Roller einer kleinen Firma, die mit DKW-Zweitaktmotoren ausgerüstet waren.

COLOMB

Soc. Colomb, Paris — F 1950–1954

Baute in beschränktem Maß kleine Roller und Motorräder.

COLONIAL

H. P. Carter, 10-11 Bond Gate, Nuneaton — GB 1911–1913

Ein Motorradhändler, der nur eine kleine Stückzahl dieser 450-cm³-Zweitakt-Einzylindermaschinen hergestellt hat.

CULUMBIA

Columbia Motor Co., Hartford, Conn. — USA 1900–1905

In den Pope-Automobilwerken gebaut, hatten auch diese Motorräder Ein- und V-Zweizylindermotoren von Pope, wo man später auch unter dem Namen Pope Motorräder baute.

COLUMBIA

Moteurs & Motorcycles Columbia, Grenoble — F 1922–1926

Seitengesteuerte 198- und 247-cm³-Einzylindermaschinen primitiver Konstruktion.

COLUMBUS

Columbus Motorenbau AG., Oberursel bei Frankfurt/M. — D 1923–1924

Stellte zunächst Fahrrad-Hilfsmotoren (Gnom) und dann eine schöne 248-cm³-Maschine her, deren Konstruktion aber bald – zusammen mit dem Columbus-Werk – von Horex in Bad Homburg v. d. H. übernommen wurde.

C.O.M.

Carbonero & Schoch, 64. Via Nizza, Torino — I 1926–1928

Gehörte zu den vielen kleinen italienischen Herstellern von 123- und 173-cm³-Einzylindermaschinen.

COMERY

Comery-Motors, 275 Vernon Road, Nottingham — GB 1919–1922

Dem Rennfahrer Archie Cook gehörend, war Comery ein kleines Unternehmen, das 269-cm³-Villiers-Motoren in einfache Fahrgestelle einbaute.

COMET

Comet Motor Works, Tanners Hill, New Cross, London SE — GB 1902–1907

Gute Konfektionsmaschinen mit aus BSA-Teilen zusammengestellten Fahrgestellen und 2,75- und 3,5-PS-Minerva-Motoren, die zwar in Belgien in den gleichnamigen Werken konstruiert, aber in England gebaut wurden.

COMET

Brevetti Drusiani, Moto-Comet, 76 Via Stalingrado, Bologna — I 1953–1957

Prachtvolle, vom bekannten Konstrukteur Drusiani geschaffene, 173- und 246-cm³-Parallel-Zweizylinder-ohc-Maschinen. Stellte auch 173er-ohv-Einzylindermodelle her.

COMMANDER

General Steel Group, Springfield Rd., Hayes, Mddx. — GB 1952–1953

Unorthodoxe Zweitaktmaschinen mit 98- bis 197-cm³-Villiers-Motoren in und aus in quadratischen Rohren hergestellten Fahrgestellen, die den Motor, der teilgekapselt war, an der Hinterschwinge trugen. Zu einer größeren Produktion kam es nie.

CONDOR

Condor Motor Co., Broad Street, Coventry — GB 1907–1914

Eine größere Garage, die auch Einbaumotoren herstellte. Darunter war ein Einzylinder mit 96 mm Bohrung und 112 mm Hub, der 1913–1914 auch von Excelsior eingebaut wurde. Mit den schweizer Condor-Maschinen hatte diese englische Marke nichts gemeinsam.

CONDOR

1. Manufacture Suisse des Cycles et Motos, Courfaivre — CH 1901–
2. Condor-Werke AG., Courfaivre

War neben Motosacoche die bekannteste schweizer Motorradfabrik. Baute zunächst Zedel-Motoren, nach dem Ersten Weltkrieg hauptsächlich MAG-Motoren von 246 bis 746 cm³ mit

498 cm³ Condor
(ohv-MAG-Motor) 1931

498 cm³ Condor
(ohv-Rennmasch.) 1931

678 cm³ Condor (sv-Boxer-Zweizyl.) 1955

wechsel- und obengesteuerten Ventilen ein. Darunter auch 498-, 598- und 746-cm³-V-Zweizylindermodelle. Es gab auch Condor-Maschinen mit 147-, 172- und 198-cm³-Villiers-Zweitaktmotoren und nach 1945 eine 346-cm³-Parallel-Zweizylinder-Zweitaktmaschine sowie eine 678-cm³-sv-Version, deren zweizylindriger Boxermotor quergestellt eingebaut war und das Hinterrad mittels Kardan antrieb. Diese Motoren waren eigene Konstruktion und Erzeugung; genauso wie die letzte 247-cm³-Einzylindermaschine, die obengesteuerte Ventile und auch Kardantrieb besaß. Für die Armee baute Condor noch 248-cm³-Modelle mit italienischen Ducati-ohc-Motoren. Auch jetzt noch ist Condor mit dieser Firma eng verbunden. Condor war auch bei Rennen sehr aktiv und errang mit Georges Cordey, Ernst Hänny, Léon Divorne, Paul Wuillemin, Armin Bättig, Paul Dinkel und anderen Fahrern viele Erfolge.

CONDOR

Karl Bude, 1 a Ehrenbrechtstraße, Braunschweig — D 1953–1954

Roller-ähnliche Motorräder mit 48-cm³-Zweitaktmotoren. Begrenzte Herstellung.

CONNAUGHT

1. Bordesley Engineering Co., Ltd., New Bond Street, Birmingham — GB 1910–1927
2. Bordesley Engineering Co., Ltd., York Mills, Witton Lane, Aston, Birmingham

Stellte jahrelang erstklassige 293- und 347-cm³-Zweitakt-Einzylindermodelle mit Riemen- und Kettenantrieb, zuletzt auch 348-cm³-Modelle mit sv- und ohv-Motoren von Blackburne und Bradshaw her. 1924 erwarb das Werk auch die Firma J.E.S. Spitzen-Werksfahrer bei Connaught waren Perrigo und Sprosen.

346 cm³ Connaught (sv-Tourenmasch.) 1927

CONSUL

Johnson, Burton & Theobald Ltd., 4 & 6 Castle Street, Norwich — GB 1916–1922

Ein kleiner Konfektionär, der 269- und 247-cm³-Villiers-Zweitakter in offene Fahrgestelle einbaute.

COOPER

Moto Islo Cooper Motors, 2815 W. Olive, Burbank., Cal. US 1972–

Vom amerikanischen Importeur der mexikanischen Islo-Werke in Salfillol vertriebene 215- und 248-cm^3-Zweitakt-Geländemaschinen mit Schlitzsteuerung.

CORAH

Corah Motor Manufacturing Co., Redditch Road, Kings Norton, Birmingham GB 1905–1914

Mit 498-cm^3-sv-Einzylinder- und 746-cm^3-ohv-V-Zweizylinder-Jap-Motoren sehr gut konfektionierte Motorräder. Auf Bestellung konnten auch andere Motoren eingebaut werden.

CORGI

Brockhouse Engineering (Southport) Ltd., Crossens, Southport GB 1942–1948

Ursprünglich für Fallschirmtruppen der englischen Armee bestimmt, war der Corgi ein zusammenlegbarer Kleinroller mit 12,5-Zoll-Rädern und dem 98-cm^3-»Spryt«-Zweitaktmotor.

CORONA

Corona Cycle Co., Maidenhead GB 1901–1904

Kleine Produktion mit 1,5-PS-Minerva-, 2-PS-Clement- und englischen 2,5-PS-Einbaumotoren.

CORONA-JUNIOR

Meteor Mfg. Co. Ltd., 98 Tollington Park, London N. 4 GB 1919–1923

Konzentrierte die Produktion auf ein Einheitsmodell mit 450-cm^3-Einzylinder-Zweitaktmotor.

CORONA

Fahrradwerke & Metallindustrie AG., Brandenburg-Havel,
Große Gartenstraße 28 D 1902–1924

Baute zuerst Ein- und V-Zweizylinder-Zedel- und Fafnir-Motoren ein, die ursprünglich zwischen Sattelrohr und Hinterrad lagen. Dann kamen sie in die »normale« Position über dem Tretlager. 1907 wurde die Motorradproduktion eingestellt. Von 1922 bis 1924 machte Corona den Versuch, wieder in den Motorradbau mit 346-cm^3-sv-Einzylindermodellen und 492-cm^3-sv-Zweizylinderversionen, die BMW-Boxermotoren besaßen, einzusteigen. Ohne Erfolg.

CORRE

Ateliers Corre, 37 Rue de Villiers, Neuilly F 1901–1910

Besser als Hersteller der »La-Licorne«-Automobile bekannt, baute Corre auch zahlreiche Motorrad-Modelle mit Zürcher-, Peugeot- und Zedel-Einbaumotoren.

CORYDON

Bradbury Bros., Ltd., 108 High Street, Croydon, Surrey GB 1904–1908

Gut gebaute 2,5-PS-Einzylinder- und 3-PS- sowie 4,5-PS-V-Zweizylindermodelle.

COSMOS

Motorradfabrik Medretsch-Biel CH 1904–1907

Kleine schweizer Firma, die deutsche Fafnir- und auch Zedel-Motoren mit 3 und 4 PS in eigene Fahrgestelle montierte.

COSSACK

V/O Avtoexport, Smolenskaja-Sennaja Pl., 32/34 Moskau SU 1973–

Unter diesem Namen kommen nunmehr die russischen 174-cm³-Voskhod-, 346-cm³-Ish-»Planeta«-, 347-cm³-Ish-»Jupiter«-, 650-cm³-»M-66-Ural«- und 650-cm³-»Dnjepr«-Motorräder in einigen westeuropäischen Ländern auf den Markt. Die Ural und Dnjepr sind BMW-ähnliche Zweizylindermaschinen mit obengesteuerten Boxermotoren, die kleineren Maschinen Zweitakter.

COTTEREAU

Ateliers et Usines Cottereau, 1. Rue des Lentilliéres, Dijon F 1903–1909

Gehörte zu den ersten Herstellern von Automobilen in Frankreich und baute auch gute Motorräder mit Minerva-, Peugeot- und auch eigenen Motoren von 2 bis 6 PS. 1911 wurde diese Marke, soweit es Automobile betraf, in C.I.D. umbenannt.

COTTON

1. Cotton Motor Co., Bristol Road, Gloucester GB 1920–
2. Cotton Motor Co., Quay Street, Gloucester
3. E. Cotton (Motor Cycles) Ltd., Quay Street, Gloucester
4. Cotton Motors, Vulcan Works, Stratton Rd., Gloucester

Bekannt durch ihre Dreiecksrahmen und dadurch bedingte gute Straßenlage, waren Cotton-Motorräder besonders in den zwanziger Jahren bei Rennen mit Stanley Woods, Paddy Johnston, Bill Colgan, Len Hieatt, Frank Morgan, Bill Lacey und anderen Fahrern sehr erfolgreich. Die von F. W. Cotton konstruierten Maschinen hatten 173- bis 499-cm³-Blackburne-sv- und ohv-Motoren, später auch 147- bis 246-cm³-Villiers-Zweitakter, 248-cm³-Python-»Vierventiler« und dann 246- bis 598-cm³-ohv-Einzylinder-Jap-Motoren. Nach 1945 kam es zu einer Reorganisation der Fabrik und zur Herstellung von Zweitaktmaschinen mit 198- bis 248-cm³-Villiers-Motoren, inklusive Trial-, Moto-Cross- und Straßenrennmaschinen. Jetzt baut Cotton Zweitakter mit 123-cm³-Minarelli- und 248-cm³-DMW-Zweitaktmotoren für Trials und Moto-Cross.

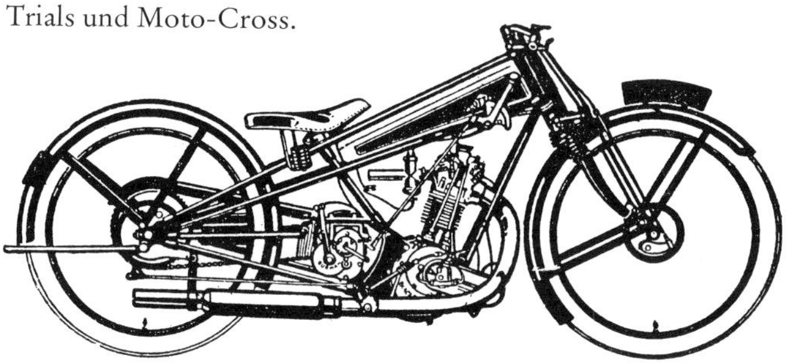

346 cm³ Cotton (ohv-Blackburne-Rennmasch.) 1926

496 cm³ Cotton (ohv-Blackburne-Sportmasch.) 1929

346 cm³ Cotton (ohv-Blackburne) 1932

490 cm³ Cotton (ohv-Jap-Motor) 1938

COULSON-B

1. F. Aslett Coulson Engineering Co. (Prop. Flightcraft Ltd.) Albion Works, Albion Street, Kings Cross, London GB 1919–1924
2. F. A. Coulson, 15 Woodstock Street, Bond Street, London, W
3. A. W. Wall, Tyseley, Birmingham
4. H. R. Backhouse & Co., Ltd., Kings Road, Tyseley, Birmingham

Eric Longden gehörte zu den erfolgreichen Fahrern dieser Marke, deren Schicksal sich schnell veränderte. Gebaut wurden hauptsächlich 347- und 497-cm³-sv-Einzylinder-Modelle mit Hinterradfederung, einige Rennmaschinen mit V-Zweizylinder-Jap-Motoren und zuletzt auch mit 346-cm³-Bradshaw-ohv-Einzylindermotoren mit Ölkühlung.

COVENTRY-B & D.

Coventry Bicycles Ltd., Wellington Street, Coventry — GB 1923–1925

Als Hobart in Coventry in Schwierigkeiten geriet, gründeten Angestellte dieser Firma die neue Coventry-B&D-Fabrik, wo man Motorräder mit Jap-Motoren von 346 bis 996 cm³ baute. Dazu kam die 346-cm³-B&S mit dem Barr & Stroud-Schieber-Einzylindermotor und die kleinen 170-cm³-WeeMcGregor-Zweitakter. B stand für Barbary, D für Downes.

COVENTRY-CHALLENGE

Edward O'Brien, Foleshill Road, Coventry — GB 1903–1911

Ein Fahrradhändler, der in kleinem Umfang Motorräder mit Minerva- und Fafnir-Motoren konfektionierte. Die Firma existierte noch 50 Jahre später, baute aber keine Motorräder mehr, sondern handelte, wie früher, mit Fahrrädern und deren Zubehör.

COVENTRY-EAGLE

1. Coventry-Eagle Motor Co., Stoney Stanton Road, Coventry — GB 1901–1939
2. Coventry-Eagle Cycle & Motor Cycle Co., Bishopsgate Green Works, Foleshill Road, Coventry

Gehörte zu den besten englischen Motorrad-Konfektionären und baute während der Jahre Motorrader von 98 bis 998 cm³ mit Einbaumotoren von Villiers, Jap, Sturmey-Archer, Blackburne und Matchless. Hatte bereits 1927 Fahrgestelle aus Preßstahl und schuf in den dreißiger Jahren die unkonventionellen »Pullmann«-Versionen. Berühmt die »Flying 8« mit Brough-Superior-ähnlichem Fahrgestell und 996-cm³-V-Zweizylinder-Jap-Motor. Der Mayo-Familie gehörend, baute CE nach 1945 nur noch Fahrräder. Sehr erfolgreich bei Rennen die 248-cm³-Rennmodelle mit 1928 gebauten Jap-ohv-Motoren, von Martin Schneeweiß und Mita Vychodil gesteuert.

497 cm³ Coventry-Eagle (ohv-S.A.-Motor) 1929)

173 cm³ Coventry-Eagle (2T-Villiers-Sport) 1931

246 cm³ Coventry-Eagle
(ohv-Jap-Motor) 1934

248 cm³ Coventry Eagle
(ohv-Blackburne) 1936

496 cm³ Coventry Eagle
(ohv-Matchless) 1937

COVENTRY-MASCOT

1. Coventry Mascot Cycle Co., Camden Street, Coventry — GB 1922–1924
2. Coventry Mascot Cycle Co., 49 Gresham Street, Coventry

Schön konstruierte 348-cm³-Einzylinder-Maschinen mit Blackburne-sv-Motoren und Barr & Stroud-Schiebermotoren. Es gab auch Versionen mit dem 346-cm³-Bradshaw-Motor mit Ölkühlung.

COVENTRY-MOTETTE

British Motor Syndicate, Coventry — GB 1899–1903

Von Turrell verbesserte Bollée-Konstruktion mit 2,5-PS-Einzylindermotor.

COVENTRY STAR

Coventry Star Motor Co., Westwood Heath Road, Tile Hill, Coventry GB 1919–1921

Stellte konfektionierte Motorräder mit 269-cm³-Villiers- und Liberty-Zweitaktmotoren in beschränkter Stückzahl her.

COVENTRY VICTOR

The Coventry Victor Motor Co., 137 Cox Street, Coventry GB 1919–1936

Stellte schon 1911 zweizylindrige Boxermotoren für Montgomery her, und auch die eigenen 688er sv- und 499er ohv-Zweizylindermodelle hatten derartige Motorenkonstruktionen. Das betrifft auch die ebenfalls in den dreißiger Jahren gebauten Dreiradwagen und alle von dieser Firma gelieferten Einbaumotoren, die u. a. von Bison, Jeecy-Vea, Socovel u. a. benützt wurden.

496 cm³ Coventry-Victor (ohv-Boxer-Zweizylinder Bahnrennm.) 1930

C.P.-ROLEO

Ets. Rollet, 64 Rue de la Foliie Méricourt, Paris XI F 1925–1932

Bekannt als Hersteller von Preßstahl-Fahrgestellen, die auch den Kraftstoff und Öltank einschlossen, aber auch von guten Rohrrahmen. Eingebaut wurden 247-, 348-, 498-cm³-sv- und ohv-Motoren von Jap, Voisin, LMC und Chaise.

C.R.

Carl Rueff, 5. Bruderstraße, München D 1926–1930

Kleiner Motorradkonfektionär, der 172er Villiers-Zweitaktmotoren verwendete.

CRESCENT

1. Crescent A. B., Varberg S 1954–
2. MCB Monark-Crescent A. B., Varberg

Seit kurzer Zeit gehört MCB zum großen Autokonzern Volvo. Bekannt auch durch Außenbord-Bootsmotoren, baut die große, nunmehr mit Monark vereinigte Fabrik hauptsächlich sportliche 49- und 123-cm³-Zweitaktmaschinen mit (zum Teil modifizierten) Sachs- und Franco-Morini-Motoren. Sehr erfolgreich die Moto-Cross und Geländemodelle.

CREST

The Crest Motor Co., Blackdown Mills, Leamington-Spa GB 1923

Mit 346-cm^3-Barr & Stroud-Schiebermotor ausgerüstete Konfektionsmaschinen. Auf Bestellung werden auch Villiers-Motoren eingebaut.

CROCKER

Albert G. Crocker, Los-Angeles USA 1936–1941

Crocker baute außer einem 3-PS-Roller auch 998-cm^3-V-Zweizylinder-ohv-Motorräder mit Komponenten, die zum Teil von Harley-Davidson und Indian stammten und von ihm modifiziert wurden, zum Teil aber auch Eigenkonstruktion waren.

CROFT

Croft-Cameron, St. Michaels Rd., Stoke, Coventry GB 1923–1926

Bekannt auch als Croft-Anzani, zumal hier hauptsächlich 990-cm^3-Achtventil-V-Zweizylinder-Anzani-Motoren, von Hubert Hagens konstruiert, verwendet wurden. Brough-Superior-ähnliche Fahrgestelle. Auch einige Maschinen mit 1078-cm^3-ohv-Anzani-Motor.

CROWNFIELD

J. Perkins, 299 High Road, Leyton, London E GB 1903–1904

Mit offenen, besonders für Damen geeigneten Fahrgestellen konfektionierte Motorräder. Givauden und Kerry lieferten die 1,75- und 2,25-PS-Motoren.

C.R.T.

Ditta Cavasini & Romin, Treviso I 1925–1929

Sportliche Motorräder mit offenen Fahrgestellen und 248- sowie 348-cm^3-ohv-Blackburne-Einzylindermotoren.

CRYPTO

Crypto Works, Co., Ltd., 29. Clerkenwell Road, London GB 1902–1908

Von W. G. James konstruierte Motorräder mit 2,5- und 3-PS-Einzylindermotoren. Crypto gehörte zu den führenden Marken in den Jahren vor dem Ersten Weltkrieg. Peugeot und Coronet lieferten die Motoren.

CSEPEL

1. Manfred Weiss, Stahl- und Metallwerke AG, Budapest V., Maria Valeria Straße 17 H 1932–1951
2. Mogürt, Budapest

Diese Marke entstand aus der WM-Mopedfabrikation und umfaßte einzylindrige 98-, 123- und 146-cm^3-Zweitaktmaschinen, die in größeren Stückzahlen gebaut wurden. 1952 wurde der Name in Pannonia und Danuvia geändert. Größte Motorradfabrik in Ungarn, deren Konstrukteur Laszlo Sagi war.

CUDELL

Max Cudell & Co., Motoren- und Fahrzeugwerke, Aachen D 1898–1905

Einer der ältesten Kraftfahrzeughersteller in Deutschland, zumal man hier schon 1898 Dreiräder baute und dann Motorräder, die einzylindrige De-Dion-Motoren 402 und 510 cm^3 Hubraum besaßen.

CUSHMANN

Cushmann Motors, 1085 21st Street, Lincoln, Nebraska USA 1944–1957

Von einer Johnson-Evinrude Zweigfabrik gebaut, war dieser einzylindrige ohv-Roller mit 4,8- und 7,95-PS-Motoren lieferbar und jahrelang der meistgekaufte USA-Roller.

CURTISS

Glenn Curtiss Mfg. Co., Hammondsport, New York USA 1903–1912

Weltbekannt als Pilot, stellte sein Werk auch Motorräder mit Ein- und V-Zweizylindermotoren wie auch Flugmotoren her. Mit einem achtzylindrigen V-Flugzeugmotor, in ein Motorrad eingebaut, brach er auch Weltrekorde. Die Firma lieferte auch Einbaumotoren an andere Motorradhersteller, inklusive Marvel.

CURWY (CURSY)

Curt Szymanski, Sommerfeld, Bez. Frankfurt/O. D 1923–1931

Nicht besonders viel verkaufte 347- und 497-cm^3-Einzylinder-sv- und ohv-Maschinen einer mittelgroßen Fabrik, die auch einige 347-cm^3-ohc-Modelle baute. Der Name Curwy wurde 1927 in Cursy geändert.

CYC-AUTO

1. Cyc-Auto Ltd., Bashley Rd., Park Royal, London NW 10 GB 1934–1956
2. Cyd-Auto Works Co., 381 Uxbridge RD., West Acton, London
3. Cyc-Auto Works Co., 16 Brunel Road, East Acton, London, W. 3
4. Cyc-Auto Winsmith (Finchley) Ltd., 656 High Rd., Finchley, London N. 12
5. Morsmith Ltd., Albert Place, Finchley, London, N. 3

Das Cyc-Auto war der Vorgänger vieler Mopeds. Es hatte einen vor dem Tretlager angebrachten 98-cm^3-Zweitakt-Fünfkanal-Scott-Motor, Schneckenwellenübertragung zum Zweiganggetriebe und Kettenübertragung zum Hinterrad. Das Fahrgestell bildete ein verstärkter Fahrradrahmen.

CYCLE-SCOOT

Cycle Scoot Mfg., Co., New Jersey USA 1953–1955

Ein 2,5-PS-Roller mit einem ohv-Motor, der sich nicht durchsetzen konnte.

CYCLON

Paul Schauer, Berlin-Charlottenburg, Mainzer Straße 22–23 D 1901–1905

Eine der ersten Firmen in Deutschland, die serienmäßig Motorräder mit De-Dion-, Werner- und Zedel-Motoren baute und dann mit dem Cyclonette-Dreirad an die Öffentlichkeit trat.

CYCLONE

Joerns Motor Mfg., Co., St. Paul, Minnesota USA 1913–1917

996 cm^3 Cyclone (ohc-V-Zweizyl.) 1913

Die von Andrew Strand konstruierte 996-cm^3-V-Zweizylinder-Cyclone war wegen ihres Königswellenmotors eine hochmoderne und außergewöhnliche Konstruktion, zumal damals ohc-Motoren selten waren und besonders bei V-Zweizylinderversionen nicht existierten. Sie gewann zahlreiche Rennen, war aber kein kommerzieller Erfolg.

CYCLOP

Cyclop Fahrrad AG., Elsdorf/Rheinland D 1922–1925

Stellte kleine Zwei- und Viertaktmaschinen von 127 bis 198 cm^3 mit Einbaumotoren von Kurier, Bubi, Teco, Namapo und anderen Firmen her.

CYKELAID

Sheppee Motor Co., Ltd., 59 Thomas Street, York GB 1919–1926

Ein zusätzliches Antriebsaggregat für Fahrräder. Hatte 1,25 PS, später 1,5 PS (133 cm^3) und wurde über dem Vorderrad angebracht.

CYRUS

N. V. Rijwiel-en Motorrrijwielfabriek Cyrus, Venlo NL 1949–

Eine führende Fahrrad- und Leichtkraftfahrzeugfabrik in Holland. Stellt jetzt Mopeds und Motorräder mit 49- und 73-cm^3-Sachs-Motoren her.

CZ

1. Ceska Zbrojovka A. S., Strakonice CS 1932–
2. Ceska Zbrojovka, Narodni Podnik, Strakonice
3. Motokov, 47. Trida Dukelskych Hrdinu, Praha 7

Die CZ-Werke in Strakonice waren ursprünglich ein zur Skoda-Gruppe gehörendes Waffenwerk (CZ steht für Ceska Zbrojovka = Tschechische Waffenfabrik). Der Motorradbau wurde 1932 mit einem 73-cm^3-Mofa aufgenommen, dem eine 98er Version folgte. Dann kamen sehr gute und schön konstruierte 172- und 248-cm^3-Zweitakter in Preßstahlfahrgestellen zur Erzeugung. Es gab auch, allerdings nur wenige, 348-cm^3-Ein- und 492-cm^3-Parallel-Zweizylindermaschinen mit luftgekühlten Zweitaktmotoren. Nach 1945 kamen CZ-Zweitakter

248 cm³ C. Z. (2T-Moto-Cross) 1975

von 98 bis 348 cm³ mit Rohrrahmen in verschiedenen Ausführungen, auch als erfolgreiche Trial- und Moto-Cross-Modelle, dazu. Das Unternehmen wurde nach 1945 verstaatlicht und arbeitet teilweise in technischer und besonders kommerzieller Beziehung mit Jawa zusammen. Zu den bekannten Konstrukteuren dieser Firma müssen Vaclav Pavlicek, Ing. Ignaz Uhl, J. F. Koch, Jaroslav Walter und Jaroslav Pudil gezählt werden. Und unter den großen Fahrern, die CZ-Maschinen bei Wettbewerben fuhren, müssen C. Nêmec, Kohlicek, Marha, Pastika, Milada Bayerova, Bickers, Friedrichs, De Coster und auch die Straßenrennfahrer Bartos, Kostir, Bocek und viele andere genannt werden. Diese fuhren von Walter konstruierte 123-, 248- und 348-cm³-ohc- und Doppel-ohc-Einzylinderrennmaschinen. Die große CZ-Fabrik ist hochmodern eingerichtet und betreibt eine eigene Entwicklungsabteilung. Derzeit werden hauptsächlich 123- und 173-cm³-Einzylinder-Zweitaktmodelle und 246-cm³-Parallel-ZweizylinderZweitaktversionen gebaut. Daneben auch internationale konkurrenzfähige Moto-Cross-Modelle mit 123, 246 und 380 cm³ Hubraum.

D.A.K.

Deutscher-Automobil-Konzern GmbH., Leipzig, Tröndlinring 4 D 1923–1925

Das Glück auch mit Motorrädern versuchend, offerierte der Konzern 117- und 147-cm³-Zweitakter, die bei Ilo in Pinneburg entstanden.

DALESMAN

1. Dalesman Competition Products, Ashfield Works, Walkergate, Okley, Yorkshire GB 1969–1974
2. Dalesman Competition Limited, Phoenix Works, Station Road, Otley, Yorkshire

Hersteller von Geländemaschinen, die zum Großteil nach den USA verkauft wurden. Verwendete hauptsächlich 98- und 123-cm³-Puch- und 123-cm³-Sachs-Zweitaktmotoren. Reorganisation der Firma Ende 1973.

DALTON

Dalton Motor Co., Ltd., 7–19 John Dalton Street, Manchester GB 1920–1922

Kleiner Konfektionär, der 349- und 499-cm³-Blackburne-sv-Einzylindermotoren und 688-cm³-Coventry-Victor-Boxer-Zweizylindermotoren verwendete. Einige Modelle wurden mit Scheibenrädern geliefert.

DANE

Dane Works, 131 a Uxbridge Road, West Ealing GB 1919–1920

Stellte Motorräder mit 348-cm³-Zwei- und Viertakt-Precision- und 990-cm³-V-Zweizylinder-sv-Jap-Motoren in begrenzter Stückzahl her.

DANUBIUS

Ganz & Co., Danubius AG, Abt.: Motorradbau, Ratibor D 1923–1924

Eine große Maschinenfabrik, die mit 198-cm³-Viertaktmaschinen auf den übersättigten und kaufarmen Markt kam und bald den Bau aufgab.

DANUVIA

Danuvia Maschinenwerkzeug-Werke, Budapest H 1955–1963

Auf Csepel-Konstruktionen beruhend, baute Danuvia moderne 123-cm³-Zweitaktmaschinen in Großserie.

DARDO

Fabbricca Ciclimotori Dardo, 57 Via Manginevro, Torino I 1924–1929

Moderne Kleinkrafträder mit eigenen liegenden Einzylinder-132- und 174-cm³-Zweitaktmotoren.

DARLAN

Construcciones Meccanicas Darlan, Zarauz E 1958–1960

Leichtkrafträder mit eigenen 94-cm³-Zweitaktmotoren. Begrenzte Produktion.

DARLING

Friedrich Lochner, Motorradbau, Sumiswald-Gruenden, Bern CH 1924–1926

Zweitaktmaschinen mit eigenen 246-cm³-Dreikanalmotoren und offenen Fahrgestellen.

DART

Dart Engineering Co., 314 Stoney Stanton Road, Coventry — GB 1923–1924

Stellte 348-cm³-ohc-Einzylindermaschinen mit 74 mm Bohrung und 81 mm Hub, eine Konstruktion von A. A. Sidney, in kleiner Stückzahl her.

DART

Frank Baker, Kingston-on-Thames — GB 1901–1906

Hatte keine Verbindung zu Frank Bakers Precision-Einbaumotorenfabrik und auch nicht zu Baker-Motorrädern. Diese alten Dart hatten 2,5-PS-MMC- und Minerva-Motoren.

DAVENTRY

Motos Daventry, Bruxelles — B 1951–1955

Mit Puch-, Sachs-, Ilo- und anderen Zweitaktmotoren ausgerüstete 123- und 173-cm³-Leichtkrafträder.

DAVISON

A. C. Davison, Viaduct Works, Coventry — GB 1902–1908

Baute gute Motorräder mit englischen Simms- und belgischen Minerva-2-PS- und 2,5-PS-Einzylindermotoren.

DAW

Dalton & Wade, Daw-Motors, Coventry — GB 1902–1905

Eine bekannte Fabrik, die auch ihre eigenen 2,75- und 3-PS-Einzylindermotoren erzeugte. Allerdings unter Minerva-Lizenz.

D.A.W.

Diana-Werke GmbH., München, Kaulbachstraße 9 — D 1924–1925

Komplett verschaltes, unorthodoxes Motorrad. Von Köhler konstruiert, hatte es schon damals die Lampe über den Steuerkopf mit dem Kraftstoffbehälter und auch dem bis zur Hinterradmitte herabgezogenen Kotflügel ohne Unterbrechung verbunden. Der einzylindrige 405-cm³-Zweitaktmotor dürfte allerdings unter Kühlungsschwierigkeiten gelitten haben.

DAX

Société des Motos Dax, 6 Impasse des Cailloux, Clichy, Seine — F 1932–1939

Sehr schön konstruierte Modelle mit 98- und 173-cm³-Zweitakt- und 123-, 174-, 248-, 348- und 498-cm³-ohv-Blockmotoren.

492 cm³ DAX
(Eig. ohv-Blockmotor) 1932

DAY-LEEDS

Job, Day & Sons. Ltd., Ellerby Lane, Leeds GB 1912–1914

Eine Maschinenfabrik, die auch Dreiradfahrzeuge baute und mit großer Reklame mit einer gegengesteuerten 496-cm³-Einzylindermaschine in den Motorradbau einstieg. Der Erste Weltkrieg beendete die Herstellung.

DAYTON

Huffmann Manufacturing Co., Elkhart, Indiana USA 1911–1917

Als gute V-Zweizylindermaschinen bekannt, hatten die Dayton-Motorräder 7- und später 9–10-PS-Spake-Motoren.

DAYTON

Charles Day Mfg. Co., Ltd., 221 High Street, Shoreditch, London GB 1913–1920

Produzierte 162-cm³-Fahrrad-Hilfsmotoren und Leichtkrafträder; spätere Modelle hatten den 269-cm³-Villiers-Zweitaktmotor.

DAYTON

Dayton Cycle Co., Ltd., Park Royal, London N. W. 10 GB 1954–1960

Gehörte zu den ersten Roller-Herstellern nach dem Zweiten Weltkrieg in England. Es gab Modelle mit 173-, 198- und 246-cm³-Villiers-Motoren.

DE-DE

M. G. Evrard, 50 Avenue Marceau, Courbevoie, Seine F 1923–1929

Zum Bauprogramm gehörten 98-, 123- und 174-cm³-Zweitakter, später auch Viertakter mit 248-, 348- und 498-cm³-sv- und ohv-Jap-Motoren.

DE-CA

1. Motori De-Ca, S.r.l., Vie de Corso 184., Roma I 1954–1957
2. Societa Metalmeccanicca s.r.l., Borgo-Piave, Latina

Stellte rassige Leichtkrafträder mit 48- und 98-cm³-ohv-Motoren her.

DE DION BOUTON

Rochet, 134 Chaussée Périgord, Amiens, Somme F 1926–1930

Außer dem Namen hatten diese Motorräder mit den ursprünglichen Erzeugnissen von De Dion Bouton nichts gemeinsamm. Die in den zwanziger Jahren gebauten Motorräder besaßen 173- und 247-cm³-Zweitakt- und 347-cm³-ohv-Motoren.

DEFA

Deutsche Fahrradbau GmbH., Berlin SO 26, Dresdener Straße 15 D 1921–1924

Baute außer eigenen 198-cm³sv-Modellen auch Rahmen für andere Produzenten.

DEFY-ALL

Defy-All Cycle & Motor-Cycle Co., Ltd., Chapel Street, Stalybridge GB 1921–1922

Der Name übersetzt heißt »Herausfordere alle«. In Wirklichkeit wurde nach zwei Jahren diese Marke »geschlagen« und die Herstellung der 269-cm³-Zweitakt-Villiers- und 348- sowie 498-cm³-sv-Blackburne-Modelle mit ungewöhnlichen Federrahmen eingestellt.

DEI

1. Umberto Dei & Co., 4. Via Paquale Paoli, Milano I 1932–1966
2. Umberto Dei & Co., 24. Via S Vincenzo, Milano
3. Industria Cicli Dei, 28. Via Villoresi, Milano

Leichtkrafträder mit 49-, 60-, 73- und 98-cm³-Zweitaktmotoren, die zum Teil von Sachs stammten. Übernahm 1937 die Firma Ancora.

DELAPLACE

Ets. Delaplace, Rouen F 1951–1953

Kleiner Konfektionär, der 173- und 247-cm³-Ydral-Zweitaktmotoren in einfache Fahrgestelle einbaute.

DELIN

Etablissements Moteurs Delin, Leuven B 1899–1901

Genaue Daten fehlen, doch soll diese alte Firma 1,5- und 2,5-PS-De-Dion-Bouton-Motoren eingebaut haben.

DE LUXE

Excelsior Cycle Co., 166–168 North Sangamon Street, Chicago USA 1912–1915

Große Ein- und V-Zweizylinder-Motorräder erstklassiger Qualität, die ursprünglich von der F. W. Spacke Machine Company in Indianapolis, Indiana, hergestellt wurden.

DE LUXE

1. De Luxe Motors, 174 Corporation Street, Birmingham GB 1920–1924
2. De Luxe Motors, 179 Sweetmann Street, Wolverhampton

Die ersten Modelle hatten 269-cm³-Villiers-Zweitaktmotoren, spätere 346-cm³-Schiebermotoren von Barr & Stroud. Kunden dieser Maschinen bekamen beim Kauf einer neuen Maschine ein Seitenwagen-Fahrgestell gratis dazu. So besagte wenigstens das Inserat.

DELLA FERRERA

Fratelli Della Ferrera, 53 Corso Regina Margherita, Torino I 1909–1948

Funktionelle, aber nicht besonders harmonisch wirkende Motorräder. Besonders die robusten 498-, 598-, 746- und 996-cm³-Zweizylinder- und auch 498-cm³-ohv- und 637-cm³-sv-Einzylinderversionen, die zum Teil in den zwanziger Jahren Blattfeder-Hinterradfederung besaßen. Baute auch 499-cm^3-sv-Einzylindermodelle und nach 1945 noch eine Zeitlang weiter, ohne jedoch den alten Ruhm wiederzuerlangen. So war 1922 ein 499-cm^3-V-Zweizylinder-ohc-Renntyp von Della Ferrera das schnellste 500-cm^3-Motorrad in Italien.

DELOMA

Deloma Kraftfahrzeugwerke, Magdeburg — D 1924

Mit dem 142-cm^3-Albertus-Rohölmotor ausgestattete Leichtkrafträder.

DELTA

1. Delta-Werk, Hugo Lindner, Solingen
2. Delta-Werke AG., Solingen — D 1924

Unorthodoxes, zweisitziges Motorrad mit 498-cm^3-Einzylindermotor, Allradfederung, langem, kastenförmigem Fahrgestell und gezogenem Vorderrad. Nur in kleiner Stückzahl hergestellt.

DELTA-GNOM

1. Engler, Wolmerstorfer & Co., KG., Wien XIV, Stättermeyergasse 33 — A 1925–1955
2. Motorenfabrik Engler, Wolmerstorfer & Co., Wien VII, Kaiserstraße 41
3. Engler, Wolmerstorfer & Co., Wien X., Gudrunstraße 179
4. Ing. J. Wolmerstorfer, Wien X., Puchsbaumplatz 2

Einst eine bekannte österreichische Marke, deren erste Konstruktionen einen 248-cm^3-Zweitaktmotor, spätere Modelle 344- und 490-cm^3-Jap-Einzylinder- und 990-cm^3-Jap-V-Zweizylinder-Motoren besaßen. Dazu kam auch eine von Ing. Hans Pitzek konstruierte 498-cm^3-ohv-Einzylindermaschine mit eigenem Motor. Mitte der dreißiger Jahre gab es neue Modelle mit 246- bis 596-cm^3-Jap-sv- und ohv-Motoren, und als 1953 die reorganisierte Firma den Motorradbau wieder aufnahm, standen vor allem Zweitakter, Mopeds und 98-, 123- und 173-cm^3-Motorräder mit Motoren von Rotax, Puch, Ilo und HMW in Bauprogramm. Bekannte Fahrer wie Killmeyer, Bohmann, F. J. Meyer, Behrendt, Möslacher u. a. errangen Erfolge auf diesen Maschinen.

DEMM

1. S.p.a. Officine Meccaniche Daldi & Matteucci, 24. Viale Tunisia, Milano. (Fabrik: Porretta Terme, Bologna) — I 1953–
2. Daldi & Matteucci S.p.a. Off. Mecc., 20124 Milano, Via Pirelli 16 A

Hat ein vielseitiges Herstellungsprogramm mit eigenen Zweitakt-, früher auch ohv-Motoren. Unter den Modellen findet man alle Arten von Kleinkrafträdern und Roller-ähnliche Konstruktionen mit 49-cm^3-Motoren. Andere Demm-Erzeugnisse hatten 53-, 75-, 98-, 123- und 173-cm^3-Motoren.

DENE

1. The Dene Motor Cycle Co., St. Thomas Street, Newcastle — GB 1903–1922
2. The Dene Motor Cycle Co., Haymarket, Newcastle

Ein alter Motorrad-Konfektionär. Verwendete 2,5- und 3,5-PS-Fafnir-, 2,25- bis 8-PS-Precision-, 3,75-PS-Green-Precision-, 3,75-PS-Abingdon- und 6-8-PS-Jap-V-Zweizylinder-Einbaumotoren und stellte gute Fahrgestelle her.

DENNELL

Herbert Dennel, Motorradbau, Leeds., Yorks GB 1903–1908

Ein tüchtiger Konstrukteur, der Minerva-, Jap- und NSU-Motoren verwendete und dessen dreizylindrige Dennell-Jap berühmt wurde. Dieser Motor hatte die Zylinder in Reihe, genauso wie die vierzylindrige Dennell, deren Motor bei Franklin & Isaacsson gebaut wurde.

660 cm³ Dennell (3-Zyl.-Jap-Motor) 1906

DERBI

1. Nacional Motor S.A., 135. Via Layetana, Barcelona E 1951–
2. Nacional Motor S.A., Barcelona/Mollet

Gehört zu den führenden spanischen Motorradfabriken. Konzentriert die Produktion auf zahlreiche 49-cm³-Zweitaktmaschinen und baut in sehr beschränkter Stückzahl auch 49-cm³-Einzylinder-Rennmaschinen und 123-cm³-Zweizylinder-Zweitakt-Rennversionen. Mit Angel Nieto gewann Derbi zahlreiche Meisterschaften und verwendete – werksseitig – auch wassergekühlte Rennmaschinen.

DERNY

Ets. Derny, Vichy F 1949–1957

Stellte Leichtkrafträder und auch 173-cm³-Zweitakt-Roller her. Die etwas ungewöhnlichen Motorräder hatten 123- und 173-cm³-Zweitaktmotoren.

DERONZIERE

Ets. Deronziére, Ferrez Fils & Charton, 4. Quai de lEst, Lyon F 1903–1914

Einst eine bekannte französische Marke, deren 282-cm³-Einzylindermodelle eigene Motoren, andere Typen dagegen Motoren von Zedel, Peugeot etc. besaßen.

DESPATCH RIDER

Dreng Ltd., Fern Road, Erdington, Birmingham GB 1915–1917

Schon der Name, übersetzt »Meldefahrer« (Krad-Melder), besagt, daß diese einfache Maschine hauptsächlich für militärische Zwecke gebaut wurde. Als Motoren wurden 210-cm³-Peco- und 269-cm³-Villiers-Zweitakter verwendet.

DEVIL

Devil Moto, 52 Via Spiga, Milano I 1953–1957

Mit der Fabrik in Fiorano al Serio kam Devil mit großem Elan in das Motorradgeschäft. Mit 123-, 150-, 173- und 244-cm³-Zweitaktern und auch Viertaktversionen, die ohv-Motoren eigener Erzeugung besaßen. Auch einige 173-cm³-ohc-Rennmaschinen mit Fünfganggetriebe wurden gebaut.

D.F.B.

Rhein. Berg. Motorenfabrik Martin Heck, Bergisch-Gladbach D 1922–1925

Erzeugte 159-cm³-Zweitaktmotoren für Fahrräder und auch komplette mit diesen Motoren ausgerüstete Leichtkrafträder.

D.F.R.

Désert et De Fontreaulx, 188 Rue de Neuilly, Neuilly, Seine F 1921–1933

Stellte 346-cm³-Zweitakter, später auch solche sv- und ohv-Modelle mit eigenen sowie englischen Bradshaw-Motoren her. Es gab auch D.F.R.-Maschinen mit 348- und 498-cm³-ohv-Motoren von M.A.G. und von Pierre sehr erfolgreich gesteuerte 248-cm³-ohv-Maschinen mit Bradshaw-Motor und Kompressor! Das war 1925–1926. Und 1932 gab es auch Preßstahlfahrgestelle mit 498-cm³-Parallel-Zweizylinder-Dresch-Motoren. Dann erwarb Dresch die D.F.R.-Fabrik.

346 cm³ DFR
(Eig. ohv-Motor) 1927

D.G.W.

Zschopauer Motoren-Werke, J. S. Rasmussen, Zschopau/Sa. D 1927–28

Unter dieser Bezeichnung wurden eine Zeitlang – aus Wortschutz-Gründen – DKW-Motorräder verkauft, doch erschien das DKW bald wieder am Tank der Maschinen.

DIAG

1. Diag GmbH., Motorrad- und Apparatebau, Leipzig, Landsberger Str. 32 D 1921–1928
2. Diag GmbH., Motorrad- und Apparatebau, Leipzig, Asterstraße 13
3. Diag GmbH., Motorrad- und Apparatebau, Leipzig-Gohlis, Lindenthaler Straße 38

Stellte zunächst Hilfsmotoren mit 83 und dann mit 101 cm³ her. Die mit eigenen 173-, 246- und 346-cm³-sv- und ohv-Motoren ausgerüsteten Diag-Motorräder hatten zuletzt die Motoren (Blockmotoren) hängend im Fahrgestell angeordnet.

DIAMANT

1. Diamant-Fahrradwerke, Gebr. Nevoigt, Reichenbrand/Sachsen D 1903–1940
2. Elite-Diamant-Werke AG., Siegmar-Schönau (Brand-Erbisdorf), Sa.

Baute schon frühzeitig Dreiräder und Motorräder mit Fafnir- und eigenen-V-Zweizylindermotoren. Dann folgte eine längere Pause, bis 1926 wieder 346-cm³-Einzylindermodelle mit ohv-Kühne-Motoren, später auch mit 498-cm³-sv- und ohv-Motoren dieser Marke entstanden. Auf Wunsch wurden auch Jap-Motoren eingebaut. Konstrukteur war Franz Gnädig, der die K.G. geschaffen hatte. 1928 übernahm Opel das Werk und baute dort die unter Lizenz von Neander hergestellten Opel-Duralumin-Maschinen. Nach Einstellung dieser Produktion wollte man die ähnliche EO (Elite-Opel) mit 347- und 497-cm³-Küchen-Motoren weiterbauen, doch kam es nicht dazu. Bis 1940 erzeugte man Motorfahrräder mit 75- und 98-cm³-Sachs-Motoren.

346 cm³ Diamant
(ohv-Kühne-Motor) 1927

DIAMOND

1. D.F. & M. Engineering Ltd., Sedgley Street, Wolverhampton GB 1910–1938
2. D.F. & M. Engineering Ltd., Vane Street, Wolverhampton
3. D.D. & M. Engineering Ltd., St. James Square, Wolverhampton

Gehörte zu den guten Konfektionsmotorrädern in England. An Motoren wurden Villiers-Zweitakter von 98 bis 347 cm³, 348-cm³-Barr & Stroud-Schiebermotoren, aber auch Jap-Motoren mit 293 cm^3 sowie Bradshaw- und Blackburne-Motoren eingebaut. Kam Ende der zwanziger Jahre zum Sunbeam-Konzern und Vic Brittain fuhr 1931 Diamond-Maschinen mit Jap-Motoren in drei TT-Klassen. Baute später nur noch für Villiers-Motoren geeignete Fahrgestelle. 1969 offerierte die Firma Diamond Motor Cycles, 872 Alum Rock Road, Birmingham 8, 123-cm^3-Zweitakter mit Sachs-Fünfgang-Motoren, doch kam es nicht zu einer größeren Produktion.

DIHL

1. Dihl Motoren AG., Berlin O 17, Bödikerstraße 9 — D 1923–1924
2. Dihl Motoren AG., Berlin O 17, Markgrafendamm 4

269-cm^3-Einzylinder-Zweitaktmaschinen mit eigenen Motoren. Begrenzte Produktion.

DIFRA

Difra Fahrzeugwerke, Frankfurt/Oder, Breite Straße 21 — D 1923–1925

Kleiner Konfektionär, der hauptsächlich 198-cm^3-sv-Namapo-Motoren einbaute.

DIETERLE-DESSAU

Motorenwerk W. Dieterle, Dessau, Fischergasse — D 1921–1925

Auch unter dem Namen »Dreipunkt« bekannt. Dieterle baute sowohl Fahrräder wie auch »richtige« Leichtkrafträder mit seinem 198-cm^3-sv-Motor, der mit einem angeblich leistungssteigernden »Auspuff-Injektor« versehen war. Zuletzt kam auch eine 248-cm^3-Maschine, ebenfalls mit sv-Motor, dazu.

DILECTA

Moto Dilecta, M. Chichery, 131 Av. Gambetta, Le Blanc, Indre — F 1920–1939

Stellte Motorräder von 98 bis 498 cm^3 mit Einbaumotoren von Aubier-Dunne, Villiers, Soyer, Chaise, Jap und anderen Marken her.

DIXON-HONDA

1. Dixon-Racing Ltd., 35 Wodeland Avenue, Guildford, Surrey — GB 1972–
2. Dixon Racing, Farncombe Street, Farncombe, Godalming, Surrey

Stellt leistungsgesteigerte 249-, 343- und 498-cm^3-Zwei- und Vierzylinder Honda-Maschinen mit – zum Teil – Yoshimura Tuning-kits und Yoshimura-Teilen in begrenzter Stückzahl her.

DJOUNN

F. Fischer & Co., AG, 22–27 Degenerstraße, Berlin-Hohenschönhausen — D 1925

Konstruiert von dem in Berlin wohnhaften russischen Ex-Piloten Djounkowski, der 1923–1924 Dobro-Motorist-Motorräder bei Rennen fuhr, hatte die 499-cm^3-Djounn eine ungewöhnliche Motorenkonstruktion, die sich aber nicht durchsetzen konnte.

DKF

Deutsche Kleinmotoren & Fahrzeugwerke AG, Berlin-Potsdam — D 1923–1924

Erzeugte 148- und 198-cm^3-sv-Einzylinder-Konfektionsmotorräder.

D.K.R.

D.K.R. Scooters Ltd., Pendeford Airport, Wolverhampton GB 1957–1966

Roller mit 148-, 173-, 197- und 249-cm³-Villiers-Einzylinder- und 244-cm³-Villiers-Parallel-Zweizylinder-Zweitaktmotoren.

D.K.W.

1. J. S. Rasmussen, Zschopau/Sachsen D 1919–
2. Auto Union AG., Zschopau/Sachsen
3. Auto Union AG., Ingolstadt/Donau und Düsseldorf, Ratherstr. 51
4. Zweirad-Union AG., Nürnberg, Nopitschstraße 70

Die ersten DKW-Erzeugnisse waren von Hugo Ruppe konstruierte 1-PS-Fahrrad-Hilfsmotoren. Ihnen folgten 122-cm³-Golem und 142-cm³-Lomos-Roller. 1922 entstand das 142-cm³-Reichsfahrt-Modell mit 1,5 PS und 1924 die 173-cm³-ZM sowie die gleichstarke SM mit Preßstahlrahmen. Damals bereits spielte DKW eine führende Rolle im Motorradsport, und 1925–1926 kam nicht nur die 206-cm³-Tourenmaschine, sondern bereits auch die erste 173-cm³-Ladepumpen-Rennmaschine mit Wasserkühlung auf den Markt. Alle DKW-Maschinen hatten – immer! – Zweitaktmotoren. 1927 gab es bereits 498-cm³-Parallel-Zweizylinder, ab 1928 auch solche mit Wasserkühlung. In den folgenden Jahren kamen mehrere 198- und 298-cm³-Modelle sowie neue luftgekühlte 496-cm³-Zweizylinderversionen dazu. Es folgten 173-,

492 cm³ DKW
(Wasserg. 2T-Zweizyl.) 1928

198 cm³ DKW (2T-»Zis«)
1929

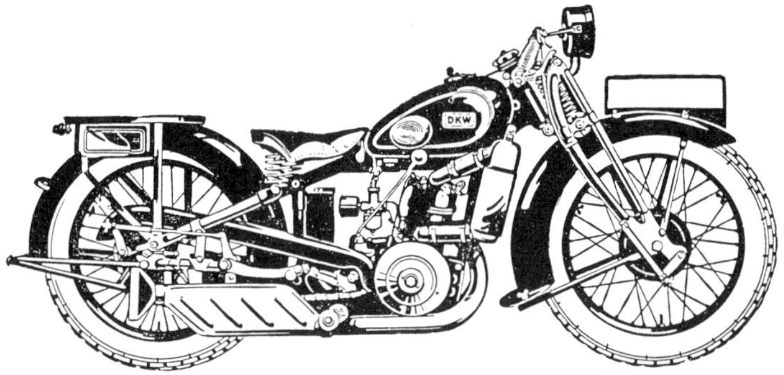

592 cm³ DKW
(2T-Wassergek.-Zweizyl.)
1931

498 cm³ DKW
(2T-Werksrennmasch.) 1937

247- und 347-cm³-Modelle, 1934 auch eine 98- und 1939 eine 123-cm³-Version (die RT). Ab 1934 wurden die früheren Nasenkolben-Zweitakter durch Schnürle-Patent-Zweitakter ersetzt. 1927 waren wassergekühlte 247-cm³-Ladepumpen-Rennmaschinen, 1929 auch 347-cm³-Rennversionen dazugekommen. Oft bestritt DKW die Solo-Klassen bis 175, 250, 350 und 500 cm³ wie auch die Seitenwagenklassen bis 600 und 1000 cm³ mit Werksmaschinen und Werksfahrern und gehörte zu den erfolgreichsten deutschen Erzeugnissen. 1938 gewann Ewald Kluge sogar die englische 250-cm³-TT. Verantwortlich für diese Rennmaschinen waren außer Hugo Ruppe auch Hermann Weber, August Prüssing, Arnold Zoller und andere Techniker. Gegründet wurde DKW, Ende der zwanziger Jahre die größte Motorradfabrik der Welt, von Jörgen-Skafte Rasmussen. 1932 kam die Zschopauer Fabrik zur damals gegründeten »Auto Union« als größter Aktivposten, zumal DKW-Motorräder großen Absatz fanden und durch viele Siege bei Rennen in der ganzen Welt berühmt waren. Die bekanntesten Werksfahrer dieser bis 1939 währenden Periode waren Bauhofer, Stegmann, W. Winkler, Gmelch, J. Klein, H. Winkler, K. Henkelmann, H. Sprung, K. Friedrich, Geiss, Zündorf, Frentzen, Ley, Steinbach, H. P. Müller, Kluge, Wünsche, Kirchberg, A. Müller, H. Fleischmann, W. Herz, K. Bodmer, Mansfeld, Kahrmann, Hamelehle, Bungertz, Rosemeyer, Babl, Braun, Schumann, Petruschke und die Engländer S. Woods und E. Thomas. Nach 1945 wurden die Zschopauer Werke das Heim der Ifa-resp. MZ-Motorräder, während die Auto Union in Ingolstadt den DKW-Motorradbau aufnahm. Mit 123-cm³-, später auch 248-cm³- sowie 348-cm³-Zweizylinder-Zweitaktmaschinen. Dazu kamen Roller und auch 49-cm³-Moped-Modelle. Es gab auch wieder neue, von Ing. Erich Wolf konstruierte und Helmuth Görg weiterentwickelte 123-cm³-Einzylinder-, 246-cm³-Zweizylinder- und 348-cm³-Dreizylinder-Rennmaschinen mit luftgekühlten Zweitaktmotoren, die mit den Fahrern Wünsche, Kluge, Hofmann, Sandford, Bartl und Hobl große Erfolge hatten. Nach einer

Reorganisation kam DKW 1957 mit Victoria und Express zur »Zweirad Union«. 1966 wurde diese Firma von Fichtel & Sachs übernommen und den dieser Firma gehörenden Herkules-Werken einverleibt. Dabei wurde der Sitz in die früheren Victoria-Werke verlegt. Jetzt haben DKW-Motorräder ausschließlich Sachs-Zweitaktmotoren, doch wird auch das Hercules/Wankel-Modell im Ausland unter dem ruhmreichen Namen DKW angeboten. J. S. Rasmussen starb 1964 in Kopenhagen.

D.M.F.

Driebergse Motoren Fabriek, Driebergen — Nl 1951–1957

Dem früheren Rennfahrer Joop Verkerke gehörend, konfektionierte dieses Werk gute Leichtkrafträder mit 123-, 148- und 173-cm³-Zweitaktmotoren von Villiers, Ilo und Puch.

D.M.G.

Deutsche Motoren Gesellschaft GmbH., Berlin-Charlottenburg,
Berliner Straße 87 — D 1921–1924

Eine kleine Firma, die zunächst 147-cm³-Hilfsmotoren, später auch komplette 198-cm³-sv-Einzylinder-Motorräder in beschränkter Stückzahl gebaut hat.

D.M.W.

DMW-Motorcycles (Wolverhampton) Ltd., Valley Road Works, Sedgley, Dudley,
Worcs — GB 1945–1971

Das DMW kommt von »Smoky« Dawson Motor Works; Dawson war früher Rennfahrer, der die Firma gründete und ursprünglich nur 348- und 498-cm³-Grasbahnrennmaschinen mit ohv-Jap-Motoren baute. Später wurden Villiers-Motoren von 98 bis 247 cm³ verwendet und Roller, 1969 auch Maschinen mit 248-cm³-Velocette-Zweizylinder-Boxermotoren gebaut. Ende 1962 hatte D.M.W. auch die Marke Ambassador übernommen, deren Produktion aber bald eingestellt wurde.

D.N.B.

D.N.B.-Manufacturing Co., Ltd., Tokyo — J 1957–1961

Baute Zweitakter mit eigenen 123-, 197- und 247-cm³-Einzylindermotoren.

DOBRO – MOTORIST

Motorist Automobil Vertriebs GmbH, 86–87 Berliner Straße,
Berlin-Charlottenburg 1 — D 1923–1925

In einem Zweigwerk des Merkur-Flugzeugbaus hergestellt, hatte diese Maschine einen Dreiecksrahmen und einen 145-cm³-DKW-Zweitaktmotor. Daneben gab es ein 348-cm³-Modell mit sv- und ohv-Jap-Motoren.

DOGLIOLI & CIVARDI

Ditta Doglioli & Civardi, 12 Via Gaudenzio Ferrari, Torino — I 1929–1935

Ein kleines Unternehmen, das zunächst den englischen 170-cm³-Norman-ohv-Motor, später 173-, 247-, 347- und 497-cm³-Jap- und Python-Motoren in typisch englische Fahrgestelle einbaute. Konstrukteur: Cesare Doglioli.

DOLF

Maschinenfabrik Stein, Aktiengesellschaft, Frankfurt/Main, Zeilstraße 23 D 1922–1925

Gehörte zu den besten Zweitaktern der frühen zwanziger Jahre. Der 198-cm³-Einzylindermotor besaß 8 Überström- und Auslaßkannäle sowie einen Konus-Einlaßdrehschieber, hatte Standmagnet und das Zweiganggetriebe im schönen Block; er war sehr schnell.

DOLLAR

Etablissement Delachanel, 19. Quai de la Marne, Joinville-le-Pont F 1925–1939

Eine größere, sehr rege Firma, deren Modellreihe von 98-cm³-Zweitaktmaschinen bis zu 750-cm³-ohv-Vierzylindermaschinen reichte. Es gab daneben auch Ein- und Zweizylindermodelle, Preßstahlfahrgestelle, Typen mit Kardanantrieb und Chaise-ohc-Blockmotoren und andere Konstruktionen.

DOMINISSIMI

Fratelli Dominissimi, Torino I 1924–1928

Schöne, typisch italienische Leichtkrafträder mit 172- und 248-cm³-ohv-Motoren.

DONISELLI

F'lli Doniselli, SAS, 32 Via Procaccini, Milano I 1951–

Baute früher Motorräder mit 63-, 98-, 123- und 174-cm³-Ilo- und Alpinomotoren, in den letzten Jahren jedoch vornehmlich 49-cm³-Mofas und ähnliche Leichtfahrzeuge.

DORION

Etablissement Moteurs Dorion, Boulogne F 1932–1936

Leichtkrafträder mit 98- und 123-cm³-Aubier-Dunne-Zweitaktmotoren.

DORMAN

Dorman Bros., Budapest V., Akademiestraße 5 H 1920–1937

Kleiner ungarischer Motorradkonfektionär. Stellte Motorräder typisch englischer Bauart mit 173- bis 499-cm³-Einbaumotoren von Villiers, Jap und MAG in guter Qualität her.

DOT

1. H. Reed & Co., 38 Ellesmere Street, Hulme, Manchester GB 1903–
2. Dot Motors Ltd., 69a Merket Street, Manchester
3. Dot Motors (1926) Ltd., Arundel Street, Hulme, Manchester
4. Dot Cycle & Motor Manufacturing Co., Ltd., Arundel Street, Manchester 15
5. Dot Motorcycles, Ellesmere Street Works, Manchester M 15

Vom Rennfahrer und Konstrukteur Harry Reed gegründet, baute Dot zunächst Peugeot- und Fafnir-Motoren in eigene Fahrgestelle ein. In den zwanziger Jahren gab es Dot-Motorräder mit Motoren von 172 bis 990 cm³, die von Villiers, Jap, Blackburne, Bradshaw und Anzani geliefert wurden. Der Mitte der dreißiger Jahre eingestellte Motorradbau wurde nach einer

346 cm³ Dot (ohv-Jap-Motor) 1929

175 cm³ Dot
(Minarelli 2T-Trials-Motor)
1972

Reorganisation nach 1945 mit 198- und 246-cm³-Villiers-Zweitaktmodellen wieder aufgenommen. Ab 1961 baute das Werk hauptsächlich Trial- und Moto-Cross-Modelle mit Villiers-, Sachs- und Minarelli-Zweitaktmotorernvon 123 bis 248 cm³.

DOTTA

Motocicli A. Dotta, Torino — I 1924–1926

Konfektionsfirma, die 123-cm³-Piazza-Zweitakter eingebaut hat.

DOUE

Etablissement Doue, Paris X — F 1903–C

Eine schon lange vergessene Firma, die 1,5-PS-Motoren in Fahrradrahmen einbaute.

DOUGLAS

1. Douglas Bros., Kingswood, Bristol — GB 1907–1956
2. Douglas Motors Ltd., Hanham Rd., Kingswood, Bristol
3. Douglas Motors (1931) Ltd., Hanham Rd., Kingswood, Bristol
4. Aero Engines Ltd., Kingswood, Bristol
5. Douglas (Sales & Service) Ltd., Hanham Rd., Bristol

Die ersten Douglas-Motorräder hatten von J. F. Barter konstruierte 2,5-PS-Boxer-Zweizylindermotoren, die sich in ähnlicher Form auch bei den vorher gebauten Fairy-(Fee)-Motorrä-

346 cm³ Douglas
(sv-Zweizyl.-Boxer-EW) 1927

348 cm³ Douglas
(ohv-Boxer-Zweizyl.) 1929

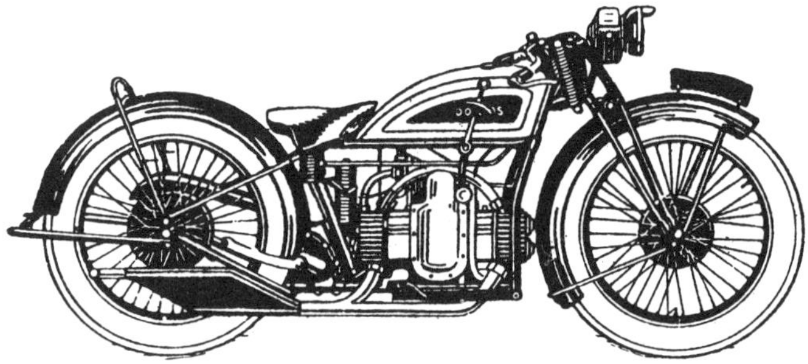

496 cm³ Douglas
(sv-Zweizyl.-Boxer) 1929

348 cm³ Douglas
(ohv »Dragonfly«
quergest. Boxer) 1957

dern fanden. Jahrelang baute das Werk ausschließlich Motorräder mit längsliegenden 246-, 346-, 497- und 597-cm³-Boxermotoren; zum Teil auch sehr schnelle ohv-Versionen, die bei Rennen mit Fahrern wie Dixon, Parker, Runtsch, Babl, Reheis, Eichler etc. Erfolge errangen. Von 1928 bis 1931 dominierten Douglas-Maschinen auch bei Speedway-Rennen. Eine 1937 herausgekommene 147-cm³-Zweitakt-Einzylindermaschine war kein Erfolg. Nach 1945 konzentrierte das Werk den Bau auf 347-cm³-ohv-Modelle, bei denen der Motor – BMW-ähnlich – quergestellt im Fahrgestell saß. Die Firma übernahm auch den Bau der Vespa-Roller für England und führte diesen weiter, als man schon die Herstellung der Douglas-Motorräder aufgegeben hatte.

D-RAD

Deutsche Industriewerke AG., Berlin-Spandau, Berliner Chaussee D 1921–1933

Durch Übernahme der von Ing. Günther konstruierten 393-cm³-Star-Motorräder mit zweizylindrigen Boxermotoren entstanden die ersten D-Räder. Dann konstruierte Ing. Christiansen verbesserte Versionen und gleichzeitig das erste »echte«, 1926 auf den Markt gekommene

496 cm³ D-Rad (Eig. sv-Blockmotor) 1931

D-Rad, eine robuste Maschine mit eigenem 496-cm³-sv-Blockmotor und Blattfedergabel. Bald darauf kam der berühmte Konstrukteur Martin Stolle nach Spandau und übernahm die Konstruktions- und Entwicklungsabteilung. Dazu auch noch die Sportabteilung, in der es so gute Fahrer wie Ing. Weichelt, Erich Tennigkeit, Franz Heck, Hans Prybylski, Franz Seelos, Max Polster, Paul Bütow u. a. gab, die zahlreiche Erfolge, besonders bei Zuverlässigkeitsfahrten, errangen. Auch der spätere Auto-Union Direktor Franz Ischinger gehörte dem »Stolle-Team« an. Die schweren einzylindrigen D-Räder errangen große Beliebtheit. Stolle schuf später verbesserte Modelle und zuletzt auch die mit getrenntem Getriebe und modernerer Gabel ausgerüsteten Modelle R 10 und R 11, die – wie schon die R 9 – nach vorn geneigte Zylinder und ohv- respektive sv-Motoren besaßen. 1931 kamen noch 198- und 246-cm³-Zweitaktversionen mit Bark-Motoren heraus, doch konnten sie sich nicht durchsetzen. Zuletzt wurde das D-Rad mit NSU »verschmolzen«.

DREADNOUGHT

1. W. A. Lloyds Cycles Ltd., Clyde Works, Freeman Street, Birmingham GB 1915–1925
2. Suley Squire Ltd., Wivenhoe, Essex

Lloyd, dem auch die Quadrant- und LMC-Motorradwerke gehörten, baute auch die Dreadnought-Motorräder, die mit dem »alten« 269-cm³-Villiers-Zweitaktmotor ausgerüstet waren.

DRESCH

1. Usines Dresch, 116 Boulevard de Grenelle, Paris F 1923–1939
2. Henry Dresch, 33 & 39 Rue Vouille, Paris 15

498 cm³ Dresch
(Eig. Block-Zweizyl.) 1930

Eine moderne Fabrik, die Zweitaktmodelle von 98 bis 248 cm^3 und sv- sowie ohv-Maschinen bis zu 750-cm^3-Vierzylindermodellen, teilweise auch ohc-Versionen bis 499 cm^3 sowie Kardanmodelle und Preßstahlrahmen herstellte. Außer eigenen Motoren wurden auch Einbaumotoren von Chaise, Train, Aubier-Dunne, Stainless, Jap und MAG verwendet.

DREVON

1. Ets. Drevon, Rue César-Bertholon 19, St. Etienne (Loire) F 1946–1953
2. Etablissements Drevon, Avenue Michelet, Saint Queen

Baute Leichtkrafträder mit 98- bis 173-cm^3-Zweitaktmotoren von Ydral und Aubier-Dunne.

D.S.

Svesnska Motorcyklefabriken N.V., Hedemora S 1924–1928

Diese hauptsächlich für die schwedische Armee gebauten V-Zweizylindermaschinen besaßen schweizer 746-cm^3-MAG-Einbaumotoren mit wechselgesteuerten Motoren.

D.S.H.

1. Trautmannsdorfer Fahrzeuggesellschaft AG, Wien V., Wiedner Hauptstraße 99 A 1924–1932
2. Trautmannsdorfer Fahrzeuggesellschaft, Inzersdorf, Triester Straße 44
3. Franz Döller, Motorradbau, Wien XV., Idgasse 5

Das D kam von Döller, das S von Seidl und das H von Ing. Hauler, der die ersten D.S.H.-Motorräder nach typisch englischen Vorbildern konstruierte. Man baute 172- und 246-cm^3-Zweitaktmodelle mit Villiers-Motoren, später auch 344-, 490-, 746- und zuletzt 246-cm^3-sv- – zum Teil auch ohv- – Modelle mit Jap- sowie 347- und 497-cm^3-MAG-ohv-Einbaumotoren. Zahlreiche bekannte Fahrer, wie Anton Hunek, Rudolf Runtsch, Franz Döller, Friedrich Schwarz und vor allem der seit 1927 auch kommerziell an D.S.H. beteiligte Meisterfahrer Rupert Karner errangen viele Erfolge. Nach seinem Todessturz bei der Ungarischen T.T. 1928 brach das Unternehmen zusammen, wurde aber 1929 von Döller – wenn auch in kleinerem Maßstab – wieder aufgebaut.

D.S.K.

D.S.K. Motorcycle-Works, Tokyo J 1954–1962

Stellte zahlreiche Modelle mit Zweitaktmotoren ab 147 cm^3, aber auch 497-cm^3-ohv-Zweizylindertypen mit quergestelltem Boxer-Blockmotor her.

DS – MALTERRE

1. Deblades & Sigrand, 13 Rue Biscornet, Paris 12 F 1920–1958
2. Ets. Malterre, 46 Boulevard de la Bastille, Paris 12
3. Ets. Malterre Freres, 42. Boulevard de la Gare, Paris 12

Eine nicht besonders moderne 496-cm³-sv-Einzylindermaschine bildete in den zwanziger Jahren das Rückgrat dieser Firma. Erst nach 1945 wurden moderne 123- bis 247-cm³-Zweitakter mit Ydral- und 124- bis 248-cm³-ohv-Versionen mit französischen AMC-Einbaumotoren hergestellt.

DUCATI

1. Ducati Societa Scientifica Radio Brevetti, Borgo Panigale, Bologna I 1950–
2. S.p.A. Ducati Meccanica, 3 Via Ducati, Borgo Panigale, Bologna
3. Ducati Meccanica S.p.A., 3 Via Ducati, 40132 Bologna

Die zum Teil der italienischen Regierung gehörende Fabrik stellte zuerst 48- und 65-cm³-ohv-Motorräder und Roller mit 174-cm³-ohv-Motoren her. Dann kamen größere Motorradmodelle mit 85-, 98-, 123-, 174- und 199-cm³-ohv-Motoren und auch 174- und 248-cm³-ohc-Versionen dazu. Chefkonstrukteur Ing. Taglioni baute auch Motoren, besonders schnelle 124-248-cm³-ohc-Rennmaschinen, mit desmodromisch-gesteuerten Ventilen, die mit Fahrern wie Luigi Taveri, Bruno Spaggiari, Mike Hailwood, Romolo Ferri und anderen, große Erfolge errangen. Die immer sehr umfangreiche Ducati-Modellreihe bekam immer mehr ohc-Versionen, und heute gibt es z. B. 125-, 248-, 340- und 436-cm³-Sportmaschinen, Scrambler (Moto-Cross) Cross) und auch – vom 248 cm³ aufwärts – ohc-Einzylinder mit zwangsläufiger (desmodromischer) Ventilsteuerung. Dazu die großen 90-Grad-V-Zweizylindertypen mit 748 cm³ Hubraum, wobei die S-Version mit dem desmodromisch gesteuerten ohc-Motor 72 PS bei 9500 U/min abgibt, Doppelscheibenbremsen hat und 230 km/h erreicht. Es gibt auch eine 860-cm³-Variante dieser Zweizylindermaschine. Antrieb der Nockenwelle bei allen ohc-Modellen mit Königswelle. Dazu kommen jetzt 123-cm³-Trials-Zweitakter wie auch 498-cm³-Parallel-Zweizylinder-Modelle.

246 cm³ Ducati
(Eig. ohc-Motor) 1968

DUCATI (MOTOTRANS)

Maquinaria Y Elementos de Transporte S.A., Almogalvares 181,
Barcelona E 1959–

Das weitgehend selbständige spanische Ducati-Zweigwerk stellt solide, aber trotzdem sportliche Modelle mit ohc-Motoren (auch Rennmaschinen) her. Derzeit sind es hauptsächlich 247- und 340-cm^3-Einzylinderversionen, die zum Teil auch nach den USA und anderen Ländern in Spezialausführungen geliefert werden. Serienmäßig auch eine 247-cm^3-»24-Horas«-Langstreckenrennmaschine mit 160 km/h Spitze.

DUCSON

Industrias Cicletas Solo S. A., 13 Espana, Mollet des Valles, Barcelona E O–P

Eine kleine Firma, die hauptsächlich sportliche 49-cm^3-Zweitaktmodelle herstellte.

DÜMO

Düsseldorfer Auto-Industrie AG., Düsseldorf-Mörsenbroich D 1924–1925

Das war der Name der sportlichen Version der 198-cm^3-Autinag-Motorräder, für deren Konstruktion Ing. Frankowski verantwortlich war.

DÜRKOPP

1. Nikolaus Dürkopp, Fahrrad- & Maschinenfabrik, Bielefeld D 1901–1959
2. Dürkopp-Werke AG., 48 Bielefeld, Nikolaus-Dürkopp-Straße

Gehörte zu den Pionieren der deutschen Motorradindustrie und stellte außer Ein- und V-Zweizylindermodellen auch frühzeitig einen Vierzylindertyp her. Außer anderen Produktionszweigen, wie Fahrrädern, Nähmaschinen u. a., baute man auch Automobile, und schon lange vor dem ersten Weltkrieg stellte man den Bau von Motorrädern ein. In den dreißiger Jahren gab es Mofas und Mopeds mit 60-, 75- und 98-cm^3-Sachsmotoren, ab 1949 Leichtkrafträder mit 98- und 123-cm^3-Ilo- und Sachs-Motoren. Von Dr. Goslau konstruierte eigene Zweitakter mit 147, 174 und 198 cm^3 wurden ab 1951 gebaut. 1953 kam die »Diana«, ein schöner 198-cm^3-Roller, dazu.

DUNELT

1. Dunford & Eliott (Sheffield) Ltd., Bath Street, Birmingham GB 1919–1956
2. Dunford & Elliott, Attercliffe Wharf Works, Sheffield
3. Dunelt Cycle Co., Ltd., Attercliffe Road, Rabone Lane, Smethwick, Staffs

496 cm^3 Dunelt »Sport« (Eig.-Zweit.-Stufenkolbenmotor) 1924

346 cm³ Dunelt
(ohv-Sturmey-Archer) 1929

Berühmt durch 496-cm³-Einzylinder-Zweitakter mit Stufenkolben, kam 1926 auch eine ähnliche 248er Version dazu. 1928 erschienen die ersten mit Sturmey-Archer-Motoren ausgestatteten 246-, 346-, 498- und 598-cm³-sv- und ohv-Modelle, und nur die 246er Dunelt hatte einen ohc-Motor mit Tellerventilantrieb. Dann gab es 248-, 348- und 499-cm³-Modelle mit »Python«-(Rudge-)Vierventil-Motoren, ab 1934 auch 127- bis 246-cm³-Villiers-Zweitakter und 246- sowie 490-cm³-Modelle mit ohv-Antriebsquellen von Jap. Mitte der fünfziger Jahre entwickelte man bei Dunelt ein ohv-49-cm³-Moped mit eigenem ohv-Motor, doch kam es nicht zur Serienherstellung.

DUNKLEY

1. Dunkleys Ltd., Bromsgrove Street, Birmingham — GB 1913–E
2. Dunkleys Ltd., Jamaica Row, Birmingham

Zahlreiche Modelle mit 199-, 499-, 746- und 988-cm³-Precision-Motoren, 342-cm³-Peco-Zweitaktmotoren und 298- bis 748-cm³-Jap-Motoren wurden von diesem Werk gebaut.

DUNKLEY

1. Dunkley Motors, National Works, Bath Road, Hounslow, Mddx. — GB 1957–1959
2. Dayton Cycle Co., Ltd., Park Royal Road, London, NW 10

Stellte moderne Mopeds mit Preßstahlfahrgestellen und eigenen 61-, 64- und zuletzt 49-cm³-ohv-Blockmotoren her, die auch unter dem Namen »Whippet« verkauft wurden.

846 cm³ Dunstall
(ohv-Norton-Zweizyl.) 1974

DUNSTALL

Paul Dunstall Organisation Ltd., 156 Well Hall Road, London, SE 9 GB 1967–

Hersteller sportlicher und luxuriöser Fahrgestelle, in denen zum Teil stark frisierte Motoren wie 498-cm³-Vierzylinder-Honda, 736-cm³-Vierzylinder-Honda, 828-cm³-Zweizylinder-Norton, 750-cm³- (auf 806 cm³ aufgebohrte) Zweizylinder-Norton, 744-cm³-Triumph und ähnliche Motoren eingebaut werden. Eine auch bei Rennen erfolgreiche Marke.

DURAND

Ets. Motorcycles Durand, Abbeville F 1920–1923

Eine konfektionierte Maschine mit Zurcher-Einbaumotoren.

DURANDAL

Ets. Moto Durandal, Rue de Rheims 21, Dijon F 1925–1932

Ein kleines Unternehmen, das durch die Verwendung von Preßstahlfahrgestellen und Jap-, Zurcher- sowie Chaise-Motoren bekannt wurde. Eine 348-cm³-Durandal hatte einen Velocette-KTT-Rennmotor und gewann viele Rennen.

DUVAL

Ets. J. Duval, Liège B 1950–1955

Baute kleine Zweitaktmaschinen mit 123-cm³-Royal-Enfield-Motor.

DUX

Dux Motor Manufacturing Co., Coventry GB 1904–1906

Ein kleiner Motorrad-Konfektionär, der von Rex die Fahrgestelle und von Minerva, MMC, Saroléa und anderen Firmen Ein- und V-Zweizylindermotoren bezog.

DUZMO

1. John Wallace, Cedar Road Works, Enfield Highway, London GB 1919–1923
2. Portable Tool & Engineering Co., Ltd., Enfield Highway, London

Bert Le Vack, der berühmte Konstrukteur, war einige Zeit bei Duzmo, wo man eine einzylindrige 496-cm³-ohv-Maschine mit nach vorn geneigtem Zylinder baute.

D.W.B.

Dorko-Werke, Abt. Motorradbau, Bamberg D 1924–1926

Nach dem Konkurs von Juhö erwarb diese Firma die Herstellungsrechte für die seitengesteuerten 195-cm³-Maschinen und kam 1925 auch noch mit einem eigenen 269-cm³-Zweitaktmodell auf den Markt.

DYSON – MOTORETTE

The Dyson Mfg. Co., Birmingham GB 1920–1922

Ein rollerähnliches Leichtkraftrad mit seitlich des kleinen Hinterrades angebrachtem 1,5-PS-Viertaktmotor, dessen Kraftstoffbehälter über dem hinteren Kotflügel angebracht war.

EADIE

Albert Eadie, Redditch, Worcestershire GB 1898–1903

Ein Pionier, der zunächst Dreiräder, später auch Motorräder mit De-Dion-Bouton-, MMC- und Minerva-Motoren gebaut hat und auch an der Gründung der Royal-Enfield-Werke beteiligt war.

EAGLE

1. Eagle Motor Works, Minneapolis USA 1910–1915
2. Eagle Motor Co., Chicago, Illinois

Typisch amerikanische Motorräder mit 4-PS-Spake-Einzylinder- und 7- sowie 9-PS-V-Zweizylinder-Motoren. Gute Qualität, schöne Konstruktion.

EAGLE-TANDEM

Eagle-Tandem Motor Co., Altrincham, Manchester GB 1903–1905

Mit einem Klubsattel ausgestattete Motorräder mit De-Dion-Motoren. Die Produktion war gering.

E.B.E.

N.V. Motorfabriken Ebe, Amal, Schweden S 1919–1930

Erzeugte zunächst 173-cm^3-Fahrrad-Hilfsmotoren, ab 1925 auch Motorräder mit eigenen 172-cm^3-ohv- und 598-cm^3-sv-Motoren.

EBER

Eber Motorradbau, Eibau (Ebersbach), Kreis Zittau/Sachsen D 1924–1928

Bekannt durch die Rennerfolge von Gerhard Semmt, baute Eber Motorräder typisch englischer Bauweise mit 347- und 497-cm^3-Blackburne-sv- und -ohv-Motoren, später auch mit 348-cm^3- und 498-cm^3-ohv-Kühne- und ohc-Küchen-Antriebsquellen.

E.B.O.

Edward Boulter, Motorcycles, Leicester GB 1910–D

Ein Motorrad-Konfektionär, der seine Maschinen mit Precision, später auch mit Ein- und V-Zweizylinder-Jap-Motoren ausrüstete.

E.B.S.

Ernst Bauermeister & Söhne, Berlin-Baumschulenweg, Behringerstraße 50–56 D 1924–1930

Mit eigenen Motoren ausgerüstete 198-, 246-, 348-, 398-, 496- und 796-cm^3-Motorräder robuster Bauweise. Die letztere war ein V-Zweizylinder, die meisten Modelle seitengesteuerte Einzylindertypen. Ab 1928 gab es auch eine 198-cm^3-Zweitaktmaschine mit Villiers-Motor.

EBU-STAR

Ebu-Star Motor Company, Ltd., Tokyo J 1952–1955

Modern konstruierte 248-cm^3-Zweizylinder-ohv-Maschinen, deren Motor einen vertikalen und einen horizontalen Zylinder besaß.

EBW

Motorradbau Ernst Büscher, Berlin-Wilmersdorf — D 1923–1924

Konfektionierte Leichtkrafträder mit 139-cm^3-Bekamo-Zweitaktmotoren.

ECA

Ing. E. Carstens, Eca-Motorenbau, Hamburg, Kirchenweg 4/10 — D 1923–1924

Primitiv gebaute 142-cm^3-Zweitaktmaschinen der Inflationsperiode.

ECEKA

Emil C. Kretschmer, Berlin W 8, Taubenstraße 8–9 — D 1924–1925

Kleiner Motorradkonfektionär, der 145- und 173-cm^3-Modelle baute.

ECHO

Tosho Motors Ltd., 4 Hanabusa-cho, Kanda, Chiyoda-Ku, Tokyo — J O–P

Stellte außer Zweitaktmaschinen mit 123 und 148 cm^3 auch den »Pandra«-Roller her.

ECKL

Ing. Hugo Eckl, Motorfahrzeugbau, Augsburg — D 1923–1926

Mit Hilfsmotoren für Fahrräder begann Eckl, der 1924 eine nette 198-cm^3-Maschine mit eigenem ohv-Motor auf den Markt brachte.

ECONOMIC

1. Economic Motors, Wells Street, London, W. 1 — GB 1921–1923
2. The Eynsford Engineering Co., Ltd., Primrose Works, Eynsford, Kent
3. Economic Motor Ltd., 62. East Castle Street, London, W. 1

Mit zweizylindrigen 165-cm^3-Zweitakt-Boxermotoren ausgestattete Maschinen. Die ersten Modelle hatten den Motor über dem Hinterrad, später war er normal im Motorradrahmen quergestellt eingebaut.

165 cm^3 Economic (Querg. 2T-Boxer) 1923

EDETA

Industrias Mecanicas Edeta, Barcelona — E 1951–1960

Zweitaktmaschinen mit 147- und 173-cm^3-Einzylindermotoren.

EDMONTON

Edmonton Motors, London GB 1903–C

Schon lange vergessene Motorräder mit Minerva- und Fafnir-Einbaumotoren.

EDMUND

1. Charles Edmund & Co., Crane Bank, Chester GB 1907–1924
2. C. Edmund & Co. (1920) Ltd., Crane Bank, Chester
3. C. Edmund & Co. (1920) Ltd., Milton Works, Chester

Bekannt durch gute Konstruktionen und zum Teil mit Blattfedern ausgerüsteten Fahrgestellen, baute Edmund während der Jahre Fafnir-, MAG-, Jap-, Barr & Stroud-, Blackburne- und andere Motoren ein. Gebaut wurden hauptsächlich Einzylinderversionen von 269 bis 546 cm^3.

EGA

Eisenwerke Aktiengesellschaft, Gaggenau D 1922–1926

Mit eigenen 246- und 346-cm^3-Zweitakt-Dreikanalmotoren ausgestattete Einzylindermaschinen. Die Produktion war nicht groß.

EICHELSDÖRFER

Motorradbau Willy & Josef Eichelsdörfer, Nürnberg D 1929–1931

Kleiner Erzeuger von 198-cm^3-Maschinen mit ohv-Jap-Motoren.

EICHLER

1. Eichler & Co., Berlin SW 11, Bernburger Straße 22–23 D 1920–1925
2. Eichler & Bachmann, Berlin SW 11, Bernburger Str. 22–23
3. Ernst Eichler, Berlin SW 11, Bernburger Straße 22–23
4. Eichler & Co., Berlin SW 68, Kochstraße 32

Gehörte zu den größten Leichtkraftradkonfektionären nach dem Ersten Weltkrieg in Deutschland. Seine roten Maschinen waren mit 119-, 145- und 173-cm^3-DKW- und 129- bis 149-cm^3-Bekamo-Hilfskolbenmotoren ausgerüstet. Er baute auch die 123-cm^3-Golem- und 145-cm^3-Lomos-Sesselräder (Roller) mit DKW-Motoren. Bekannte Fahrer wie Josef Thevis, Ernst-Günther Burggaller, Max Hucke, Günter Plüschow (der »Flieger von Tsingstau«) und andere fuhren auf Eichler, der 1925 auch Preßstahl-Tankrohrrahmen baute.

EISENHAMMER

Aktiengesellschaft Eisenhammer, Thalheim im Erzgebirge D 1923–1926

Zweitaktmaschinen mit 206 und 225 cm^3 Hubraum, deren Motoren teilweise von DKW in Zschopau kamen. Robuste und gute, aber unpraktische Fahrgestelle.

EISLER

Tovarna na Stroje, Eisler & Spol., Boskovice, Morava CS 1920–1926

Hersteller landwirtschaftlicher Maschinen, der seine 148-cm³-Zweitakter als Fahrradhilfsmotoren, aber auch mit kompletten – Eichler-ähnlichen – roten Fahrgestellen lieferte.

ELAND

Motors Eland, Rotterdam NL 1955–1959

Kleiner holländischer Erzeuger, der 123- bis 158-cm³-Zweitakter mit Sachs- und anderen Motoren baute.

ELECT

Motocicli Ladetto & Co., Torino I 1920–1923

Von Ladetto zusammen mit Ubertalli und Cavalchini konstruierte 492-cm³-Zweizylindermaschine mit liegendem dreiventiligem Motor.

ELFA

Elstwerdaer Fahrzeugwerke, E. W. Reichenbach AG., Elstwerda/Sachsen GB 1926–1932

Keine große, aber eine sehr vielseitige Firma, die Mofas und Motorräder mit 73-, 98-, 123-, 198-, 298-, 346- und 497-cm³-Einbaumotoren von DKW, Kühne, Küchen, Sachs, Windhoff, Bark und auch Jap gebaut hat. Mofas wurden bis 1939 hergestellt.

ELFE

1. Ing. Alex Sachse, Elfe-Motorradbau, Leipzig-Stötteritz, Wasserturmstraße 22 a D 1923–1925
2. Motor-Fahrzeug-Bau GmbH., Dresden-Blasewitz, Deutsche-Kaiser-Allee 23

Stellte eigene 196-cm³-Dreikanal-Zweitakter und sehr ungewöhnliche Fahrgestelle her. Es scheint, daß diese keine Beliebtheit bei den Kunden fanden und in der Herstellung außerdem zu teuer waren.

ELF – KING

Bond & Cooper, Crown Works, Birmingham GB 1907–1909

Eine schon lange vergessene Firma. Baute V-Zweizylinder-Minerva-Motoren mit Handstarter ein.

ELFSON

Wilson & Elford, Manor Road, Aston, Birmingham GB 1923–1925

Gut konstruierte 294-cm³-Zweitakter mit eigenen Dreikanal-Einzylindermotoren. Baute auch 170-cm³-ohv-Einzylindermodelle mit Norman-Motoren.

E.L.I.

The E.L.I. Motor Manufacturing Co., Station Road, Montpelier, Bristol GB 1911–1912

Wurde von einer Zubehörfirma mit 3,5-PS-Precision-Motoren gebaut.

ELIE HUIN

Ets. Elie Huin, 27 Rue Champeil, Clermont-Ferrand F N–P

Moderne, nach 1945 gebaute Zwei- und Viertakter mit Ydral-, AMC- und anderen französischen Einbaumotoren von 125 bis 250 cm³.

ELIG

Motocicletas Elig, Elche E 1956–1959

Kleine spanische Motorradfabrik. Verwendete 123- bis 198-cm³-Hispano-Villiers-Zweitaktmotoren.

ELITE

1. Elite-Werke AG, Brand-Erbisdorf, Sachsen
2. Elite-Diamantwerke AG, Sigmar-Schönau, Sachsen D 1903–1940

1903 entstand die Marke Diamant. Elite begann 1923 mit dem Bau eines 1-PS-Fahrrad-Hilfsmotors und baute dann nach Übernahme von Diamant und Aufgabe des Autobaues die von Gnädig konstruierten 348- und 498-cm³-Motorräder mit Kühne- und Jap-Motoren weiter. Stellte dann die Neander-Opel-ähnliche 498-cm³-Maschien mit Dural-Fahrgestell, aber mit »K«-Motoren als »E.O.« in ganz beschränkter Anzahl her und baute ab 1931 ausschließlich Fahrräder mit 75-cm³-Sachs-Zweitaktmotoren. Diese trugen aber den Namen Diamant.

ELLEHAM

Ing. J. Elleham, Copenhagen DK 1904–1909

Mit 2,75-PS-Peugeot-Motoren ausgerüstete rollerähnliche Fahrzeuge, deren Rahmen offen und deren Vorderrad verhältnismäßig groß war.

ELMDON

Joseph Bourne & Sons, Bath Street, Birmingham GB 1915–1921

Beschränkte Produktion einer 269-cm³-Zweitaktmaschine mit Villiers-Motor.

ELRING

Elring-Motorfahrzeuge, Dresden-Blasewitz D 1924–1925

Der Elfe sehr ähnliche 196-cm³-Zweitakter einer kleinen Firma.

ELSINORE

Honda Motor Co., Ltd., Nr. 5, 5-Chome Yaesu, Chuo-Ku, Tokyo J 1948–

Honda baut seit 1948 Motorräder. Die Elsinore ist dagegen erst seit 1973 in Produktion. Sie hat einen schlitzgesteuerten 248-cm³-Zweitaktmotor mit 33 PS bei 7500 U/min in einem serienmäßigen Moto-Cross-Fahrgestell. Moderne, 96 kg schwere Einzylindermaschine. Auch als 125er angeboten.

ELSTAR

1. Elstar Motor Cycles, Elstar House, Wolverhampton GB 1968–1971
2. Elstar Motor Cycles, New Road, Oldbury, Warley

Stellte hauptsächlich Fahrgestelle für Moto-Cross, Speedway und Grasbahn her, wobei Jawa-, Bultaco- und ähnliche Zweitakter eingebaut wurden. Ellis, der Gründer, kam 1971 bei einem Autounfall ums Leben.

ELSTER

1. Elster Motorradwerke, Elsterberg/Vogtland D 1924–1926
2. Elster Motorradwerke, Mylau/Vogtland

Einfache 198-cm³-Einzylindermaschinen mit eigenen sv-Motoren, die keine weite Verbreitung fanden und bald wieder vom Markt verschwanden.

ELSWICK

Elswick Cycles & Manufacturing Co., Barton-on-Humber GB 1903–1920

Bekannt als Fahrradhersteller, baute die Firma auch 348- und 498-cm³-Einzylinder-sv-Maschinen konventioneller Konstruktion mit Precision-Einbaumotoren.

ELVE

B 1958–P

Stellte Mopeds mit 49-cm³-Sachs-Motoren her.

E.M.

Ernst Minkus, Wien X, Arsenal Obj. XIX A 1928–1930

Gut konstruierte 498-cm³-Einzylindermaschinen mit ohv-Doppelauspuff-Motoren von MAG. Beschränkte Produktion.

E.M.A.

Eduard Molitor, Motorfahrzeugbau, Aalen, Württemberg D 1922–1925

Mit liegend eingebauten 148-cm³-DKW-Zweitaktmotoren ausgerüstete Leichtkrafträder. Wurden handwerksmäßig gebaut.

EMBLEM

Emblem Manufacturing Co., Angola, Erie County, New York USA 1909–1925

Moderne 1000-cm³-V-Zweizylinder-sv-Maschine, die auch bei Rennen gute Resultate erzielte.

E.M.C.

1. E.M.C. Ltd., Twyford Abbey Road, London, NW 10 GB 1947–1952
2. E.M.C. Ltd., St. Mary's Works, Solihull Lane, Southall, Middlesex

Baute zunächst 347-cm³-Doppelkolben-Einzylinder-Zweitaktmaschinen, später auch 123- und 246-cm³-Modelle mit Puch-Motoren. Die 1952 konstruierte 123-cm³-Zweitaktmaschine mit Jap-Motor ging nicht in Serie. Der aus Österreich stammende Konstrukteur Joe Ehrlich baute von 1960 bis 1964 die 124-cm³-EMC-Rennzweitakter mit Drehschieber bei den De-Havilland-(Bristol-Siddeley-)Werken.

E.M.H.

Motorradbau Ernst Meier, Kibitzstraße 46, Hamburg — D 1927–1929

Beschränkte Produktion von 348- und 498-cm³-Einzylindermaschinen mit »K«-(Küchen-) ohc-Motoren und offenen Fahrgestellen.

EMMAG

Elsö Magyar Motorkerékpar és Alkatrészygar, Béla Lorincz,
Mester Str. 9, Budapest IX — H 1924–1927

Baute Kleinserien von 670-cm³-Zweizylinder-Zweitaktmaschinen mit Wasserkühlung und 495-cm³-Einzylinder-Zweitakter mit Luftkühlung.

E.M.W.

VEB Eisenacher Motoren-Werke, Eisenach, Thüringen — DDR 1945–1956

Stellte in den früheren Dixi-BMW-Werken nach dem Krieg die 1934 konstruierte 348-cm³-Einzylinder-BMW mit ohv-Blockmotor und Kardanantrieb sowie Preßstahlfahrgestell her.

EMWE

Emwe Motoren Gesellschaft, Stettin, Barnimstraße 17 — D 1924–1925

Mit geschweißtem Kastenrahmen ausgestattete 293-cm³-Dreikanal-Zweitaktmaschine mit Riemenantrieb zum Hinterrad.

EMURO

Emuro Manufacturing Company, Tokyo — J 1953–O

Baute Zweitaktmaschinen mit eigenen Motoren von 90 bis 248 cm³.

ENAG

Erle & Nestler AG., Maschinenfabrik, Nürnberg — D 1924–1925

Theo Steininger war der Konstrukteur dieser ungewöhnlichen 248-cm³- und 348-cm³-Zweitakter, deren liegende Zylinder wassergekühlt, während die Zylinderköpfe luftgekühlt waren.

ENDRICK

Endrick Engineering Co., Warwick Rd., Olton, Birmingham — GB 1911–1915

Verwendete Fafnir-, Jap-, Peugeot- und auch 346-cm³-Peco-Zweitakt- sowie 496-cm³-Precision-sv-Einzylinder-Motoren.

ENDURANCE

1. C. B. Harrison (1909) Ltd., Sheepcote Street, Birmingham GB 1909–1924
2. C. B. Harrison (1909) Ltd., Price Street, Birmingham

Baute »normale« Zweitaktmaschinen mit 269-cm³-Villiers- wie auch mit eigenen 259- und 297-cm³-Dreikanal-Zweitaktmotoren.

ENERGETTE

Norton Manufacturing Company, Floodgate Street, Birmingham GB 1907–1911

Die vom berühmten J. L. Norton konstruierten Leichtgewichtsmaschinen besaßen bei Moto-Rêve (in England!) gebaute 274-cm³-(50 × 70-mm-)V-Zweizylindermotoren.

ENGEL

Gustav Engel Söhne, Motorfahrzeugbau, Merseburg D 1925

Mit 348-cm³-Kühne-ohv-Motoren ausgerüstete Einzylindermaschinen.

E.O.

Elite-Diamant Werke AG, Siegmar-Schönau (Brand-Erbisdorf) D 1930–1931

Den damaligen Neander- und Opel-Maschinen ähnlich, hatte die nie in Serie gegangene E.O. jedoch einen 497-cm³-ohc-Küchen-Einbaumotor. Es gab auch einen Prototyp mit dem 347er »K«-Motor.

EOLE

B 1899–B

Eine belgische Maschine aus der Pionierperiode. Hatte Kelecom- und Fafnir-Motoren.

EPA

Peter Pazicky, Motorradbau, Nürnberg D 1924–1925

Ein kleiner Konfektionär, dessen Maschinen 293-cm³-sv-Motoren von Jap besaßen.

ERCOLI-CAVALLONE

Motocicli Ercoli-Cavallone, Torino I 1922–1923

War wohl die einzige 500-cm³-V-Zweizylindermaschine mit einem Zweitaktmotor in Italien. Erlangte keine Verbreitung.

ERIE

Motorcycle Equipment & Supply Co., 4. Lake Street, Hammondsport, N. Y. USA 1905–1911

Stellte Motorräder mit 3-, 5- und 7-PS-Einbaumotoren von Minerva, Curtiss und Spake her.

ERIOL

F 1932–1939

Mit 98-cm³-Zweitaktmotoren ausgerüstete Leichtgewichtsmaschinen.

ERKA

Schwarzwälder Maschinen- und Fahrzeuggesellschaft, Schwabach bei Nürnberg D 1924–1925

Einfache 269-cm^3-Zweitaktmaschinen, die keine große Verbreitung erzielten.

ERKÖ

Motorenhaus Richard Köhler, Chemnitz, Bernhardstraße D 1922–1924

Leichtkrafträder mit 145-cm^3-DKW-Zweitaktmotor. Bedeutungslose Marke.

ERMAG

Erlanger Motoren Aktiengesellschaft, Erlangen-Buckenhof D 1923–1930

Vom späteren NSU-Chefkonstrukteur Albert Roder konstruierte 246-cm^3-Zweitaktmaschinen mit Stufenkolben und Drehschieber-Steuerung. Ab 1925 Bau von hervorragend konstruierten 246-cm^3-ohv- sowie 497- und 547-cm^3-sv-Einzylindermaschinen. Bekannte Rennfahrer: Hieronymus, Perl, Bittorf.

498 cm^3 Ermag
(Eig. sv-Motor) 1927

ERNST EICHLER

Ernst Eichler-Werk, Berlin W., Bernburger Str. 23 D 1924–1925

Nach Differenzen mit seiner Familie verließ Ernst Eichler die von ihm gegründete Firma und baute die »Ernst-Eichler«-Motorräder mit modernen Preßstahlfahrgestellen und 142-cm^3-Zweitakt- sowie 172-cm^3-Zweitakt- und -sv-Motoren. Ein Jahr darauf kehrte er wieder in die Kochstraße zum alten Unternehmen zurück. Alles war wieder in Ordnung mit Ausnahme der Geschäftslage, so daß Eichler bald darauf die Tore schließen mußte.

ERNST – MAG

1. Ernst-Werke Motorenbau AG., Breslau V, Gartenstraße 53 D 1926–1930
2. Ernst-Werke Motorenbau AG., Breslau VI, Steinauer Str. 12a
3. Schlesische Motorenbau AG., vormals Ernst-Werke AG., Breslau VI, Steinauer Str. 12a

Die ersten Ernst-Motorräder hatten 347- und 497-cm^3-»K«-ohc-Motoren, doch schon 1927 wandte man sich ganz der Verwendung von MAG-Einbaumotoren mit 348, 498, 598, 746 und 996 cm^3 Hubraum sowie wechselgesteuerten und obengesteuerten Ventilen zu. Besonders erfolgreich die 348-cm^3-ohv-Einzylinder- und 498-cm^3-V-Zweizylinder-ohv-Versionen mit Fahrern wie Landolph Rhode, Edgar Kittner und Orlindo Geißler.

ERR – ZETT

Ottomar Rosenkranz, Wien XIV, Grimmgasse 39 — A 1938

Mit 98-cm^3-Sachs- und Ilo-Zweitaktmotoren ausgestattete Leichtmotorräder. Infolge der damaligen politischen Verhältnisse nur beschränkte Herstellung.

ESCHAG

Eschag Motoren-Gesellschaft mbH., Nürnberg, Julienstraße 14 — D 1923–1925

Einfache Maschinen mit 298-cm^3-Dreikanal-Zweitaktmotoren und Riemenantrieb zum Hinterrad.

ESCH – REKORD

1. Adolf Esch, Mech. Werkstätte, Köln, Weichserhof 31 — D 1927–1930
2. Adolf Esch, Mech. Werkstätte, Köln, Venloer Str. 59

Esch, der zuerst Rennen auf Chater-Lea und KMB fuhr, baute dann eigene Rennmaschinen mit 248-, 348- und 498-cm^3-ohv-Motoren von Jap, Blackburne und MAG.

ESCOL

Etablissements Moto Escol, Chatelet — B 1925–1938

Ein kleiner Produzent, der zahlreiche Modelle mit 147- bis 247-cm^3-Villiers-Motoren und auch 248- bis 600-cm^3-sv- und ohv-Motoren (hauptsächlich solche von Jap und Python) sowie zuletzt eine 348-cm^3-Zweitaktmaschine baute.

ESO

Eso, Narodni Podnik, Divisov — CS 1949–

Jetzt zu Jawa gehörend, wurden in diesem Werk zunächst 498-cm^3-ohv-Speedway-Motoren gebaut. Es gab auch 248-, 348- und 498-cm^3-Moto-Cross- und Straßenrennmaschinen, bis man sich ganz auf die Entwicklung und den Bau von 498-cm^3-Speedway-Motoren, wie sie jetzt unter dem Namen Jawa weltbekannt sind, verlegte. Barry Briggs, Ivan Mauger und viele andere Speedwayfahrer benützen sie.

ETA

G. E. Halliday, Mixenden nr. Halifax — GB 1921

Technisch interessant, aber nie in Quantitäten gebaut, war die Eta. Sie hatte einen dreizylindrigen 7-PS-Radialmotor mit 870 cm^3 Hubraum, Blockkonstruktion und Kardanantrieb zum Hinterrad.

ETOILE

Moteurs et Motocycles Etoile, Paris X F 1933–1939

Stellte hauptsächlich Leichtkrafträder von 98 bis 198 cm³ mit Aubier-Dunne-Zweitaktmotoren her.

EUROPA

1. Europa Motorradbau, Max Vorbauer, München 2, Sendlinger Straße 76 D 1931–1933
2. Europa Motorradbau, Max Vorbauer, München 2, Rückertstraße 6

Mit schönen Dreiecksfahrgestellen ausgerüstete Leichtkrafträder. Als Motoren wurden Villiers-Zweitakter mit 98 und 146 cm³ sowie der 147er Schliha-Aufsatzkolben-Zweitakter verwendet.

198 cm³ Europa (2T-Schliha-Motor) 1933

EVANS

Cyclemotor Corporation, Rochester, N. Y. USA 1919–1924

Die Evans gehörte zu den wenigen und guten amerikanischen Leichtgewichtsmaschinen. Mit ihrem 119er Zweitaktmotor errang sie aber ihre größte Beliebtheit in Europa. Die einst

119 cm³ Evans
(Eig. 2T-Motor) 1922

großen, zum Berliner Kuhn-Konzern gehörenden Stock-Werke bauten sie ab 1924 in weiterentwickelter Form bis Anfang der dreißiger Jahre.

EVANS-PONDORF

Aktiengesellschaft für Motorenbau, Berlin, NW 5 — D 1924–1925

Erzeugte zunächst Motorräder mit dem 119-cm³-Evans-Motor und dann eine schöne 496-cm³-Einzylindermaschine mit Fußschaltung. Kapitalmangel verhinderte einen wirklichen Serienbau.

EVART-HALL

Evart Hall Ltd., 38 Long Acre, London, W. C. — GB 1903–1905

Zuerst stellte E-H Einzylindermaschinen, ab 1904 jedoch die von Charles Binks konstruierte, sehr leichte Reihenvierzylindermaschine her. Bemerkenswert, daß der 385-cm³-Vierzylinder sowohl längs als auch quer eingebaut geliefert wurde.

EVEREST

Konstruktor GmbH., Motorfahrzeugfabrik, Berlin W, Potsdamer Straße 78 — D 1925–1926

Diese nicht sehr elegante Maschine wurde nicht in Berlin, sondern von der Firma G. Adolf Rempp in Münster a. N. für Everest gebaut. Es handelte sich um eine 499-cm³-ohv-Einzylindermaschine.

EVO

Evo-Motorradbau, Eduard A. Voigt, Hannover, Wolgersweg 2 — D 1923–1925

Niedrige und schöne Fahrgestelle zeichneten die mit eigenen und Ilo-Dreikanal-Zweitaktmotoren ausgerüsteten 146-cm³-Evo-Maschinen aus. Eduard Voigt betätigte sich später als weithin bekannter Fachjournalist im Motorradwesen.

EVYCSA

Motocicletas Evycsa, Barcelona — E 1956–O

Attraktive Maschinen mit eigenen 173-cm³-Motoren und Vierganggetriebe.

EWABRA

Ewald Brackelsberg, Milspe in Westfalen — D 1921–1924

Brackelsberg, ein Vetter des einst bekannten Bugatti-Fahrers Karl Brackelsberg, baute eigene 550-cm³-sv-Einzylindermotoren in offene Rohrrahmen ein.

EXCELSIOR

1. Bayliss Thomas & Co., Excelsior Works, Lower Ford Street, Coventry — GB 1896–1964
2. Bayliss Thomas & Co., Kings Road, Tyseley, Birmingham
3. Excelsior Motor Co., Ltd., Kings Rd., Tyseley, Birmingham
4. Excelsior Motor Co., Ltd., Redfern Road, Birmingham 11

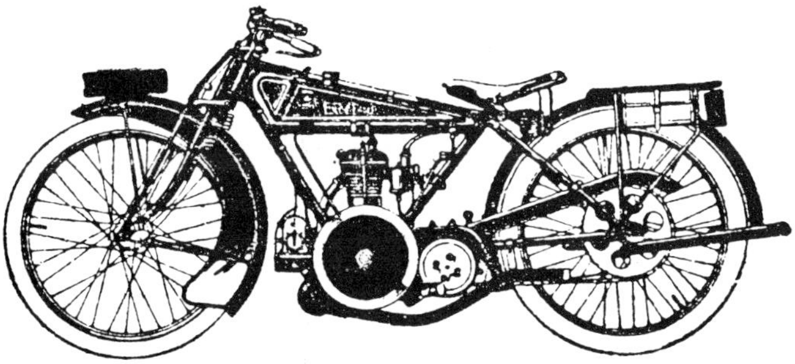

347 cm³ Excelsior
(GB) (sv-Blackburne) 1923

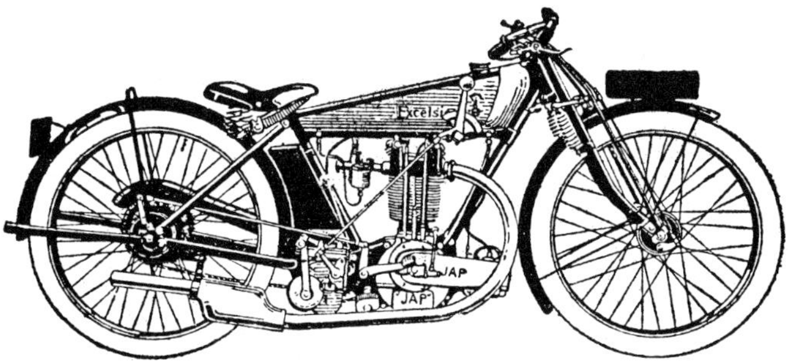

346 cm³ Excelsior
(GB) (ohv-Jap-Motor) 1924

490 cm³ Excelsior (GB ohv-Jap-Motor) 1930

248 cm³ Excelsior
(GB ohc-»Manxman«) 1936

322 cm^3 Excelsior
(Eig. 2T-Zweiz.-Motor) 1955

Der Walker-Familie gehörend wurde die englische Excelsior durch die Rennerfolge von Fahrern wie Syd und Leslie Crabtree, H. G. Tyrell Smith, G. Wood, Syd Gleave, Harry Martin, Tony Worters, Chris Staniland, Eric Fernihough, Rudi Hunger, Josef Schörg und anderen bekannt. Während der Jahre wurden Motorräder mit Hubräumen von 98 bis 998 cm^3 und Motoren von Villiers, Jap und hauptsächlich Blackburne verwendet, doch gab es vor 1914 auch Minerva-, De-Dion-Bouton- und MMC-Einbaumotoren sowie große 850-cm^3-sv-Einzylindermotoren in Excelsior-Fahrgestellen. Weltberühmt die 248-cm^3-»Mechanical-Marvel«-Werksrennmaschinen, von H. J. Hatch konstruiert, welche 1933 die TT gewannen, und später die hervorragenden 248-, 348- und 498-cm^3-ohc-»Manxman«-Versionen, deren Motoren bei Blackburne und Bean extra für Excelsior gebaut wurden. Excelsior baute auch die 98-cm^3-»Spryt«-Zweitakter der »Corgi« und nach dem Krieg vor allem Zweitaktmaschinen mit 98- bis 247-cm^3-Villiers- sowie eigenen 248-cm^3-Reihen-Dreizylinder-Zweitaktmotoren.

EXCELSIOR

1. Excelsior Fahrradwerke, Gebr. Conrad & Patz AG., Brandenburg, Havel D 1901–1939
2. Brandenburger Fahrrad- und Motorrad-Werke, Excelsior GmbH., Brandenburg, Havel, Wilhelmsdorfer Straße 66

Diese – deutsche – Excelsior-Fabrik war noch älter als die gleichnamige englische, obwohl hier der Motorradbau später begann. So kam es, daß aus markenschutzrechtlichen Gründen englische Excelsior-Motorräder – auch bei Rennen! – in Deutschland noch den alten Namen »Bayliss-Thomas« trugen. Zunächst baute man Minerva-, Zedel- und Fafnir-Motoren ein, in den späten zwanziger Jahren 198-, 298- und 346-cm^3-sv- und ohv-Jap-Motoren. Mitte der dreißiger Jahre waren es 198-cm^3-Zweitakter und 196-, 346- und 496-cm^3-sv-Einbaumotoren von Bark. Die deutschen Excelsior errangen aber nie den Ruf der englischen Maschinen.

EXCELSIOR

Gesellschaft für Kleinkraftmaschinen, München, Arnulstraße 16 D 1923–1924

Bemerkenswert: Es gab keine Markenschutzrechtlichen Probleme mit dieser Excelsior. Es war allerdings auch nur eine ganz kleine »ungefährliche« Marke, die primitive 245-cm^3-Zweitakter baute.

EXCELSIOR

1. Excelsior Supply & Mfg. Co., Randolph Street Buildings, Chicago, Illinois
2. Excelsior Mfg. & Supply Co., 3700 Cortland Street, Chicago, Illinois

USA 1908–1931

Das war die vierte – und größte! – Excelsior-Motorradfabrik. Ihr Gründer war ein Einwanderer aus Deutschland: Ignaz Schwinn. Noch heute existiert das Werk als Fahrrad-Fabrik in Chicago; den Bau der 746-cm³-Super-X- und 1301-cm³-Henderson-Motorräder gab man 1931 auf. Die Super-X war ein gegengesteuerter V-Zweizylinder; die Henderson, deren Bau man 1919 vom William Henderson übernahm, eine Reihenvierzylindermaschine mit Luftkühlung. Schon früher stellte Schwinn unter dem Namen »Excelsior« gute 499-cm³-Einzylinder- und 748- sowie 992-cm³-V-Zweizylindermaschinen, ab 1917 auch die der englischen Triumph »Baby« ähnliche 269-cm³-Zweitaktmaschine her. Interessant, daß die amerikanischen Excelsior in England unter dem Namen »American-X« gehandelt wurden. Schwinns Rennabteilung stellte auch einige 996-cm³-V-Zweizylinder-ohc-Rennmaschinen her.

269 cm³ Excelsior
(USA Eig. 2T) 1914

992 cm³ Excelsior
(USA ioe-Bahnrennmasch.)
1914

746 cm³ Excelsior
(USA ioe-V-Zweizyl.) 1922

EXPRESS

1. Express-Werke AG., Neumarkt, Holzgartenstraße 1 D 1903–O
2. Zweirad-Union AG., Nürnberg, Nopitschstraße 70

Baute ursprünglich Motorräder mit Fafnir-Einbaumotoren. Noch vor 1914 wurde der Motorradbau eingestellt und erst in den dreißiger Jahren mit 75- und 98-cm³-Zweitakt-Mofas wieder aufgenommen. Nach 1945, das heißt 1949, entstanden wieder Motorräder mit Sachs- und Ilo-Zweitaktmotoren und Hubräumen bis zu 248 cm³. Modelle mit Opti-Motoren bewährten sich nicht, während Mopeds mit 47 cm³ und Modelle mit größeren Motoren guten Absatz fanden. Trotzdem mußte Express in der Motorradkrise Ende der fünfziger Jahre der Zweirad-Union in Nürnberg einverleibt werden, um weiter existieren zu können. Inzwischen ist Express dennoch vom Motorradmarkt verschwunden.

EYSINK

Eysink Fabrieken, N. V., Amersfort NL 1898–1956

Jahrelang die führende Motorradfabrik in Holland, baute Eysink nach dem Zweiten Weltkrieg nur noch kleine Zweitakter bis 250 cm³ Hubraum, auch 123-cm³-Rennmaschinen mit gut frisierten Villiers-Zweitaktmotoren. Vor 1939 gab es außer Zweitaktmodellen mit Villiers-Motoren auch zahlreiche sv- und ohv-Modelle mit 248- bis 490-cm³-Motoren, die auch von Jap und Python (Rudge) aus England stammten. Ganz alte Eysink-Motorräder besaßen Ein- und V-Zweizylindermotoren von Kelecom, Sarolea, Minerva und anderen einst bekannten Marken. Jahrelanger Spitzenfahrer von Eysink war Dick Roonoy. Es gab von 1923 bis 1927 auch 497-cm³-Modelle mit Coventry-Victor-Zweizylinder-Boxer-ohv-Motoren.

123 cm³ Eysink (2T-Villiers) 1939

FABULA

Fabula Fahrzeugfabrik GmbH., Bielefeld D 1922–1924

Von Nikolaus Henzel konstruierte, hochmoderne 246-cm³-Einzylinder-Zweitakt-Blockmaschine mit Kardanantrieb und Doppelrahmen.

FADAG

Fahrzeugfabrik Düsseldorf AG., Düsseldorf, Kavalierstraße 22 D 1921–1925

Diese Autofabrik stellte zunächst über dem Hinterrad von Fahrrädern liegende 118-cm³-Zweitakt-Hilfsmotoren, ab 1923 auch 497-cm³-Einzylindermaschinen mit eigenen sv- und ohv-Motoren her.

FAFNIR

1. Aachener Stahlwarenfabrik AG, Aachen, Jülicherstraße D 1900–1914
2. Fafnir-Werke, Aachen, Jülicher-Straße

Bevor Fafnir auch Automobile baute, stellte das Werk nach Werner-Patenten Einbaumotoren für Motorräder und Automobile her. Ein Großteil der deutschen Motorradindustrie verwendete in den Pionierjahren Fafnir-Motoren. Ab 1902 baute man in Aachen auch komplette Ein- und V-Zweizylinder-Motorräder, deren Motoren ab 1903 schon gesteuerte Saugventile besaßen.

FAGAN

John Fagan Motorcycles, Clonsilla, Co. Dublin IRL 1935–1937

Eine kleine irische Fabrik, deren 123-cm³-Maschinen Villiers-Zweitaktmotoren besaßen.

FAGARD

Fahrzeugwerke Gardelegen GmbH., Gardelegn D 1923–1925

Auch unter dem Namen F. G. bekannt, stellte man hier 146-cm³-Zweitakter mit von DKW bezogenen Einbaumotoren in kleiner Stückzahl her.

FAGGI

Motocicli Pietro Faggi, Milano, Via L. Isimbardi 22 I 1950–1953

Mit 123- und 149-cm³-Villiers-Motoren ausgerüstete Leichtgewichtsmaschinen.

FAINI

Motocicli Pietro Vassena, Lecco I 1923–1927

Baute zunächst Fahrrad-Hilfsmotoren mit 106 cm³ Hubraum, nachher eine 198-cm³-Maschine mit eigenem sv-Motor.

FAIRFIELD

Alfred Forster, Motorcycles, Warrington GB 1914–1915

Eine kleine Firma, die billige 269-cm³-Zweitaktmaschinen mit eigenem Motor offerierte, infolge des Krieges aber bald die Produktion einstellte.

FAKA

Fahrzeugfabrik Kannenberg, Salzgitter-Bad D 1952–1957

Völlig verkleidete Roller mit 147-, 174- und 197-cm³-Ilo-Zweitaktmotoren. Hatte 8-Zoll-, später 10-Zoll-Räder.

FALCO

Ditta Erminio di Giovanni, 17 Via Confienza, Vercelli — I 1950–1953

Mit 98- und 147-cm^3-Sachs-Motoren ausgerüstete Maschinen einer kleinen italienischen Firma.

FALKE

Erich Schmidt, Motorradbau, Tarthun bei Magdeburg — D 1923–1925

Einfache Konfektionsmaschinen mit 142-cm^3-Grade- und 145-cm^3-DKW-Zweitakt-Einbaumotoren.

FALTER

Falter-Fahrradwerke M. & L. Tallardt, Bielefeld, Eckendorfer Str. 5 — GB 1952–

Baute Mofas, Mopeds etc. mit 49-cm^3-Zweitaktmotoren von Sachs, Ilo und Zündapp.

F.A.M.

Fabbrica Auto-Moto-Veicoli Srl, Pesaro, Strada Adriatica 32. (44) — I 1951–1969

Dies war ursprünglich die von Giovanni Benelli gegründete Firma, deren Erzeugnisse – 115-cm^3-Einzylinder und 195-cm^3-Zweizylinder – Zweitakter mit liegenden Zylindern, – den Namen »B« trugen. Später wurde das Unternehmen mit dem Stammhaus von Benelli vereinigt und gehört jetzt zum De-Tomaso-Konzern.

FAMA

Famag m.b.H., Abt: Motorradbau, Schweinfurt — D 1923–1925

Gut konstruierte Motorräder mit 420-cm^3-sv-Motoren. Auch 190-cm^3-ohv-Modelle.

FAMAG

Famag m.b.H., Abt: Motorradbau, Schweinfurt — D 1923–1925

Gut konstruierte Motorräder mit 420-cm^3-sv-Motoren. Zuletzt 190-cm^3-ohv-Modelle.

FAMO

Ernst Burkhardt GmbH., München, Bleistraße 30/32 — D 1923–1926

Einfache, aber gut konstruierte 127-cm^3-Zweitaktmaschinen mit eigenem Dreikanalmotor und Dreiecksfahrgestell.

FANTIC

Fantic Motor, Via Statale, 22061 Barzago (Como) — I 1968–

Stellt sportliche Maschinen mit besonderem Augenmerk auf den USA-Markt her. Größtenteils mit Minarelli-Motoren ausgerüstet, baut Fantic zahlreiche Varianten – inklusive »Chopper« – auch für Moto Cross und Trial. Die Zweitakter haben 49, 98 und 124 cm^3, 4-, 5- und 6-Ganggetriebe und sind schlitzgesteuert. Es gibt auch Modelle mit kleinen Rädern und solche für Jugendliche.

F.A.R.

Franz & Anton Rumpler, Motorradbau, Wiener Neustadt, Grünangergasse 11 A 1924–1927

Mit 346- und 496-cm³-Jap-Motoren ausgerüstete, gut gebaute Konfektionsmaschinen einer kleinen Firma.

FARNELL

Frank Farnell, Birmingham GB 1901–B

Mit 2,75-PS-Minerva-Motoren ausgestattete Maschinen.

FAVOR

1. Usines Favor, 77 Avenue de Royal, Clermont-Ferrand F 1919–1959
2. Usines Favor, 99 Avenue de Royal, Clermont-Ferrand

Eine einst bekannte französische Firma, deren Maschinen Zweitakter mit 98 bis 248 cm³ und Jap-sv- und ohv-Motoren bis 348 cm³ hatten. Nach 1945 verwendete Favor hauptsächlich Aubier-Dunne-Zweitakt- und französische AMC-ohv-Einbaumotoren mit Hubräumen bis zu 250 cm³.

FAVORIT

Favorit Seitenwagen- und Fahrzeugbau GmbH., Berlin-Baumschulenweg, Bodelschwinghstraße 22–24 D 1933–1938

Nachdem man einige 1000-cm³-Maschinen mit englischen Jap-V-Motoren gebaut hatte, stellte die Firma die Produktion auf Leichtkrafträder mit 98- und 123-cm³-Sachs-Motoren um. Eine Produktion, die nie groß war.

F.B.

Friedrich Benz GmbH., Breslau, Kupferschmiedstraße 11 D 1923–1925

Baute zunächst 269-cm³-Dreikanal-Zweitaktmaschinen und nachher 348- und 498-cm³-Einzylindermodelle mit Jap- und Blackburne-Einbaumotoren. Diese führten zum Teil den Namen »Meteor« am Tank.

F.B.

1. Fowler & Bingham Ltd., 32 Coventry Rd., Haymills, Birmingham GB 1913–1922
2. F.B. Twostroke Engine Co., 149 Coventry Road, Haymills, Birmingham

Baute außer kompletten Maschinen hauptsächlich Zweitakt-Einbaumotoren mit 206, 269 und 411 cm³ Hubraum.

F.B.-MONDIAL

Fratelli Boselli, Corso Vercelli 42, Milano I 1948–

Bereits vor 1939 als Dreirad-Hersteller bekannt, stellte man nach 1948 bei Boselli zahlreiche hervorragende Leichtkrafträder mit Zweitakt- sowie ohv- und ohc-Motoren eigener Konstruktion her. Diese hatten zwischen 49 und 248 cm³. Weltberühmtheit errangen FB-Mondial-ohc-Rennmaschinen in der 125-cm³-Klasse mit vielen TT- und GP-Siegen der Fahrer Carlo Ubbiali, Tarquinio Provini, Crommie McCandless, Gianni Leoni, Sammy Miller und anderen Fahrern. Seit einiger Zeit baut das Werk ausschließlich sportliche Zweitakter von 49 bis 123 cm³, darunter Moto-Cross- und Trial-Maschinen. Daneben »Racer« für Jugendliche, Mini-Maschinen für den Stadtbetrieb und auch Spezialmodelle für den USA-Markt. Einige der FB-Mondial-Zweitaktmotoren stammen von Sachs. Qualität und Ausführung sind sehr gut.

F.B.M.

1. Fabricca Bolognese Motocicli SrL., Via Ghisiliera 15, Bologna — I 1950–1955
2. Fabricca Bolognese Motocicli SrL., Via Aurelio Saffi 37, Bologna

Moderne, den früheren Aermacchi ähnliche 48- und 75-cm³-Zweitakt- sowie 153- und 198-cm³-ohv-Maschinen mit liegenden Zylindern und tragenden, zum Teil gepreßten Fahrgestellen Fahrgestellen ohne vordere Rohre.

FECHTEL

Motorradfabrik Heinrich Fechtel, Gütersloh, Westf. — D 1924–1926

Kleiner Konfektionär, der hauptsächlich bei Hansa gebaute 198-cm³-ohv-Einzelzylindermotoren einbaute.

FEDERATION

Co-Operative Wholesale Society, Ltd., Kings Road,
Tyseley, Birmingham — GB 1919–1937

Auch unter dem Namen »Federal« bekannt, handelte es sich hier um für die »Co-Op« (Gewerkschaftskonsume) konfektionierten Motorräder. Sie hatten zuerst 269-cm³-Villiers-, aber auch andere Motoren. Der 1922 eingestellte Bau wurde 1933 mit zwei Modellen wieder aufgenommen. Es handelte sich dabei um eine 147-cm³-Zweitakt- und eine 246-cm³-ohv-Maschine, deren Motor von Jap bezogen wurde.

269 cm³ Federal (2T-Villiers)
1921

FEE

Light Motors Ltd., (J. Barter), Orchard Street, Bristol — GB 1905–1908

Diese erstmalig in Serie gebauten Motorräder mit liegenden 200-, 350- und 680-cm³-sv-Zweizylinder-(Boxer-)Motoren hatten ebenfalls einen zweiten Namen: Fairy. Sie bildeten den Grundstock für eine einst weltbekannte Marke: Douglas.

FEILBACH LIMITED

Feilbach Motor Co., Ltd., 1148 Holton Street,
Milwaukee, Wisconsin USA 1912–1915

Stellte große 548-cm³-Einzylinder- und auch 990- sowie 1130-cm³-V-Zweizylindermodelle mit eigenen, wechselgesteuerten V-Motoren her. Sie wurden sowohl mit Kettenantrieb wie auch mit Kardanantrieb zum Hinterrad geliefert.

1196 cm³ Feilbach (ioe-V-Zweizyl.) 1914

FEMINIA

F 1933–1936

Konfektionierte Leichtkrafträder mit 98- und 123-cm³-Aubier-Dunne- und Steinless-Zweitaktmotoren.

FERBEDO

Ferdinand Betthäuser, Nürnberg-Doos, Fürther Str. 306–312 D 1954

Primitiver Kleinroller mit 49-cm³-Zündapp-Motor, der sich nicht durchsetzen konnte und bald wieder vom Markt verschwand.

FERRARI

Moto Ferrari, La Meccanica Italiana SrL, 15 Via
Bessarione, Milano I 1951–1954

Ein großer Namen, aber nur eine kleine Fabrik, deren Zwei- und Viertakt-Maschinen zwischen 123 und 248 cm³ hatten und gut ausgeführt waren. Enzo Ferrari hatte aber mit dieser Firma nichts gemeinsam, außer dem Namen. Das letzte Modell war eine zweizylindrige 174-cm³-ohc-Maschine mit Parallel-Zylindern.

FERRARIS

Ditta Motocicli Ferraris, Milano I 1903

Eine kleine, kurzlebige Firma, deren verstärkte Fahrradgestelle mit 2-PS-Peugeot-Motoren ausgerüstet waren.

FERT

Ferruccio Calamida, 6 Via Cesare Corenti, Milano I 1926–1929

Unter diesem Namen hergestellte Kerzen waren besser bekannt als die 173-cm³-Maschinen mit eigenen ohv-Motoren.

F.E.W.-PARAMOUNT

1. F. E. Waller, 444 Market Rd, London N. 17 GB 1920–1927
2. F.E.W. Patents & Engine Co., South Avenue, Kew Gardens, London

Modern und bequem, aber kommerziell nicht erfolgreich waren diese ungewöhnlich langen und vollverkleideten Maschinen. Sie hatten einen offenen Rahmen und – serienmäßig – zwei Sesselsitze. Als Motoren dienten der 498-cm³-Jap und -Blackburne und der 990-cm³-V-Zweizylinder-Jap. Die Engländer liebten damals noch keine unorthodoxen Motorräder!

FEX

Fey-Kraftwerk GmbH., Berlin-Neukölln, Hobrechtstraße 57 D 1923–1924

Ein Konfektionär, dessen kleine Maschinen DKW- und Bekamo-Motoren besaßen und dessen eigener 170-cm³-Zweitaktmotor sich als Versager erwies.

F.G.

Fahrzeugwerke Gardelegen, GmbH., Gardelegen D 1923–1925

Diese Maschinen waren mit den »Fagard«-Motorrädern der gleichen Firma identisch.

F.H.G.

Fahrzeug-Handels-Gesellschaft Pleus & Co., Krefeld D 1927–1929

Bekannt als Importeur der englischen AJS-Werke und anderer Firmen, bot die Firma auch 123-cm³-F.H.G.-Zweitakter an, höchstwahrscheinlich bei Grimpeur in Frankreich gebaut.

FIAM

Societa Italiana Autocicli Motoleggere, Piazza Giuseppe Grandi, Milano I 1923–1925

Lelio Antonioli, der Konstrukteur, schuf einen 110-cm³-Fahrrad-Hilfsmotor, der sich aber nicht lange am Markt halten konnte.

FIAMC

Fabbrica Italiana Auto Moto Cicli, Parma, Via Bologna 31 I 1951–1953

Baute außer 123-cm³-Zweitaktmaschinen mit Preßstahlgabel auch gleichstarke Roller mit 12-Zoll-Rädern.

FIDUCIA

Gießerei J. Weber & Co., Zürich-Uster CH 1902–1905

Eine schon lange vergessene Marke, die 450-cm³-Einzylindermaschinen mit eigenen Motoren erzeugte.

FIFI

Eichler & Bachmann, Berlin SW 11, Bernburgerstraße 23 D 1923–1924

Ein anderer Name für die 145- und 173-cm³-Eichler-Motorräder.

FIGINI

Luigi Figini & Co., 70 Via Moscova, Milano I 1898–1910

Als einer der Pioniere der italienischen Motorradindustrie baute Luigi Figini zusammen mit Lazzati schon vor 1900 Motorräder und nahm 1906 deren kommerzielle Herstellung auf.

FINZI

1. Fabbrica Nazionale Motocicli Finzi, Voghera I 1923–1925
2. S. A. Maxima, Voghera

Hochmodern, aber so ungewöhnlich war die Finzi, daß sie kein Loch in die Wand schlug. Ihr 598-cm³-V-Zweizylinder-ohv-Motor war im Doppelrahmen quergestellt eingebaut, der Sattel saß auf Blattfedern, und die vom Blockmotor nach hinten führende Kette war voll gekapselt. Gebaut wurde sie bei Maxima, wo es auch Boxer-Zweizylindermaschinen gab.

FIORELLI

Fabbrica Biciclette et Motoleggere Fiorelli, 2 Via Ugo Foscolo, Novi Ligure, Alessandria I 1951–

Gehörte zu den zahlreichen italienischen Motorradkonfektionären der fünfziger Jahre. Baute hauptsächlich Zweitaktmaschinen mit 123- und 175-cm³-Ilo-Motoren und wandte sich dann der Erzeugung von Komponenten für andere Werke zu. Stellt jetzt Mopeds und Fahrräder her.

F.I.T.

Fabbrica Italiana Ottavio Quadrio, Via Savona 4, Milano I 1950–1954

Konfektionierte Leichtmotorräder, die 123- und 147-cm³-Ilo-Zweitaktmotoren hatten.

FIX

1. Lloyd Maschinenfabrik GmbH., Bremen, Rembrandtstraße D 1922–1926
2. Lloyd Maschinenfabrik GmbH., Bremen, Große Johannisstraße 225

Gute Leichtgewichtsmotorräder mit 3-PS-Zweitaktmotoren. Die Fabrik war ein Zweigunternehmen von Hansa-Lloyd.

F.K.S.

Franz Krause, Fahrzeugbau, Berlin S. 14, Sebastianstraße 72 D 1921–1926

Die von Krause gebauten Motorräder hatten zunächst den 149-cm³-Zweitaktmotor über dem Vorderrad, ab 1923 auch in »normaler« Position. Daneben offerierte Krause eine 298-cm³-Zweizylinder-Zweitaktmaschine, deren Boxermotor dem KC-Motor nicht unähnlich war.

FLANDERS

Flanders Manufacturing Co., Pontiac, Michigan — USA 1911–1914

Als ein Erzeugnis der gleichnamigen Autofabrik hatte die seitengesteuerte 500-cm³-Flanders den Auslaßkanal an der Rückseite des Zylinders und damit auch das Auspuffrohr.

FLANDRIA

A. Claeys-Flandria GmbH., Torhoutsteenweg 118, B-8210, Zedelgem — B O–

Berühmt als Hersteller von Fahrrädern und Mofas, Mopeds etc. mit 49-cm³-Zweitaktmotoren. Erzeugt auch Leichtkraftrad-Versionen.

FLINK

Bayerische-Flugzeug-Werke AG., München, Neulerchenfelderstraße 76 — D 1920–1922

Bevor noch die erste BMW 1923 erschien, baute man in der Lerchenfelderstraße außer der Helios auch die kleine 148-cm³-Flink, deren Motor bei Kurier (Hanfland) in Berlin entstand. Der getriebelose Zweitakter brachte keine großen kommerziellen Erfolge.

F.L.M.

Frank Leach Motors, Manor Works, Headingley, Leeds 6 — GB 1951–1953

Frank Leach, früher Konstrukteur bei Panther (P.&.M.), baute Zweitaktmodelle mit 123-cm³-Villiers- und Jap- sowie 198-cm³-Villiers-Motoren.

FLOTTWEG

1. Otto-Werke GmbH., München, Schleißheimer Straße 135
2. Flottweg-Motoren-Werk Dr. G. Bruckmayer, München 13, Schleißheimerstraße 135 — D 1921–1937

Die bei Flottweg gebauten 119-cm³-Fahrrad-Hilfsmotoren wurden über dem Vorderrad angebracht und errangen nach dem Ersten Weltkrieg einige Popularität. Dann kamen Motorräder mit 183- und 246-cm³-ohv-Motoren eigener Erzeugung, 1928 auch 198- und 346-cm³-Modelle mit ohv-Jap-Motoren dazu. Nach einer Unterbrechung wurden 1935 wieder Motorräder mit 198-cm³-Motoren gebaut. Diese waren eigene Erzeugung, doch konnte Flottweg nie mehr ins große Motorradgeschäft eindringen. Zuletzt ging der Betrieb an BMW über.

FLUX

Flux-Kraftrad GmbH., Berlin W. 6 — D 1923–1924

Konfektioniertes Leichtkraftrad mit einem 198-cm³-Zweitaktmotor.

FLYING MERKEL

Miami Cycle & Mfg. Co., 380 Hannover Street, Middletown, Ohio — USA 1909–1915

980 cm³ Flying Merkel (ioe-V-Zweizyl.) 1913

Die gelben Flying Merkel-Motorräder gehörten zu den amerikanischen Spitzenerzeugnissen. So konnte man schon 1913 die 7-PS-V-Zweizylindermaschine mit Zweiganggetriebe, elektrischem Starter und Federrahmen bekommen. Sie hatten auch schon eine Telegabel und das Ölreservoir in den Rahmenrohren.

F.M.

Officine Meccaniche Fratelli Molteni, 103 Via Cadiani, Milano I 1925–1927

Ursprünglich in Erba von den Brüdern Molteni entwickelt, wurde die Molteni – wie die FM auch hieß – mit ihrem aus Aluminium gegossenen Fahrgestell in Mailand gebaut. Sie hatte zunächst einen MAG-, bald aber den 348-cm³-Bradshaw-Einzylindermotor mit Ölkühlung.

F.N.

Fabrique Nationale D'Armes de Guerre S. A., Herstal B 1901–1957

Einst Belgiens größter und erfolgreichster Motorradhersteller, wo so berühmte Konstrukteure wie Paul Kelecom, Ing. Van Hout, Dougal Marchant, George Patchett u. a. erstklassige Motorräder schufen. Baute zunächst 225- und 286-cm³-Einzylinder- wie 496- und 748-cm³-Reihen-Vierzylindermodelle mit Kardanantrieb, ab 1924 aber ausschließlich – mit einer Ausnahme – Modelle mit Kettenantrieb zum Hinterrad und zum Großteil mit Blockmotoren. Dazu gehörten 346-, 496- und 596-cm³-sv- und ohv-Einzylindermaschinen und bis 1928 auch die großen Vierzylindermodelle. Ausnahme war eine 1937 geschaffene BMW-ähnliche 992-cm³-Militärmaschine mit vierzylindrigem sv-Boxermotor. Nach 1931 gab es auch 198-cm³-Zweitaktmodelle mit Villiers-Motoren und ab 1933 die in Aachen gebauten BAM-Motor -

496 cm³ FN (Eig. Vierzyl.-Kardan) 1908

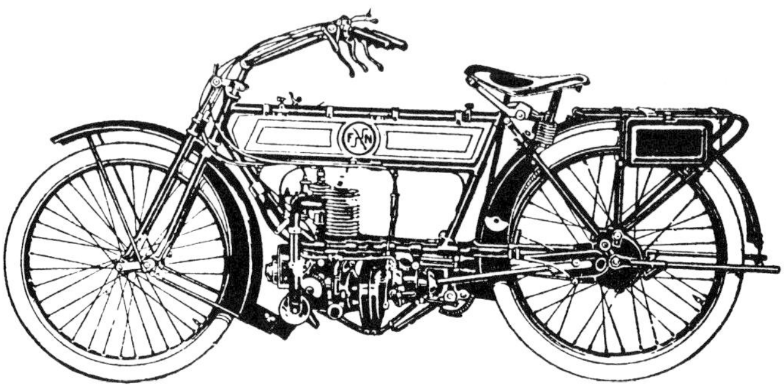

283 cm³ FN (ioe-Einzyl.-Kardan) 1921

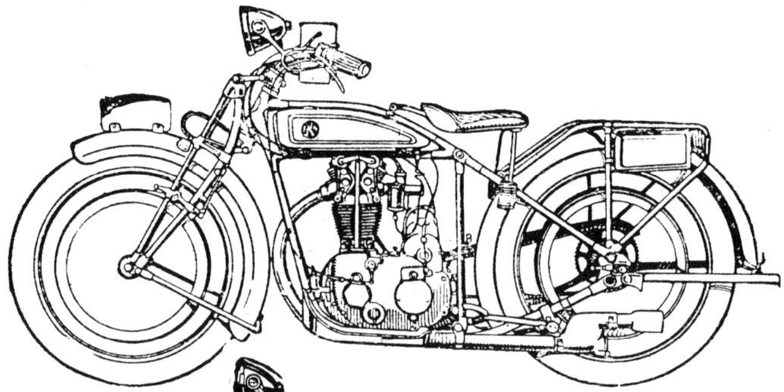

347 cm³ FN (ohv-Einzyl.)
1924

746 cm³ FN (ioe-Vierzyl.)
1924

346 cm³ FN (sv-Einzyl.) 1927

346 cm³ FN (sv-Einzyl.) 1928

496 cm³ FN (ohv-Einzyl.)
1928

496 cm³ FN (sv-Einzyl.) 1931

498 cm³ FN (ohv-Sport-Einz.) 1935

448 cm³ FN (Eig. ohv-Motor) 1956

räder, die aus politisch-kommerziellen Gründen diesen Namen trugen, in Wirklichkeit aber FN-Maschinen waren. Hauptsächlich für die Armee, baute FN ab 1937 auch eine 992-cm³-sv-Maschine mit Kardanantrieb, deren zweizylindriger Boxermotor quergestellt im Fahrgestell lag. War das Werk bis zum Krieg am Straßenrennsport sehr interessiert, kam es nachher mit Moto-Cross-Maschinen und Fahrern wie Mingels und Beaten an die Spitze. In dieser Nachkriegsperiode gab es zahlreiche Zweitaktmodelle mit eigenen Motoren von 49, 123, 173, 197 und 247 cm³, zweizylindrigen 248-cm³-Ilo-Zweitaktern, 249-, 344-, 444- und 498-cm³-ohv- und 444- sowie 498-cm³-sv-Blockmotoren eigener Erzeugung und Moto-Cross-Spezialmaschinen mit ohc-Motoren. Als FN noch Straßenrennen bestritt, waren Flintermann, Lovinfosse, De Grady, Lempereur, Demuiter, Noir, S. »Ginger« Wood, Mellors, Renier sen. & jun., Van Gent, Charlier und Karl Abarth die erfolgreichsten Fahrer.

FOCESI

Ditta Alfredo Focesi, Milano, Viale Abruzzi 42 — I 1952–1956

Die von Focesi gebauten 48-cm³-Gloria-Leichtkrafträder hatten einen liegenden Zweitaktmotor, der am hinteren Schwingarm angebracht war. Das Dreiganggetriebe befand sich im Block.

FOCHJ

1. Ditta Reva, Via Malvasia 61, Bologna — I 1954–1957
2. Reva, Costruzione Rappresentanze Veicoli, Bologna, Via K. Farini 32

Motorradkonfektionär, der seine Maschinen mit 49-, 98- und auch 246-cm³-NSU-Motoren, inklusive dem »Max«-ohv-Motor, ausrüstete.

FOLLIS

Ets. Follis, 10–16 Rue Danton, Lyon — F 1903–1960

Stellte vor 1939 Maschinen mit Einbaumotoren von Jap, Python und Blackburne, nach 1945 Modelle mit 124- bis 248-cm³-Zweitakt-Ydral- und AMC-ohv-Motoren her.

FONGRI

Fontana & Fratelli Grignani, Via Caraglio 149, Torino — I 1919–1925

Die ersten Fongri-Maschinen hatten einen 579-cm³-Boxer-Zweizylindermotor in Längsrichtung. Es folgten 575-cm³-Versionen, während für Sportzwecke auch eine 499-cm³-Fongri hergestellt wurde. Eugenio Grignani war für deren Konstruktion verantwortlich.

FORCE

Eduard Huber, Motorradbau, Wien V., Margaretengürtel — A 1925–1926

Kleiner Hersteller von 349-cm³-Dreikanal-Zweitaktmaschinen mit eigenem Motor.

FORELLE

Schminke-Werke GmbH., Bad Wildungen — D 1955–1958

Von der bekannten Fahrradfabrik hergestellte Mopeds mit 48-cm³-Sachs- und Ilo-Motoren. Zur Schminke-Gruppe gehört u. a. auch Göricke in Bielefeld, wo man noch Mofas und Mopeds baut.

FORSTER

Gebrüder Forster, Motorradfabrik, Hinwil-Zürich — CH 1921–1932

Erzeugte von Ing. Karl Kirschbaum konstruierte 140-, nachher 198- und 246-cm³-Zweitaktmaschinen in guter Ausführung.

FORTONIA

Fortonia-Motorenwerk GmbH., Schloß Holte, Westf. — D 1924–1925

Mit 2,5- und 3,8-PS-Motoren ausgerüstete Einzylindermaschinen einer kleinen Firma.

FORTUNA

Fortuna-Kleinmotorenfahrzeugwerk, Nürnberg, Fürther Str. 384 D 1921–1928

Hauptsächlich in Süddeutschland bekannte 247- und 297-cm³-Zweitaktmaschinen, deren Dreikanalmotoren außenliegende Schwungscheiben besaßen.

FORWARD

1. Forward Cycle & Motor Co., 7–9 Edmund Street, Birmingham GB 1909–1915
2. G. M. Varley, Forward Motor Co., Summer Row, Birmingham

Eine große Fabrik der Fahrrad- und Zubehörbranche, aber Motorräder, die nicht mit der Zeit gingen. Man verwendete leichte, fahrradähnliche Fahrgestelle und baute in diese 339- und 479-cm³-V-Zweizylindermotoren ein. Die Maschinen waren billig, aber zuletzt vollkommen überholt.

F.P.

Frohner & Pasztelyi Motos, Budapest H 1924–1925

Kleiner Hersteller von 346-cm³-Einzylindermaschinen mit eigenen sv-Motoren.

FRANCE

Ets. Motourcycles France, Mandeure (Doubs.) F 1931–1935

Leichtkrafträder von 98 bis 248 cm³ Hubraum und unten offenen, einfachen Fahrgestellen. Alle Modelle hatten Zweitaktermotoren.

FRANCIS-BARNETT

1. Francis & Barnett Ltd., Lower Ford Street, Coventry GB 1919–1964
2. Francis & Barnett Ltd., Greet, Birmingham

Die ersten Modelle hatten 297- und 346-cm³-sv-Jap-Motoren. Dann wurde Francis-Barnett durch die geschraubten Dreiecksrahmen mit 147-, 174- und auch 248- sowie 345-cm³-Villiers- sowie 174- und 346-cm³-sv-Jap-Motoren bekannt. 1927 wurde auch der zweizylindrige 344-cm³-Villiers-Parallel-Zweizylinder eingebaut. In den dreißiger und den Nachkriegsjahren Konzentration auf Zweitaktmaschinen mit 123- bis 248-cm³-Villiers-Motoren, außer der vor 1939 gebauten »Stag«, deren ohv-Motor 246 cm³ hatte und von Blackburne kam. In den fünfziger Jahren Übernahme der Firma durch AMC in London und Produktionsverlegung zu James nach Birmingham. Baute ohne Erfolg eigene 248-cm³-Zweitakter und verwendete zuletzt wieder Villiers-Motoren.

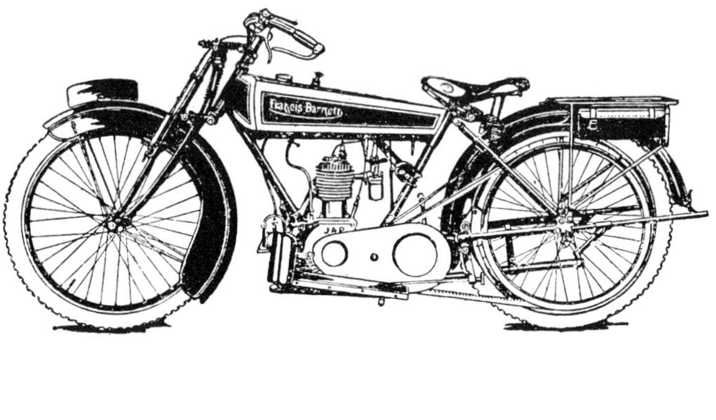

293 cm³ Francis-Barnett (sv-Jap) 1921

147 cm³ Francis-Barnett
(2T-Villiers) 1925

172 cm³ Francis-Barnett
(2T-Villiers-Sport) 1928

172 cm³ Francis Barnett
(2T-Sports-Villiers) 1930

196 cm³ Francis-Barnett
(2T-Villiers »Falcon«) 1931

246 cm^3 Francis Barnett (»Cruiser«-2T-Villiers) 1936

FRANCHI

Ditta Giovanni Franchi, Viale Premuda 2, Milano — I 1950–O

Ein weiterer italienischer Motorradkonfektionär, dessen Maschinen mit 98-, 123-, 147- und 174-cm^3-Sachs-Motoren ausgerüstet waren.

FRANKONIA

1. Frankonia AG., Bierfeld, Sachsen — D 1923–1925
2. Frankonia Maschinenbau Gesellschaft Brändlein, Gelder und Hümpfner, Schweinfurt am Main

Mit liegenden 145-cm^3-DKW-Zweitaktmotoren ausgerüstete Konfektionsmaschinen. Ursprünglich wurden diese Maschinen in Bierfeld (Sachsen) gebaut.

FRANZANI

1. Franzani Motorenwerk GmbH., Nürnberg, Schwabenstraße 51
2. Franzani Motorradbau, Gottlieb, Düll, Nürnberg, Schoppershofstraße 8 — D 1923–1932

Hatte zunächst 283-cm^3-Zweitakter, später Jap-Einbaumotoren von 198 bis 496 cm^3 mit sv- und oh-Ventilen und zuletzt 497-cm^3-»Küchen«-ohc-Motoren. Begrenzte Produktion.

FRECO

Freco Motorradbau, Kurt Freiberg & Co., Hannover, Kirchenwenderstr. 4 — D 1923–1925

Kleiner Konfektionär mit 145- und 173-cm^3-DKW-Zweitakt- sowie 197-cm^3-Runge-sv-Motoren. Sport- und Rennmodelle hatten 173- und 247-cm^3-Blackburnemotoren.

FREITAL

Zschopauer Motorenwerke J. S. Rasmussen AG., Zschopau, Sa. — D 1925–1926

Normale 173-cm^3-DKW-Serienzweitakter, die damals aus kommerziellen Gründen auch den Namen »Freital« trugen.

FREJUS

Frejus S.p.A., Via Buenos Aires 120, Torino — I 1960–1968

Kleiner Hersteller von Mofas, Mopeds und Leichtkrafträdern mit Motoren von 48 bis 198 cm^3.

FRERA

1. Societa Anonima Frera, Tradate (Varese) — I 1906–1956
2. S.r.L. Leonardo Frera, Tradate
3. S.r.L. Leonardo Frera, Via Armistizio 31, Padova
4. S.r.L. Leonardo Frera, Viale Montenero 80, Milano

496 cm³ Frera
(Eig. ohv-Sportmasch.) 1926

Gehörte bis Ende der zwanziger Jahre zu den führenden Firmen und Rennmarken Italiens. Stellte zunächst 320- und 570-cm³-Einzylinder- und 795-cm³-V-Zweizylindermodelle, nachher auch 1140-cm³-V-Zweizylinder- und dann Sunbeam-ähnliche Modelle mit 325- bis 568-cm³-Einzylindermotoren her. Dazu 269-cm³-Zweitakter und die erfolgreichen 345- und 495-cm³-sv- und ohv-Einzylinder. Erfolgreiche Fahrer: Macchi, Fieschi, F. J. Meyer und Vertua. Baute nach 1945 nur noch 73- und 124-cm³-Zweitaktmaschinen, immer mit eigenen Motoren. Desgleichen eine 147-cm³-ohv-Maschine.

FREYER & MILLER

Freyer & Miller Mfg. Co., Cleveland, Ohio — USA 1902–B

Mit dem Motor hinter dem Sattelrohr hatten diese Maschinen auch den Kraftstofftank zwischen Sattel und Hinterrad. Die Freyer war auch eine der ersten Maschinen mit Rotations-Magnetzünder.

FREYLER

A. Oe. Motor Company A. Freyler & Co., 403 Linzer Straße, Wien XIII — A 1928–1929

Mit ihrem Drehschieber im Zylinderkopf war die 348-cm³-Freyler praktisch eine ventillose »Königswellenmaschine«. Leider war die Schieberkonstruktion noch unterentwickelt, und das schadete dem Ruf der Firma.

FRIMO

Vis A.G. für Fahrzeug & Motorenbau, München, Perlacher Straße 8 — D 1923–1925

Hergestellt von einem Werk, das auch die Vis-Simplex und Vis-Duplex-Motorräder baute, war die Frimo mit normalen 246-cm³-Dreikanalmotoren ausgerüstet.

FRISCHAUF

Fahrradhaus Frischauf, Frankfurt/Main — D 1928–1933

Konfektionierte 198-cm³-Maschinen mit Jap- und Blackburne-Motoren. Außerdem stellte die dem »Arbeiter-Radfahrer-Bund« gehörende Firma auch eine robuste 497-cm³-ohc-Maschine mit »K«-Motor her.

FRISONI

Electro Meccanica Luigi Frisoni, Via degli Orsini 4, Gallarate — I 1951–1957

Hersteller von schönen 160-cm³-Rollern und 123-cm³-Motorrädern mit Zweitaktmotoren von Villiers.

FUBO

Fuchs & Börner, Motorradbau, Stuttgart, Falkertstraße 71 — D 1923–1925

Erzeugte 170- und 269-cm³-Zweitaktmaschinen mit eigenen Motoren, auf Bestellung auch 247- und 348-cm³-sv- und ohv-Einzylinder mit Blackburne-Motoren.

FUCHS

G. Trapella S.r.L., 5. Via Curio Dentato, Milano — I 1953–1957

Außer Fahrradhilfsmotoren stellte Fuchs auch 124- und 159-cm³-Motorräder mit Zweitakt- und ohv-Motoren in guter Ausführung her.

FUJI

Fuji Motors Corporation 1, 5-Chome, Shiba Shimbashi, Manito-ku, Tokyo — J N–P

War der Hersteller der »Gasuden«-Roller und von Zweitakt-Einbaumotoren, die 49 bis 249 cm³ hatten. Nicht zu verwechseln mit Fuji Heavy Industries Ltd.

FULGOR

G. Presenti, Milano, Via Larga 28 — I 1922–1926

Leichtkrafträder mit eigenem 143-cm³-Zweitaktmotor. Kleine Fabrik.

FUSI

A. Fusi & Co., S.p.A., Via L. Mascheroni 27, Milano — I 1932–1957

Vertrat viele Jahre F.N., ehe Fusi 1937 die Motorradfabrik C.F. übernahm und zunächst eine 248-cm³-ohc-Sportmaschine baute. Vorher gab es 173-, 246- und 490-cm³-Modelle mit sv-und ohv-Jap-Motoren, wobei auch beim Fahrgestell F.N.-Teile verwendet wurden. Die Jap-Motoren wurden unter Lizenz in Italien gebaut. Nach 1948 stellte Fusi eine verbesserte 248-cm³-ohc-Sportmaschine her.

498 cm³ Fusi
(Eig. ohv-Motor) 1938

F.V.L.

1. F. Vincenzo Lanfranchi, Via de Filippi 4, Milano — I 1926–1935
2. F. Vincenzo Lanfranchi, Via Pecchio 10, Milano

Lanfranchi, ein berühmter Pionier-Rennfahrer und Motorradimporteur, hatte 123- und 173-cm³-Moser-ohv-Motoren in seinen Maschinen. 1929 schufen für ihn die früheren Konstrukteure von Fert, Bonamore und Forlani, hochmoderne 173-cm³-ohv-Modelle mit eigenem Motor. 1932 kam auch eine 248er FVL dazu, nachdem auch eine 173er mit ohc-Motor auf den Markt gebracht worden war.

174 cm³ FVL
(ohv-Moser-Motor) 1929

G.A.

Brevetti Franco Azzara, Milano — I 1925–1927

Sportliche V-Zweizylindermaschine mit 680-cm³-ohv-Blackburne-Motor.

GABBIANO

Fratelli Gabbiano, Torino — I 1954–1956

Leichtgewichtsmaschine mit liegendem 123-cm³-Zweitaktmotor.

GABY

Gaby Lightweight Motorcycles, 37 County Buildings,
Corporation Street, Birmingham — GB 1914–1915

Gut gebaute 269-cm³-Zweitaktmaschinen mit Metro-Dreikanalmotor.

GADABOUT

Swallow Coachbuilding Co. (1935) Ltd., The Airport, Walsall — GB 1948–1951

Von einer Seitenwagenfabrik gebauter 123-cm³-Roller mit Villiers-Motor. Konnte sich gegen die großen Marken nicht durchsetzen.

GAIA

1. Secolari Stabilimenti Meccanici Bertot-Rocca, Rocca e Forno Canavese, Torino — I 1922–1932
2. Guiseppe Gaia, Corso Palestro 2, Torino
3. Giuseppe Gaia, Via Morosini 58, Torino

Gaia begann mit dem Bau von Fahrrädern mit Rubinelli-Hilfsmotoren und ging dann zu Motorrädern mit 123- und 173-cm³-ohv-Moser-Motoren über. Ab 1927 wurden 174-cm³-ohv-Motoren von Ladetto & Blatto verwendet.

GALBAI

Officine Meccaniche Giuseppe Galbai, Tradate — I 1921–1925

Konzentrierte die Produktion auf Zweitaktmaschinen mit 276, 301 und 348 cm³ Hubraum und auf eine 492-cm³-V-Zweizylindermaschine mit wechselgesteuertem MAG-Motor, zuletzt auf eine 346-cm³-Maschine mit Bradshaw-Motor.

496 cm³ Galbusera (2T-Achtzyl.-Prototyp) 1938

GALBUSERA

1. Moto Galbusera & Co., Via Milano 84, Brescia — I 1934–1955
2. Motocicli Plinio Galbusera, Via 28 Ottobre, Brescia

Man konnte Plinio Galbusera und seinem Techniker Adolf Marama Ambition nicht absprechen. Seine Maschinen hatten zunächst 173-, 246-, 348- und 498-cm³-Python-(Rudge-) und Sturmey-Archer-Motoren. 1938 stellte er sensationelle Vier- und Acht-Zylinder-V-Zweitaktmaschinen mit 248 und 498 cm³, aber nur als Prototypen, her. Sie arbeiteten mit Kompressor. Dazu kam der Bau von Speedway- und Grasbahn-Fahrgestellen und dreirädrigen Lieferwagen. Nach 1945 gab es nur Zweitakter mit 98- bis 173-cm³-Sachs-Motoren.

GALLONI

Meccanica Italiana, A. Galloni, Borgomanero — I 1920–1931

346 cm³ Galloni (Eig. sv-Sportmasch.) 1924

Alberto Gallonis rote, rassige Maschinen hatten zunächst 494- und 746-cm³-V-Zweizylindermotoren eigener Erzeugung. Dann gab es 349- und 499-cm³-Einzylinderversionen in typisch englischer Bauweise. Zuerst alle mit sv-, später auch mit ohv-Motoren. Dazu kam eine 249-cm³-ohv- und 599-cm³-sv-Maschine. Alle mit eigenen Motoren. Erfolgreiche Galloni-Fahrer: Alfredo Panella, Augusto Rava und Nino Bianchi. Ab 1927 verschwand die Galloni immer mehr von der Szene. Zuletzt baute man eine 173er mit ohv-Blackburne-Motor.

GAMAGE

A.W. Gamage Ltd., Holborn, London GB B–1924

Die Marke eines berühmten Londoner Kaufhauses. Gebaut wurden die 269-cm³-Zweitakter und 293-, 347- und 497-cm³-sv-Einzylindermaschinen für Gamage bei mittelenglischen Fabriken wie Omega, Wolfruna, Radco und anderen.

269 cm³ Gamage (2T-Villiers) 1921

GANNA

1. Luigi Ganna & Co., Soc. in Acc. Semplice, Viale Belforte 58, Varese I 1923–Q
2. Soc. Luigi Ganna & Co. di M. Ganna & Co., Via Belforte 5, Varese
3. Luigi Ganna & Co, S.A.s. di M. Ganna, 21100 Varese, Viale Belforte 62

Ganna begann mit 346-cm³-ohv-Maschinen und Blackburne-Einbaumotoren. Bis 1940 stellte das Werk zahlreiche 173-, 248-, 348- und 498-cm³-ohv-Modelle mit diesen und (unter Lizenz in Italien gebauten) Jap-Motoren her. Es gab 1936 auch eine 499-cm³-ohc-Maschine mit Ganna-Vierventilmotor. Nach 1948 baute die Firma Zweitaktmaschinen mit 49- bis 248-cm³-Motoren, die unter anderem von Puch, Sachs und Minarelli stammten. Es gab auch ohv-Modelle mit Hubräumen bis zu 174 cm³, doch zog sich die Firma in den letzten Jahren vom Motorradbau zurück. Die Konstruktionen waren immer modern und sportlich, die Ausführung erstklassig.

G.A.R.

G. Adolf Rempp, Motorradbau, Münster am Neckar D 1924–1926

Mit eigenem 499-cm³-ohv-Einzylindermotor ausgerüstete Motorräder.

GARABELLO

1. Fabbrica Motocicli F. G. Garabello, Alba I 1906–1929
2. Luigi Comini, Corso S. Maurizia 26, Torino

Francesco Giovanni Garabello gehörte zu den Motorrad-Pionieren in Italien. Baute 240- und 480-cm^3-Einzylinder- und nach 1922 einen wassergekühlten 984-cm^3-Vierzylindertyp mit Kardanantrieb. Er war »nur« Techniker, und seine 1929 gebaute 173-cm^3-Maschine mit Drehschieber im Kopf, Wasserkühlung, Wellenantrieb zum Drehschieber und zum Hinterrad und dem kleinen Kühler als Teil des Kraftstoffbehälters war ein technischer Traum, aber kein kommerzieller Erfolg.

GARANZINI

1. Oreste Garanzini, Via Giambellino 2, Milano — I 1921–1931
2. Oreste Garanzini, Corso Genova 16, Milano

Als Importeur und Rennfahrer der englischen Verus baute Oreste Garanzini seine Maschine zunächst als »Veros« in Italien, um sie dann auf »Garanzini-Jap« umzubenennen, als sie einen 346-cm^3-Jap-sv-Motor bekam. Spätere Modelle hatten 147- bis 247-cm^3-Villiers- und 248- bis 498-cm^3-Jap- und Blackburne-sv- und ohv-Motoren.

346 cm^3 Garanzini (sv-Jap-Motor) 1924

GARELLI

1. S.p.A. Meccanica Garelli, Via Visconti di Madrone 19, Milano — I 1913–
2. S.p.A. Meccanica Garelli, Via Matteotti 353, Sesto San Giovanni, Milano
3. Aggar S.r.L., Via Matteotti 353, Sesto San Giovanni, Milano
4. Agrati-Garelli S.p.A., Gruppo Industrielle, 22068 Monticello Brianza (Como)

Die 1913 von Adalberto Garelli konstruierte und ab 1919 serienmäßig gebaute 348-cm^3-Einzylindermaschine war das erste erfolgreiche mit einem Zweitakt-Doppelkolbenmotor ausgestattete Motorrad. Es gab bis 1936 zahlreiche, immer weiterentwickelte Versionen und auch zahlreiche Rennsiege mit Fahrern wie Manetti, Visioli, Mariani, Gnesa und auch A. Varzi. Nach dem zweiten Weltkrieg baute Garelli zunächst den 38-cm^3-Mosquito-Motor und nachher Zweitaktmotorräder von 70 bis 123 cm^3. 1961 folgte der Zusammenschluß mit Agrati, wo seit 1958 »Capri«-Roller gebaut wurden. Die hochmoderne Serienproduktion umfaßt jetzt zahlreiche Mofas, Mopeds und Zweitakt-Leichtkrafträder.

346 cm^3 Garelli
(2T-Rennmodell) 1926

346 cm^3 Garelli
(2T-Tourenmasch.) 1935

GARIN

Ets. Motos Garin, Lyon F 1950–1953

Kleiner Hersteller von Mopeds und 98-cm^3-Motorrädern

GARLASCHELLI

Costruzioni Mecchanique Angelo Garlaschelli, Corso Vercelli 24, Milano I 1922–1927

Erzeugte 65- und 123-cm^3-Zweitakt- und nachher 173-cm^3-Zweitakt- sowie ohv-Modelle mit eigenen Motoren.

GASUDEN

Fuji Motors Corporation 1, 5-Chrome, Shimba Shimbashi, Manito-ku, Tokyo J N–P

Auch unter »Fuji« zu finden. Die Modellreihe war fast mit der von Fuji – Zwei- und Viertakter bis 250 cm^3 – identisch.

GATTI

Meccanica Alfonso Gatti, Modena I 1904–1906

Gehörte zu den Pionieren, die 1,75-PS-De-Dion-Bouton-Motoren in verstärkte Fahrradrahmen einbauten.

GAZDA

Ing. Anton Gazda, Wien X, Arsenal, Obj. XIX A 1926–1927

Baute eine kleine Vorserie von unorthodoxen 246-cm^3-Zweitaktmaschinen mit »Pumpenkolben-Dreikanalmotoren«. Errang Berühmtheit als Hersteller des Gazda-Federlenkers, der aus Blattfedern bestand.

GAZELLE

N.V. Gazelle Rijwielfabriek, Wilhelminaweg 8, Dieren NL 1935–

Eine noch existierende Fahrradfabrik, die Leichtkrafträder mit Einbau-Zweitaktern von 49 bis 248 cm^3 der Marken Villiers, Ilo, Sachs und anderen hergestellt hat. Baut 47-cm^3-Mopeds mit Minarelli-Motoren.

GAZZI

Officine Meccanicche Gazzi, Via Giuseppe Meda 33, Milano I 1929–1932

Schöne, von einer kleinen Firma gebaute 174-cm^3-ohv-Maschinen.

G.B.

F. Glassen & Co., G.B. Motor Company, Water Lane 16, Great Tower Street, London EC GB 1905–1907

Ungewöhnlich lang gebaute Motorräder mit Minerva-Motoren von 3,5 bis 5,5 PS.

G.D.

1. Fabbrica Italiana Motocicli G.D., Via Aldini 28, Bologna I 1923–1938
2. Fabbrica Italiana Motocicli Ghirardi & Dall'Oglio, Via S. Felice 20, Bologna
3. Fabbrica Italiana Motocicli Ghirardi & Dall'Oglio, Via Pomponia 10, Bologna
4. Fabbrica Moto G.D., Via Roma 1., Bologna

Von Guido Dall'Oglio konstruierte 122-cm^3-Zweitaktmaschinen, die liegende Zylinder hatten. Galten Mitte der zwanziger Jahre als die besten Rennmaschinen ihrer Klasse und wurden von bekannten Fahrern und Technikern wie Guglielmo Sandri, Alfonso Drusiani, Carlo Baschieri, Frederico Castellani, Amilcare Rosetti, Zini und Panzeri bei Rennen erfolgreich gesteuert. Dall'Oglio verließ 1926 die Firma. Ab 1928 wurden auch 248-cm^3-Parallel-Zweizylinder-Blockmodelle, ab 1930 173-cm^3-ohc-Einzylindermodelle gebaut. Die letzten G.D.-Maschinen hatten 98-cm^3-Zweitaktmotoren in modernen Fahrgestellen.

GECO-HERSTAL

Etablissements Gérkinet & Co., Jeumont, Nord F 1924–1928

Zwischen dieser Firma und Gillet in Herstal (Belgien) bestand eine enge Verbindung, doch baute Géco – unabhängig – auch eigene 173- und 346-cm^3-sv-Einzylindermodelle.

GEER

Harry R. Geer Company, 1016 Pine Street, St. Louis, Minnesota USA 1905–1909

Alte amerikanische Firma, die Ein- und V-Zweizylindermotoren in verstärkte Fahrgestelle von Fahrrädern einbaute.

GEHA

Gebrüder Hagemüller, Werk Kempten/Allgäu D 1920–1924

Leichtkrafträder mit eigenen 1,5-PS-Zweitaktmotoren.

GEIER

Geier Fahrradwerk, Ernst Upmeier & Söhne, Lengerich/Westf. D 1934–P

Stellte 98- und 118-cm^3-Zweitaktmaschinen und nach 1945 auch Modelle mit 123-, 147- und 173-cm^3-Ilo- und Sachs-Zweitaktmotoren her.

GEKA

Gustav Kracke, Motorradbau, Rehburg-Stadt 100 D 1924–1925

Baute Leichtkrafträder mit 173-cm^3-DKW-Zweitaktmotor.

149 cm^3 Geka
(2T-DKW-Motor) 1925

GE-MA-HI

Marquardt & Hillmann, Ge-Ma-Hi AG., Magdeburg-B., Insliebenstraße 18 D 1924–1927

Baute neben Rohrrahmen auch Fahrgestelle mit Tankrohrrahmen, die zum Teil aus geschweißtem und genietetem Stahlblech, ähnlich der alten Mars, erzeugt wurden. Die verwendeten Zweitaktmotoren waren der 131-cm^3-Esbe, 149-cm^3-Bekamo, 149-cm^3-Grade und auch 145- sowie 173-cm^3-Modelle von DKW.

GEMINI

Shin Sang Tong Industrial Co., Ltd., 306 Fu Chiang Road, Tainan (Taiwan) RC 1970–

In China unter Suzuki-Lizenz gebaute einfache 49-, 79-, 123- und 174-cm^3-Zweitakter mit Schlitzsteuerung und zum Großteil geländegängigen Fahrgestellen. Werden auch besonders nach den USA exportiert.

GEMS

Galeazzi & Moroni, Motocicli, Milano I 1921–1923

Mit 269-cm^3-Zweitaktmotor ausgestattete Leichtkrafträder.

GENIAL-LUCIFER

1. Génial-Lucifer, Courbevoie, Seine — F 1928–1956
2. Ets. Mestre et Blatgé, Av. de la Grande Armee, Paris 46

Konfektionär von Zweitaktmaschinen mit 98- bis 246-cm³-Aubier-Dunne-Train- und Sabb-Motoren.

GENTIL

1. Etablissements Gentil, Neuilly — F 1903–1954
2. Gentil & Cie., Rue Pierre-Timud 40–52, Courbevoie (Seine)

Mit dem horizontalen Motor vor der Tretkurbel sah die Gentil wie ein modernes Moped aus. Baute später V-Zweizylinder und Mopeds mit 98 cm³.

GEORGES RICHARD

Ets. Georges Richard & Chie., Société Anonyme des Motos,
Quai National 1, Puteaux — F 1899–B

Bevor diese Firma die große Unic Autofabrik wurde, baute sie Motorräder mit Minerva-, Buchet-, Zedel-, Peugeot- und anderen Motoren.

GEPPERT

Maschinenbau Franz Geppert, Magdeburg — D 1925–1926

Kleiner Konfektionär, dessen Maschinen 147-cm³-DKW- und Grade-Motoren hatten.

GERALD

Etablissements Motos Gérald, Rue du Commerce 74, Paris 15 — F 1927–1932

Ambitionierter Hersteller von 100- und 175-cm³-Zweitaktmodellen mit Aubier-Dunne-Motoren. Baute auch 248-cm³-ohv-Jap- sowie 348- und 498-cm³-ohc-Chaise-Motoren ein. Konstrukteur: Charles Gérald.

GERARD

Gerard Motors, 162 Hagley Road, Edgbaston, Birmingham — GB 1913–1915

Mit 269-cm³-Villiers-Zweitaktmotor ausgerüstete Konfektionsmaschinen.

GERBI

Fabbricca Motocicli Gerbi, Milano — I 1952–1953

Mit 98-, 123- und 173-cm³-Sachs-Motoren gebaute Leichtkrafträder.

GERMAAN

N.V. Rijwielindustrie, F. & J. v. Werven, Meppel — NL 1935–O

Eine der holländischen Fahrradfabriken, die Motorräder mit Villiers-, Ilo- und Sachs-Zweitaktmotoren von 49 bis 248 cm³ hergestellt hat.

GERMANIA

Aktiengesellschaft vorm. Seidel & Naumann, Dresden, Hamburger Straße 19 D 1901–1908

Lizenzbau der berühmten Ein- und V-Zweizylinder Laurin & Klement-Motorräder in Deutschland. Aus L. &. K. wurden die jetzigen Skoda Autowerke. Besonders die 3,5- und 4,5-PS-Modelle errangen große Beliebtheit.

GEROSA

Motocicli Angelo Gerosa, Via Solferino 65, 25100 Brescia I 1953–

Kleiner Produzent von Zweitaktmodellen mit Motoren von 49 bis 123 cm^3 und von ohv-Maschinen mit Motoren von 124 und 173 cm^3.

GERVO

Gerber & Vogt GmbH., Schildesche bei Bielefeld D 1924–1925

Schildesche ist inzwischen nicht mehr bei, sondern in Bielefeld, und die 198-cm^3-sv-Modelle sowie 173-cm^3-DKW-Versionen gehören der Vergangenheit an.

G.H.

Gustav Heinz, Motorradfabrik, Mhr. Schönberg, Mähren CS 1924–1925

Heinz baute nach diesen 173-cm^3-Zweitaktmodellen mit Villiers-Motor die Sirocco- und Velamos-Motorräder.

GIACOMASSO

Felice Giacomasso, Via Nizza, Montecalieri, Torino I 1926–1935

Die ersten Modelle hatten 174-cm^3-ohv-Moser-Motoren. Dann schuf der tüchtige Giacomasso eine 174-cm^3-ohv-Maschine mit eigenem Motor, experimentierte mit ohc-Versionen und schuf 1933 moderne 489- und 595-cm^3-ohv-Parallel-Zweizylindermodelle, die aber – wohl aus Kapitalmangel – nie in Großserie gingen.

GIGANT

Motorradbau Johann Teichert, Wien XV, Holochergasse 36 A 1936–1938

Gut gebaute, hellgrüne 498- und 598-cm^3-ohv-Einzylinder- und 746-cm^3-sv-V-Zweizylindermaschinen. Verwendete Jap-Motoren, und Martin Schneeweiß gewann viele Rennen mit Gigant-Maschinen. Hatte für Bahnrennen auch 348- und 498-cm^3-Einzylinder-Husquarna-ohv-Motoren.

GIGUET

Giguet Fréres, Bvd. de Chateaudun, St. Denis F 1903

Stark gebaute Maschinen mit De-Dion- und Minerva-V-Zweizylindermotoren.

GILERA

1. Moto Gilera s. p. a., Arcore, Milano I 1909–
2. Gilera-Piaggio s. p. a., Via C. Battisti 68, 20043 Arcore
3. Piaggio & Co., Stabilimento Gilera, 20043 Arcore (Milano)

492 cm³ Gilera
(Eig. sv-Motor) 1922

498 cm³ Gilera
(ohv-Einzyl. »Saturno«) 1939

123 cm³ Gilera (ohv-»Sei-Giorni«) 1965

Giuseppe Gileras erste Einzylindermaschine hatte 317 cm³. Dann kamen 499-, 508- und 569-cm³-sv-Einzylindermodelle. Sehr erfolgreich die 499-cm³-Maschinen der zwanziger Jahre, die mit seinem Bruder Luigi Gilera, Miro Maffeis, Rosolino Grana u. a. viele Erfolge auch bei der Sechstagefahrt errangen. Die bekannten 498-cm³-ohv-»Saturno«-Modelle gab es Ende der dreißiger Jahre, vorher schon die 174-cm³-ohv-Gilera und verbesserte 348- und 498-cm³-

Versionen, die noch sv-Motoren hatten. 1934 baute man schon Hinterradfederungen und auch eine 220-cm³-ohv-Version, die dann auf 249 cm³ gebracht wurde. 1936 übernahm Gilera die Konstruktion der Vierzylinder-Rondine, deren Konstrukteure Carlo Giannini und Pietro Remor waren. Mit Taruffi, Aldrighetti und Serafini gewann diese wassergekühlte Kompressormaschine bis zum Krieg viele Rennen. Nach diesem schuf Remor neue kompressorlose und nunmehr luftgekühlte Vierzylinder-Gilera-Rennmaschinen, mit denen große Namen wie Duke, McIntyre, Armstrong, beide Milani, Brown und andere erfolgreiche Fahrer verbunden sind. Als Giuseppe Gileras Sohn frühzeitig starb, gab es für ihn keinen Nachfolger. Gilera wurde vom großen Piaggio-(Vespa-)Konzern übernommen und baut jetzt hauptsächlich Zwei- und ohv-Viertaktmaschinen von 49 bis 160 cm³, die teilweise auch bei Geländewettbewerben sehr erfolgreich sind.

GILLET-HERSTAL

1. S.A. Ateliérs Gillet, Rue Hazeneua 546, Herstal — B 1919–P
2. S.A. Ateliérs Gillet, Rue Hayeneux 188, Herstal

Wurde durch die 346-cm³-Drehschieber-Zweitaktmaschine und den Fahrer Robert Sexé weltberühmt. Baute zunächst auch 348- und 498-cm³-sv- und ohv-Blockmodelle mit eigenen

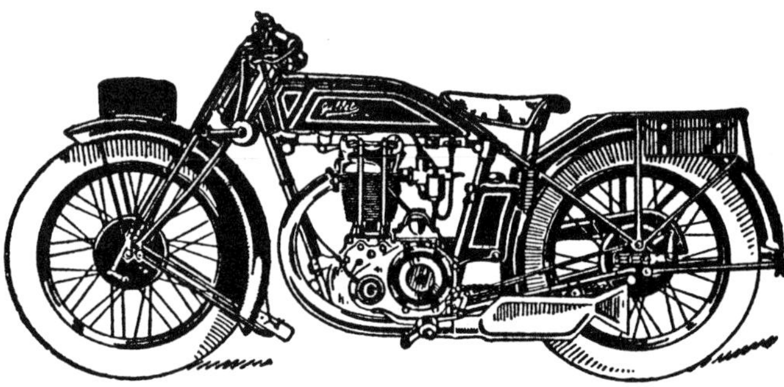

498 cm³ Gillet-Herstal (ohv-Blockmotor) 1928

348 cm³ Gillet-Herstal (ohv-Blockmotor) 1931

498 cm³ Gillet-Herstal (ohv-»Rekord«) 1931

und 990-cm^3-V-Zweizylinder mit MAG-Motoren. Stellte nach 1945 gute Zweitakter von 98 bis 248 cm^3 und sogar einen Parallel-Zweizylinder mit 720 cm^3 her. Außerdem Viertakter von 148 bis 598 cm^3 mit eigenen sv- und ohv-Motoren. Vereinigte sich dann mit den anderen großen belgischen Marken FN und Sarolea. Erfolgreiche Gillet-Fahrer: Milhoux, Debay, Bentley, Reinertz, Vroonen. Chefkonstrukteur Van Oirbeck schuf 1929 auch 498-cm^3-ohc-Einzylinder-Rennmaschinen. Erfolgreiche Fahrer: Milhoux, Debay, Bentley, Vroonen.

GIMA

Ets. Gima, Avenue Pasteur 24, Chamaliéres, Puy de Dôme — F 1947–1956

Konfektionierte Leichtkrafträder mit Ydral-, AMC- und anderen Einbaumotoren von 123 bis 248 cm^3.

GIMSON

Gimbernant Hermanos, Avenada José Antonio, Figueras, Gerona — E 1956–1964

Bekannte Fahrradfabrik, die 49- und 65-cm^3-Mopeds mit Zweitaktmotoren gebaut hat.

GIRARDENGO

Ditta Girardengo & Co., Piazza Gobetti 5, Alessandria — I 1951–1954

Ein weiterer kleiner italienischer Konfektionär von 123-, 147- und 173-cm^3-Zweitaktmaschinen.

GITAN

1. Gitan – Officine Gino Tansini, Caorso (Piacenza) — I 1951–
2. Gitan S. a. s., 29012 Caorso (Piacenza), Via G. da Saliceto

Stellte seit Jahren Leichtkrafträder inklusive Sportversionen für Moto-Cross etc. mit Zwei- und Viertaktmotoren von 49 bis 198 cm^3, jetzt hauptsächlich 49-cm^3-Zweitakter in guter Qualität her. Verwendet Minarelli-Motoren.

GITANE

1. Etablissements Gitane, Machecoul, Loir Inf. — F 1953–P
2. S.A. Micmo, F-44, Machecoul

Bekannter Fahrradhersteller, dessen Leichtkrafträder hauptsächlich Ydral-, VAP- und Mistral-Einbaumotoren von 49 bis 173 cm^3 hatten.

GIULIETTA

1. Flli. Peripoli, Viale della Industrie, Vicenza — I 1959–
2. Flli. Peripoli S. n. c., 36041 Montecchio Magg., Alte Viale Industrie 25

Größerer Hersteller leichter Motorfahrzeuge, besonders von 49-cm^3-Mofas, Mopeds etc. Baute auch 98-cm^3-Zweitaktmotoren ein. Sachs, Ilo und Franco Morini gehören zu den Motorenlieferanten.

GIVAUDAN

Givaudan Motor Cycle Co., Birmingham GB 1908–1914

Kleiner Konfektionär, dessen Motorräder Ein- und V-Zweizylindermotoren von Villiers, Precision und anderen Firmen hatten.

G.L.

Ets. Georges Lévy, Rue Michael Carree, Argentieul F 1919–1921

Aus englischen Teilen inklusive 990-cm³-V-Zweizylinder-sv-Jap-Motoren gebaute Motorräder, die Sturmey-Archer-Getriebe und Binks-Vergaser hatten.

GLENDALE

Luke Atkinson & Sohn, Wooler, Northumberland GB 1920–1921

Typisch englische Motorräder mit 269-cm³-Villiers- und 346-cm³-sv-Motoren von Blackburne. Kleine Marke.

GLOBE

Clarke, Cluley & Co., Globe Works, Coventry GB 1901–1911

Stellte schon 1902 Motorräder mit 3,5-PS-MMC-Motoren her. Es gab außerdem Modelle mit Minerva- und Saroléa-Motoren.

GLORIA

Campion Cycle Co., Ltd., Robin Hood Street, Nottingham GB & F 1924–1925

Bei Campion hergestellte Fahrgestelle, die mit französischen 173-cm³-Train-Zweitaktmotoren ausgerüstet wurden.

GLORIA

Triumph Cycle Company, Priory Street, Coventry GB 1931–1933

In der berühmten englischen Triumph-Fabrik gebaute 98-cm³-Maschinen mit Villiers-Zweitaktmotor.

GLORIA

Alfredo Focesi, Viale Abruzzi 42, Milano I 1948–1955

Eine 48-cm³-Zweitaktmaschine, deren Motor mit liegendem Zylinder zusammen mit dem Hinterrad um eine Achse schwang (Triebsatzschwinge).

G.N.

Motocicli Giuseppe Navone, Via Superga 10, Torino I 1920–1923

Überwiegend mit englischen Teilen gebaute 346-cm³-Zweitakt-Einzylindermaschine. Navone war später mit Train-Italiana, dem Zweigwerk der französischen Motorenfabrik, verbunden.

GNÄDIG

Franz Gnädig, Berlin-Oberschöneweide, Wilhelminenhofstraße 90 D 1925–1926

Vom früheren Konstrukteur der K.G. geschaffene 348-cm³-ohv-Einzylindermaschine, doch ging Gnädig noch im gleichen Jahr zu Kühne bzw. Diamant.

GNOM

Motorenfabrik Oberursel AG., Oberursel bei Frankfurt/M. D 1921–1923

Obengesteuerter 63-cm³-Fahrrad-Hilfsmotor, der vor dem Tretlager lag.

GNOME & RHONE

1. Société des Moteurs Gnome, Rue de Lisbonne, 34, Paris, 8e F 1919–1959
2. Motos Gnome-Rhone, Avenue de la Grand Armée 20–49., Paris 16

Im Ersten Weltkrieg weltberühmt für Flugzeugmotoren, baute Gnome & Rhone zunächst englische ABC-Motorräder unter Lizenz, ab 1923 auch Eigenkonstruktionen in Form von 346- und 496-cm³-sv- und ohv-Einzylindertypen. Ende der zwanziger Jahre kamen BMW-ähnliche Preßstahlrahmenmodelle mit quergestellten 496- und dann 746-cm³-Boxer-Zweizylindermotoren dazu. Nach 1945 baute das Werk Zweitaktmodelle mit Hubräumen bis 498 cm³, hauptsächlich aber einfache 123-cm³-Typen. Bekannte Werksfahrer: Bernard, Naas und Lezin.

496 cm³ Gnome-Rhone
(Eig. ohv-Motor) 1927

496 cm³ Gnome-Rhone
(sv-Zweizyl. Boxer, Kardan)
1930

344 cm³ Gnome-Rhone
(Eig. ohv-Motor) 1931

123 cm³ Gnome-Rhone
(Eig. 2T-Motor) 1952

GOEBEL

Karl Goebel, Fahrzeugfabrik, Bielefeld, Finkenstraße 52 — D 1951–

Fahrradfabrik, die auch Mofas, Mopeds etc. mit 49-cm³-Zweitaktmotoren herstellt.

GÖRICKE

1. Görickewerke AG., Bielefeld, Paulusstraße 29 — D 1903–
2. Görickewerke, Nippel & Co., Bielefeld, Paulusstraße 29
3. Görickewerke (Panthergruppe), Bielefeld, Paulusstraße 29

Bereits 1903 baute August Göricke seine ersten Ein- und V-Zweizylinder-Motorräder. Dann folgte eine Unterbrechung bis Mitte der zwanziger Jahre, als 346- und 496-cm³-Einzylindermaschinen mit MAG-Motoren, nachher auch Modelle mit Villiers- und Blackburne-Motoren entstanden. Die Nachkriegsproduktion sah Modelle von 98 bis 198 cm³ mit Sachs- und Ilo-Motoren. Jetzt baut Göricke Mofas mit 49-cm³-Motoren. Konstrukteur: Alfred Ostertag.

GOETZ

Johann Goetz, Motorradbau, Villingen, Schwarzwald — D 1925–1935

Stellte in zehn Jahren 79 Motorräder, individuell auf Basis von Kundenwünschen her. Als Antriebsquellen gab es 246-cm³-Villiers-, 346-, 498- und 676-cm³-Jap-, 498-cm³-Küchen- und sogar 796-cm³-Columbus-(Horex-)ohc-Parallel-Zweizylinder-Motoren.

GOGGO

Isaria Maschinenfabrik, Hans Glas, Dingolfing, Bayern — D 1951–1954

Jetzt zu BMW gehörend, baute Glas Roller mit 123-, 147- und 173-cm³-Ilo-Zweitaktmotoren, bevor er diese mit seinem 248-cm³-Goggomobil und später seinen Glas-Automobilen verdrängte.

GOLD-RAD

Fahrradfabrik B. Goldberg, Köln/Rhein, Hansaring 102–104 D 1952–

Erzeugte 49-cm³-Mofas, Mopeds etc. mit Ilo- und Sachs-Motoren und importiert italienische Motograziella-Kleinmofas.

GOLEM

1. Zschopauer Motorenwerke, J. S. Rasmussen AG., Zschopau, Sachsen D 1921–1923
2. Eichler & Co., Berlin SW 11, Bernburgerstraße 23

Sesselmotorrad (Roller) mit 122-cm³-DKW-Zweitaktmotor mit liegendem Zylinder, dessen Produktion an Eichler abgegeben wurde. Nachfolger dieser Konstruktion war das »Lomos«-Sesselrad mit dem 145-cm³-DKW-Motor.

GOLO

Golo-Motorradwerk, Wilhelm Schweppe, Wien XVIII, Währinger Gürtel 43 A 1923–1925

Beschränkte Produktion von 346- und 498-cm³-sv- und ohv-Einzylindermaschinen mit Jap- und 346-cm³-Bradshaw-Motoren.

GORI

1. Gori Officina Meccanica, Via Giuseppe Manfredi 1, Firenze I 1969–
2. Gori Off. Mecc. di G. Gori & C., S.a.s., 50136 Firenze, Via Rocca Tedalda 449

Eine schnell bekanntgewordene Firma, die gute Sportmodelle, besonders Moto-Cross-Versionen mit 48- und 123-cm³-Sachs-Motoren mit Schlitzsteuerung baut. Einige Modelle haben auch Franco-Morini-Motoren und 7-Gang-Getriebe.

124 cm³ Gori (2T-Sachs-Rennmasch.) 1974

GORRION

Motocicletas Gorrion, Barcelona E 1952–1955

Mit Sachs-Motoren ausgerüstete 49-cm^3-Mopeds und Motorräder mit 124 sowie 174 cm^3 Hubraum.

GOUGH

1920–1922

Kleiner Konfektionär, dessen Maschinen 293-cm^3-sv-Jap- und 548-cm^3-Blackburne-sv-Motoren hatten.

GOUVERNEUR

Gouverneur Fahrradwerke, Paul Erbrecht, Schöppenstadt 24a D1903–1907

Vergessene Motorraderzeugung, die 3-PS-G.N.-Einbaumotoren verwendete.

G.R.

Gino Revelli di Beaumont, Torino I 1925–1926

Nach dem Sieg seines Bruders, des Grafen Mario Revelli, 1925 beim G.P. in Monza mit der von Antonio Boudo konstruierten 490-cm^3-G.R., nahm Gino Revelli den Bau dieser 490-cm^2-Einzylinder-ohv-Maschine mit Jap-Motor auf. Aber nur wenige wurden hergestellt.

GRADE

Grade Motorenwerke AG., Ing. Hans Grade, Magdeburg D 1903–1925

Grade, bekannt als Flugpionier, war ein Verfechter des Zweitaktprinzips. Er baute Flugzeuge, Automobile, Motorräder und Motoren auch für andere Erzeuger. Seine 118- und 132-cm^3-Einzylindermaschinen waren sehr erfolgreich. Chefkonstrukteur bei Grade war Hans Plog; erfolgreiche Fahrer Prybilski und die Brüder Hartmann.

GRANDEX

The Grandex Cycle Co., 86. Grays Inn Road, London WC GB C–1917

Zunächst als Grandex-Precision wegen der verwendeten 2,5- bis 6-PS-Precision-Motoren bekannt, baute das Werk später auch mit 225-, 292-, 499-, 597- und 749-cm^3-Jap-Einbaumotoren ausgerüstete Motorräder.

GRAPHIC

The Graphic Cycle Co., Wolverhampton GB 1903–1906

Mit Minerva-, De-Dion- und MMC-Motoren ausgerüstete Maschinen.

GRASETTI

S.A. Meccanotecnica, Milano, Via Rembrandt 51 I 1952–1965

Stellte 123- und 148-cm^3-Zweitaktmaschinen mit eigenen Motoren in kleinen Stückzahlen her.

GRATIEUX

F. Gratieux, Billancourt, Seine 1919–1921

Eine Flugmotorenfirma, die versuchte, Motorräder mit Zweitakt-Radialmotoren herzustellen. Der Erfolg blieb aus.

GRAVES

J.G. Graves Ltd., Sheffield GB 1914–1915

Einfache 293-cm³-sv-Maschinen mit Jap-Motor, die auch unter dem Namen »Speed-King« von einem großen Warenhaus vertrieben und wohl bei Omega in Wolverhampton im Auftrag gebaut wurden.

GREEN

1. Green Motor Cycle Co., 50 Jermyn Street, London W. 1 GB 1919–1923
2. C. Green, Victoria Road, Bexhill, Sussex

War vor 1914 mit den wassergekühlten »Green-Precision«- und »Regal-Green«-Motorrädern verbunden. Nach dem Krieg versuchte er mit auf Wasserkühlung umgebauten Precision-Einbaumotoren und offenen Fahrgestellen wieder ins Motorradgeschäft zu kommen. Dann offerierte er den Umbau jedweden Motorrades auf Wasserkühlung. Große Erfolge blieben aus.

GREEVES

1. Invacar Ltd., Church Road, Thundersley, Essex GB 1952–
2. Greeves Motorcycles, Church Road, Thundersley, Essex
3. Greeves Motocycles, Armstrong Road, Benfleet, Essex

248 cm³ Greeves (2T-Villiers-Rennmasch.) 1963

Durch große Erfolge beim Moto-Cross mit Stonebridge, Bickers und anderen Fahrern berühmt gewordene Marke, die ursprünglich ungewöhnliche Fahrgestelle mit 246-cm³-Villiers-Zweitaktmotoren ausrüstete. Stellte auch erfolgreiche Trial- und Moto-Cross-Maschinen her. Bert Greeves, der Firmenchef, trat 1973 zurück und übergab das Werk an die Tiepolas Ltd mit Brian Gilroy an der Spitze. Stellt Modelle von 169 bis 380 cm³ für Moto-Cross und Trial (Enduro) mit Zweitaktmotoren von Puch und QUB her. Leistung der 380-cm³-Greeves 44 PS bei 6750 U/min.

GREYHOUND

Greyhound Motors, Ashfort, Kent — GB 1905–1907

Kleiner Konfektionär, dessen Motoren Minerva, MMC und Fafnir lieferten.

GREYHOUND

Greyhound Motor Co., Buffalo, N. Y. — USA 1907–1914

Einst eine bekannte amerikanische Marke, deren 4,5-PS-Einzylindermaschinen zum Großteil bei Thor entwickelt und gebaut wurden.

GRG

Ditta Flli. Gasparoli & Ricciardelli, Torino — I 1926–1927

Technisch interessante 346-cm³-Zweizylindermaschine mit zwei gekoppelten 173-cm³-Della-Ferrera-ohv-Einzylindermotoren und Hinterradfederung.

G.R.I.

Macrae & Dick, Motorcycles, Iverness — GB 1921–1922

Diese Maschinen wurden als einventilige 348- und 496-cm³-Einzylinder angeboten. Es scheint, daß sie ohne zweites Ventil doch nicht lange leben konnten. Konstrukteur: G. R. Inshaw.

GRIFFON

1. Ets. Griffon, Rue Louis Blanc 40, Courbevoie, Seine — F 1902–G
2. Ets. Griffon, Avenue de la Grande Armee 38, Paris

Eine sehr alte und einst sehr angesehene Fabrik, die Ein- und V-Zweizylindermaschinen, in den dreißiger Jahren auch kleine Zweitakter, baute. Kam in den zwanziger Jahren zu Peugeot.

GRIGG

1. Grigg Motor Eng. Co., Ltd., Sanderstead Works, South Croydon — GB 1920–1925
2. Grigg Motor Eng. Co., Ltd., Winchester Road, Twickenham

Begann – ohne Erfolg – mit dem Bau von 198-cm³-Rollern und wandte sich dann dem Motorradbau mit Modellen von 161 bis 990 cm³ zu. Die 161er hatte einen eigenen Zweitakt-, die 181er einen eigenen ohv-Motor. Villiers lieferte 247-cm³-Zweitakter, Blackburne 346-cm³-Einzylinder und 680-cm³-V-Zweizylindermotoren. Der große 990-cm³-V-Zweizylindertyp hatte den sehr seltenen B.&H.-Einbaumotor.

GRINDLAY-PEERLESS

Grindlay Ltd., Melbourne Works, Shakleton Road, Spon End, Coventry GB 1923–1934

Eine Seitenwagenfabrik, die den Motorradbau mit 490-cm³-Jap-Einzylindermotoren und 996-cm³-Barr & Stroud-V-Zweizylinder-Schiebermotoren aufnahm. Verwendete Brough-Superior-ähnliche Kraftstoffbehälter und später Villiers-Motoren von 123 bis 246 cm³, Jap-Motoren von 246 bis 990 cm³ mit seiten- und obengesteuerten Ventilen, vierventilige ohv-Python-Motoren von 248 bis 498 cm³ und auch einzylindrige 346- und 497-cm³-Schiebermotoren von Barr & Stroud. Die Python-Motoren wurden von den nahegelegenen Rudge-Werken hergestellt. Erfolgreichster Fahrer und Rekordhalter auf G.-P.-Maschinen: Bill Lacey.

GRINGO

Power-Dyne Vehicles Inc., 100 Jenckes Hill Rd., Lincoln, R. I., Nebraska USA 1973–

Neue amerikanische Marke mit eigenen 248- und 358-cm³-Einzylinder-Zweitaktmotoren mit Schlitzsteuerung. Baut hauptsächlich Moto-Cross- und Flachbahn-Modelle mit Chrom-Leichtmetallfahrgestellen.

GRITZNER

Gritzner-Kaiser AG., Karlsruhe-Durlach D 1903–1962

Die berühmte Nähmaschinenfabrik baute zunächst Fafnir-Motoren in ihre ersten Motorräder ein. Dann ruhte zwischen den beiden Weltkriegen der Motorradbau, bis mit 98-, 147- und 173-cm³-Sachs-Motoren wieder neue Gritzner-Motorräder entstanden. Die letzte Konstruktion war die von Mars übernommene kleine 47-cm³-»Monza«. Kaiser baute schon 1901 Motor-Dreiräder.

GRIZZLY

Matyas & Polak, Tovarna na motocykly, Pardubice-Skrivanek. CS 1925–1932

Baute Zweitaktmodelle mit eigenen 247-cm³-Dreikanalmotoren, später auch Modelle mit wechsel- und obengesteuerten 346-cm³-MAG-Motoren. Konnte kommerziell gegen die Großserienfabrikation bei Jawa nicht aufkommen. Rennfahrer: Adamak, Korbel, Trnka, Matyas, Hermann.

GROSE-SPUR

George Grose, Ludgate Circus, London, E. C. 4 GB 1934–1939

Leichtgewichtsmaschine mit 123-cm³-Villiers-Zweitaktmotor, für Grose bei Carlton gebaut.

GROTE

Grote-Motoren-Gesellschaft mbH, Berlin-Adlershof, Rudower Chaussee 8a D 1924–1925

Höchst ungewöhnliche 307-cm³-Zweitakter, die man – laut Katalog! – durch Zuschalten von weiteren Motoreinheiten auf 614-cm³-Zweizylinder und 921-cm³-Dreizylinder bringen konnte. »Zu gut« wohl, um Erfolg zu haben.

GRÜCO

Grüco-Motorradwerke, Grüning & Co., GmbH., Hamburg, Mauskanstraße 3 D 1924–1925

Kleiner Konfektionär einer 346-cm³-ohv-Maschine. Motor: Kühne.

GRUHN

1. Richard Gruhn, Motoren- & Fahrzeugbau, Berlin-Steglitz, Siemensstraße 25 D 1909–1932
2. Richard Gruhn, Motorradbau, Berlin-Steglitz, Luisenstraße 3
3. Richard Gruhn, Motorradbau, Berlin S 42, Ritterstraße 16

Stellte zahlreiche Einzylindermodelle mit eigenen 148-, 196- und 246-cm³-sv-Motoren, ab 1928 eine 198-cm³-ohv-Maschine mit Kardanantrieb zum Hinterrad und zuletzt eine 123-cm³-Zweitaktmaschine her. Lieferte auch Motoren an andere Hersteller.

GRUHN

Hugo Gruhn, Berlin S 42, Brandenburger Straße 54 D 1920–1926

Stand in Konkurrenz zu seinem Bruder Richard, beschränkte sich aber hauptsächlich auf die Herstellung von Fahrgestellen für kleine Motorradkonfektionäre. Seine Maschinen hatten z. T. 198-cm³-Alba-Motoren.

GRUTZENA

Grutzena Werk GmbH., Belzig/Mark D 1925–1926

Robuste, aber etwas primitive Fahrgestelle mit Blattfedergabel, die für den Einbau des 348-cm³-ohv-Kühne-Motors verwendet wurden.

G.S.

Gustav Schulze, Motorenbau, Burg bei Magdeburg D 1920–1924

Leichtkrafträder mit eigenem 129-cm³-Zweitaktmotor, der auch als Hilfsmotor für Fahrräder geliefert wurde.

G.S.

Georg Schroff, Motorradbau, Berlin N. W. 6, Louisenstraße 25 D 1923–1925

Kleiner Konfektionär, der die 145-cm³-Motoren und andere Teile von Gruhn bezogen haben dürfte. Baute auch Zweitaktmaschinen mit Kurier-(Hanfland-)Motoren.

GSD

R.E.D. Grant, 15. St. Paul's Road, Foleshill, Coventry GB 1921–1923

Baute bereits 1921 Motorräder mit quergestelltem 496-cm³-Boxer-Zweizylindermotor, Kardanantrieb und Vierganggetriebe. Später auch ein 346-cm³-Zweitaktmodell mit White & Poppe-Dreikanalmotor, Viergang-Kugelschaltung und ebenfalls Kardan zum Hinterrad.

342 cm³ GSD (2T-White & Poppe-Motor, Kardan) 1923

G.S.M.

G. Schütze, Motorradbau, Moholz-Niesky, Lausitz D 1926

Schütze konfektionierte seine Motorräder mit 206-cm³-DKW-Motor.

GUARALDI

Meccanica Guaraldi, Lodi I 1905–1914

Begann den Motorradbau mit Maschinen, die deutsche Fafnir-Einbaumotoren besaßen. Benützte später auch belgische Saroléa-Motoren und stellte Modelle mit Hubräumen bis zu 550 cm³ her.

GUAZZONI

1. Officine Meccaniche Guazzoni, Via Sabotino 1 a. Milano I 1949–
2. Officine Meccaniche Guazzoni, Via Altaguardia 6. Milano

148 cm³ Guazzoni (2T-Sportmotor) 1966

Aldo Guazzoni, ursprünglich mit Morini verbunden, baut schnelle 49- und 124-cm³-Zweitakter mit Drehschieber. Baute während der Jahre zahlreiche Modelle mit Zweitakt- und ohv-Motoren von 49 bis 248 cm³.

GÜLDNER

Güldner-Motoren-Gesellschaft, Motorenfabrik & Eisengießerei, Aschaffenburg D 1925

Schnelle, den ohv-Norton-Maschinen sehr ähnliche 498-cm³-Sportmaschine mit eigenem ohv-Motor. Wurde als Hobby des Firmenchefs Dr. Güldner nur ein Jahr lang gebaut. Erfolgreichster Rennfahrer: Josef Klein (Frankfurt).

GUIA

Vamam, Viale Maino 9, Milano I 1950–1954

Kleiner Konfektionär von 98-, 123- und 147-cm³-Zweitaktmaschinen.

GUIGNARD

Etablissements Jéan Guignard, Lyon F 1933–1938

Stellte hauptsächlich 98- und 123-cm³-Zweitaktmaschinen her.

GUILLER

Ets. René Guiller, Fontenay-le-Compte, Vendée F 1950–O

Gehörte zu den führenden Nachkriegsfirmen in Frankreich. Die Modellreihe umfaßte zahlreiche Zweitakt- und ohv-Viertaktmaschinen von 48 bis 248 cm³ mit Motoren von Ydral, AMC, Aubier-Dunne, V.A.P. und anderen Einbaumotorfirmen.

GUIZZARDI

Fratelli Guizzardi, Via Pragelato 3, Torino I 1926–1932

Baute 124- und 174-cm³-ohv- und ohc-Einzylindermaschinen, die teilweise mit eigenen Blockmotoren ausgerüstet wurden.

GUIZZO

Ditta Palmieri & Guilinetti, Via Battindarno 226, Bologna I 1955–1962

Erzeugte 48-cm³-Mopeds, hauptsächlich aber einen sehr gut ausgeführten 149-cm³-Roller mit Zweitaktmotor.

GUSTLOFF

Gustloff-Werke, Waffenfabrik, Suhl in Thüringen D 1934–1940

Vom berühmten Martin Stolle konstruierte 98-cm³-Mopeds mit Sachs-Motor.

G.&W.

Guy & Wheeler, 49 South John Street, Liverpool GB 1902–1906

Eine schon lange vergessene Marke mit Minerva-, Peugeot- und Fafnir-Einbaumotoren.

HACK

Hack Engineering Co., Ltd., 44 Victoria Road, Hendon, London, N. W. 4 GB 1920–1923

Ein »semi«-Roller mit kleinen Rädern, dessen Simplex-Zweitaktmotoren 103 und 110 cm^3 Hubraum hatten.

HADEN

A. H. Haden, Motorcycles, Princip Street, Birmingham GB 1920–1924

Stellte ein Einheitsmodell mit dem alten 347-cm^3-Precision-Zweitaktmotor in beschränkter Stückzahl her.

HAGEL

Hagel Kraftradbau AG., Nürnberg D 1925

247-cm^3-Dreikanal-Zweitaktmodelle mit eigenem Motor. Nur wenige dieser Maschinen wurden gebaut.

HÄGGLUND

A. B. Hägglund & Söner, Örnsköldsvik 1 S 1973–

Für Militärzwecke bestimmte ungewöhnliche Motorradkonstruktion, die 1974 auch als »Zivilmaschine« auf der IFMA in Köln ausgestellt war. Besitzt einen eigenen 345-cm^3-Einzylinder-Zweitaktmotor, ein stufenloses automatisches (Riemen-)Getriebe mit automatischer Kupplung und den Kardan im Schwingarm für das aus Leichmetall hergestellte sechsspeichige Gußrad, das auch vorn verwendet wird. Das Fahrgestell ist ein Monocoque-Stahlblechrahmen mit eingebautem Kraftstofftank.

HAI

Bergmann & Co., Mauer bei Wien, Rosengasse 7 A 1938

Bald nach Baubeginn im Liesinger Werk dieser Firma mußte die Erzeugung des 108-cm^3-Zweitaktmodells, dessen Fahrgestell zusammen mit dem Kraftstoffbehälter gegossen war, eingestellt werden, weil die »Hai« nicht im Bauprogramm der deutschen Regierung stand. Und Österreich gehörte damals zu Deutschland!

HAJA

Haja Motorradbau GmbH., Sendenhorst/Westfalen D 1924–1925

Einfache 198-cm^3-Viertaktmaschinen mit von Lloyd bezogenem Motor.

HAKO

Hans Korn, Motorradbau, Rothenburg o. d. Tauber D 1924–1925

Den damaligen englischen HRD-Maschinen nachempfundene 348- und 498-cm^3-ohv-Einzylindermaschinen mit englischen Jap-Motoren.

HALUMO

Hasselmayer & Luber GmbH., München, Mozartstraße 13 D 1923–1926

Baute zunächst 147-cm³-Zweitakter, nachher 146- und 198-cm³-ohv-Modelle, deren selbstgebaute Einzylindermotoren das Auslaßventil hinten im Zylinderkopf hatten.

H.A.M.

Haarlemsch Automobiel en Motorrijwielfabriek, Heemstede-Haarlem NL 1902–1906

Einzylindermaschinen mit »Altena«-Motoren, die 2 PS bei 2000 U/min abgaben.

HAMILTON

Hamilton Motor Company Ltd., Priory Works, Coventry GB 1901–1907

Die in Coventrys Dale Street befindlichen Werke stellten Einzylindertypen mit 2,25, 3,25 und 4 PS und 4,5-PS-V-Zweizylinderversionen, auch als Einbaumotoren für andere Produzenten, her.

HAMPTON

The Hampton Engineering Co., Lifford Mills, Kings Norton, Birmingham GB 1912–1914

Keine moderne, aber gut gebaute 492-cm³-Einzylindermaschine mit T.D.-Cross-Motor.

HANFLAND

1. Curt Hanfland GmbH., Motorenwerk, Berlin-Weißensee, Lehderstraße 88 D 1920–1925
2. Curt Hanfland, Motorradwerk, Berlin W 62, Bayreuther Str. 7

Baute außer den nach ihm benannten Hanfland- auch die Kurier-Motorräder und 147-cm³-Zweitakt-Einbaumotoren. Diese wurden auch von den Bayerischen Flugzeugwerken (später BMW) für die damals dort gebauten Flink-Leichtkrafträder verwendet.

HANSA

Hansa Präzisionswerke AG., Bielefeld, Weidenstraße 12 D 1922–1926

Gehörte zu den führenden Bielefelder Motorradherstellern. Gebaut wurden Zwei- und Viertakt-Einzylindermaschinen von 148 bis 246 cm³. Sehr gut ausgeführt die letzten 198- und 246-cm³-Modelle.

HANSAN

Hands & Sandover, 32. Charlotte Street, Birmingham GB 1920–1922

Kleiner Konfektionär, dessen Motorräder 269-cm³-Arden-Zweitaktmotoren und 346-cm³-sv-Blackburne-Motoren besaßen.

HAPAMEE

Hapamee Fahrzeugbau, P. Meinke, Salzwedel/Altm., Breitestraße 15 D 1925–1926

Im Gegensatz zu anderen kleinen Motorraderzeugern stellte Meinke die 198- und 246-cm³-Dreikanal-Zweitaktmotoren und sogar die Getriebe seiner Maschinen im eigenen Betrieb her.

HARDING-JAP

H. J. Harding, Boulevard Gouvion 49, St. Cyr, Paris F 1912–1914

Von einem in Frankreich lebenden Engländer gebaute 496-cm³-V-Zweizylindermaschine mit Jap-Motor und anderen englischen Bauteilen.

HAREWOOD

Harewood Motor Cycles, Long Lane, Bexleyheath GB 1920

Kleiner Produzent, dessen Motorräder mit 269-cm³-Villiers- und 346-cm³-Precision-sv-Motoren ausgerüstet waren.

HARLETTE

Puch-Werke Aktiengesellschaft, Graz, Steiermark A 1925–1928

Normale, bei Puch für Harley-Davidsons Importeure in Frankreich, Italien und Belgien gebaute 123- und 173-cm³-Doppelkolben-Zweitaktmaschinen, die unter dem Namen »Harlette« verkauft wurden. Hießen in Frankreich auch »Harlette-Géco«, da sie bei Gerkinet & Co. in Jeumont fertigmontiert wurden.

HARLEY-DAVIDSON

1. Harley-Davidson Motor Company, 3700 West Juneau Avenue, Milwaukee, Wisconsin 53201 USA 1903–
2. AMF Harley-Davidson Motor Co., Inc., 3700 West Juneau Avenue, Milwaukee, Wisconsin 53201

Von den Familien Harley und Davidson gegründete Motorradfabrik, die sich bis vor wenigen Jahren auch ganz im Besitz der Nachkommen der Gründer befand und noch jetzt Mitglieder der beiden Familien in führenden Positionen hat. Seit Jahren die einzige nennenswerte Firma, welche in den USA Motorräder herstellt. Erwarb in den sechziger Jahren die früheren Aermacchi-Werke in Italien, wo alle kleineren Modelle – von 48 bis 498 cm³ gebaut werden. Hier entstehen auch die erfolgreichen Zweitakt-Rennmaschinen von 248 bis 498 cm³, die seit 1973 so hervorragend abschnitten und 1974 und 1975 mit Walter Villa die Weltmeisterschaft der 250er Klasse gewannen. Vorher waren es 248- und 348-cm³-Einzylinder-ohv-Modelle, welche bei Veranstaltungen erfolgreich waren. Berühmt wurde Harley-Davidson aber schon vor 1914 durch in USA gebaute Ein- und V-Zweizylindermodelle mit gegengesteuerten und seitengesteuerten Ventilen, die zu den besten in der Welt gehörten. Darunter die großen 996- und 1215-cm³-, ab 1929 auch 746-cm³-V-Zweizylinder. Bereits 1920 gab es 584-cm³-Zweizylindermodelle mit Boxermotoren, 1926 kamen 346-cm³-sv- und ohv- wie auch 498-cm³-sv-Einzylindermodelle dazu. Werksrennmaschinen wurden schon 1912 mit 996-cm³-Achtventilmotoren gebaut, und 1929 gab es auch 498-cm³-Einzylindermodelle, das heißt Rennmaschinen, mit vier Ventilen. Berühmt die 348- und 498-cm³-»Pea-Shooter«-Bahnrennmaschinen. Berühmte Harley-Davidson-Fahrer waren die Amerikaner Hepburn, Weishaar, Kunce, Clymer, die Europäer Turek, Ceresole, Davidson, Kaiser, Faraglia, Heck, Rüttchen, Visé, Weyres, Stoll, Drax, Schmidt, Ruggeri, Winkler, Schneeweiß, Grumbier, Meyer, Suchy, Temple, Van Kooten, Dixon und Allchin. In den USA baute das Werk in den letzten Jahren hauptsächlich große 900-cm³-sv-V-Zweizylinder und 996-cm³- und 1207-cm³-ohv-V-

3 HP Harley-Davidson
(Eig. Motor) 1903

596 cm³ Harley-Davidson
(Eig. Zweizyl.-Boxermasch.)
1920

1196 cm³ Harley-Davidson
(Eig. ioe-V-Zweizyl.) 1924

346 cm³ Harley-Davidson
(Eig. sv-Einzyl.) 1927

746 cm³ Harley-Davidson
(Eig. sv-V-Zweizyl.) 1930

1196 cm³ Harley-Davidson
(Eig. sv-Zweizyl.) 1930

901 cm³ Harley-Davidson
(Eig. ohv-»Sportster-CH«)
1963

348 cm³ Harley-Davidson
(Eig. ohv-Einzyl.) 1974

Zweizylinder in zahlreichen Ausführungen. Diese ohv-Modelle werden ständig weiterentwickelt. Das derzeite Bauprogramm enthält außer diesen ohv-V-Zweizylindern auch 344-cm^3-ohv-Einzylinder sowie Zweitakter mit 48, 90, 123, 174 und 242 cm^3 Hubraum und, in Kleinserie, auch Zweitakt-Rennmaschinen, wobei die 248-cm^3 bisher die erfolgreichste ist und 1974 und 1975 die Weltmeisterschaft gewann.

HARPER

C. E. Harper Aircraft Co., Exeter Airport — GB 1954–1955

Roller mit dem 198-cm^3-Villiers-Zweitaktmotor. Kleine Produktion.

HARRAS

1. Harras Motoren AG., Berlin N 20, Hochstraße 33 — D 1922–1925
2. Paradowski GmbH., Berlin N 20, Hochstraße 33

Gehörte zu den Berliner Motorradherstellern, die Ruppes 139- und 145-cm^3-Hilfskolben-Zweitaktmotoren – unter Lizenz gebaut – in eigene Fahrgestelle einbauten.

HASCHO

Halbritter & Schollmeyer, Motorfahrzeugbau, Mühlhausen, Thüringen — D 1923–1926

Motorräder mit 142- und 173-cm^3-DKW-Zweitaktmotoren, die 1925 durch solche von Villiers ersetzt wurden.

HASCHÜT

Motorradbau Hans Schütze, Dresden A-16, Hammerstraße 6 — D 1929–1931

In geringer Stückzahl hergestellte 172-cm^3-Maschinen mit Villiers-Motoren.

HASTY

Ets. Moteurs et Motorcycles Hasty, Aix-la-Province — F 1930–1934

Baute Leichtgewichtsmaschinen mit 98-cm^3-Aubier-Dunne-Motoren.

HAVERFORD

Haverford Cycle Co., Philadelphia, Pa — USA 1909–1914

Mit automatischem Einlaßventil ausgestattete 4-PS-Einzylindermaschinen einer kleinen amerikanischen Fabrik.

HAWEKA

Hamburger Motorradbau H. & W. Kruse AG, Hamburg 1, Langereihe 29 — D 1923–1926

Aus englischen Teilen konfektionierte Motorräder mit 348-, 498- und 678-cm^3-sv- und -ohv-Jap-Motoren und auch dem 497-cm^3-MAG-Motor mit wechselgesteuerten Ventilen. Typisch englische Bauweise.

HAWKER

H. G. Hawker Engineering Co. Ltd., Kingston-on-Thames. — GB 1920–1923

Harry Hawker, bekannt als Pionier im Flugwesen, stellte nach dem Ersten Weltkrieg Motorräder mit eigenen 293-cm³-Zweitaktmotoren, später auch solche mit 347-cm³-sv- und -ohv- sowie 548-cm³-sv-Blackburne-Motoren her. Galt auch als zwar etwas exzentrischer, aber guter Rennfahrer.

HAXEL-JAP

GB 1911–1913

Es war nicht möglich, herauszufinden, wo diese Firma die mit 293-cm³-sv-Motoren von Jap ausgerüsteten Motorräder gebaut hat.

HAZEL

Cripps Cycle & Motor Co., Woodford Road, Forest Gate, London E — GB 1906–1911

Konfektionierte Motorräder, die zunächst V-Zweizylinder-Peugeot- und ab 1909 den seitengesteuerten 393-cm³-Jap-Motor besaßen.

HAZLEWOOD

1. Hazlewood Ltd., Albion Mills, West Orchard, Coventry — GB 1905–1923
2. Hazlewood Ltd., Buckingham

Hazlewood, jetzt fast ganz vergessen, hatte einst die größte Motorradproduktion in England! Berühmt durch V-Zweizylindermodelle mit eigenen sv-Motoren von 499 bis 1000 cm³ und solchen von Jap, baute die Firma auch Modelle mit einzylindrigen 245- bis 548-cm³-Jap-Antriebsquellen. Robuste Motorräder, die in den Kolonien eine größere Verbreitung als im Heimatland fanden, zumal Hazlewood auch – im Gegensatz zu vielen anderen damaligen englischen Motorradfabriken – keinerlei sportliche Ambitionen hatte und sich ganz auf »Bauernmotorräder« verlegte.

H.B.

Hill Brothers, Walsall Street, Wolverhampton — GB 1919–1924

Robust gebaute, aber einfache Modelle mit 346- und 498-cm³-sv- und -ohv-Einbaumotoren von Blackburne.

H.E.C.

Hewin Engineering Co., Taunton, Somerset — GB 1922–1923

Unkomplizierte 247-cm³-Maschinen mit Villiers-Zweitaktmotor.

H.E.C.

1. H.E.C. Power Cycles (Hepburn Eng. Co.) Ltd., Pentonville Rd., London — GB 1939–1955
2. H.E.C. Power-Cycles-Ltd., 43–44 Thorp Street, Birmingham 5
3. H.E.C. Power-Cycles Ltd., Levis Works, Stechford, Birmingham 9

Gehörte zu den ersten englischen Herstellern von »Autocycles«, die einen 80-cm³-Zweitaktmotor vor dem Tretlager verstärkter Fahrräder hatten. Nach dem Zweiten Weltkrieg zog die Firma in die frühere Levis-Motorradfabrik ein, wo immer HEC-Motoren gebaut wurden.

HECKER

1. Hans Hecker, Motorradfabrik, Nürnberg, Imhoffstr. 24 — D 1921–1956
2. Hecker Fahrzeugfabrik, Nürnberg, Lenaustraße 7

Mit eigenen 245-cm³-Zweitakt- und bei Scharrer & Gross gebauten AJS-ähnlichen 346-cm³-ohv-Motoren begann Hecker den Motorradbau. Es folgten Modelle mit 198- bis 548-cm³-Jap-Motoren und auch eine 746-cm³-V-Zweizylinderversion mit MAG-Motor. Ab 1931 baute Hecker auch Mofas mit 73- und 98-cm³-Sachs-Zweitaktern, die sich auch nach 1949 wieder mit Hubräumen von 98 bis 247 cm³ fanden. Daneben lieferte man diese Hubraumgrößen auch mit Ilo-Zweitaktmotoren. Führender Werksrennfahrer in den zwanziger Jahren: Hans Hieronymus, der vor- und nachher bei Zündapp war.

HEIDEMANN

Heidemann-Werke, KG, Karl Heidemann, Hannover-Einbeck — D 1949–1952

Als bekannter Fahrradhersteller konfektionierte Heidemann auch Leichtkrafträder mit 98- und 123-cm³-Sachs-Motoren.

HEILO

Motorradfabrik Heilbrunn & Co., Nürnberg, Bauerngasse 21 — D 1924–1925

Offerierte mit eigenen Dreikanalmotoren ausgerüstete 348-cm³-Zweitaktmodelle und experimentierte auch mit »Kompressormodellen«.

HEINKEL

Ernst Heinkel AG., Stuttgart-Zuffenhausen, Hellmut-Hirth-Straße 41 — D 1952–1962

Begann mit 49-cm³-Mopeds und mit eigenen 149-cm³-ohv-Motoren ausgerüsteten Rollern. Es folgten Roller mit 174-cm³-ohv- und 123-cm³-Zweitaktmotoren, die sich großer Beliebtheit erfreuten. Anfang der sechziger Jahre schied dann diese einst so berühmte Flugzeugfabrik auch aus dem Motorradsektor aus.

HELI

Herbert Lindner, Motorfahrzeugbau, Berlin O 17 — D 1923–1925

Gut gebaute 246-cm³-Zweitakt-Blockmaschinen mit eigenem wassergekühlten Dreikanalmotor.

HELIOS

Bayerische Motoren-Werke AG, München, Lerchenfelderstraße 76 — D 1921–1922

Eine nicht bei BMW konstruierte, aber dort gebaute 492-cm³-sv-Maschine mit dem M-2-B-15-Boxer-Zweizylindermotor, wie er auch in den ersten Victoria-Maschinen verwendet wurde. Die Helios, keine glückliche Konstruktion, führte 1923 zum Bau der ersten von Max Friz und Martin Stolle konstruierten BMW R-32.

HELLA

1. Aktiengesellschaft für Motorenbau, München, Hindenburgstr. 61 — D 1921–1924
2. Hella-Motoren GmbH., München 23, Giselastraße 1

Erzeugte Leichtkrafträder mit eigenen 147- und 183-cm³-Nasenkolben-Zweitaktmotoren. Einfache Konstruktion mit liegendem Zylinder.

HELLER

Heller Motorradfabrik, Nürnberg, Prechtlgasse 14 D 1923–1926

Der Helios nicht unähnliches Motorrad mit dem 492-cm³-Zweizylinder-sv-Boxermotor von BMW. Da dieser nach 1923 nicht mehr geliefert wurde, dürfte Heller »Vorrat« an diesen alten Motoren gehabt haben. Baute auch 746-cm³-M.J.-Boxermotore ein.

HELO

Kraftfahrzeugbau Lammatzsch, Berlin SO 33, Köpenicker Str. 5 D 1923–1925

Eine der vielen, damals mit 147-cm³-Bekamo-Motoren ausgerüsteten Berliner Erzeugnisse.

HELYETT

Ateliers Helyett, Sully sur Loire, Loriet F 1926–1955

Baute nach 1945 nur Zweitaktmaschinen von 48 bis 125 cm³. Vor dem Krieg stellte die ambitionierte Firma zahlreiche Modelle mit 98-cm³-Zweitaktern bis zu 990-cm³-V-Zweizylindern mit ohv-Rennmotoren von Jap her. Besonders interessant die 746-cm³-Typen mit quergestellten V-Zweizylinder-Jap-Motoren, angeblocktem Getriebe und Kardanantrieb zum Hinterrad. Zur Verwendung gelanten auch Einbaumotoren von Chaise.

HENDERSON

1. W. G. Henderson, Rochester, N. Y. USA 1911–1931
2. Henderson Motor Co., 286 Jefferson Avenue, Detroit
3. Henderson Motor Cycle Co., Cleveland, Ohio
4. American Excelsior Co., 3700 Cortland Street, Chicago

1068 cm³ Henderson (ioe-Vierzyl.) 1912

1301 cm³ Henderson (ioe-Vierzyl.) 1926

1301 cm^3 Henderson
(Eig. Vierzyl.-Reihenmotor)
1930

Die wohl berühmteste amerikanische Reihenvierzylindermaschine besaß Luftkühlung und 1068 cm^3. Es folgten Modelle mit 1168 cm^3 und verbesserte, weiterentwickelte Versionen mit 1301 cm^3. Die einzeln stehenden Zylinder hatten seitengesteuerte Ventile, der Blockmotor ein Dreiganggetriebe mit Rückwärtsgang. W. »Bill« Henderson, dessen Vater Automobile baute, verkaufte 1917 seine Konstruktion an die große Schwinn-»Excelsior«-Company, die auch seinen Konstrukteur Arthur Lemon übernahm. In weiterentwickelten Ausführungen wurde die Henderson bis 1931 in Chicago gebaut. Bill Henderson verunglückte 1922.

HENKEL

Paul Henkel, Fahrradbau, Mäbendorf bei Suhl, Thüringen — D 1927–1932

Allright in Köln, verbunden mit Cito in Suhl, gab 1927 den Bau kompletter Motorräder und damit auch die Herstellung der 498-cm^3-K.G. mit eigenem ohv-Blockmotor und Kardanantrieb auf. Nun war es Henkel, der bis zu seinem Ableben die einst berühmte K.G., etwas weiterentwickelt, in Kleinserie baute. 1929 kam noch eine einfache 198-cm^3-Maschine mit dem sv-Blackburne-Motor dazu.

HENLEY

1. Henley Engineering Co., 114 Spring Hill, Birmingham — GB 1920–1929
2. Henley Engineering Co., 18 Doe Street, Birmingham

Gute Konfektionsmaschinen mit 269-cm^3-Villiers- und 499-cm^3-sv-Blackburne-Motor. Baute nachher auch 248-, 293-, 346- cm^3 und noch andere Versionen mit sv- und ohv-Motoren von Jap und Blackburne. Nach einer 1927 durchgeführten Reorganisation hießen diese Motorräder »New Henley«. Bald darauf erwarben zwei Ex-Rennfahrer, A. Greenwood und J. Crump, die Firma und verlegten sie nach Oldham.

HERBI

Herbi-Werk, Gebrüder Herbig, Bad Liebwerda — D 1928–1932

Mit Doppelschleifenrahmen ausgestattete gute Konfektionsmaschinen. Die 198-cm^3-sv-Motoren baute Blackburne, die 498-cm^3-ohc-Motoren die deutsche Firma Küchen.

HERCULES

1. Aktiengesellschaft Nürnberger Velocipedfabrik Hercules vorm. Carl Marschütz & Co., Nürnberg D 1903–
2. Nürnberger Hercules Werke AG, Nürnberg
3. Nürnberger Hercules-Werke GmbH, Nürnberg, Fürther Str. 191–193
4. Nürnberger Hercules-Werke GmbH, Nürnberg, Nopitschstraße 70

Seit mehreren Jahren zur Sachs-Gruppe gehörend, baute das Nürnberger Werk schon immer gute Motorräder mit Einbaumotoren, die von Fafnir, Jap, Villiers, Moser, Sachs, Ilo, Bark, Columbus und Küchen stammten. Das Programm umfaßte bis 1939 Leichtkrafträder und Motorräder von 73 bis 500 cm³, nach 1945 hauptsächlich Zweitakter von 48 bis 248 cm³. Jahrelang errangen Hercules-Maschinen große Erfolge bei Zuverlässigkeitsfahrten und Rennen, wobei sich besonders Hans Kahrmann und »Carlchen« Geffers auszeichneten. Auch nach dem Zweiten Weltkrieg wurden unzählige Geländewettbewerbe auf Hercules-Zweitaktmaschinen gewonnen. Das derzeitige Programm umfaßt Mofas, Mopeds, Mokicks sowie Motorräder mit 49-, 97-, 122- und 175-cm³-Sachs-Zweitaktmotoren. Unter diesen auch Sport- und Geländesportmodelle. Seit 1973 baut das Werk auch Motorräder mit 294-cm³-Einscheiben-Kreiskolbenmotoren (Wankel), wobei der Typ W 2000 bei 6500 U/min 27 PS leistet.

294 cm³ Hercules (Wankelmotor) 1975

HERCULES

H. Butler, Motorcycles, Derby D 1902–C

Kleiner Pionier-Konfektionär, dessen Hercules-Motorräder Einbaumotoren von MMC, Minerva und White & Poppe besaßen.

HERDTLE-BRUNEAU

1. Ets. Herdtle-Bruneau, Rue de Chine, Paris — F 1902–1914
2. Ets. Herdtle-Bruneau, Pelleport 93, Paris

Stellte zahlreiche ungewöhnliche Motorradmodelle wie z. B. eine wassergekühlte Parallel-Zweizylindermaschine mit 48 mm Bohrung und 73 mm Hub und Reibradgetriebe her. Benützte auch Bichrone-Zweitaktmotoren und war eine der ersten Firmen, die ohv-Motoren bauten.

HERKO

1. Herkstroeter & Co., Bielefeld — D 1922–1925
2. Herko-Motorenbau-Gesellschaft mbH., Bielefeld

Leichtkrafträder mit Kurier-ähnlichen 122- und 158-cm^3-Zweitaktmotoren, die in fahrradähnliche, aber starke Fahrgestelle mit Riemenantrieb zum Hinterrad eingebaut wurden.

HERKRA

Hein Blume, Köln/Rh., Ehernstraße 24–26 — D 1922–1923

Eine weitere Firma, die Leichtkrafträder mit 141-cm^3-Zweitaktmotoren gebaut hat.

HERMA

Herma-Motorenbau, Augsburg, Schießgraben 16 — D 1921–1924

Baute Fahrrad-Hilfsmotoren mit 148 cm^3, die sowohl neben dem Vorder- wie dem Hinterrad angebracht werden konnten.

HERMES

Hermes Motorfahrzeug GmbH., Berlin C 25, Alexanderstr. 24 — D 1924–1925

Motorräder mit 348-, 498- und 678-cm^3-sv- und ohv-Jap-Motoren. Kleine Produktion.

HERMES

Motorradbau Ing. Berwald, Hamburg — D 1922–1925

124-cm^3-Zweitaktmaschinen, Motor mit liegendem Zylinder, deren Bauweise an die damalige Cockerell erinnerte.

HEROS

1. Motorenwerk Zittau, Hartmann & Richter, Niederoderwitz/Sa. — D 1921–1929
2. Heros-Motorrad-Motoren & Getriebebau, R. Zimmermann, Oberoderwitz, Sa.
3. Heros-Motorrad-Motoren & Getriebebau, Ing. A. Hermann, Oberoderwitz, Sa.

Erzeugte Fahrradhilfsmotoren und auch 155-, 185- und 247-cm^3-Einzylindermaschinen mit eigenen Zweitakt- und auch wechsel- und untengesteuerten Motoren mit außenliegenden Schwungscheiben und eigenen Zwei- und Dreiganggetrieben.

HEROS

Heros Motorfahrzeug GmbH., Berlin W 35, Potsdamer Straße 28 — D 1923–1924

Kleiner Motorradkonfektionär, dessen Maschinen 142-cm³-DKW-Motoren besaßen.

HERTHA

Hagemann & Vogler, Leichtmotorenfahrzeugfabrik, Berlin S 42 — D 1924–1925

Eichler-ähnliche Leichtkrafträder mit 142-cm³-Zweitaktmotoren.

HESS

Maschinenfabrik Valentin Hess, Eberstadt/Darmstadt — D 1925

Eine der wenigen in Deutschland gebauten Vierzylindermaschinen. Der luftgekühlte 799-cm³-Reihenmotor war ein Erzeugnis von Hess, doch wurden nur wenige dieser Maschinen zum Verkauf gebracht.

HEXE

Hamakraft Aktiengesellschaft, Bamberg — D 1923–1925

Baute außer Fahrrad-Hilfsmotoren auch 142- und 269-cm³-Zweitakt-Motorräder. Zuletzt auch eine unmoderne 346-cm³-sv-Maschine, die 1925 noch Riemenantrieb zum Hinterrad besaß.

HIEKEL

Maschinenfabrik Curt Hiekel, Leipzig-Thekla — D 1925–1932

Nur ein Motorradmodell, eine solide »Bauernmaschine« mit einem eigenen 348-cm³-Dreikanal-Zweitaktmotor, wurde in all den Jahren – allerdings in weiterentwickelter Form – bei dieser Firma gebaut.

346 cm³ Hiekel
(Eig. 2T-Einzyl.) 1925

HILAMAN

A. L. Hilaman, Motorcycle Company, Moorestown, N. J. — USA 1906–D

Gute amerikanische Motorradfabrik, die zunächst Einzylinder- und ab 1912 auch 7- und 8-PS-V-Zweizylindermodelle mit gegengesteuerten Ventilen in robusten Fahrgestellen hergestellt hat.

HILDEBRAND & WOLFMÜLLER

J. Hildebrand & A. Wolfmüller, München, Colosseumstraße 1 — D 1894–1897

1488 cm³ Hildebrand & Wolfmüller (1. Serienmasch.) 1894

Diese Konstruktion wurde erstmalig als »Motorrad« bezeichnet. Es waren auch die ersten auf kommerzieller Grundlage erzeugten Motorräder! Der in Zusammenarbeit mit dem Mechaniker Geisenhof entwickelte zweizylindrige Viertaktmotor hatte 1488 cm³ Hubraum und entwickelte 2,5 PS bei 240 U/min. Er war wassergekühlt, und die Pleuelstangen der beiden parallel liegenden Zylinder arbeiteten unmittelbar auf Kurbeln an der Hinterachse, wobei das Hinterrad als Schwungrad diente. Der Kühler für den Motor wurde im Hinterradschutzblech eingeordnet, das aus Stahlrohren aufgebaute Fahrgestell war niedrig und doppelt schräg. Obwohl verschiedentlich die Produktionszahl der Hildebrand & Wolfmüller-Motorräder mit 2000 angegeben wird, dürfte die wirkliche Produktion in den fünf Herstellungsstätten in München die Zahl von 800 nicht überstiegen haben. Bald wurde die Firma von französischen Entwicklungen überholt und mußte bereits 1897 die Tore schließen – ein etwas tragisches Ende der ersten Motorradfabrik der Welt.

HIRANO

Hirano Motor Cycle Company, Tokyo — J 1952–1961

Baute Roller mit 49 und 78 cm³ und Motorräder mit 123- und 173-cm³-Zweitaktmotoren eigener Erzeugung.

HIRONDELLE

Moteurs Hirondelle, Courbevoie, Seine — F 1921–1926

Eine frühere Waffenfabrik, die nach dem Ersten Weltkrieg Leichtkrafträder mit 198-cm³-sv- und anderen Motoren erzeugte.

HIRSCH

1. Hirsch-Motorradbau GmbH., Berlin N, Ackerstraße 55 — D 1923–1924
2. E. F. Hirsch GmbH., Berlin, Schadowstraße 1 b

Mit eigenen 128-cm³- und von DKW bezogenen 142-cm³-Motoren gebaute Leichtkrafträder.

HIRTH

1. Helmut Hirth, Stuttgart-Canstatt, Pragerstraße 34 — D 1923–1926
2. Versuchsbau Hirth GmbH., Stuttgart-Feuerbach, Friedrichswahl

Hirth, berühmt als Flieger, Rennfahrer und Konstrukteur, baute eine kleine Anzahl von einzylindrigen 144-cm³- und zweizylindrigen 244-cm³-Doppelkolben-Zweitaktmotoren, um mit diesen unter höchsten Beanspruchungen bei Rennen den neuen Werkstoff Elektron zu testen. Bei Rennen wurden sie erfolgreich von seinem Bruder Wolf Hirth (berühmt auch als Segelflieger), Erwin Gehrung, Karl Fischer und anderen gesteuert. Mit Alkohol als Kraftstoff brachten diese Hirth-Maschinen sehr hohe PS-Leistungen.

H.J.

Howard & Johnson, 119. Hockley Street, Birmingham — GB 1920–1921

Konfektionierte 269-cm³-Zweitaktmaschinen mit Motoren von A. W. Wall (Liberty) und Villiers.

H.J.H.

H. J. Hulsman (Industries), Canal Side Works, Canal Road, Neath, Glamorgan — GB 1954–1956

Im entlegenen Wales gebaute 147-, 197- und 224-cm³-Konfektionsmaschinen mit Villiers-Motoren.

H.K.R.

Hans Korn, Motorradbau, Rothenburg o. d. Tauber — D 1925–1926

Aus den 1924 gebauten Hako-Motorrädern wurden nach einer Reorganisation 1925 die H.K.R.-Maschinen mit denselben 348- und 498-cm³-sv- und ohv-Motoren von Jap (wie bei Hako).

H.M.K.

H.M.K.-Motorräder, Wien I, Schmerlingplatz 3 — A 1937–1938

Mit obengesteuerten Jap-Einzylindermotoren von 246 bis 594 cm³ ausgerüstete Motorräder, die in beschränkter Anzahl gebaut wurden.

H.M.W.

1. Hasper-Motorrad-Werk, Hedfeld, Ostrowsky & Cie., Haspe, Westf. — D 1923–1928
2. Hasper-Motorrad-Werk, A. Klinke GmbH., Haspe, Westf.

Robuste Einzylindermaschinen mit eigenen 3-PS-Einzylindermotoren. Unbedeutende Firma.

H.M.W.

1. Halleiner Motorrad-Werke Hinterberger, Schreitl & Co., Hallein — A 1949–1964
2. H.M.W.-Motorenwerke, Kottingbrunn (N.Ö.), Wiener-Neustädter-Str.

Erzeugte zunächst den 49-cm³-Fuchs-Fahrrad-Hilfsmotor und dann zahlreiche 49-cm³-Zweitaktmotoren, die nicht nur in eigene Fahrgestelle eingebaut, sondern auch an Motorrad- resp. Moped-Konfektionäre geliefert wurden.

HOBART

1. Hobart Motor Works, Coventry — GB 1901–1923
2. Hobart Bird & Co., Ltd., Coventry
3. Hobart Cycle Co., Ltd., Coventry

War eine große Fabrik, die auch Motorradteile an andere Firmen lieferte. Stellte selbst zahlreiche Ein- und V-Zweizylindermaschinen mit sv-, ohv- und Zweitaktmotoren her. Teilweise eigene Motoren, teilweise solche von Jap, Villiers, Morris und Blackburne. Besonders beliebt waren die 170-cm³-Hobart-Zweitakter. Letztes Modell: 246-cm³-Zweitaktmaschine mit innenliegender Schwungscheibe. Bei Hobart wurden auch im Auftrag McKenzie und andere Motorräder gebaut.

546 cm³ Hobart (sv-Blackburne) 1921

HOCHLAND

Gebr. Emslander, Motorenfabrik, Landshut, Bayern — D 1926–

496-cm³-Zweizylindermaschinen mit eigenen obengesteuerten Boxermotoren.

HOCKLEY

Hockley Motor Manufacturing Co., Ltd., 126 Barr Street, Birmingham — GB 1914–1916

Kleiner Hersteller von 269-cm³-Zweitaktmaschinen.

HOCO

Hoco-Werke, Hohmeyer & Co., AG., Minden, Westfalen — D 1924–1928

Von der Motorfahrzeug-GmbH, Hamburg, übernommene Konstruktion mit einem Kastenrahmen aus Eschenholz, das in vernickelte Stahltaschen gepreßt wurde. Eingebaut wurden 146-cm³-Nabob- und andere – auch 246-cm³- – Zweitakter sowie 293- und 346-cm³-sv-Jap-Motoren.

246 cm³ Hoco
(2T-Nabob-Motor) 1924

HODAKA

Hodaka Engineering Co., Ltd., Negoya, Japan J 1964–

Als Shigehiko Yamaguchi 1964 mit seinen Motorrädern nicht mehr mitkonnte, erwarb der Amerikaner Henry Koepke das Werk. Unter dem Namen Hodaka lieferte es Zweitakter nach den USA und versuchte später auch das Glück auf dem europäischen Markt. Baut hauptsächlich sportliche 98- und 123-cm³-Zweitaktmodelle mit eigenen schlitzgesteuerten Motoren für Gelände- und Moto-Cross-Wettbewerbe. Den ausschließlichen Vertrieb für Hodoka-Motorräder hat die Fa. Pabatco, P. O. Box 327, Sherman Road, Athena-Oregon, USA.

HOFFMAN

Hoffman-Werke, Lintorf, Bezirk Düsseldorf D 1949–1954

Stellte den Vespa-Roller unter Lizenz für Deutschland her, baute außerdem Zweitaktmodelle mit Sachs- und Ilo-Motoren von 98 bis 248 cm³ und ging dann zur Herstellung der von Richard Küchen konstruierten sensationellen 246- und 298-cm³-»Gouverneur« über, die mit ihrem quergestellten zweizylindrigen ohv-Boxermotor und Kardanantrieb die schönste und teuerste Maschine ihrer Klasse war. Aber nicht die, die in den damaligen Motorrad-Krisenjahren viele Kunden fand.

HOLDEN

The Motor Traction Co., Ltd., 27 Walnut Tree Walk, Kennington, London, S. E. GB 1898–1903

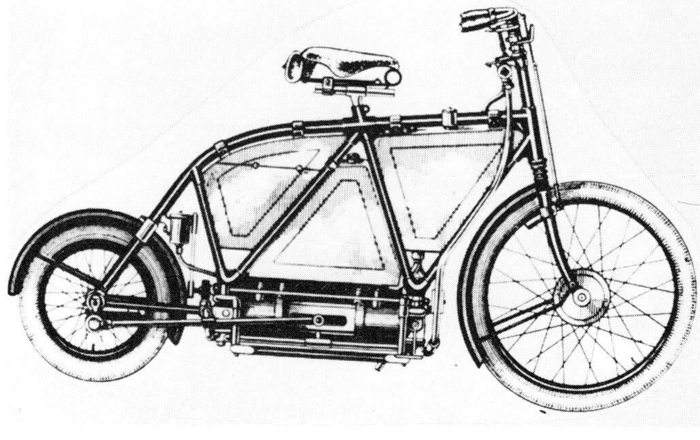

3 HP Holden (Wasserg.-Vierzyl.) 1897

Berühmte, von Colonel H. Capel Holden konstruierte 3-PS-Vierzylinder-Maschinen mit Wasserkühlung. Der Antrieb zum kleinen Hinterrad war direkt. Es existieren noch Museumsexemplare.

HOLLEY

Holley Motor Co., Davis Street, Bradford, Pennsylvania USA 1902–C

Gehörte zu den ersten in den USA serienmäßig gebauten Motorrädern. Der Einzylindermotor von 550 cm^3 saß nach hinten geneigt im fahrradähnlichen Fahrgestell.

HOLROYD

1. J. S. Holroyd, East Street, Farnham, Surrey GB 1922
2. J. S. Holroyd, 6 Warwick Street, Regent Street, London W. 1

Ein bekannter Ex-Rennfahrer auf Blackburne und Jap, der sich dem Bau von Sportmaschinen mit 246- und 346-cm^3-Jap-Motoren ohne große Erfolge verschrieb.

HONDA

Honda Motor Company Ltd., Nr. 5, 5-Chome Yaesu, Chuo-ku, Tokyo J 1948–

Größter Motorradproduzent der Welt. Mit in Großserien gebauten und preiswerten motorisierten Zweiradfahrzeugen von 49 bis 992 cm^3 schuf Soichiro Honda einen unauslöschbaren Beitrag zum großen Aufschwung des Motorradwesens der sechziger und siebziger

736 cm^3 Honda (ohc-Vierzyl.) 1975

Jahre. Seine 1949 gebaute 98-cm^3-Zweitakt-»Dream« war der Anfang, 1951 entstand dann die verbesserte »Dream« mit dem 148-cm^3-ohv-Motor und 1952 der 49-cm^3-»Cub«-Fahrrad-Hilfsmotor. 1954 folgte die »Benly«, 1955 der »Juno«-Roller und der weiterentwickelte »Dream-SA«-Typ. Dann kamen zahlreiche 49-cm^3-Versionen und auch schon größere Motorräder. Größer wurde auch immer mehr die Produktion, moderner die Einrichtung der aufstrebenden Werke. Kaum eine andere Fabrik brachte in so kurzer Zeit so viele Modelle zur Serienreife, kaum ein anderes Werk so schnell die Großserienproduktion in Schwung. Bald zeigte Honda auch Interesse an Rennen in Europa und gewann mit Spitzenfahrern wie Mike Hailwood, Jim Redmann, Tom Phillis, Luigi Taveri, Ralph Bryans, Tommy Robb, Derek Minter, Weltmeisterschaften und andere zahllose große Veranstaltungen. Die Modellreihe umfaßt auch Spezialmaschinen wie Citybikes, Trial- und Moto-Cross-Versionen. Sie fängt mit 49-cm^3-Modellen an und führt über 72-, 99-, 122-, 124- und 249-cm^3-Modellen mit einzylindrigen ohc-Motoren zu 124, 249, 325 cm^3 und 444-cm^3-ohc-Zweizylinder-Modellen. Dazu kommen 347-, 499- und 736-cm^3-Vierzylinder-ohc-Modelle mit luftgekühlten Reihenmotoren, wobei die vorerwähnte 444-cm^3-Zweizylindermaschine mit zwei obenliegenden Nockenwellen ausgerüstet ist. Anfang 1975 erschien auch die 999-cm^3-Vierzylinder-Honda, deren wassergekühlter Boxermotor quergestellt eingebaut ist. Für Moto-Cross stellt die große japanische Fabrik auch Zweitaktmaschinen, die »Elsinore« mit 124- und 247-cm^3-Einzylindermotoren, her. Mit 40 Modellen hat Honda auch wohl die größte Typenreihe in der Motorradindustrie der Welt.

HOOCK

Hoock & Co., Köln am Rhein, Probsteingasse 15 D 1926–1928

War Importeur von Villiers-Motoren und englischem Zubehör. Baute in kleinem Maßstab 342-cm^3-Zweitaktmaschinen mit einzylindrigem Villiers-Motor.

HOREX

1. Horex Fahrzeugbau AG., Bad Homburg v. d. Höhe D 1923–1959
2. Horex-Columbus Werk KG., Fritz Kleemann, Bad Homburg v. d. Höhe
3. Horex-Werke KG, Fritz Kleemann, Bad Homburg v. d. Höhe.

Kommerzienrat Friedrich Kleemann, Besitzer der Rex-Konservengläserfabrik, gab das »Rex«, die Stadt Homburg das »Ho«. So entstand der Name Horex. Und als die Kleemanns das Motorenwerk Oberursel übernahmen, hatte man auch gleich den kleinen »Gnom«-Fahrradhilfsmotor. Aus ihm wurde auch der erste »Columbus«-Motorrad-Einbaumotor, ein 246-cm^3-ohv-Einzylinder, der schon in den ersten Horex-Motorrädern verwendet wurde und mit Fahrern wie Fritz Kleemann jun., Philipp Karrer und anderen Rennen gewann. Es folgten 498- und 598-cm^3-sv- und ohv-Einzylindermodelle, später auch 198-, 298- und 346-cm^3-ohv-Versionen. Ende der zwanziger Jahre baute Horex im Columbus-Werk englische Sturmey-Archer-Lizenzmotoren. Eine 348-cm^3-ohv-Version auch für Victoria-Nürnberg – eine Weiterentwicklung derselben führte zur »Regina«. Aber schon 1932 hatte Chefkonstrukteur Reeb auch 598- und 796-cm^3-Parallel-Zweizylinder-ohc-Modelle entwickelt, später zahlreiche 498- und 598-cm^3-ohv-Typen mit zum Teil vierventiligen Zylinderköpfen. Nach 1945 konnte Horex als erste deutsche Motorradfabrik eine 348-cm^3-ohv-Einzylindermaschine, die »Regina«, in größeren Quantitäten bauen. Dann kamen 398- und 498-cm^3-Parallel-Zweizylinder (Imperator) und auch 248- und 348-cm^3-Einzylinder-(Resident-)Typen dazu. Die letzte

498 cm³ Horex
(2 × ohc-Zweizyl.) 1952

Horex war ein kleiner Zweitakter mit 97-cm³-Sachs-Motor. Erfolgreiche Horex-Fahrer der fünfziger Jahre: Friedl Schön, Kurt Mansfeld, Hugo Schmitz, Bill Petch und Werner Graber. In Verbindung mit dem Rennfahrer Roland Schnell wurden auch die einzylindrigen 248-, 348- und 498-cm³-Schnell-Horex-ohc-Rennmaschinen gebaut, die u. a. von Schnell, Gablenz, H. P. Müller, Kläger, Aldinger, G. Braun, Böhrer und R. Zeller gefahren wurden.

HORSY

Scooters Horsy, Rue Constantin, Vichy-sur-Seine — F 1952–1953

Ein ungewöhnlicher 83-cm³-Kleinroller einer kleinen Fabrik.

HOSK

Hosk Motor Company, Tokyo — J 1953–P

Erzeugte eine Vielfalt von 123-cm³-Zweitaktmodellen, 248- und 348-cm³-ohv-Einzylinder- und 498-cm³-Parallel-Zweizylindermodellen, die eine gewisse Anlehnung an die Erzeugnisse von Horex nicht verleugnen konnten.

HOSKISON

1. Hoskison Manufacturing Co., Ltd., 20. Digbeth, Birmingham — GB 1919–1922
2. C. S. Spring, 252 Wilton Street, Lozells, Birmingham
3. The Hoskison Motors Ltd., 72 Lozells Rd., Birmingham

Kleiner Konfektionär mit drei Grundmodellen: 269 cm³ mit Villiers-, 292 cm³mit Union-Zweitaktmotoren und 497 cm³ mit dem einzylindrigen sv-Motor von Blackburne.

HOWARD

Howard & Co., Coalville bei Leicester — GB 1905–1907

Besaß keinen Vergaser, sondern schon eine eigene Benzineinspritzung am selbsthergestellten 2,5-PS-Einzylindermotor.

H.R.D.

1. H.R.D.-Motors Ltd., Heath Town, Wolverhampton — GB 1924–1950
2. H.R.D.-Motors, Fryer Street, Wolverhampton
3. OK-Supreme Motors, Warwick Road, Greet, Birmingham
4. The Vincent-HRD Co., Ltd., The Great North Road, Stevenage

Vom Rennfahrer H. R. Davis konstruierte 348- und 498-cm³-Sport- und Rennmaschinen mit ohv-Motoren von Jap, die mit ihm und Freddy Dixon im Sattel zahlreiche Erfolge errangen.

490 cm³ HRD
(ohv-Jap-Rennmasch.) 1925

1928 erwarb Bill Humphries, der OK-Chef, die H.R.D., gab sie aber bald an Phil Vincent weiter, der schon 1929 neue Modelle mit Hinterradfederung und mit Motoren von Villiers, Blackburne, Python und auch Jap baute. Ab 1934 stellte er eigene 496-cm³-ohv-Einzylindermotoren, ab 1937 auch 996-cm³-V-Zweizylinder-ohv-Motoren her. Genau gesagt, handelte es sich hier um eine semi-ohc-Konstruktion, die in weiterentwickelter Form auch nach 1945 gebaut wurde. 1950 verschwand der Name H.R.D., doch wurde dieser große, schnelle und beliebte Zweizylindertyp unter dem Namen »Vincent« noch einige Jahre neben einer nicht unähnlichen 498-cm³-Einzylinderversion produziert.

H.T.

1. The Hagg Tandem Motorcycle, Park Street nr. St. Albans — GB 1920–1922
2. The H.T. Motor-Cycle-Co., Park Street nr. St. Albans

Eine ungewöhnliche roller-ähnliche Konstruktion mit kompletter Kapselung des 292-cm³-Union-Zweitaktmotors, der später durch einen 348-cm³-Barr & Stroud-Schiebermotor in einem weiterentwickelten Fahrgestell ersetzt wurde. Die H.T. hatte zwei Sitze und Hinterradfederung mittels Blattfedern.

HUC

Maschinenfabrik M. Hecker & Co., Berlin-Friedrichshagen, Seestr. 126 — D 1924–1925

Kleiner Konfektionär, dessen Motorräder 145- und 173-cm³-DKW-Zweitaktmotoren hatten. Keinerlei Verbindung zu Hecker in Nürnberg.

HUCKE – RINNE

Max Hucke, Fahrgestellbau, Berlin-Neukölln — D 1924–1926

Der bekannte Rennfahrer Max Hucke stellte die Fahrgestelle für 124-, 173- und 247-cm³-Rinne-Zweitakter mit Verdampfungskühlung her. Bekannte Fahrer: Hucke, Rannacher, Lücke, Michael, Köhler.

HÜFFER

Hüfferwerke, Abt. Kraftfahrzeugbau, Münster, Westf. — D 1923–1925

Motorrad-Konfektionär mit 150- bis 198-cm³-Motoren von DKW, Rapid, Baumi etc.

HULBERT – BRAMLEY

1. Hulbert-Bramley Motor Co., Ltd. 19 Grand Parade, Putney, London, S.W. — GB 1903–1906
2. Hulbert-Bramley Motor Co., Ltd. 96 Upper Richmond Road, Putney, London, S.W.

Nachfolgefirma der Booth-Motor Company, die außer Dreirädern und Leichtkrafträdern auch den Bau der vierzylindrigen Binks-Motorräder übernahm.

HULLA

1. Fahrzeugwerke für Kleinmotoren, Hagen bei Bremen — D 1925–1932
2. Hulla-Werke, Ing. Heinrich Helms, Hagen bei Bremen

Mit 173-, 198-, 206- und 298-cm³-DKW-Zweitakt- sowie 296-cm³-Jap-sv-Motoren ausgerüstete Konfektionsmaschinen einer kleinen Firma.

HULSMANN

1. N. V. Hulsmann, Rijwielfabriek, Rotterdam — NL 1950–O
2. J. D. Hulsmann, Motor-Works, Schieam

Stellte konfektionierte Zweitakter mit 123- bis 246-cm³-Villiers-, Ilo-, Sachs- und anderen Motoren her.

HUMBER

Humber Ltd., Coventry — GB 1900–1930

Berühmte Autofabrik, deren erste Motorräder unter P.&.M.-Lizenz mit nach vorn geneigten Einzylindermotoren gebaut wurden. Eigene Typen besaßen 496-, 596- und 746-cm³-sv-Zweizylinder-Boxermotoren in Längsrichtung, wovon die 596-cm³-Humber noch bis 1923 gebaut wurde. Dann konzentrierte sich das Werk auf den Bau erstklassiger 347-cm³-Einzylindermaschinen mit sv-, ohv- zuletzt auch ohc-Motoren.

492 cm³ Humber
(Eig. Zweizyl.-Boxermotor)
1921

498 cm³ Humber (Eig.
sv-Boxer-Zweizyl.) 1924

346 cm³ Humber
(Eig. sv-Motor) 1924

346 cm³ Humber
(Eig. sv-Motor) 1926

346 cm³ Humber
(Eig. ohv-Motor) 1928

346 cm³ Humber
(Eig. ohc-Motor) 1929

HUMMEL

Ordemann & Hauser, Sittensen, Bezirk Bremen — D 1951–1954

Die auch unter dem Namen »Sitta« bekanntgewordenen Hummel-Roller hatten 120-, 123- und 147-cm³-Ilo-Motoren. Diese und auch andere Ilo-Zweitakter von 49 bis 248 cm³ fanden sich in Hummel-Motorrädern. Zuletzt wurde die 49-cm³-Mopedversion als »Sitta-Crédette« von der Firma Gebr. Créde & Co., Fahrzeugbau, Kassel, hergestellt.

H.&.R.

Hailstone & Ravenhall, 132 Clay Lane, Coventry — GB 1922–1925

Sie hieß H.&.R., manchmal auch R.&.H., und hatte einen einfachen Rahmen, in dem ein 147-cm³-Villiers-Zweitaktmotor saß.

H.&.R.

Motorenwerk Zittau, Hartmann & Richter, Niederoderwitz/Sa. — D 1921–1925

Dies war der ursprüngliche Name der Heros-Motorräder, die eigene 155-, 185- und 249-cm³-sv-Motoren besaßen.

7264 Motorb.-Verl. Bg. 14

HURIKAN

Motor-Union, Narodni Podnik, Ceské-Budêjovice CS 1947–1949

Moderne 247-cm³-ohc-Sportmaschinen mit eigenem Blockmotor. Konstrukteur: Jaroslav Vlk.

HURRICANE

Fuji Heavy Industries, Ltd., 2, Marunouchi, Chiyoda-ku, Tokyo J O–1961

Der Hersteller der erfolgreichen 90- und 123-cm³-»Rabbit«-Roller, baute auch Leichtkrafträder mit Zweitaktmotoren (wie auch eine 348-cm³-ohv-Maschine).

HURTU

1. Compagnie des Autos et Cycles Hurtu, Albert, Somme F 1903–O
2. Moteurs Hurtu, Rue de Castagnary 104, Paris XV

Einst eine bekannte Autofabrik, die dann Leichtkrafträder und nach 1945 auch 49-cm³-Zweitakt-Fahrradhilfsmotoren hergestellt hat.

HUSAR

1. Leichtmotorrad GmbH., München, Parkstraße 20 D 1923–1925
2. Husar-Motorfahrzeug AG., München, Parkstraße 20

Mit 296-cm³-sv-Motoren gebaute Motorräder, die vorn und hinten Blattfedern zur Abfederung der Räder besaßen.

HUSQVARNA

Husqvarna Vapenfabriks AB, Huskvarna S 1903–

Renommierte Waffenfabrik, deren erste Motorräder Einbaumotoren von FN und Moto-Rêve besaßen. Stellte dann eigene Motoren her, wobei die 546- und 996-cm³-V-Zweizylinder-sv-Versionen der zwanziger Jahre einen guten Ruf hatten. Weltberühmt wurde die Marke durch von Carl Heimdal konstruierte und Ing. Folke Mannerstedt weiterentwickelte 498-cm³-ohv-V-Zweizylinder-Rennmaschinen aber auch durch 248-, 348- und 498-cm³-ohv-Einzylinder-Rennmaschinen, die u. a. von Stanley Woods, Gunnar Kalén, Ragnar Sunnquist, Martin Strömberg, Michael Gayer, Ernie Nott, Sten Edlund, Ove Lambert-Meuller erfolgreich gefahren wurden. Weitere Erfolge kamen nach 1945 mit sportlichen Zweitaktern von 124 bis 456 cm³, die zu den erfolgreichsten Moto-Cross-Maschinen gehören. Stellt derzeit solche 123-, 174-, 245-, 395- und 456-cm³-Modelle serienmäßig her.

498 cm³ Husquarna (Eig. ohv-V-Zweizyl.-Rennmasch.) 1933

HUY

1. Fahrzeug-Motoren AG., Dresden-Mickten, Kötzchenbroderstr. 76 D 1923–1926
2. Huy Motorenwerk, Dresden-Mickten, Kötzchenbroderstr. 76
3. Huy Motorenwerk Arthur Thiele, Dresden-Mickten, Moritzburgerstr. 19

Trotz ihrer etwas zu hohen Bauart war die 198-cm³-Huy mit dem sv-Motor ein recht beliebtes Leichtkraftrad. Wohl deshalb, weil das Fahrgestell im Gegensatz zu anderen Konstruktionen sehr robust ausgeführt war.

IBIS

1. Fabricca Ciclimotori Ibis, O. Bigliocca, Via Principe Amedeo 45, Torino I 1925–1928
2. Fabricca Motocicli Ibis, E. Remorino, Torino

Mit 173-cm³-ohv-Motoren von Piazza ausgestattete Sportmaschinen.

IDEAL

Eduard Alfred Pachtmann, Dresden, Nürnberger Straße 34 D 1924–1925

173-cm³-Zweitakt-Maschine mit eigenem Dreikanal-Nasenkolbenmotor.

IDRA

Idra Motobiciclette, Via Monginevio 79, Torino I 1923–1926

Baute 123-cm³-ohv-Einzylindermotoren für Fahrräder und auch komplette Leichtkrafträder. Konstrukteur: Ing. O. Idra.

IDROFLEX

Ditta Issi, Sezione Idroflex, Via Ugo Bassi 21, Milano I 1949–1954

Leichtkraftrad mit am hinteren Schwingarm angebrachtem 105-cm³-Zweitaktmotor. Etwas komplizierte Konstruktion mit liegendem Zylinder.

IFA

VEB Motorradwerk, Zschopau DDR 1945–1960

Die IFA war die Nachfolgerfirma von DKW in Zschopau und die Vorgängerin der jetzt dort gebauten MZ. In Wirklichkeit hat sich zwischen Ifa und MZ fast nur der Name am Kraftstoffbehälter dieser in großen Stückzahlen gebauten Zweitaktmaschinen geändert. Gebaut wurden solide Modelle mit Hubräumen von 123 bis 346 cm³. Die letztere war eine Zweizylinder-Zweitakt-Maschine mit einem quergestellten Boxer-Blockmotor und Kardanantrieb. Es gab auch sehr schnelle IFA-Werksrennmaschinen mit 123 und 248 cm³, die viele Erfolge errangen. Bekannte Fahrer: Petruschke, Krumpholz, Brehme, Fügner, Degner und andere. Der größere Renntyp hatte zwei Zylinder und später auch Wasserkühlung. Weiterentwicklung desselben bei MZ unter Walter Kaaden.

ILO

Norddeutsche Maschinenfabrik GmbH., Pinneberg-Holstein D 1923–1925

Weltbekannt als Hersteller von Zweitakt-Einbaumotoren, stellte das Werk zunächst auch gut konstruierte und moderne Leichtkrafträder mit 117, 132, 147 und 170 cm^3 Hubraum her. Vertrieben wurden diese auch durch den D. A. K. (Deutscher Automobil-Konzern) mit dem Sitz in Leipzig.

IMHOLZ

Imholz Fahrradwerke AG., St. Gallen CH 1924–1927

Stellte Motorräder mit 123-cm^3-Zweitaktmotoren, später auch 173-cm^3-Modelle mit Zwei- und Viertakt-ohv-Moser-Einbaumotoren her.

IMME

Norbert Riedel Motoren AG., Immenstadt/Allgäu D 1948–1951

Riedel gehörte, wie Cockerell, Neumann-Neander, Paffrath, Passow und Ruppe, zu den einfallsreichsten Konstrukteuren Deutschlands. Die Imme hatte ein einfaches Stahlrohr-Fahrgestell, an dem der liegende 99-cm^3-Zweitaktmotor zusammen mit dem Hinterrad schwang. Das Auspuffrohr bildete die Schwinge. Ungewöhnlich auch die nur einseitige Vordergabel. Kommerzielle Gründe veranlaßten den Bau der noch nicht ganz entwickelten Imme, die aber auch vielen Kunden zu radikal im Verhältnis zu althergebrachten Motorradkonstruktionen war. Riedel baute auch noch eine 198-cm^3-Zweizylinderversion. Er verunglückte Anfang der sechziger Jahre bei einem Skiausflug tödlich.

IMN

Industria Meccanica Napoletana, Baia, Napoli I 1950–1958

Diese Firma hatte ein Hoffmann-ähnliches Schicksal. Baute zunächst Zweitakter von 49 bis 249 cm^3 und auch derartige ohv-Modelle. Dann kam die Firma mit einer luxuriösen 198-cm^3-ohv-Zweizylindermaschine heraus, deren Boxermotor quergestellt im Doppelrohrrahmen lag und Kardanantrieb zum Hinterrad besaß. Die teuere Konstruktion war noch nicht voll entwickelt, als IMN den Motorradbau aufgeben mußte.

IMPERIA

Imperia Motorfahrzeugbau Georg Ibl, Hersbruck b. Nürnberg D 1923–1925

Ein kleines Unternehmen, das seitengesteuerte 346- und 496-cm^3-Jap-Motoren in eigene Fahrgestelle setzte.

IMPERIA

1. H. C. Becker & Co., Köln, Hohenzollernring 65 D 1924–1935
2. Köln-Kalker Maschinenfabrik AG, Köln-Kalk a. Rh.
3. Imperia Fahrzeugwerk GmbH., Bad Godesberg a. Rh.
4. Imperia Werk Aktiengesellschaft, Bad Godesberg a. Rh.

Eine sehr sportfreudige Fabrik, die 249- und 349-cm^3-ohv-Blackburne-, 490-cm^3-ohv-Jap- und wechsel- sowie obengesteuerte 346-, 496-, 596-, 746- und 996-cm^3-MAG-Motoren einbaute, die letzteren vier als V-Zweizylinder. Dann ging das Werk an die Schrödter-Familie nach Bad Godesberg über, wo man während der Jahre außer MAG-, Jap-, Villiers- und Bark- auch englische, von Rudge gebaute Vierventil-Python-248-, 348- und 498-cm³-Einzylindermotoren in sehr gute Fahrgestelle einbaute. 1934–1935 schuf der Firmenchef Dr.-Ing. Rolf Schrödter sensationelle Gegenkolben-Zweitakt-Kompressorrennmaschinen mit 348 cm³ Hubraum und auch den Prototyp einer ungewöhnlichen 496-cm³-Zweizylinder-Zweitaktmaschine, deren bei Bark für Schrödter gebauter Boxer-Blockmotor ein Trilox-Flüssigkeitsgetriebe hatte und quergestellt eingebaut war. Bedauerlich, daß die Kosten der unorthodoxen Konstruktionen den Untergang dieser so angesehenen Marke bedeuteten. Einer Marke, für die so berühmte Fahrer wie Zündorf, Pätzold, Soenius, Frenzen, Hobelmann, Schumacher, Richter, Herzogenrath, Ehrlenbruch, Loof, Dom, Schminke, In der Elst, Kohfink, Schanz, Berhausen, Thorn-Prikker, Anderson u. a. Erfolge errangen.

IMPERIAL

Imperial Motor Company, 228 Brixton Hill, London, S.W. GB 1901–C

Mit 3,5-PS-Coronet-Motoren ausgerüstete Motorräder, die schon eine Art Scheibenbremse besaßen.

IMPERIAL

Imperial Manufacturing Company, Boston, Mass. USA 1903–C

Eine schon lange vergessene amerikanische 446-cm³-Einzylindermaschine.

INDIAN

1. Hendee Manufacturing Co., Springfield, Mass. USA 1901–
2. Indian Motorcycle Co., Springfield, Mass. GB 1953–1962
3. Brockhouse Eng. (Southport) Ltd., Crossens, Southport
4. The Indian Co., Springfield, Mass. (Division of Associated Motor Cycles Ltd., London, SE 18)
5. Floyd Clymer – Motorcycle Division, 222 N. Virgil Ave., Los Angeles, California 90004
6. Indian Motorcycle Company, 110, North Doheny Street, Beverly Hills (California)

Die allererste Indian, von Oskar Hedström konstruiert, war am 25. Mai 1901 auf der Straße. George W. Hendee in Springfield, Mass., war der Chef dieser neuen Marke. Es waren zunächst gegengesteuerte, dann seitengesteuerte Ein- und V-Zweizylindermaschinen. Bereits 1909 war eine Indian Zweite bei der T.T. auf der Insel Man und 1911 wurde die Senior T.T. von O. C. Godfrey vor C. B. Franklin und A. Moorhouse, alle auf Indian, gewonnen. Franklin, ein Ire, war damals schon Chefkonstrukteur bei Indian, und 1921 war Freddy Dixon Zweiter und Bert Le Vack Dritter, ebenfalls in der Senior T.T. Auf einer seitengesteuerten Einzylindermaschine 1923 kam Dixon an dritter Stelle ans Ziel. Er fuhr aber auch große V-Zweizylindermodelle mit seiten- wie auch mit von oben gesteuerten Ventilen. Schon 1914 gab es 996-cm³-Indian-Modelle mit elektrischem Anlasser und Hinterradfederung, und in den zwanziger Jahren die berühmten 596-cm³-Scout-, 746-cm³-Police-Scout-, 996-cm³-Chief- und 1206-cm³-Big-Chief-V-Zweizylinder mit eigenen sv-Motoren. 1926 kamen 346-cm³-sv- und ohv-Einzylindermodelle, 1927 die vierzylindrige frühere 1265-cm³-ACE zu Indian. Dies war eine von Bill Henderson konstruierte und von Arthur Lemon weiterentwickelte Maschine, die in späteren Jahren als »Indian 4« bekannt wurde. Sie hatte einen luftgekühlten

996 cm^3 Indian (ioe-V-Zweizyl.-Elektr.-Starter) 1914

348 cm^3 Indian (ohv-Rennmasch.) 1928

1265 cm^3 Indian (Ace-Vierzyl.-Reihenmotor) 1928

Reihen-Blockmotor. Hendee selbst zog sich Mitte der zwanziger Jahre zurück und neue, im Motorradfach unerfahrene Firmeneigentümer – die auch viel zu oft wechselten – brachten die einst größte Motorradfabrik immer mehr in den Abgrund. Berühmte Fahrer wie Jim Davis, Gené Walker, Joe Petrali, Johnny Seymour, Otto und Art Pechar und in Europa Harry Herculeyns, Amedeo Ruggeri, Cpt. Kucka, Hugo Tichy, Michael Gayer, Zdenêk Pohl, Vaclav Liska etc. errangen in den zwanziger Jahren große Rennerfolge. Teils auch mit 746-cm^3-»Daytona«-ohv-Rennmodellen und 346-cm^3- wie 496-cm^3-ohv-Einzylinder-Rennmaschinen. Nach 1945 gab es hauptsächlich 1200-cm^3-sv-V-Zweizylinder-, dann – als Indian zu Brookhouse kam – sogar in England für Indian gebaute 246-cm^3-sv-Einzylindermodelle. Es folgten in den USA gebaute 440-cm^3- und 498-cm^3-ohv-Parallel-Zweizylinder- und 220-cm^3-ohv-Einzylindermodelle. In dieser Periode importierte Indian in Springfield zahlreiche englische Marken, wie Norton, Royal-Enfield u. a., nach den USA. Später wurde Indian von der Londoner AMC – Associated Motor Cycles, Hersteller der Matchless und AJS – erworben

346 cm³ Indian
(sv-»Prince«) 1929

596 cm³ Indian (sv-»Scout«)
1929

746 cm³ Indian
(sv-»Police Scout«) 1929

746 cm³ Indian
(sv-»Police-Scout«) 1931

1296 cm³ Indian
(»Eighty« Chief
V-Zweiz.-sv-Motor) 1953

246 cm³ Indian
(Engl. sv-Motor) 1955

und als Vertriebsfirma für die USA verwendet. Es gab auch zahlreiche englische Maschinen mit Indian am Tank. Dann ging die Firma ganz ein, obwohl Floyd Clymer Indian-Motorräder in Deutschland bei Münch herstellen wollte. Aber auch das ging nicht, wie gehofft, und erst vor wenigen Jahren brachte eine neue Indian-Company in Beverly Hills den Namen wieder auf amerikanische Motorräder, Zweitakt-Geländemaschinen mit 98 und 123 cm³. Mit den einst so famosen Scouts haben diese aber nur noch den Namen am Kraftstoffbehälter gemeinsam – nicht einmal mehr die für die Indian so typische rote Farbe. Gebaut werden diese neuen Indian-Zweitakter in Taiwan für die US-Firma.

INDUS

Industria Gesellschaft für technischen Bedarf mbH, Berlin W 35,
Potsdamer Straße 118 D 1924–1927

Mit Vorder- und Hinterradfederung ausgestattete Sportmaschinen. Als Motoren wurden der 346-cm³-ohv-Kühne, 346- und 490-cm³-ohv-Jap und der 497-cm³-ohc-Küchen eingebaut. Bekannte Indus-Fahrer: Tennigkeit, J. v. Krohn und Thevis.

INTRAMOTOR

1. Intramotor-Gloria S.p.A., 37100 Verona, Via Nizza 20 I 1971–
2. Intramotor Gloria S.p.A., Via Padovana, 37040 Arcole (VR)

Stellt Leichtkrafträder mit 49-cm³-Minarelli-Zweitaktmotoren und 124-cm³-Sachs-Sportmotoren her.

INVICTA

Invicta Motor Co., London, W. GB 1902–1906

Mit Minerva- und Kelecom-Motoren ausgestattete Konfektionsmaschinen.

INVICTA

Ditta Motocicli Invicta, A. Zanasi, Via Schiavonia 3. Bologna I 1951–1954

Leichtkrafträder mit Zweitaktmotoren von 74 bis 123 cm³.

346 cm³ Invicta
(sv-Jap-Motor) 1921

INVICTA

1. A. Barnett & Co., West Orchard, Coventry — GB 1913–1923
2. A. Barnett & Co., High Street, Coventry

Diese Marke war mit Francis-Barnett eng verbunden. Stellte 269-cm^3-Zweitakter mit Villiers-Motoren und 499-cm^3-sv-Modelle mit Abingdon- sowie 348- und 678-cm^3-Versionen mit Jap-Ein- und V-Zweizylindermotoren her.

IRESA

Constructiones Meccanicas Iresa, Madrid — E 1956–1959

Kleiner spanischer Konfektionär. Verwendete in Spanien gebaute Villiers-Zweitaktmotoren bis 198 cm^3.

IRIS

Iris Motor Co., 58 Holland Street, Brixton — GB 1902–1906

Sehr leichte 5-PS-V-Zweizylinder-Motorräder mit Wasserkühlung, Handstarter und Reibungskupplung.

IRIS

Motocicli Iris, Via 25 Aprile 14, Brescia — I 1952–1953

Mit 123-cm^3-Ilo-Zweitaktmotoren ausgerüstete Leichtkrafträder.

IRUNA

Industria Metalicas de Navarra SA., Nevarra — E 1953–O

Hersteller von 123-cm^3-Rollern mit eigenen Zweitaktmotoren.

ISH

Izevska Tovarna Motocyclu, Izevsk — SU 1928–

Rußlands älteste Motorradfabrik baute zunächst 1200-cm^3-V-Zweizylinder-sv- und 746-cm^3-ohv-Modelle. Es folgte eine 198-cm^3-Zweitakt- und eine Neander-ähnliche 498-cm^3-ohc-Maschine. Ab 1938 wurde die Ish mit dem 346-cm^3-Zweitaktmotor in verschiedenen Ausführungen mit 18 PS und 25 PS Leistung gebaut. Robuste Motorräder mit zweidimensionalen Rohrrahmen. Die letzte Variante der Ish ist die Jupiter-3.

ISLO

Motocicletas Islo, Salfillol, Mexico — MEX 1960–

Mit Sachs-Lizenz-Zweitaktmotoren ausgerüstete Enduro- und Geländemotorräder von 48 bis 248 cm^3. Siehe auch Cooper-Islo.

ISO

Iso SpA. (Bresso), Milano, Corso porta nuova, 16 — I 1949–1964

Bekannter Hersteller sportlicher Luxusautomobile, der Motorräder und Roller mit eigenen Doppelkolben-Zweitaktmotoren bis 248 cm^3 gebaut hat und auch 123- und 173-cm^3-ohv-Motoren verwendete. Bekannt für gute Konstruktion und Ausführung. Eine BMW-ähnliche 499-cm^3-Boxer-ohv-Zweizylindermaschine ging nicht in Serie.

ITALA

Moto Itala, Giuseppe Navone, Via Lodovica 11, Torino — I 1933–1939

Bekannter Importeur französischer und englischer Erzeugnisse. Baute 98-cm^3-Modelle mit Train-Zweitaktmotoren und Versionen mit 173-, 246- und 346-cm^3-Chaise- sowie 248-, 348- und 498-cm^3-Vierventil-Python-Einbaumotoren. Daneben auch eine 498-cm^3-Vierzylindermaschine, die Super-Itala, mit dem luftgekühlten Chaise-Reihenmotor.

ITALEMMEZETA

Italemmezeta S.p.A., Via Ugo Bassi 21, Bologna — I 1958–1966

Mit MZ-Zweitaktmotoren ausgestattete sportliche Maschinen mit 98 bis 248 cm^3 Hubraum. Die von Leopoldo Tartarini gegründete Marke wurde später auf Italjet umbenannt, das Werk nach San Lazzaro di Savena verlegt.

ITALJET

Italjet S.p.A., Via Palazetti 5, S. Lazzaro di Savena (Bologna) — I 1966–

Sehr zahlreich sind die bei Italjet gebauten Modelle, zumal die Reihe auch Mopeds und Motorräder von 48-cm^3-Zweitaktern bis zu 649-cm^3-ohv-Zweizylindermodellen umfaßte. Die große Modellvielfalt beruht auf der Verwendung von Motoren, die von Minarelli, CZ, MZ, Yamaha etc. bis zu englischen Triumph-Motoren führten. Gute Fahrwerke, starker USA-Export. Baut jetzt 48- und 123-cm^3-Modelle.

ITAR

1. J. Janatka & Spol., Stefanikova 30, Praha-Smichov — CS 1921–1929
2. Holubovsky & Spol., Havličková 113, Praha-Radlice

Baute die von Ing. Zubaty konstruierte 746-cm^3-Itar mit eigenem zweizylindrigen sv-Boxermotor, später auch Motorräder typisch englischer Bauweise mit 348- und 498-cm^3-sv- und ohv-Jap-Motoren.

ITOM

1. I.T.O.M. S.r.L., Industria Torinese Meccanica, Via Francesco Millio, Torino — I 1948–
2. Itom Motor, I.M.S.A. S.a.s., 10057 S. Abrogio (To), Via Sestiere 1

Bekannt durch zahlreiche Zweitaktmodelle mit eigenen und Franco-Morini-Motoren von 48 bis 98 cm^3 Hubraum.

IVEL

Don Albone, Ivel Cycle & Motor Works, Biggleswade, Beds. — GB 1902–B

Pionierfirma, die De-Dion- und MMC-Motoren vor dem Steuerkopf von verstärkten Fahrradgestellen eingebaut hat.

IVER-JOHNSON

Iver-Johnson's Arms- & Cycle-Works, 136 River Street, Fitchburg, Mass. — USA 1907–1915

Sehr gut konstruierte und ausgeführte Ein- und V-Zweizylindermaschinen mit Motoren bis zu 1090 cm³. Einige Modelle hatten bereits Hinterradfederung. I.-J. war auch eine bekannte Waffenfabrik.

IVO LOLA RIBAR

Ivo Lola Works, Zeleznik, Belgrad — YU 1956–

Baute italienische 123-cm³-Vespa-Roller in Jugoslawien unter Lizenz.

IVY

S. A. Newman Ltd., Lichfield Road, Aston Cross, Birmingham — GB 1908–1932

Newmans Ivy hatte zunächst Precision-, wassergekühlte Green-Precision- und Jap-Einbaumotoren. Daneben gab es Dreikanal-Zweitakter eigener Fertigung mit 225, 296 und – nach 1919 – 248 und 348 cm³ Hubraum. Nach einer Unterbrechung in der zweiten Hälfte der zwanziger Jahre wurden bei Ivy wieder 248-cm³-Zweitakter und 293-cm³-sv-Modelle gebaut.

293 cm³ Ivy
(Eig. 2T-Einzyl.) 1922

IXION

Primus Motor Works, Rathgate Road, Loughborough Junction,
London, S.W. — GB 1901–1903

Baute Motorräder mit De-Dion- und MMC-, angeblich aber auch mit französischen 1,5-PS-Zweitaktmotoren von Bichrone.

IXION

1. Whittall Eng. Co., Whittall Street, Birmingham — GB C–1923
2. Ixion Motor Mfg. Co., 35 Gt. Tindal Street, Ladywood, Birmingham
3. Ixion Motor Mfg. Co., 15 Wellington Road, Smethwick, Birmingham
4. Ixion Motor Mfg. Co., Ladywood, Birmingham

Die grünen Ixion-Motorräder hatten 670-cm³-Abingdon-V-Zweizylinder- und 499- sowie 597-cm³-Precision-sv-Motoren, 349-cm³-Precision- und 293-cm³-Peco-Zweitakter, später auch den 269-cm³-Villiers-Zweitaktmotor. Mit diesem waren sie von 1919 bis zum Torschluß ausgestattet. New Hudson erwarb den Namen Ixion.

J.A.C.

Tovarna na Motocykly, J. A. Cvach, Horazdovice CS 1929–1932

Eine interessante Konstruktion mit 498-cm^3-Einzylinder-Schieber-Blockmotor, Kardanantrieb und geschweißtem und genietetem Stahlblechrahmen mit tiefer Sattelposition.

JACKSON-ROTRAX

Alec Jackson, Speedway-Motorcycles, Motor-Export Ltd., 1006 Harrow Road, London N.W. 10 GB 1949–1966

Mit Spezial Jap-Motoren ausgerüstete 499-cm^3-Speedway-Maschinen, die von Alec Jackson, einem berühmten Speedway-Fahrer, gebaut wurden.

JACK SPORT

Ets. Jack Sport, Courbevoie F 1927–1931

Kleiner Konfektionär von Motorrädern mit 348- und 498-cm^3-sv- und ohv-Jap-Motoren.

J.A.K.

Kraftfahrzeuge J. A. Kraut, Gochsheim b. Schweinfurt D 1922–1925

Mit 119-, 142- und 173-cm^3-DKW- und 129-cm^3-Bekamo-Motoren ausgerüstete Leichtkrafträder.

JALE

Motorradbau Jakob Lehner, München D 1923–1925

Stellte 170-cm^3-Zweitaktmaschinen mit eigenen luft- und wassergekühlten Dreikanal-Nasenkolben-Motoren her.

JAMATHI

C. Joh. Bruinsma b. v., Stadthouderskate 143, Amsterdam NL 1973–

Eine junge holländische Firma, die sportliche 49-cm^3-Zweitaktmaschinen baute.

JAMES

The James Cycle Co., Ltd., Greet, Birmingham GB 1902–1964

Einst eine bekannte Marke. Sie hatte zunächst FN-Motoren, bald aber auch eigene 297-cm^3-Zweitakt- und 496- sowie 596-cm^3-sv-Ein- und Zweizylinder-V-Motoren. Berühmt die »kleinen« 496-cm^3-V-Zweizylinder, die es auch als ohv gab. James baute auch zahlreiche Zweitaktmodelle mit Villiers-Motoren von 98 bis 248 cm^3. Auf diese konzentrierte man auch nach 1945 die Produktion. 1931 war die Baker-Motorradfabrik zu James gekommen. Dann, in den fünfziger Jahren, wurde James – wie Francis-Barnett – von Associated Motor Cycles Ltd. (Matchless-AJS-Norton) in London übernommen. Unter Fred Kimberley groß geworden, verschwand der Namen James in den sechziger Jahren vom Markt.

496 cm^3 James (Eig. ohv-V-Zweizyl.) 1929

246 cm^3 James
(2T-Commadore) 1963

248 cm^3 James (2T-Villiers-
Moto-Cross) 1965

J.A.P.

J. A. Prestwich & Co., Ltd., Northumberland Park, Tottenham, London, N. 17 — GB 1904–1908

Weltberühmt als Hersteller von Motorrad-Einbaumotoren von 147 bis 1098 cm^3, baute das Werk zunächst auch komplette Motorräder. Als dann aber der Bedarf an den hervorragenden Jap-Motoren bei anderen Motorradherstellern stieg, stellte Prestwich den Bau kompletter Maschinen ein.

JAVON

J. A. Vogler, Fahrzeugbau, Nürnberg-Zabo, Rohrmattengasse 16 — D 1929–1932

Beschränkte Produktion von 198- und 498-cm^3-Maschinen mit sv-Motoren von Jap.

JAWA

1. Zbrojovka Ing. F. Janecek, Praha-Nusle II — CS 1929–
2. Tovarna Jawa, N. P., Praha-Nusle II
3. Motokov Außenhandelsunternehmen, Trida Dukelskych Hrdinu 47, Praha 7

Die erste Jawa war eine unter Wanderer-Lizenz gebaute 498-cm^3-ohv-Einzylinder-Blockmaschine mit Kardanantrieb und Preßstahlfahrgestell. Ab 1932 folgten teilweise unter Villiers- und Auto-Union-Lizenz hergestellte Zweitakter und eigene 346-cm^3-sv- und ohv-Modelle. Die Zweitaktreihe bestand bis 1939 aus Modellen mit 98, 173 und 246 cm^3 Hubraum. Gut

498 cm^3 Jawa (ohv-Block-Kardan) 1929

172 cm^3 Jawa (2T-Villiers) 1932

348 cm³ Jawa (2T-Zweizyl.) 1975

konstruierte und gebaute Motorräder, für deren Konstruktion der 1973 verstorbene Engländer George William Patchett und der Tschechoslovake Josef Jozif verantwortlich waren. Andere Konstrukteure, inklusive Jan Krivka, entwickelten nach 1945 die sehr erfolgreichen und modernen 246- und 346-cm³-Zweitaktmodelle, die ständig vervollkommnet wurden und in zahlreichen Ausführungen auf den Markt kommen. International wurde Jawa besonders durch die zahlreichen Erfolge bei Rennen und Geländefahrten, besonders die Siege bei den internationalen Sechstagefahrten, bekannt. Das derzeitige, aus Zweitaktern bestehende Bauprogramm umfaßt Modelle mit 48, 123, 173 und 248 cm³ als Einzylinder und 344 cm³ als Parallel-Zweizylinder, die preiswert auf den Markt kommen. Jawa übernahm nach dem Kriege die Ogar-Werke, später auch die ESO, wo Bahnrennmaschinen und -Motoren gebaut werden, und arbeitet mit CZ, vor allem kommerziell, zusammen. Bekannte Jawa-Fahrer: Stastny, Havel, Juhan, Brand, Vitvar, Kaiser, Briggs, Wood, Spann, Rosak, Stanislav, Lucak. Unserienmäßige Rennmodelle: 173- bis 598-cm³-ohv-Straßen- und Bahnrennmaschinen; 248-, 348- und 500-cm³-Parallel-Zweizylinder-Doppel-ohc-Modelle, teilweise sogar mit Kompressor. Letztere wurden 1946–1950 eingesetzt. Jawa besitzt mehrere Zweigwerke und ist jetzt auch auf dem Motorensektor mit CZ eng verbunden.

JE-BE

Berliner Motor Corporation, Railroad Street & Plant Road,
Hasbrouck Heights, New Jersey — USA O–Q

In Deutschland für Berliner gebaute 98- und 123-cm³-Motorräder mit Sachs-Zweitaktmotoren.

J. B.-LOUVET

Ets. J. B. Louvet, Rue Ambroise Thomas 1, Argentueil — F 1926–1930

Baute neben 173- und 246-cm³-Zweitaktmaschinen mit Aubier-Dunne-Motoren auch 348- und 498-cm³-Einzylindermodelle mit Jap-Motoren, die angeblockte Getriebe – eine französische Spezialkonstruktion zum Anbau an »getrennten« Motoren – besaßen.

J.D.

Bowden Wire Ltd., Victoria Road, Willesden Junction, London N.W. 10 GB 1920–1926

Mit Reibradgetriebe ausgestatteter 116-cm³-Fahrrad-Hilfsmotor.

JEAN THOMANN

1. Jean Thomann, Rue Colbert 4, Montreuil sous Bois F 1920–1930
2. Jean Thomann, Avenue Felix Faure 88, Nanterre

Gehörte zum Alcyon-Konzern und baute Zweitakter von 98 bis 249 cm³ und auch eine 499-cm³-ohv-Maschine mit außenliegender Schwungscheibe.

JEECY – VEA

Motos Jeecy-Vea, Avenue des Saisons, Bruxelles B 1923–1927

Berühmt durch die Tatsache, daß der verstorbene König Albert von Belgien eine dieser Boxer-Zweizylindermaschinen fuhr. Es gab 498- und 688-cm³-Modelle mit Coventry-Victor- und 746-cm³-»Flat-Twins« mit Watelet-Motoren.

JEFFERSON

Waverley Manufacturing Co., 101 Waverley Place,
Jefferson, Wisconsin USA 1911–1914

Die Jefferson mit ihren Ein- und V-Zweizylinder-ohv-Motoren und Hinterradfederung war eine Konstruktion und Weiterentwicklung der von Perry E. Mack geschaffenen P.E.M.-Motorräder.

998 cm³ Jefferson
(Eig. ohv-V-Zweizyl.) 1913

JEHU

The Jehu Motor Co., Ltd., 31 Brooke Street, Holborn, London, E.C. GB 1901–C

Einst eine bekannte und große Motorradfabrik. Verwendete 2,25-, 2,5- und 3-PS-Motoren von Minerva, MMC und eigener Konstruktion.

JELINEK

Josef Jelinek, Vyroba Motocyklu, Praha-Smichov CS 1904–1907

Baute Motorräder von 2,5 bis 5 PS mit Motoren von Orion, Minerva und Fafnir.

J.E.S.

1. City Motor Works, Gloucester GB 1910–1924
2. J. E. Smith Motor Co., Ltd., Worcester Street, Gloucester
3. J.E.S. Motor Co. (Gloucester) Ltd., Aston, Birmingham

Eine kleine Firma die schon vor 1914 Leichtkrafträder mit 116 und 189-cm³-ohv-Motoren gebaut hat. Stellte später 169- und 247-cm³-Zweitakter und 246- sowie 498-cm³-sv- und ohv-Modelle mit Blackburne-Motoren her. 1924 übernahm Connaught die J.E.S.-Produktion.

JESMOND

Jesmond Cycle Co., Haymarket, Newcastle-upon-Tyne GB 1899–1907

Gehörte zu den Pionier-Herstellern von Motorrädern in England. Die Motoren stammten von De Dion, Sarolea und MMC.

J.F.K.

1. J. F. Koch, Tovarna na Motocyckly, Praha-Vysocany CS 1923–1926
2. Stêpanek & Spol, Tovarna Motoru, Kostelec nad Labem

Hochmoderne ohc-Einzylinderkonstruktion des bekannten tschechoslovakischen Konstrukteurs J. F. Koch, der später auch BD-, Praga-, Koch- und CZ-Motorräder schuf. Die J.F.K. hatte 348 cm³ Hubraum.

J.H.

James Howarth, Castle Mill Street, Mumps, Oldham GB 1913–1915

Vorher bei Bradbury in Oldham tätig, konfektionierte Howarth im eigenen Betrieb Motorräder mit diversen Jap- und auch 269-cm³-Villiers- und 6-PS-V-Zweizylinder-MAG-Motoren.

J.H.C.

Johann Hirschmann & Co., Motorradbau, Nürnberg D 1922–1924

Baute 185-cm³-Zweitaktmaschinen mit eigenen primitiven Dreikanalmotoren.

J.N.U.

J. Nickson, 230 Station Road, Bamber Bridge, Preston, Lancs GB 1920–1922

Produzierte nur ein Einheitsmodell mit dem 312-cm³-Dalm-Zweitaktmotor.

J.N.Z.

NZ 1960–

Baut unter Jawa-Lizenz Motorräder in Neuseeland.

JOERNS

Joerns-Thiem Motor Co., American National Bank Building USA 1910–1915

Größere Firma, die ihre Ein- und V-Zweizylindermodelle schon frühzeitig mit eigenen Zweiganggetrieben ausgerüstet hat. Sie baute auch die sagenhafte 996-cm³-V-Zweizylinder-»Cyclone«, die erste in Serie gebaute V-Zweizylinder-ohc-Maschine.

JONGHI

1. Les Constructions Mecaniques Jonghi, Choisy-le-Roy, Seine — F 1931–1956
2. Motos Jonghi, Rue Saint-Denis 86, La Courneuve, Seine

Ing. Giuseppe Remondini, früher Konstrukteur bei Negas & Ray in Italien, baute 1931 sehr schnelle 348-cm³-sv- und nachher auch ohc-Rennmaschinen, die viele Erfolge – und Weltrekorde – errangen. 1937 kam auch eine 248-cm³-ohc-Rennversion – neben ohv-Modellen – dazu. Erfolgreiche Jonghi-Fahrer: Jeannin, Perrin, Renier Sen., Monneret. Es gab auch kleine Zweitaktmodelle mit Aubier-Dunne-Motoren. Nach 1945 baute Jonghi, die sich Mitte der dreißiger Jahre mit Prester vereinigte, eigene Zweitaktmodelle mit Motoren von 98 bis 249 cm³.

JOOS

Joos Söhne & Co., Maschinenfabrik, München, Schöttlstraße — D 1900–1907

Stellte Motoren mit Zwillingszylindern, später auch Motorräder mit diesen Motoren her. Es gab auch Ein- und V-Zweizylindertypen, die zum Teil Fafnir-Motoren besaßen.

JOUCLARD

Moteurs et Motorcycles Jouclard, Dijon — F 1903–1907

Schon lange vergessene Marke, deren Maschinen 1,5- und 2,25-PS-Einzylindermotoren besaßen.

JOYBIKE

H. V. Powell (Cycles) Ltd., 98. Birchfield Rd., Birmingham 19 — GB 1959–1960

Eine Mischung zwischen Roller und Leichtkraftrad mit 70-cm³-Jap- und 49-cm³-Trojan-Zweitaktmotoren.

J.S.L.

J. Schätzle, Fahrzeugfabrik, Liegnitz, Jauernstraße 67 — D 1923–1925

Leichtkrafträder mit eigenen 132-, 180- und 206-cm³-DKW-Zweitaktmotoren.

JUCKES

Efficient Motor & Engineering Co., Bilston Road, Wolverhampton — GB 1910–1926

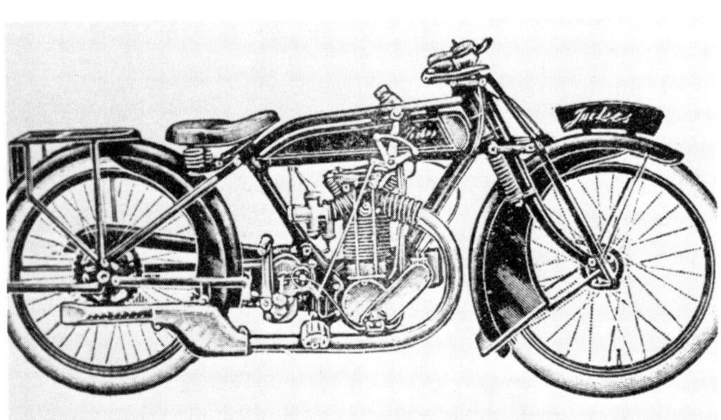

347 cm³ Juckes
(Eig. ohv-Motor) 1924

348 cm³ Juckes
(Eig. ohv-Motor) 1925

Gut konstruierte und ausgeführte 269-, 274- und 399-cm³-Zweitaktmaschinen und 348-cm³-ohv-Modelle.

JUERGENSEN

Juergensen Motor Company, Kopenhagen — DK 1904–D

Einer der ersten Motorradhersteller in Dänemark, dessen Erzeugnisse unter englischer Humber-Lizenz mit nach vorn geneigtem Zylinder gebaut wurden.

JUERY

Ets. Moteurs Juery, Paris — F 1931–1939

Moderne Einzylindermaschinen mit 346- und 498-cm³-sv- und ohv-Motoren.

JUHÖ

Julius Höflich, Kraftfahrzeugwerk AG, Fürth, Rednitzstraße 26 — D 1922–1924

Von Dipl.-Ing. Leo Falk konstruierte 148-cm³-sv- und 195-cm³-Zweitakt-Dreikanal-Modelle.

JULES

Leopold Skrivanek, Moto Praga-Jules, Brno, Masarykova 25–27 — CS 1929–1934

Fahrrad-Hilfsmotoren (Zweitakter mit 120 cm³ Hubraum), die in Praga-Fahrräder – die ein blattgefedertes Hinterrad hatten – eingebaut wurden.

JUNAK

Stettinska Motorcycle Works, Stettin — PL 1956–1964

Produktionsstätte der einzigen in Polen gebauten ohv-Maschinen, die in verschiedenen Ausführungen mit 247 und 347 cm³ Hubraum hergestellt wurden. Eigene Motoren.

JUNCKER

Motorcycles 3t Moteurs Juncker, Mulhouse — F 1935–1937

Baute 98-, 123- und 147-cm³-Zweitaktmaschinen mit Steinless- und Aubier-Dunne-Motoren.

JUNIOR

1. Edoardo Mascagni, Piazza Cavour, Antignano, Livorno — I 1924–1935
2. Edoardo Mascagni, Ardenza, Antignano
3. Edoardo Mascagni, Castiglioncello, Livorno

Mascagni, der Sohn des berühmten Komponisten Pietro Mascagni, baute sehr schöne Motorräder mit Dreiecksfahrgestellen. Diese hatten Jap-Motoren, sv und ohv, von 173 bis 499 cm^3, ohv-Blackburne-Motoren von 248 und 348 cm^3 sowie auch eigene Dreikanal-Nasenkolben-Zweitakter mit 174 und 346 cm^3. Er verlor 1935 sein Leben bei den Kämpfen in Abessinien. Das war auch das Ende der »Junior«.

JUNO

1. Metropolitan Machinists Co., Ltd., London — GB 1911–1923
2. Juno Cycle Co., 248 Bishopsgate, London, E.C. 2

Kleiner Konfektionär, der 269-cm^3-Villiers-, 597-cm^3-Precision- und 770-cm^3-V-Zweizylinder-Jap-, auf Wunsch auch andere Motoren in seine Fahrgestelle anbot. 1921–23 gab es noch ein 147-cm^3-Modell. Sun in Birmingham baute auch für Juno.

JUPP

1. Jupp Motor Cycle Works, Tunbury Wells — GB 1921–1924
2. Jupp Motor Co., Ltd., 86 Leadenhall Street, London

Die von Baker konstruierte Jupp sah wie ein Roller mit offenem Fahrgestell aus. Sie besaß Hinterradfederung und als Antriebsquelle einen 269-cm^3-Liberty-Zweitaktmotor. Die ungewöhnliche Konstruktion konnte sich nicht durchsetzen.

JURISCH

Karl Jurisch, Jurisch-Motor, Leipzig, Schenkendorfstraße 51/53 — D 1926–1930

Bekannter Konstrukteur und Rennfahrer, der 1926 eine 248-cm^3-Doppelkolben-Zweizylinder-Zweitaktrennmaschine mit Wasserkühlung und Rotationskompressor gebaut hat. Fuhr Veranstaltungen auch auf Bekamo, DKW, Puch sowie TWN.

KADI

Karl Diehm, Motorradbau, Mannheim — D 1924–1930

Stellte in kleinen Stückzahlen gut gebaute Motorräder mit 198-cm^3-sv-Einzylindermotoren und auch mit dem 498-cm^3-ohc-Motor von »K« (Küchen) her.

KANTO

Kanto Motorcycle Company, Hamamatsu — J 1957–1960

Konzentrierte die Produktion auf 123-cm^3-Zweitaktmaschinen.

KAPTEIN

A.M.I. William Kaptein, Stadthouderskade 142–143, Amsterdam — NL K–L

Mit Motobécane eng verbunden, stellte Kaptein diese Maschinen mit Motoren von 49 bis 174 cm³ in Holland mit seinem Namen am Tank her.

KARÜ

Stockdorfer Motorenwerk AG, Stockdorf bei München D 1922–1924

Das »Karü« kam von Dr. Karl Rühmer, in dessen Werk später auch die SMW-Motorräder entstanden. In der Karü fanden sich zwei Typen von zweizylindrigen Boxermotoren: Der in Stockdorf unter Lizenz gebaute 398-cm³-Bosch-Douglas und der 492-cm³-BMW-Motor.

KATAKURA

Katakura Cycle Co., Ltd., 32 1-Chome, Kobyashi, Chuo-ku, Tokyo J O–Q

Stellte zahlreiche Zweitaktmaschinen inkl. Mofas und Mopeds mit eigenen 48- bis 248-cm³-Motoren her.

KATHO

Katho Motorradfabrik, Hamburg, Bramfelderstraße 111 D 1923–1925

Kleiner Konfektionär von Motorrädern mit 198-cm³-sv-Einzylindermotoren.

KAUBA

Ing. Otto Kauba, Wien XIII, Amalienstraße 4 A 1953–1955

Baute in beschränkter Stückzahl Roller mit 98- und 124-cm³-Rotax-Sachs-Motoren.

KAWASAKI

1. Kawasaki Aircraft Co., Ltd., 1–6, 1-Chome, Goko-dori, Fukiai-ku, Kobe, Hyogo Pref. J 1961–
2. Kawasaki Heavy Industries Ltd., Motorcycle Division, World Trade Center Building, Tokyo

903 cm³ Kawasaki (2× ohc-Vierzyl.) 1972

Berühmte Flugzeugfabrik, die 1962 die Meihatsu- und 1964 die Meguro Motorradwerke übernahm und sich seit dieser Zeit in ständigem Aufstieg befindet. Entwickelte sich bald zur Honda-Yamaha-Suzuki-Konkurrenz und besitzt ein großes Modellprogramm, das mit 49-cm^3-Zweitaktern beginnt und mit 73-, 99-, 124-, 246-, 346-, 401-cm^3-Einzylinder- sowie 249-, 346-, 398-, 498- und 748-cm^3-Dreizylinder-Parallel-Zweitaktern mit Luftkühlung weitergeht. Dazu kamen die BSA-ähnliche 646-cm^3-ohv-Parallel-Zweizylinder und darauf 746-cm^3- und 903-cm^3-Vierzylinder-ohc-Modelle, deren obenliegende Nockenwellen mittels Kette angetrieben werden. Die 903-cm^3-Version hat 82 PS bei 8500 U/min und vier Mikuni-Vergaser Gewicht 230 kg, Spitze über 200 km/h. Erfolgreich bei Rennen die 498-cm^3- und besonders die 748-cm^3-Dreizylinder-Zweitakter mit Fahrern wie Du Hamel, Mick Grant, Barry Ditchburn u. a. Grant gewann 1975 TT-Rennen. Verbesserte 903-cm^3-4-Zylinder-2 × ohc-Modelle mit 89,7 PS in 1976.

KC

1. Kirchheim & Co., Magdeburg-Neustadt, Nachtweide 89 — D 1921–1924
2. Kirchheim & Co., Magdeburg-Sudenburg, Walmbergsweg 21

Kirchheim gehörte zu den Motorrad-Pionieren in Deutschland und bestritt schon vor 1900 Veranstaltungen mit Dreirädern. Seine hervorragenden Motorradkonstruktionen beinhalteten einen 105-cm^3-Fahrrad-Zweitakt-Drehschiebermotor und die 257-cm^3-KC, deren in Längsrichtung montierter Boxer-Zweizylindermotor auch ein Zweitakter war.

257 cm^3 KC (Eig. 2T-Zweizyl.-Boxer) 1922

347 cm^3 Keller (Eig. sv-Blockmotor) 1932

KELLER

Kel-Cha Motor AG., Camorino, Tessin CH 1930–1932

Interessante und ungewöhnliche Einzylinder-Konstruktion mit eigenem 347-cm³-sv-Blockmotor. Beschränkte Produktion.

KEMPTON

Kempton Motor Co., Kingston-on-Thames GB 1921–1922

Lewichtgewichts-Motorräder und -Roller mit 124-cm³-ohv-Motoren von A.B.C.

KENI

1. Keni – Kempff & Nimtz – Motorenbau GmbH., Berlin SW 68, Zimmerstraße 79–80 D 1921–1923
2. Keni-Motorenbau GmbH., Berlin-Steglitz, Schloßstraße 47

Ein weiterer Berliner Hersteller von Leichtkrafträdern, deren Zweitaktmotoren 145 und 158 cm³ Hubraum besaßen.

KENZLER – WAVERLEY

Kenzler-Waverley Motorcycle Co., Cambridge, Wisc. USA 1910–1914

War mit der Jefferson-Motorradfabrik eng verbunden und baute für diese wie auch für die eigenen Motorräder Ein- und V-Zweizylinder-Motoren mit obengesteuerten Ventilen.

KENILWORTH

1. Booth Bros., Much Park Street, Coventry GB 1919–1924
2. Kenilworth Utility Motors Ltd., Much Park Street, Coventry

Baute sehr einfache 293-cm³-sv-Maschinen (Jap); die Spezialität war aber ein sehr netter Roller mit 143-cm³-ohv-Norman-Motor, Handstarter, Vorder- und Hinterradfederung, 20-Zoll-Reifen, offenem Fahrgestell etc. Wurde auch mit 269-cm³-Villiers- und 293-cm³-Jap-sv-Motoren gebaut.

KERRY

1. East London Rubber Co., 211 Shoreditch & 2, 4, 8 Great Eastern Street, London GB 1902–P
2. Kerry (Great Britain) Ltd., Warton Road, Stratford, London E. 15

Zum Teil in Belgien für die englische Firma gebaute Motorräder mit Kelecom- und FN-Motoren. Ab 1910 Bau der Kerry-Motorräder in den Abingdon-Werken mit 499-cm³-sv-Einzylinder- und 670-cm³-V-Zweizylinder-sv-Motoren. Produktionseinstellung 1914; Ende der fünfziger Jahre Neubau von 49-cm³-Mopeds mit italienischen Motoren durch eine neu reorganisierte Firma. Die alten Kerry-Maschinen hatten auf Grund ihrer robusten Konstruktion einen guten Ruf.

1.5 HP Kerry
(Eig. Einzyl.-Motor) 1903

KESTREL

Kestrel Motor Co., London GB 1903–B

Konfektionierte Motorräder mit 211-cm³-Minerva- und MMC-Motoren.

K.G.

1. Motorfahrzeugbau Gebr. Krieger, Suhl/Thüringen D 1919–1932
2. Cito-Werke AG., Suhl/Thüringen
3. Köln-Lindenthaler Metallwerke AG., Köln-Lindenthal, Neuenhöfer Allee 90
4. Paul Henkel, Fahrradbau, Mäbendorf bei Suhl, Thüringen

Von Peter, Oskar und Max Krieger und Franz Gnädig konstruiert, gehörte die 503-cm³- und 499-cm³-K.G. (Krieger-Gnädig) zu den fortschrittlichsten Konstruktionen in Deutschland. Sie hatte einen eigenen Einzylinder-ohv-Blockmotor mit Kardanantrieb zum Hinterrad. Beliebte und erfolgreiche Fahrer: Max Krieger, Otto Keßler, Heinrich Keßler, Walter Henning, Paul Geifzu, Paul Roggenbuck, Wilhelm Kniebecke. Wurde 1926 von Ing. Rudi Albert modernisiert und ab 1927 von Henkel in Kleinserie weitergebaut.

KIEFT

Kieft Cars Ltd., Reliance Works, Derry Street, Wolverhampton GB 1955–1957

Kieft baute kleine Sport- und Rennwagen und vertrieb unter dem Namen Kieft bei Hercules in Nürnberg hergestellte 147- und 198-cm³-Roller sowie 197-cm³-Zweitakt-Motorräder mit Sachs-Motoren.

KILEAR

Tovarna na Stroje a Motocykly, A.S., Brno-Malomêrice Cs 1924–1926

Von einer Maschinenfabrik gebaute 247-cm³-Zweitaktmaschinen mit eigenem Dreikanal-Nasenkolbenmotor.

KING

W. King & Co., Bridge Street, Cambridge GB 1901–1907

Pionierfabrik, die schon Dreiräder mit De-Dion-Motoren baute, bevor die Herstellung von Motorrädern mit De-Dion-, Minerva-, MMC-, D.A.W.-, Antoine-, Saroléa- und anderen Einbaumotoren aufgenommen wurde. Stellte Motorräder erstklassiger Qualität und Ausführung her.

KING-JAP

Motorradfabrik Fritz Baumann, Augsburg D 1928–1931

Nicht nur Englisch im Namen, sondern auch Englisch in der Konstruktion waren diese konfektionierten Motorräder mit 198-, 346-, 490- und 545-cm³-sv- und ohv-Motoren von Jap. Die Produktion war gering.

KINGSBURY

Kingsbury Engineering Co., Ltd., London, N.W. 9 GB 1919–1921

Eine Flugmotorenfabrik, die nach dem Ersten Weltkrieg Leichtkraftwagen, Krupp-ähnliche (Autoped-)Roller und 261-cm³-Motorräder mit eigenen Zweitaktmotoren gebaut hat.

KINGSWAY

Kingsway Motor Cycle Co., Much Park Street, Coventry GB 1921–1923

Konventionell konfektionierte, einfache 293-cm³-sv-Maschinen mit Jap-Motoren.

KLOTZ

Maschinenfabrik Eugen Klotz, Stuttgart, Bahnhofstraße 129 D 1923–1926

Sehr gute 246-cm³-Zweitaktmaschinen mit eigenen Nasenkolbenmotoren. Waren auch bei sportlichen Veranstaltungen sehr erfolgreich. Wilhelm Gutbrod, der 1927 die Standard-Werke gründete, war damals bei Klotz tätig.

K.M.

Klein-Motorenbau GmbH., Berlin, SW 68 D 1924–1926

Unbedeutender Hersteller von 142- und 159-cm³-Zweitaktmaschinen mit eigenen Dreikanalmotoren.

K.M.B.

Kölner Motorad- und Maschinenfabrik, Fr. Becker, Köln,
Lindenstraße 14 D 1923–1926

Robuste Einzylindermaschinen mit 4,2-PS-Zweiventil- und 6-PS-Vierventil-Einzylindermotoren. Zu Becker gehörte damals auch Imperia in Köln-Kalk, wo hauptsächlich MAG-Motoren eingebaut wurden.

K.M.S.

Kunz & Müller, Stuttgart, Militärstraße 88 D 1922–1924

Baute zunächst 142-cm³-Grade-Zweitaktmotoren, ab 1924 auch in geringer Stückzahl eigene 196-cm³-ohv-Motoren mit schräg hängenden Ventilen ein.

KÖBO

Köhler & Bovenkamp, Maschinenfabrik, Barmen-Hatzfeld D 1923–1926

Berühmt als Ketten-Fabrik, errangen Köbo-Motorräder bei weitem nicht die gleiche Berühmtheit wie die Ketten. Verwendet wurde bei Köbo-Motorrädern ein eigener 276-cm^3-Zweitaktmotor.

KOCH

J. F. Koch & Spol., Praha VIII, Na Kosince CS 1934–1935

Als Praga den Motorradbau aufgab, machte sich J. F. Koch selbständig. Seine neue 348-cm^3-Koch hatte einen hochmodernen ohc-Motor mit Vierganggetriebe und Doppelauspuff.

KOEHLER-ESCOFFIER

1. R. Guignet, Rue de Cremieu 94, Villeurbanne F 1912–1957
2. Gaydon-Persas-Guignet, 68. Rue de Cremieu, Villeurbanne
3. Koehler-Escoffier, Rue Rambuteasu 44, Macon

Berühmt wurde Guignets Koehler-Escoffier durch die in den zwanziger Jahren serienmäßig gebaute 996-cm^3-ohc-V-Zweizylindermaschine – mit Ausnahme der amerikanischen »Cyclone« die einzige serienmäßig V-Zweizylinder-Königswellenmaschine. Es gab außerdem 245- und 490-cm^3-ohv- sowie 490-cm^3-ohc-Einzylindermodelle, als das Werk 1929 von Monet-Goyon übernommen wurde und dann fast dieselben Typen mit 98- bis 249-cm^3-Villiers-Zweitaktmotoren gebaut hat. Diese Motoren fanden sich auch nach 1945 in den schönen, mit J.-A.-Gregoire-Hinterradfederung ausgestatteten Motorrädern. Berühmte Koehler-Escoffier-Fahrer: Georges Monneret und Eddoura.

347 cm^3 Koehler-Escoffier (ohv-Chaise-Motor) 1929

498 cm^3 Koehler-Escoffier (Eig. ohc-Einzyl.) 1929

KOFA

Motor- & Fahrradbau Kofa AG., Nürnberg, Neutorstraße 10 D 1923–1925

Konfektionsmaschinen mit 283-cm³-Zweitakt-Einzylindermotoren.

KOHOUT

Peter Kohout, Vyroba Motocyklu, Brno, Cejl CS 1904–1906

Mit Minerva- und Fafnir-Motoren ausgerüstete 2,5-PS- und 2,75-PS-Einzylindermodelle.

KOLIBRI

Weka GmbH., München, Isarthalstraße 44a D 1923–1930

Einst beliebter 110-cm³-Zweitakt-Fahrrad-Einbaumotor.

KOMAR

Zejednoczone Zaklady Rowerowe-Bydgoszcz, Plac Piastowski 3 PL O–Q

Spezialfabrik für Mopeds mit 48-cm³-Zweitaktmotor.

KOMET

1. Kirschner & Co., Fahrradwerke, Dresden D 1902–1905
2. Komet-Fahrradwerke AG., Dresden

Gehörte zu den ersten deutschen Herstellern von Motorrädern mit Zweitaktmotoren, die unter französischer Ixion-Lizenz gebaut wurden. Diese hatten 1, später 3 und 4 PS.

KONDOR

Kondor AG., für Kraftfahrzeuge, Berlin NW 6, Schiffbauerdamm 15 D 1924–1925

Stellte zwei Motorrad-Modelle mit 3-PS-Ideal-sv-Motoren und 3,5-PS-Einzylinder-Zweitaktmotoren von Simplex her.

KOSTER (K.S.)

Koster Motorfahrzeugbau AG., Schwerin D 1923–1925

Ungewöhnliche Leichtmotorradkonstruktion mit zum Teil geschweißtem Kastenrahmen aus gepreßtem Stahlblech, zum Teil aus Rohr. Hatte Vollscheibenräder und 123-cm³-Bekamo, wie auch 144-cm³-Cockerell-Motoren.

KOVROVETZ

V/O Avtoexport, Smolenskaja-Sennaja Pl., 32/34. Moskva SU 1960–P

Jahrelang die führende 123- und 173-cm³-Zweitaktkonstruktion in der SU, welche später durch die moderne 174-cm³-Voskhod-2 ersetzt wurde. Ein Großteil der großen Produktion war fürs Inland bestimmt.

K.R.

Maschinenfabrik Dr. Ing. Karl Rühmer & Co., München D 1924–1925

Aus der Karü entstandene Konstruktion mit dem alten 492-cm³-BMW-Boxer-Einbaumotor und mit wechselgesteuerten 998-cm³-V-Zweizylinder-MAG-Motoren.

K.R.

1. Karl Ritzinger, Motorradbau, München, Schießstättenstraße 12 D 1930–1933
2. Weinbeer & Ritzinger, Motorradbau, München, Schießstättenstraße 12

Diese K.R. hatte mit Rühmers K.R. nichts – außer München als Herstellungsort – gemeinsam. Ritzingers Produktion konzentrierte sich auf 198-cm³-sv- und ohv- und 298-cm³-sv-Modelle mit Motoren von Jap.

KRAMMER

Mechanische Werkstätten Rudolf Krammer, Wien VI, Marchettigasse 9 A 1926–1929

Baute zuerst 172-cm³-Zweitaktmaschinen mit Villiers-Motoren, nachher schöne und gut konstruierte 496-cm³-ohv-Einzylindermodelle mit Anzani- und MAG-Motoren und auch einen großen 996-cm³-V-Zweizylindertyp mit dem V-Zweizylinder-ohv-Anzani-»Vulpine«-Motor.

KRASNY – OKTOBR

Motocyklova Fabrika, Moskva SU 1930–1934

Die ersten in größeren Serien in Rußland gebauten 296-cm³-Zweitakter mit DKW-Konstruktionen als Vorbild.

KREIDLER

1. Kreidler-Fahrzeugbau, 7014 Kornwestheim b. Stuttgart D 1951–
2. Kreidler-Werke GmbH., Fahrzeugwerke, 7014 Kornwestheim, Postf. 8

Konzentriert die Produktion auf Mofas, Mopeds etc. mit eigenen 49-cm³-Zweitaktmotoren, die einen hohen Entwicklungsstandard erreichten. Rennversionen mit Anscheidt, Kunz, Thurow, Van Kessel, Rittberger u. a. Fahrern gewannen zahlreiche Rekorde und Rennen, inkl. Straßenweltmeisterschaften und Deutsche Meisterschaften. Baut derzeit das sportliche »Florett« in mehreren Ausführungen und das »Mustang Cross« mit »Enduro-Look«. Alle Kreidler haben liegende Leichtmetallzylinder.

KRIEGER (ORIGINAL KRIEGER)

Gebr. Krieger, Suhl i. Th., Rimbachstraße 37 D 1925–1926

Nachdem die berühmte KG (Krieger-Gnädig) von Allright übernommen wurde, bauten die Gebrüder Krieger diese »Original Krieger«, die auch als »K-2« auf den Markt kam. Auch Gnädig machte sich, in Berlin, selbständig, bevor er zu Kühne und Diamant ging. Die neue Krieger hatte einen 347-cm³-sv-Motor von Blackburne und konnte die alte KG weder kommerziell noch in sportlicher Beziehung erreichen.

KROBOTH

Fahrzeug- & Maschinenbau, Gustav Kroboth, Seestall a. Lech. D 1951–1954

Baute bereits in den zwanziger Jahren die R.&K.-(Richter & Kroboth-)Zweitaktmaschinen, anfangs der dreißiger Jahre sogar Kroboth- und Favorit-Kleinwagen. Nach dem Krieg, nunmehr in Deutschland beheimatet, schuf er interessante Roller mit Sachs-Motoren von 98, 147 und 173 cm^3.

K.R.S.

Motorradbau Karl Sanktjohanser, Regensburg D 1921–1926

Kleiner Motorradkonfektionär, der 148- und 198-cm^3-ohv-Paqué-Motoren und auch den 293-cm^3-Bosch-Douglas-Motor verwendete.

KRUPP

Friedrich Krupp AG., Essen D 1919–1921

Mit 185- und 198-cm^3-Motoren ausgerüstete »Motorläufer« mit kleinen Rädern. Der Motor lag neben dem Vorderrad, ähnlich dem Autoped.

K.S.B.

K.S.B.-Fahrradbau, Kurt Schiebach, Bautzen, Sedanstraße 15–17 D 1924–1929

Mit 142- und 173-cm^3-DKW-, 348-cm^3-Kühne-, 248-cm^3-Blackburne-, und zuletzt 248- bis 498-cm^3-JAP-Motoren ausgerüstete, solid gebaute Konfektionsmaschinen. Hatten fast ausschließlich lokale Bedeutung.

KTM

1. Motorradbau Moser & Co., Mattighofen, Oberösterreich A 1953–
2. Motorradfabrik Kronreif & Trunkenpolz, A-5230 Mattighofen, OÖ
3. KTM-Motorfahrzeugbaugesellschaft Kronreif & Trunkenpolz, Mattighofen, Oberösterreich
4. KTM-Motor-Fahrzeugbau KG Kronreif & Trunkenpolz, A 5230 Mattighofen, O.Ö

Hatte mit 98-cm^3-Leichtkrafträdern, die Rotax-Motoren besaßen, angefangen. Es folgten 123-cm^3-Motorräder und auch Roller mit diesen und 147-cm^3-Rotax-Motoren. Das immer größer werdende Produktionsprogramm beinhaltete auch 49-cm^3-Mopeds und größere Zweitakter, die hauptsächlich von Sachs, teilweise von Puch und dann auch aus eigener Fertigung kamen. Ganz hervorragend erwiesen sich KTM-Zweitakter bei Gelände- und Moto-Cross-Veranstaltungen und eine Zeitlang auch mit von Ing. Apfelbeck konstruierten ohc-Rennmaschinen in der 125-cm^3-Klasse. Es gab auch 49-cm^3-Zweitakt-Werksrennmaschinen. Seit mehreren Jahren tragen in den USA verkaufte KTM-Motorräder den Namen »Penton«. Die Modellreihe umfaßt 49-, 97-, 122-, 171-, 246- und 352-cm^3-Zweitakter mit Sachs- und eigenen Moto-Cross- und Geländesport-Motoren. KTM gehört zu den führenden, nach dem Zweiten Weltkrieg entstandenen Motorradherstellern.

K.&.K.

Kuhlmann & Könecke, Blech- und Eisenwerk, Lehrte/Hannover D 1924–1925

Mit eigenen 170- und 289-cm^3-Zweitaktmotoren hergestellte Motorräder.

KULI

Georg Kulitzky, Fahrzeugwerke, Berlin S 14, Stallschreiberstraße 57 D 1922–1924

Stellte in Berlin 145- und 198-cm^3-Zweitaktmaschinen her.

KUMFURT

Kumfurt Motorcycles & Accessories Co., Cockham Rise, Berks. GB 1914–1916

Unter Waigh-Patenten gebaute Fahrgestelle mit 269-cm^3-Villiers- und V-Zweizylinder-Precision-Motoren.

KURIER

Curt Hanfland GmbH., Berlin W 62, Bayreuther-Straße 7 D 1921–1924

Lieferte diese 147-cm^3-Zweitaktmaschinen und deren von Hanfland konstruierte Motoren auch an andere Motorradhersteller. Auch die von BMW zunächst gebaute »Flink« hatte diesen Zweitakter als Antriebsquelle.

KURRAS

Ferdinand Kurras, Motorradbau, Berlin-Neukölln D 1925–1927

Baute in beschränktem Maßstab 173-cm^3-Zweitaktmaschinen mit Bekamo-Hilfskolben-Motoren, die unter dem Namen »Kurras-Sport« auch an Rennen teilnahmen.

K.V.

Kraftfahrzeugvertrieb GmbH., Selb, Oberfranken, Bayern D 1924–1927

Mit eigenen 197- und 246-cm^3-ohv-Einzylindermotoren ausgestattete Motorräder primitiver Konstruktion.

KYNOCH

1. Kynoch Ltd., Lion Works, Wilton Lane, Birmingham GB 1912–1913
2. Kynoch Ltd., Holford Works, Perry Barr, Birmingham

Ein jetzt unbekannter Name, früher jedoch ein großer Munitions-Konzern. Baute gute Ein- und V-Zweizylindermodelle mit 488 und 770 cm^3. Die Motoren stammten von Jap und Precision. Kynoch kam später zum Nobel-Dynamit-Konzern, später zur großen I.C.I.-Gruppe, zu der auch Amac-Vergaser kamen, die dann in der früheren Kynoch-Motorradfabrik gebaut wurden.

K.Z.

K.Z.-Fahrzeugwerk, Fürth-Burgfarrnbach D 1924–1925

Kleiner Hersteller von 198- und 348-cm^3-Motorrädern, die sv-Alba-Motoren und ohv-Kühne-Einbaumotoren besaßen.

LABOR

1. Ets. »Labor-Motos«; Boulevard Baerdon, Neuilly, Seine — F 1908–1960
2. Motos Labor, Rue de President Krueger 9, Courbevoie.

Gehörte mit Armor, Thomann und anderen Marken zur Alcyon-Gruppe. Im Bauprogramm standen Zweitakter von 98 bis 248 cm^3 und auch ohv-Modelle von 174 bis 498 cm^3.

LADETTO (LADETTO & BLATTO)

1. Officine B.E.S.T., Piazza Santa Giulia 6, Torino — I 1923–1932
2. Ladetto & Blatto, 28. Via Socchi, Torino
3. Ladetto & Co., Via Giacosa 19, Torino

Emilio und Giovanni Ladetto bauten zunächst 123- und 173-cm^3-Zweitakt-Motorräder. Dann tat sich Giovanni mit Angelo Blatto zusammen und erweiterte das Programm mit 173-cm^3-sv- und ohv-Modellen und auch mit einer 247-cm^3-sv-Maschine. 1930 trennten sie sich, und aus der Ladetto & Blatto wurde wieder die Ladetto. Sehr erfolgreich die 175-cm^3-ohv-Rennmaschine; Alfredo Panella gewann mit ihr den G. P. von Europa in Mayrin in 1928.

LADIES-PACER

Pacer Motorcycles, Guernsey — GB 1914

Auf der Insel Guernsey gebaute Leichtkrafträder mit 116-cm^3-JES-Zweitaktmotoren.

LADY

1. Ets. Lady S.A., Avenue Leopold 31, Sainte-Mariaburg (Anvers)
2. Ets. Lady S.A., Avenue de la Sante 48, Sainte-Mariaburg (Anvers)
3. Ets. Lady S.A., Chaussée de Malines 109, Anvers — B 1925–1938

Lambert van Ouwerkerks Lady-Motorräder hatten moderne Fahrgestelle und schon 1932 Hinterradfederung. Eingebaut wurden 172- bis 498-cm^3-Zwei- und Viertakt-Einbaumotoren von Villiers, MAG, Blackburne, Jap und Python (Rudge).

LAFOUR & NOUGIER

Ateliers Lafour & Nougier, Rue d'Arles, Nimes, Gard — F 1927–1936

Guter Konfektionär, der englische und französische Motoren von Aubier-Dunne, Chaise, Train, Villiers, Jap und Stainless von 98 bis 490 cm^3 einbaute.

LA FRANCAISE-DIAMANT

1. Société des Motos Francaise-Diamant, 75 Rue de Villiers, Neuilly-s-S. — F 1912–1959
2. Société des Motors Francaise-Diamant, Courbevoie

Eine andere Firma die zum Alcyon-Konzern gehörte und fast dieselben Modelle baute, das heißt Zwei- und Viertakter von 98 bis 498 cm^3. Nach 1945 wurden nur Zweitaktmodelle bis 246 cm^3 gebaut.

L.A.G.

Liesinger Motorenfabrik AG., Liesing b. Wien, Franz-Parsch-Str. 14 A 1921–1929

Baute zunächst 118- und 148-cm^3-Fahrrad-Hilfsmotoren, später auch Typen mit 346- und 496-cm^3-Jap-Motoren. Außerdem gab es 246-cm^3-Dreikanal-Zweitakter, ab 1927 ausschließlich 346-cm^3-Dreikanal-Nasenkolben-Zweitakter.

LA GALBAI

Officine Meccaniche Galbai, Tradate I 1921–1925

Mit eigenen Zweitakt-Motoren ausgerüstete 276-, 301- und 347-cm^3-Einzylinder- und 492-cm^3-V-Zweizylindermodelle. Galbai hatte nur nationale, keine internationale Bedeutung.

LAGONDA

Lagonda Engineering Co. (W. Gunn), Staines, Middlesex.) GB 1902–1905

Bevor Gunn seine Lagonda-Dreiräder- und Automobile baute, stellte er schon Motorräder mit De Dion-, MMC- und Minerva-Motoren her.

L'ALBA

Giorgio Valeri Meccanica, Milano I 1924–1926

Konfektionierte in Stettin gebaute 198-cm^3-Alba-Motorräder in Italien.

LA LORRAINE

F 1922–1925

Leichtgewichtsmaschinen von 98 bis 248 cm^3. Eigene Zweitaktmotoren.

LAMAUDIERE

1. Lamaudiére Manger & Co., Rue Danton 2, Levallois F 1901–1907
2. A. Lambert & Co., 27. Avenue de la Grande Armée, Paris

Verwendete Motoren mit großen Hubräumen und hatte mit einem 942-cm^3-Einzylindermodell wohl den größten derartigen Typ.

LAMBRETTA

Innocenti S.p.a., Via Pitteri 81, Milano I 1946–Q

War neben Vespa der berühmteste und größte Roller-Hersteller in Italien. Baute zahlreiche Modelle mit Motoren von 123 bis 198 cm^3, 49-cm^3-Mopeds, 123-cm^3-Motorräder und auch eine 248-cm^3-Rennmaschine mit quergestelltem V-Zweizylinder-Doppel-ohc-Blockmotor, eine Versuchskonstruktion von Ing. Salmaggi.

LA MONDIALE

Ets. Blavier, S.A., Chaussée d'Anvers, Bruxelles B 1924–1933

Gehörte zu den ersten Produzenten, die Fahrgestelle aus gepreßtem Stahlblech verwendeten. Als Antriebsquelle verwendete Blavier außer eigenen 293-cm^3-Zweitaktmotoren auch 346-

496 cm^3 La Mondiale (ohc-Chaise-Motor) 1929

cm^3-Villiers-Ein- und Zweizylinder-Zweitakter, 346- und 496-cm^3-ohc-Chaise-Blockmotoren und auch sv- und ohv-Jap-Versionen. Erfolgreiche La Mondiale-Fahrer: Fondu und Schouppe. Diese La Mondiale ist nicht mit der italienischen F.B.-Mondial zu verwechseln.

LAMPO

Motocicli Lampo, Torino — I 1925–1927

Rassige Sportmaschinen mit 123-, 173-, 198- und 247-cm^3-Zweitakt- und 173-cm^3-ohv-Motoren, die von Piazza kamen.

LANCER

Lancer Cycle & Motor Co., Coventry — GB 1904–B

Mit 2-, $2^3/_4$- und $3^1/_2$-PS-Minerva-, MMC- und eigenen Motoren ausgerüstete Motorräder.

LANCER

The Lancer Motor Company, Tokyo — J 1957–P

Baute zunächst Zweitakter und stellte 1959 eine 248-cm^3-ohv-Maschine mit quergestelltem V-Zweizylinder-Blockmotor und Kardanantrieb, ähnlich wie damals Lilac, her.

LANCO

Erdberger Maschinenfabrik Aktien-Gesellschaft, Wien III, Erdbergerlände 28 c — A 1922–1926

Die ersten von Wild konstruierten Lanco-Motorräder hatten 492-, 746- und 986-cm^3-MAG-Einbaumotoren mit wechselgesteuerten Ventilen. Dann kamen eine 496-cm^3-sv- und zuletzt ohv-Einzylindermaschine mit eigenem Motor dazu.

LANDI

1. Fabbrica Bicyclette & Motore Landi, Lamperto Todini, Via Burdin 19, Torino — I 1923–1926
2. Landi & Co., Via dei Melle 32, Torino

Stellte 122- und 172-cm^3-Zweitaktmodelle mit eigenen Nasenkolbenmotoren her.

LA PANTHERRE

Motocycles et Moteurs La Pantherrre, Lyon — F 1928–1932

Konzentrierte die Produktion auf 348- und 490-cm³-Typen mit sv- und ohv-Einzylindermotoren von Jap.

LAPIZE

Ets. Lapize, 2. Rue de Lille, Neuilly-sur-Seine F 1930–1937

Kleinere, aber agile Fabrik, die Zwei- und Viertaktmaschinen mit Aubier-Dunne-, LMP-, Jap- und anderen Einbaumotoren von 98 bis 498 cm³ gebaut hat.

LATSCHA

F 1948–1953

Kleiner Motorradkonfektionär, dessen 98- und 123-cm³-Zweitakter Aubier-Dunne-Motoren hatten.

LAURIN & KLEMENT

Vaclav Laurin & Vaclav Klement, Tovarna na Motocykly, Mlada Boleslav (A) CS 1899–1908

Berühmte Pionierfirma im Motorradbau. Stellte diesen 1908 zugunsten der Autoherstellung – jetzt Skoda-Werke – ein und gehört seit 1918 zur Tschechoslowakei. Hergestellt wurden hervorragende Ein- und V-Zweizylindermodelle mit eigenen Motoren, und schon 1905 gab es einen 5-PS-Reihenvierzylinder mit Luftkühlung. Bekannt wurden diese Maschinen auch unter dem Namen »Republik«. In Deutschland wurden sie von Seidel & Naumann in Dresden unter dem Namen »Slavia« unter Lizenz gebaut. Die Modellreihe umfaßte 2-, 2,5-, 3-, 3,5-PS-Einzylinder- und 4- und 5-PS-V-Zweizylinder, die zum Teil auch mit Wasserkühlung geliefert werden konnten. Laurin & Klement-Motorräder errangen große Erfolge bei Rennen. Berühmte Fahrer: Toman, Vondrich, Podsednicek, Merfeit und Graf Kolowrat.

5 PS Laurin & Klement (Eig. Vierzyl.) 1905

L'AVENIR

L'Avenier, Hazenstraat 53, Lier B 1959–

Hersteller von Mofas und Mopeds mit 48-cm³-Sachs- und HMW-Motoren.

LAVERDA

1. Moto Laverda, Dott, Francesco Laverda & F.lli., Breganze (Vincenza) I 1950–
2. Moto Laverda, Via Mazzini 39 a, Breganze (Vincenza)
3. Moto Laverda, Via Venezia 16, 36042 Breganze (Vincenza)

Eine alte Landmaschinenfabrik, die sich nach dem Zweiten Weltkrieg auch dem Motorradbau mit kleinen 75-cm³-ohv-Maschinen zuwandte und es dann in verhältnißmäßig kurzer Zeit zu einer der Nobelmarken Europas brachte. Besonders mit den 743-cm³-Zweizylinder-ohc-Modellen und der fabelhaften 981-cm³-Dreizylinder-Doppelnockenwellenmaschine mit ihren 80-PS-Motor, die serienmäßig 220 km/h Spitze hat und wie die kleinere Zweizylindermaschine auch erfolgreich bei sportlichen Wettbewerben, besonders Langstreckenrennen, eingesetzt werden kann. Daneben baut Laverda neuerdings auch eine einzylindrige 247-cm³-Moto-Cross-Zweitaktmaschine mit eigenem schlitzgesteuertem Motor und ab 1976 eine 496-cm³-Parallel-ohc-Zweizylinderversion. Jetzt auch 174-cm³-Zweitaktmaschine und Zusammenarbeit mit Husquarna in Schweden.

LAZZATI

Lazzati & Co., Milano — I 1899–1904

Gehörte zu den Pionieren der Motorradindustrie in Italien. Die De Dion-Motore lagen hinter den Pedalen des verstärkten Fahrradrahmens.

L.D.R.

Lindenmeier Motorradfabrik, Gebr. Herz, Augsburg, Stefanienstr. 26 — D 1922–1925

Hersteller eines Einheitsmodells, das einen eigenen 548-cm³-ohv-Einzylindermotor in tiefem Fahrgestell besaß.

LEA FRANCIS

Lea & Francis Ltd., Lower Ford Street, Coventry — GB 1911–1926

Die einst bekannte Autofabrik stellte sehr gute V-Zweizylindermaschinen mit 496-, 596- und 746-cm³-Jap- sowie MAG-(Motosacoche-)Motoren her. Der berühmte G. B. Shaw gehörte zu den treuen Kunden dieser einstigen Motorrad- und Autofabrik!

LEBELT

Lebelt-Fahrradwerk, Paul Lebelt, Wilthen/Sa. — D 1924–1925

Baute Motorräder mit eigenen 3,8-PS-Zweitakt- und 4,6-PS-Viertakt-sv-Einzylindermotoren.

LECCE

Otello Albanese, San Cesario di Lecce — I 1930–1932

Modifizierte Moser-ohv-Motoren mit V-Ventilen dienten als Antriebsquelle für diese interessanten 173-cm³-Maschinen.

LEGNANO

1. S.p.A. Emilio Bozzi, Via C. Simonetta 8, Milano — I 1954–
2. S.p.A. Emilio Bozzi, Via Barona 39, 20142 Milano

Bekannter Hersteller von Mopeds und Mofas mit 49-cm³-Zweitaktmotoren, die unter anderem von Minarelli und Sachs stammen.

LE GRIMPEUR

1. Ets. Fernit, 142 Rue Lafayette, Paris 11 e — F B–1932
2. M. Dresch, Rue de Vouillée 39, Paris 15 e

Zahlreiche Einbaumotoren der Firmen MAG, Jap, Aubier-Dunne, Steinless, Chaise etc. wurden von dieser Firma eingebaut. Die Modellreihe umfaßte ursprünglich große V-Zweizylinder, in den zwanziger Jahren jedoch wurde Le Grimpeur ein Zweigwerk von Dresch.

LELIOR

F 1922–1924

Stellte außer Evans-ähnlichen 246-cm³-Zweitaktern auch eine 174-cm³-Zweitaktmaschine mit einem zweizylindrigen Boxermotor her.

LEIFA

»Fama« Fahrzeug & Motoren AG., Kiel-Friedrichsort — D 1924–1925

Kleinkrafträder mit 148-cm³-sv-Motoren. Beschränkte Produktion.

LEM

Lem-Motor, Lippo di Calderara (Bologna), Via O. Serra 7 b — I 1974–

Junge italienische Firma, deren 48-cm³-Leichtkrafträder mit Franco-Morini-Zweitaktmotoren ausgerüstet sind.

LEONARD

J. Leonard, Brockley Road, Brockley, London, S.E. — GB 1903–1906

Ein kleiner Konfektionär, dessen mit verstärkten Fahrradrahmen ausgestattete Maschinen Minerva-, MMC- und Fafnir-Motoren besaßen.

LEONARDO FRERA

S. A. Leonardo Frera, Via Zara 22, Tradate — I 1930–1934

Corrado Frera, Chef des Hauses Frera, zog sich 1929 zurück und Prof. Emilio Fossio wurde Präsident von Frera. Corrados Sohn Leonardo wurde techn. Direktor. Zwei Jahre später schied er aus, gründete seine eigene Motorradfabrik und verwendete englische Jap-Motoren von 173 bis 348 cm³, sv und ohv.

LEOPARD

Dietlein & Co., Magdeburg-Neustadt 3, Münchenhofstraße — D 1921–1926

Eine größere Firma, die zunächst 248- und 346-cm³-Zweitakter, nachher auch 248-cm³- und 348-cm³-ohv-Motorräder baute. Zu den teilweise im Ausland unter dem Namen Leopard vertriebenen Panther-Leichtkrafträdern der fünfziger Jahre bestand keinerlei Verbindung.

LEPROTTO

Officine L. C. s. r. l., Via Buenos Aires 103, Torino — I 1951–1954

Gut gebaute Zwei- und Viertakt-(ohv-)Maschinen mit Motoren von 123, 158 und 198 cm³ Hubraum.

LETHBRIDGE

Lethbridge-Motors Ltd., 95 Ashley Street, Birmingham GB 1922–1923

Mit 269- und später 247-cm³-Villiers-Zweitaktmotoren ausgestattete Konfektionsmaschinen eines kleinen Produzenten.

LETO

Hans Lehmann, Bolander D 1926–1928

Kleiner Hersteller von Motorrädern mit 173- und 196-cm³-Rinne-Zweitaktmotoren, die Verdampfungskühlung besaßen. Ein Teil des Fahrgestells bestand aus geschweißten Blechen.

LE VACK

H. (Bert) Le Vack, Motorcycles, Weybridge GB 1923

Berühmt als Rennfahrer und Konstrukteur von Duzmo, Jap, New Hudson und Motosacoche, baute Bert Le Vack auch in beschränktem Maßstab eigene Motorräder mit 347-cm³-Motoren von Jap.

LEVIS

1. Hughes, Butterfield Bros., Stechford, Birmingham GB 1911–1940
2. Butterfields Ltd., Levis Works, Old Station Road, Stechford, Birmingham

Gehörte zu den führenden Herstellern von Zweitakt-Motorrädern in England. Berühmt und

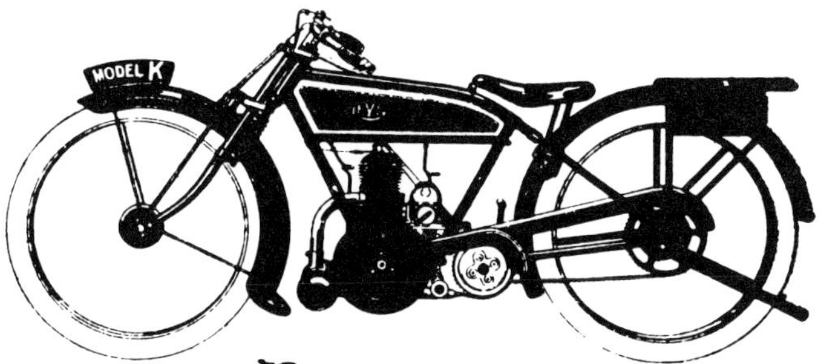

246 cm³ Levis
(Eig. 2T-Modell »K«) 1926

246 cm³ Levis
(Eig. 2T-Sportmasch. »O«)
1928

346 cm³ Levis
(Eig. ohv-Motor »A2«) 1930

346 cm³ Levis
(Eig. ohv-Motor »A Spec.«)
1936

erfolgreich die 211- und 246-cm³-Dreikanal-Modelle. Gewann 1920 und 1922 die Lightweight- T.-T.-Rennen und baute ab 1927 auch sehr gute sv- und ohv-Einzylindermodelle, 1934 auch eine 248-cm³-ohc-Version mit eigenem Motor. Die ohv-Versionen wurden mit 248, 346, 496 und 596 cm³ hergestellt. Bekannte Konstrukteure: Arthur Butterfield, Bob Newey und Ray Mason; berühmte Fahrer: G. Davison, R. O. Clark, Bob Foster, P. Hunt.

L.F.G.

1. Luftfahrzeug GmbH., Berlin, W 62 — D 1921–1925
2. Luftfahrzeug GmbH., Seddin bei Stolp in Pommern

Stellte zunächst ein Treibrad für Fahrräder mit eigenem 163,5-cm³-sv-Motor – das an jedes Fahrrad angeschlossen werden konnte – her. Das 1924 herausgekommene komplette Motorrad hatte eine vollkommene luftschiffähnliche Verschalung und einen 305-cm³-Zweitaktmotor.

L.G.C.

Leonard Gundle Motor Co., 41–42 Smith Street, Hockley, Birmingham — GB 1926–1932

Bekannter Hersteller von Lieferdreirädern, der in seine Motorräder 246-cm³-Villiers-Motoren sowie 293- und 346-cm³-Jap-Motoren einbaute.

LIAUDOIS

Ets. Liaudois, Rue Mademoiselle 10, Paris 15e — F 1923–1927

Gut konfektionierte Zweitaktmaschinen mit Train-Motoren von 98 bis 173 cm³.

LIBERATOR

Liberator & Perfecta Co., Rue Adolphe Adam 2, Paris — F 1902–G

Alte französische Fabrik, die Antoine-, Saroléa- und in den zwanziger Jahren hauptsächlich Jap-Motoren einbaute.

LIBERIA

Ets. Biboud, Rue de Mortillet 44, Grenoble, Isere — F 1920–1965

Große und bekannte Fahrradfabrik, die jahrelang auch Motorräder, hauptsächlich Zweitaktmodelle mit Aubier-Dunne-Motoren von 98 bis 248 cm³ gebaut hat.

LILAC

1. Marusho Motor Cycle Industrial Co., Ltd., No. 2, 2-Chome, Takaracho, Chuo-ku, Tokyo — J 1952–1961
2. Lilac Company Ltd., No. 2, 2-Chome, Takaracho, Chuo-ku, Tokyo

Lilacs Techniker schufen ständig neue und zum Großteil luxuriöse Konstruktionen mit eigenen Blockmotoren bis zu 298 cm^3 Hubraum. So gab es 173-cm^3-ohv-Einzylinder, 246-cm^3-Boxer-Zweizylinder, die quergestellt und auch so in V-Form mit ohv-Motoren und Kardanantrieb ausgerüstet wurden. Die große und sehr preiswerte Modellreihe begann mit 49-cm^3-Mopeds, doch kam Lilac 1961 in kommerzielle Schwierigkeiten und wurde erst 1964 von Marusho wieder zu neuem Leben »erweckt«.

246 cm^3 Lilac
(Querg. ohv-Zweizyl.) 1960

LILIPUT

Mech. Werkst. Alfred Raiser, Köln, Lütticher Str. 2b — D 1923–1926

Konfektionierte in beschränktem Maßstab Leichtkrafträder mit Einbaumotoren von Namapo, DKW, Baumi, Gruhn und anderen Firmen.

LILLIPUT

Roselli & Castellazi, Torino — I 1899–C

In verstärkte Fahrrad-Fahrgestelle wurden 258-cm^3-Motoren mit 1 PS eingebaut.

LILY

Clay Cross Cycle & Motor Works, Eldon Street, Clay Cross, Derbyshire — GB 1906–1914

Verwendete zunächst Minerva-, später Villiers- und TDC-(Cross-)Motoren. Gebaut wurden 269-, 293- und 499-cm^3-Einzylindermodelle.

LINCOLN-ELK

1. Kirby & Edwards, Broadgate, Lincoln — GB 1902–1924
2. James Kirby, Broadgate, Lincoln

Mit eigenen 349-, 402-, 499- und 597-cm^3-sv-Einzylinder- und 770-cm-V-Zweizylindermotoren ausgerüstete Motorräder typisch englischer Konstruktion. Die großen Jahre von Lincoln-Elk waren vor 1914.

LINER

Liner Motorcycle Manufacturing Co., Ltd., Tokyo — J N–1961

Baute, ähnlich wie Lilac, teuere Motorradkonstruktionen. Unter diesen befanden sich 123- und 148-cm^3-ohv-Einzylinder- und auch Sunbeam-ähnliche 246-cm^3-Parallel-Zweizylindermodelle mit eigenen Blockmotoren und Kardanantrieb zum Hinterrad.

LINSER

Maschinenfabrik Christian Linser, Reichenberg/Böhmen — CS 1904–1910

Gut konstruierte 492-cm^3-Einzylinder- und 618-cm^3-V-Zweizylindermaschinen, die auch unter dem Namen »Zeus« auf den Markt kamen. Als sie gebaut wurden, gehörte Reichenberg noch zur österreich-ungarischen Monarchie.

LINSNER

Linsner Motoren A.G., München — D 1922–1924

Unbestätigten Informationen zufolge baute diese Firma 398-cm^3-Bosch-Douglas- und 492-cm^3-sv-BMW-Boxer-Zweizylindermotoren in geringer Stückzahl ein.

LINTO

Lino Tonti-Giorgio Premoli, Via Corridoni 21100, Varese — I 1965–

Bekannter Hersteller von Rennmaschinen der 500-cm^3-Klasse mit zum Teil eigenen Zweizylinder-Doppel-ohc-Motoren. Erfolgreiche Fahrer: A. Pagani, Marszovsky, Findlay, Dodds.

LINX

1. Moto Linx, Via G. Camerana 16, Torino — I 1929–1941
2. Moto Linx, Via Massena 5, Milano

Baute Motorräder mit 173- bis 598-cm^3-sv- und ohv-Motoren, die hauptsächlich von Spezialfirmen, wie Blackburne, Jap, Python, Piazza usw. bezogen wurden. Schöne, gut konstruierte Maschinen.

LION-RAPIDE

Steveninck & Fils, Rue Katte 46, Alost — B 1936–1953

Belgischer Konfektionär, dessen Maschinen außer 98- bis 248-cm^3-Villiers- und Ilo-Zweitaktmotoren auch 347-cm^3-FN-Motoren hatten.

LITO

Litoverken A. B., Haelsingborg — S 1959–1965

Kleine Firma die sich auf die Herstellung von 498-cm^3-Moto-Cross-Maschinen mit modifizierten ohv-Einzylindermotoren von BSA und Husquarna spezialisierte.

LITTLE GIANT

Little Giant Motors, 101 High Str., Uxbridge — GB 1913–1915

Mit Precision-Motoren ausgestattete Konfektionsmaschinen. Es gab eine 199-cm³-sv-Version und ein 225-cm³-Zweitaktmodell.

LLOYD

1. Lloyd Maschinenfabrik GmbH., Bremen, Rembrandtstraße D 1922–1926
2. Lloyd Maschinenfabrik GmbH., Bremen, Große Johannisstr. 225

Gut gebaute, den Fix-Maschinen ähnliche 144-cm³-Zweitaktmaschinen.

LLOYD

1. Ottmar Cramer, Lloyd-Motoren-Werk, Nürnberg, Untere Turmstraße 16 D 1923–1926
2. Ottmar Cramer, Lloyd-Motoren-Werk, Nürnberg, Poppenreuther Str. 56

Stellte 137-cm³-Fahrradhilfsmotoren, nachher auch Motorräder mit 298-cm³- sowie 346- und 490-cm³-sv- und ohv-Jap-Motoren her. Typisch englische Bauweise.

490 cm³ Lloyd (ohv-Jap-Motor) 1925

LLOYD (L.M.C.)

1. W. A. Lloyd, Cycle Fittings, Clyde Works, Freemann Street, Birmingham GB 1903–1923
2. Lloyd Motor Engineering Co., Ltd., 132 Monument Road, Birmingham

Eine einst in England bekannte Marke, die ursprünglich Lloyd, später aber L.M.C. hieß. Baute hauptsächlich große Einzylindermodelle mit 499 und 597 cm³ Hubraum und auch V-Zweizylinder mit 842 cm³. Keine sportlichen, dafür aber robuste Maschinen mit sv-Motoren eigener Herstellung. Lloyd war außerdem mit den Marken Quadrant, Dreadnought und De Luxe verbunden.

L.M.P.

Ets. Mignonac, Rue de la Pointe, Romainville Seine F 1921–1931

Baute gute Motorräder mit eigenen Zweitaktmotoren von 173 und 248 cm³ und auch sv- sowie ohv-Modelle mit 247, 347 und 497 cm³. L.M.P. lieferte außerdem diese Motoren als Einbaumotoren an Firmen wie Marc und C.P.-Roleo.

L.M.S.

Luftreederei Max Schüler, Osnabrück-Netterheide D 1923

Eine 145-cm³-Zweitaktmaschine mit DKW-Motor und einer luftschiffähnlichen völligen Verkleidung, die sich nicht durchgesetzt hat.

LOCOMOTIEF

NL 1957–P

Mopedhersteller, der 49-cm³-Sachs- und Pluvier-Motoren einbaute.

LOHNER

1. Lohnerwerke GmbH., Wien I., Walfischgasse 10 — A 1950–1958
2. Lohnerwerke GmbH., Wien I., Porzellangasse 2
3. Lohnerwerke GmbH., Wien I., Donaufelder Straße 77/79

Alte und angesehene Wagen- und Karosseriefabrik, die am Anfang des Jahrhunderts von Ferdinand Porsche konstruierte Motorfahrzeuge und nach dem Zweiten Weltkrieg auch Roller hergestellt hat. Die hier verwendeten Zweitaktmotoren waren der 98- und 123-cm³-Rotax-Sachs und der 197-cm³-Ilo.

LOMOS

1. Zschopauer Motorenfabrik, J. S. Rasmussen, Zschopau/Sa. — D 1922–1924
2. Eichler & Co., Berlin SW 11, Bernburgerstraße 23

Ein bei DKW konstruierter Roller mit offenem Stahlblechfahrgestell und 142-cm³-DKW-Dreikanal-Zweitaktmotor. Die Produktion wurde der Firma Eichler in Berlin übergeben.

LONDON

Rex Patents Ltd., 3 Exchange, High Street, Clapham, London S.W. — GB 1903–B

Schon lange vergessene kleine Firma, deren Motorräder mit De-Dion-, Minerva- und MMC-Motoren ausgestattet waren.

LORD

Lord Motorradbau GmbH., München, Hoffmannstraße 50 — D 1929–1931

Mit seitengesteuerten 198-cm³-Jap-Einbaumotoren ausgerüstete Maschinen.

LORENZ

Ing. Arthur Lorenz, Stettin-Braunsfelde, Dunkerstraße 5 — D 1921–1922

Auch dieser 211-cm³-Zweitakt-Roller kam – wie alle Roller nach dem Ersten Weltkrieg – etwas zu früh auf den Markt. Die Kunden waren noch nicht bereit, solche unorthodoxe Konstruktionen zu erwerben.

LORENZ

1. Gebrüder Lorenz, Berlin-Neukölln, Kaiser-Friedrich-Str. 219 — D 1921–1925
2. W. Lorenz, Berlin-Neukölln, Kaiser-Friedrich-Straße 219
3. W. Lorenz & W. Rettig, Loretto Fahrzeugbau, Berlin-Charlottenburg, Kaiserdamm 90
4. Lorenz, Wittig & Co., Berlin-Neukölln, Kaiser-Friedrich-Str. 219

Hochinteressanter zweizylindriger Zweitakt-Boxermotor mit 126 cm³ Hubraum, der als Fahrrad-Hilfsmotor und auch komplett in einem Leichtkraftradfahrgestell geliefert wurde. War auch unter dem Namen »Rapid« auf dem Markt.

LORIOT

F 1927–1930

Kleine Fabrik, die hauptsächlich Jap-Motoren und Bredier & Charon-Getriebe verwendete. Baute 346-cm^3- und 490-cm^3-sv- und ohv-Modelle; teilweise auch mit angeblocktem Getriebe und Kardanantrieb.

LOT

PL 1937

Kardan-Block-Maschine mit 346-cm^3-Zweitakt-Einzylindermotor.

LOUIS CLEMENT

G. Pionat, 46 rue de la l'Abbé-Groult, Paris, 15e — F 1920–1932

Baute in beschränkter Stückzahl ungewöhnliche 598- und 996-cm^3-V-Zweizylindermodelle mit eigenen ohc-Motoren. Später 98-cm^3-Zweitakter.

L-300

Motorradwerke »Krasnij Oktabr«, Leningrad — SU 1932–O

Gehörte zu den ersten in größeren Stückzahlen in Rußland gebauten Motorrädern. Außer dem 294-cm^3-Zweitaktmodell gab es auch eine ähnliche 346-cm^3-Zweitakt- und 348-cm^3-ohv-Einzylinderversion. Letztere entstand 1940.

LOUIS JANIOR

F 1921–1924

Schwer gebaute Motorräder mit 499-cm^3-Boxer-Zweizylindermotoren.

LUBE

1. Louis Bejarano S. A., 17 Gran Via, Bilbao — E 1949–1965
2. Lube-NSU, S. A., 9 Almeda Mazzareo, Bilbao

Bejarano war immer mit NSU eng verbunden. So kam es, daß seine Lube-Motorräder auch NSU-Motoren – Zweitakter und ohv-Modelle – von 49 bis 248 cm^3 hatten. Erst nach Torschluß bei NSU baute er auch andere Zweitaktmotoren ein.

L&.C.

J. Leonard & Co., 20. Long Acre, London, W. C. — GB 1904–B

Kleiner Konfektionär der Pionierzeit. Verwendete De-Dion-, Minerva- und Antoine-Motoren.

LUCAS

Otto Lucas & Co., GmbH., Motorfahrzeugfabrik, Gotha — D 1923–1924

Kleiner Hersteller, dessen Motorräder 129-cm^3-Bekamo-Hilfskolben-Zweitakter und auch eigene 148-cm^3-ohv-Motoren besaßen.

LUCER

Lucer S. r. l., Hazebrouk/Nord — F 1953–1956

Konfektionierte Motorräder mit Aubier-Dunne- und französischen AMC-Motoren, besonders mit dem 174-cm^3-ohv-Motor von AMC.

LUCIFER

Mestre et Blatgé, Rue de la Grande Armee 46–48, Paris 17e — F 1928–1956

Verwendete Train-Zweitaktmotoren von 98 bis 246 cm^3. Außerdem 248- bis 496-cm^3-ohv-MAG- und -Chaise-, wie auch 498-cm^3-ohc-Chaise-Motoren.

LUDOLPH

Mech. Werkst. Müller & Poesch, Bremerhaven — D 1924–1926

Stellte Zweitakter mit eigenen 247- und 299-cm^3-Einzylindermotoren her.

LUGTON

Lugton Motorcycles, Preston — GB 1912–1914

Baute in beschränktem Maßstab 498-cm^3-Motorräder mit Jap- und Precision-Motoren.

LUPUS

1. Rudolf Wolf & Co., Berlin-Tempelhof, Ordensmeisterstr. 12/16 — D 1923–1926
2. Lupus Motorenbau, Stuttgart, Landhausstraße 43
3. Lupus Motorradbau, Stuttgart, Böblinger Straße 91

Nur ein Modell, ein Zweitakter mit 148 cm^3, wurde von Lupus gebaut.

LUTECE

1. George Cochot, Rue de Tangier 45, Paris — F 1921–1926
2. P. Lacombe, 6-b Rue Denis-Papin, Asniéres, Seine

Schwere und hochmoderne Parallel-Zweizylindermaschinen mit Doppelrohrrahmen amerikanischer Bauart. Die 997- und 1016-cm^3-Blockmotoren hatten Kardanantrieb zum Hinterrad. Zuletzt 98-cm^3-Zweitakter mit Riemenantrieb.

LUTRAU

Ludwig Traunspurger GmbH., Walldorf/Baden — D 1924–1933

Eine Autozubehörfabrik, die solide Zweitaktmaschinen mit 198, 246 und 346 cm^3 mit eigenen Motoren baute und auch eine seitengesteuerte 497-cm^3-Einzylindertype im Produktionsprogramm hatte.

LUTZ

1. Lutz GmbH., Braunschweig-Querum — D 1949–1954
2. Lutz GmbH., Braunschweig-Kralenriede

Baute 48- und 49-cm^3-Zweitaktmotoren und mit diesen ausgerüstete Roller und Mopeds. Es gab auch eine Rollerversion mit 173-cm^3-Zweitaktmotor.

LUWE

Ludwig Weber Motorfahrzeugbau, Freiburg/Breisgau, Schloßbergstraße 16 D 1924–1928

Die ersten Modelle hatten 148- und 198-cm³-ohv-Paqué-Motoren. Für Rennzwecke gab es sogar eine 198-cm³-Luwe mit dem ohc-Motor von Paqué, die u. a. von Franz Islinger gesteuert wurde. Es folgten Modelle mit dem 348-cm³-ohv-Kühne-Motor und solche von 348 bis 746 cm³, deren Antriebsquellen von Jap, MAG und Blackburne stammten.

L.W.D.

Lippsche Werke AG., Abt. Motorradbau, Detmold D 1923–1926

Mit 197- und 247-cm³-Motoren eigener Erzeugung ausgestattete Motorräder.

MABECO

1. Max Bernhardt & Co., Berlin NO 55, Prenzlauer Allee 36 D 1923–1927
2. Mabeco-Werke GmbH., Berlin NO 55, Prenzlauer Allee 36

Robuste, den amerikanischen Indian-Scout-Modellen sehr ähnliche 598- und 746-cm³-V-Zweizylindermaschinen mit bei Siemens & Halske gebauten sv-Motoren. Es gab auch 746- und 996-cm³-ohv-Rennmodelle und eine Kleinserie von 346-cm³-Mabeco-Maschinen, die italienische Garelli-Doppelkolben-Zweitaktmotoren besaßen. Erfolgreiche Mabeco-Fahrer: E. Tennigkeit, H. Friedrich, K. Leimer, H. Roßner, P. Birnholz, G. Gubela, P. Kozal, F. Heck, R. Arndt, K. Reisdorf, A. Klein, G. Dierks.

MABON

Mabon & Co., 19 Clerkenwell Road, London, E. C. GB 1904–C

Mit verstärkten Fahrradfahrgestellen ausgerüstete Motorräder. Verwendet wurden Motoren von MMC, Fafnir und eigener Erzeugung.

MABRET

Max Brettschneider, Motorradbau, Hamburg, Lindenallee 18 D 1927–1928

Kleiner Hersteller, dessen Motorräder Kühne-Einbaumotoren besaßen. Es gab Modelle mit 346-cm³-sv- und ohv-Motoren und auch 496-cm³-sv-Motoren.

MACO

Otto Maschke, Motorfahrzeugbau, Eisenach, Karlsplatz 13 D 1921–1926

Stellte gute Konfektionsmaschinen mit DKW-Zweitaktmotoren, aber auch eine nette 198-cm³-sv-Maschine mit einem eigenen Motor her.

MACKLUM

F. MacCallum, Guildhall Buildings, Navigation Str., Birmingham GB 1920–1922

Baute roller-ähnliche »Macklum-Motoretten« mit $2^1/_2$-PS-Peco-Zweitaktmotoren. Kurzlebige Konstruktion und Fabrik.

MACQUET

Moteurs Macquet, Paris F 1951–1954

Stellte Zweitaktmaschinen mit 123 cm^3 und 174 cm^3 Hubraum her.

M.A.D.C.

CH 1901–1905

Der Name, unter dem man ursprünglich die 215-cm^3-Motosacoche-Einbaumotoren auf den Markt gebracht hat.

MAFA

Marienberger Fahrzeugfabrik Gebr. Sättler, Marienberg/Sa. D 1923–1927

Konfektionierte Motorräder mit DKW-Zweitaktmotoren von 119 bis 246 cm^3, verwendete aber auch 348-cm^3-ohv- und 496-cm^3-sv-Motoren von Kühne.

MAFALDA

L. Moglia & Co., Via Montevideo 9, Milano I 1923–1928

Baute Leichtkrafträder mit eigenen 123-cm^3- und 173-cm^3-Zweitaktmotoren.

MAFFEIS

1. Fratelli Maffeis, Via Pontida 1, Milano I 1903–1935
2. Enrico Torinelli, Via Buonarotti 5, Milano

Die ersten Maffeis-Motorräder hatten belgische 2,25-PS-Saroléa-Motoren, später konstruierte Bernardo Maffeis auch 348-cm^3-Ein- und V-Zweizylindermodelle, um sich in den zwanziger Jahren auf Typen mit 248-, 348- und 496-cm^3-Blackburne-sv- und ohv-Motoren zu konzentrieren. Berühmt als Fahrer: Miro Maffeis.

MAGATY

F 1931–1937

Kleiner französischer Produzent, der hauptsächlich 98-cm^3-Zweitaktmaschinen gebaut hat.

MAGDA

F 1933–1936

Eine andere französische Firma, die Leichtkrafträder mit 98-cm^3- und 123-cm^3-Motoren gebaut hat.

MAGNAT–DEBON

1. Motos Magnat-Debon, Rue de la Part-New 92, Lyon F 1906–O
2. Motos Magnat-Debon, Cours Jean Jaures 69, Grenoble
3. Motos Magnat-Debon, Boulevard Thiers 51bis, Dijon

Gehörte zu den führenden Marken Frankreichs. Baute V-Zweizylinder, seit den zwanziger Jahren 98- bis 246-cm^3-Zweitakter und Viertakt-Einzylindermodelle bis 498 cm^3. Wurde dann von Terrot übernommen und stellte dieselbe Modellreihe wie Terrot her. Baute nach 1945 auch Roller und hatte eine ähnliche Modellreihe wie vorher. Besonders erfolgreich die 348-cm^3- und 498-cm^3-ohv-Modelle. Erfolgreichster Fahrer: Paul Boetsch. Nach 1945 auch Mofas etc. mit eigenen 48-cm^3-Zweitaktmotoren.

MAGNAT – MOSER

Ets. Magnat – Moser, Grenoble F 1906–1914

Ein Zweigwerk von Magnat – Debon, das Moser-Motoren bis 746 cm^3 eingebaut hat.

MAGNEET

Magneet Rijwielen- en Motorenfabriek N. V., Stammerdijk 13, Weesp NL N–P

Holländischer Moped- und Mofa-Hersteller, der hauptsächlich 48-cm^3-Sachs-Motoren verwendete.

MAGNET

Magnet-Motoren AG., Berlin-Weißensee, Lehderstraße 16–19 D 1901–1924

Deutsche Pionierfirma, die besonders vor 1914 mit Ein- und V-Zweizylinder-sv-Modellen eine prominente Rolle spielte. Nach dem Ersten Weltkrieg fiel sie immer mehr zurück und schloß 1924 ganz die Tore.

MAGNI

Moto-Magni, Via G. Bruno 13, Milano I 1928–1930

Interessante 348-cm^3-ohc-Maschine, deren zwei Zylinder horizontal lagen. Kapitalmangel verhinderte größere Serienherstellung.

MAICO

1. Maico-Motorrad- und Fahrradfabrik, Poltringen bei Tübingen D 1926–
2. Maico-Werk, W. & O. Maisch, Pfäffingen, Haupstraße 29
3. Maico-Fahrzeugfabrik GmbH., Pfäffingen, Haupstraße 29
4. Maico-Fahrzeugfabrik GmbH., 7403 Ammerbuch 2, Pfäffingen

Die ersten Maico-Motorräder hatten 98- und 123-cm^3-Ilo-Zweitaktmotoren. Nach 1945 nahm das Werk trotz unsicherer Zeiten und verschiedener Probleme starken Aufschwung und errang Weltberühmtheit durch die großen Moto-Cross-Erfolge von Fahrern wie Weil, Bauer,

248 cm^3 Maico (Eig. 2T-Moto-Cross-Motor) 1974

Jonsson, Maisch (jun.) u. a. Auch beim Geländesport und in der 125-cm³-Klasse bei Straßenrennen konnten diese erstklassigen Maschinen, seit vielen Jahren mit eigenen, schlitzgesteuerten Zweitakt-Plattendrehschiebermotoren ausgestattet, große Erfolge erringen. Außer 247-, 386- und 454-cm³-Moto-Cross-Modellen baut das Werk auch 248- und 386-cm³-Geländesportmaschinen. Auch 123-cm³- und, für USA, 501-cm³-Moto-Cross-Versionen. Daneben liefert die Firma »normale« Straßenmaschinen mit 49-, 123- sowie als derzeit neuestes Modell 245-cm³-Einzylinder-Motoren. Die letztere leistet 27 PS bei 7000 U/min und gehört zu den Spitzenmaschinen ihrer Klasse. Auch viele Go-Karts sind mit Maico-Motoren ausgerüstet.

MAINO

S.p.A. Giovanni Maino, Via G. Galilei 31, Allessandria — I 1902–1956

Alter Motorradhersteller, der in der Pionierzeit Schweizer Souverain-Einbaumotore mit 2,25 PS verwendete und nach dem Zweiten Weltkrieg Leichtkrafträder mit 38-cm³-Mosquito-Motoren und auch 98-, 123- und 147-cm³-Sachs-Motoren hergestellt hat. Auch NSU lieferte Motoren.

MAJESTIC

Majestic Engineering Co., Ltd., Bromley Street, Birmingham — GB 1931–1935

Als 1931 AJS in Wolverhampton von den Londoner Collier-Brüdern übernommen wurde, erwarb E. H. Humphries, der OK-Supreme-Chef, die Restbestände der 248-, 348- und 498-cm³-AJS-Maschinen und baute sie bei OK-Supreme unter dem neuen Namen Majestic in leicht veränderter Form weiter.

MAJESTIC

Ets. Moto-Majestic, Bruxelles — B 1928–1930

Mit englischen Teilen hergestellte Konfektionsmaschinen. Verwendet wurden 346- und 490-cm³-sv- und ohv-Motoren von Jap, Burman-Getriebe, Amal-Vergaser und andere englische Komponenten.

MAJESTIC

1. Motorcycles Majestic, Avenue d'Anthony 75, Chatenay — F 1927–1934
2. Motorcycles Majestic, Rue Auguste-Lancon, Paris XIIIe

Baute außer orthodoxen Motorrädern mit Jap-, Chaise-, Train- und anderen Motoren auch eine ungewöhnliche Vierzylindermaschine mit dem luftgekühlten 498-cm³-Train-Reihenmotor- und Kardanantrieb. Dieses Modell hatte den Motor unter einer Haube eingeschlossen.

MAJOR

Ing. Salvatore Majorca, Via Napione 6, Torino — I 1947–1948

Auch hier handelte es sich um eine Konstruktion, bei der der Motor eingeschlossen war. Er hatte 347-cm³- und Kardanantrieb zum Hinterrad. Die Produktion war sehr begrenzt.

MALAGUTI

1. G. A. Malaguti, Via A. Bondi 28, Bologna — I 1958–
2. Malaguti S.p.a., 40068 S. Lazzaro di Savena (Bologna) Via Emilia Levante 498

Eine stark nach vorn gekommene italienische Fabrik, die außer 49-cm³-Mofas, -Mopeds und -Motorräder auch sehr nette 123-cm³-Maschinen mit – hauptsächlich – Franco-Morini-Zweitaktmotoren herstellt.

MALANCA

1. Ditta Mario Malanca, Via Andrea Costa 219, Bologna — I 1958–
2. Moto Malanca, Pontecchio Marconi, Bologna
3. Mario Malanca, 40044 Pontecchio Marconi (Bologna), Via Pila 2

Die Malanca hat viel mit der Malaguti gemeinsam. Auch hier gibt es vor allem zahlreiche 49-cm³-Modelle, aber auch eine zweizylindrige 123-cm³-Zweitaktmaschine wird bei Malanca gebaut.

MAMMUT

1. Maschinenfabrik Berner & Co., Nürnberg, Ludwig-Feuerbach-Straße — D 1925–1933
2. Maschinenfabrik Berner & Co., Nürnberg, Innere Lauftorg. 20

Die ersten Mammut-Zweitakter hatten 198-cm³-Baumi-, nachher auch 197- und 246-cm³-Zweitakt-Motoren eigener Erzeugung. Ab 1928 wurden 198-cm³-Villiers und 247- bis 497-cm³-Blackburne-Motoren verwendet. Ab 1929 folgten Mammut-Modelle mit Preßstahlfahrgestellen, die unter Coventry-Eagle-Lizenz hergestellt wurden. Es gab auch 598-cm³-V-Zweizylinder mit MAG-Motoren und kleinere Einzylindermodelle, die den Jap-Motor anstatt den Blackburne besaßen.

MAMMUT

Mammut Vertriebsgesellschaft m.b.H., Bielefeld, An der Pottenau 4 — D 1953–1956

Konfektionierte außer 48-cm³-Mopeds auch 98-, 123-, 147-, 173- und 198-cm³-Motorräder mit Einbaumotoren von Ilo und Sachs.

MAMMUT (jetzt: MÜNCH-4)

1. Friedel Münch, 6361 Niederflorstadt bei Friedberg, Hessen — D 1966–
2. Münch Motorradfabrik, 6361 Ossenheim, Hauptstraße 12
3. Friedel Münch, Motorradfabrik, 6472 Altenstadt/Hessen, Waldsiedlung, Hegwaldstraße 2
4. Münch Motorradfabrik GmbH., 6472 Altenstadt/Hessen, Waldsiedlung, Hegwaldstraße 2

Ursprünglich mit 996-cm³-NSU-Automotoren ausgerüstet, bekam die unter dem Namen Mammut bekanntgewordene spätere Münch-4 dann den 1177-cm³-NSU-Automotor, der die vier luftgekühlten Zylinder in Reihe hat und von Münch quergestellt eingebaut wurde. Die Leistung desselben wurde mit 88 PS bei 6500 U/min und mit Saugrohr-Kraftstoffeinspritzung mit 100 PS bei 7500 U/min angegeben. Der Preis in dieser Ausführung betrug rund 19425 Mark. Die Firma hatte mehrere Reorganisationen kommerzieller Natur; zuletzt im November 1973, als der Frankfurter Kaufmann Heinz Hanke das Werk erwarb.

MAMOF

Magdeburger Motoren- und Fahrzeugbau, Peters & Schneider, Magdeburg, Mittagstraße 33 D 1922–1924

Leichtkrafträder mit 145-cm³-DKW- und Grade-Zweitaktmotoren. Auch 155-cm³-sv-Modelle mit eigenen Motoren. Kleine Firma und Produktion.

MANET

Povaẑské Strojírny, Národni Podnik, Povaẑská Bystrica CS 1948–1967

Stellte zuerst eine 88-cm³-Zweitaktmaschine mit einem eigenen, von Vincenz Sklenar konstruierten Doppelkolbenmotor und dann Roller mit 123-cm³-Zweitaktmotoren her.

MANON

Ets. Manon, Rue Repellier, Courbevoie F 1903–C

Verstärkte Fahrräder mit eigenem 1,5-PS-Motor.

MANTOVANI

Fabbrica Motocicli Mantovani, Milano I 1902–1910

Baute Motorräder mit 1,5-, 2,75- und 4-PS-Motoren, die zum Teil mit Wasserkühlung ausgestattet waren.

MANURHIN

B. P., 377 Mulhouse-Bourtzwiller, Haut-Rhine F 1955–1962

Nachdem der Bau des DKW-»Hobby«-Rollers in Deutschland eingestellt wurde, baute dieses Werk ihn mit einem 75-cm³-Zweitaktmotor weiter.

MANUFRANCE F 1951–1955

Leichtmotorräder und Roller mit 124- und 174-cm³-Motoren.

MARATHON USA 1910

Eine zweizylindrige Zweitaktmaschine mit Kardanantrieb.

MARC

1. Etablissements Marc, Rue de Plateau 12, Vincennes F 1926–1951
2. Ets. Marc, Rue de Courcelles 226, Paris XVII.

Robuste Einzylindermaschinen englischer Bauweise mit 247-cm³-Staub-Jap- und 347- und 490-cm³-sv- und ohv-Motoren von L.M.P. und Jap.

MARCK

Etablissement Jean Marck, Herstal-chez-Liége B 1904–1908

Alter belgischer Motorradproduzent, dessen Einzylindermodelle 499 cm³ Hubraum besaßen.

MARIANI

Soc. Italiana Motocicli a Nafta Mariani, Viale Monza 123, Milano — I 1932–1934

Enrico Marianis 498-cm³-sv-Einzylindermodelle gab es mit zwei Ventilen für den Betrieb mit Benzin und mit drei Ventilen für den Betrieb mit Nafta. Weltberühmt wurden sie nicht.

MARINI

Emilio Marini, Via Gonzoga, Milano-Lambrate — I 1924–1928

Darf nicht mit der »Morini« verwechselt werden; es handelte sich hier um eine kleine Produktion einer 124-cm³-Zweitaktmaschine.

MARLOE

1. Marloe Motor Cycle Co., 131 Coventry Road, Bordesley, Birmingham — GB 1920–1922
2. Marloe Motor Cycle Co., Flint Green Road, Adcocks Green, Birmingham

Kleiner Konfektionär, dessen Modellreihe Motorräder mit 346-cm³-Precision-, 348-cm³-Blackburne- und 496-cm³-Blackburne-sv-Motoren aufwies.

MARLOW

Marlow Motorcycles, 20a Emscote Road, Warwick — GB 1920–1922

Wird oft mit Marloe verwechselt. Baute als Hauptmodell eine 269-cm³-Zweitaktmaschine mit Villiers-Motoren, doch konnte man auf Wunsch auch Marlow-Maschinen mit 346- und 490-cm³-Jap-Motoren bekommen.

MARMONNIER

Motorcycles Marmonnier, Rue Martin-Combret, Villeurbane (Rhone) — F 1947–1951

Baute 124- und 174-cm³-Zweitaktmaschinen mit Aubier-Dunne-Motoren.

MARS (M.A.)

1. Mars Fahrradwerke & Ofenfabrik AG., Nürnberg-Doos, Siegmundstraße 40 — D 1903–1957
2. Mars-Werke AG., Nürnberg-Doos, Siegmundstraße 40
3. Mars-Werke AG., Nürnberg-Doos, Siegmundstraße 17

Mars (M.A.)
956 cm³ (D) (Maybach-Zweizyl.-Boxer) 1925

Die ersten Mars-Motorräder hatten Schweizer Zedel- und deutsche Fafnir-Motoren. Berühmt wurde Mars durch die von Ing. Franzenberg 1920 konstruierte 956-cm^3-Zweizylindermaschine, deren seitengesteuerter Boxermotor von Maybach gebaut wurde und in einem Fahrgestell aus gepreßtem und geschweißtem Stahlblech lag. Nach einem kommerziellen Zusammenbruch 1924 wurde das Werk von Johann & Karl Müller übernommen. Ab 1929 gab es auch Einzylindermodelle mit MAG-, Sturmey-Archer-, Jap- und Villiers-Motoren von 198 bis 596 cm^3, und in den dreißiger Jahren Mofas mit 75- und 98-cm^3-Sachs-Motoren. Diese wurden auch nach 1945 verwendet, als Ing. Rudi Albert die 147-, 174- und 198-cm^3-Mars »Stella« schuf. Die letzte Mars hatte einen 49-cm^3-Sachs-Motor. Es war dies die »Monza«, die nach Torschluß bei Mars von Gritzner noch einige Zeit weitergebaut wurde. Offiziell hießen die von 1925 bis 1932 gebauten Mars-Motorräder »M.A.«.

MARS

Mars Motor Company, Church End, Finchley, London GB 1905–C

Kleiner englischer Produzent, der Minerva- und Fafnir-Motoren einbaute. Es ist unbekannt, ob damals eine Verbindung zu Nürnberg-Doos bestand.

MARS

Mars Ltd., White Friars Lane, Coventry GB 1923–1926

Zwischen dieser und der deutschen Mars bestand keinerlei Verbindung. Sie war eine gut konfektionierte Maschine mit 247-cm^3-Villiers- und 293-cm^3-Jap-sv-Motoren. Außerdem gab es 348-cm^3-Modelle mit ölgekühlten Bradshaw- und schiebergesteuerten Barr & Stroud-Einzylindermotoren. Auch der 347-cm^3-Jap konnte in diese Maschinen eingebaut werden. Bereits 1923 hatten sie Satteltanks.

346 cm^3 Mars (GB)
(B&S-Schiebermotor) 1923

MARSH

1. Marsh Bros., Brockton, Mass. USA 1901–E
2. Marsh Motor Cycle Manufacturing Co., Brockton, Mass.

Amerikanische Pionierfirma im Motorradwesen. Baute zahlreiche Ein- und v-Zweizylindermodelle mit eigenen Motoren und erwarb später die Metz-Motorradfabrik, worauf die Maschinen als M.M. (Marsh-Metz) verkauft wurden.

MARSEEL

Marseel Engineering Co., Victoria Park, Coventry GB 1920–1921

Ein 232-cm³-Roller, der, wie ähnliche deutsche Konstruktionen, zu früh auf den Markt kam. Konstrukteur war D. M. K. Marendaz, der dann die nach ihm benannten Marendaz-Special-Sportwagen schuf.

MARTIN

1. Martin Cars & Motor Soundries Ltd., 175–177 Shaftesbury Avenue, London, W. C. GB 1911–1922
2. Martin Motors, Leslie Grove, East Croydon
3. A. G. Miller Ltd., Martin Works, Scrubbs Lane, London, NW 10

Vom Rennfahrer Harry Martin konstruierte 198-cm³-Modelle mit Precision- und 293- sowie 347- und 498-cm³-Modelle mit Jap-Motoren. Es gab auch 498-cm³-V-Zweizylinder-ohv-Modelle mit Jap-Motoren.

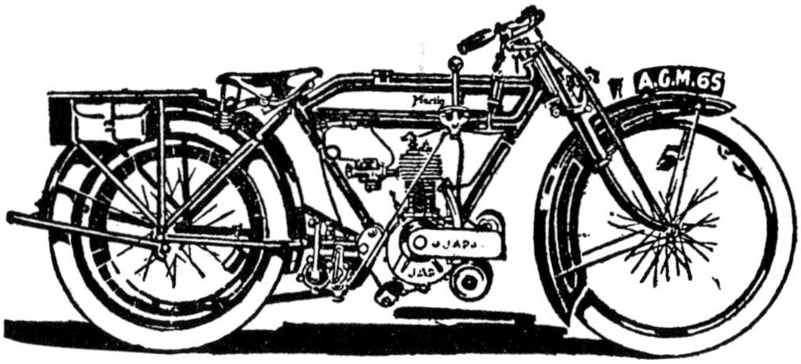

490 cm³ Martin (sv-Jap-Motor) 1921

MARTIN

J 1956–1961

Japanische Konfektionsmaschinen mit 124-, 198- und 246-cm³-Zweitaktmotoren.

MARTINA

Motocicli Martina, Torino I 1924–1927

Kleiner Produzent von 173-cm³-Zweitaktmaschinen.

MARTIN-JAP

Victor Martin & Co., Ltd., Elmhurst Works, Bruce Grove, London, N. 17 GB 1929–1957

Wurde international als Hersteller von Speedway-Maschinen mit 490-cm³-ohv-Bahnrennmotoren von Jap bekannt. Zahlreiche Weltmeisterschaften wurden mit Martin-Jap-Maschinen gewonnen.

MARTINSHAW

1. Martinshaw Motors Ltd., Clarence Works, Park Road, Teddington GB 1923–1924
2. Martinshaw Motors Ltd., Twickenham

Kleiner Konfektionär, der von Granville Bradshaw konstruierte 346-cm³-ohv-Einzylindermotoren mit Ölkühlung verwendet hat.

MARTINSYDE

1. Martinsyde Ltd., 5 Maybury Hill, Woking GB 1919–1925
2. Bat Motor-Spares & Repair Co., Ltd., Kingswood Road, Penge, London S. E. 20

Ein Flugzeugwerk, das gute und robuste 498- und 676-cm³-V-Zweizylinder- und 346-cm³-Einzylinder-Modelle mit eigenen wechselgesteuerten Motoren gebaut hat und dann den Motorradbau an die BAT-Motorradfabrik in London übergab.

676 cm³ Martinsyde
(Eig. V-Zweizyl.) 1923

346 cm³ Martinsyde
(Eig. iov-Einzyl.) 1923

MARUSHO

Marusho Motor Cycle Industrial Co., Ltd., Nr. 2. 2-Chome, Takaracho,
Chuo-ku, Tokyo J 1966–Q

Die Marusho war eine BMW-ähnliche 498-cm³-ohv-Zweizylindermaschine mit Blockmotor, Kardan und elektrischem Starter. Gebaut für den USA-Markt wurde sie in den früheren Lilac-Werken.

MARVEL

Marvel Motorcycle Co., Hammondsport, New York USA 1910–1913

Glenn Curtiss, der Flugpionier und Motorradhersteller, war auch mit dieser Firma eng verbunden und baute hier mit seinen Curtiss-Motoren ausgestattete Ein- und V-Zweizylindermodelle.

M.A.S.

1. Ing. Alberico Seiling, Via Emiliani 1, Milano I 1920–1956
2. Ing. Alberico Seiling, Viale Sabotino 14, Milano
3. S. A. Motocicli M.A.S., Via Corregio 48, Milano

496 cm^3 MAS (Eig. ohv-Motor) 1938

Seiling gehörte zu den führenden Konstrukteuren Italiens, seine 173-cm^3-ohv-Modelle zu den populärsten kleinen Maschinen. Er baute aber auch einzylindrige sv- und ohv-Modelle bis 498 cm^3 und hatte bereits 1928 eine 498-cm^3-Parallel-Zweizylindermaschine konstruiert. Es gab auch 218-und 248-cm^3- sowie 346-cm^3-sv- und ohv-Einzylindermodelle und eine 570-cm^3-sv-Einzylindermaschine. Seiling baute auch schon frühzeitig Hinterradfederungen, verließ aber 1938 die Firma und baute nun die Altea. Später übersiedelte er nach Argentinien, wo er inzwischen verstarb. Seine Nachfolger bei M.A.S. bauten noch nach 1945 nette 173-cm^3-ohv-Maschinen, konnten aber nie die Vorkriegsposition von M.A.S. erreichen.

MAS

Mas Motorradbau, München, Linienstraße 13 — D 1923–1924

Kleiner Produzent von 183-cm^3-Zweitaktmaschinen. Hatte nur begrenzte Verbreitung.

MASCOTTE

Moteurs et Motorcycles Mascotte, Courbevoie — F 1923–1924

Leichtgewichtsmaschinen mit 174-cm^3-sv-Motoren.

MASERATI

Fabbrica Candele Accumulatori Maserati, S. p. A., Via Generale Paolucci 165, Modena — I 1953–1961

Die bekannte Fabrik baute zahlreiche Motorradmodelle von 49 bis 248 cm^3 Hubraum mit eigenen Zweitakt- und ohv-Motoren. Es gab auch 246-cm^3-ohc-Zweizylinderversionen.

MASON & BROWN

Mason & Brown Motorcycles, Leicester — GB 1904–C

Baute Motorräder mit verschiedenen Einbaumotoren von De Dion, Antoine und hauptsächlich dem 2-PS-Minerva.

MASSEY (MASSEY-ARRAN)

1. Massey Motor Co., Belgrave Rd., Birmingham GB 1920–1931
2. Massey-Arran Motors, 345 Bell-Barn Road, Birmingham
3. Massey-Arran Motor Co., Ltd., 52 Bordesley Street, Birmingham
4. Massey-Arran Motor Co., Ltd., West Heath, Norfield, Birmingham
5. Massey-Arran Motor Co., Ltd., 139 New Street, Birmingham
6. Massey-Arran Motor Co., Oliver Road, Smethwick, Birmingham
7. Massey-Arran Motor Co., Mincing Lane, Blackburn
8. Massey Motor Co., Ltd., Kay Street, Blackburn

Eine (wie aus den Adressen zu sehen ist) oft »wandernde« Motorradfabrik, die Maschinen mit 172- bis 490-cm³-Motoren von Villiers, Jap, Blackburne und Bradshaw gebaut hat. Konstrukteur E. J. Massey ging 1925 zu HRD, wo er auch schöne Maschinen schuf.

M.A.T.

Tovarna na Motocykly, Milos Bondy & Spol., Praha II, Poric 30 CS 1929–1930

Hochinteressante, von Ing. Votroubek konstruierte luftgekühlte Vierzylindermaschine mit 498 cm³ Hubraum mit paarweise hintereinander angeordneten Zylindern. Der sv-Motor war im Block und hatte Kardanantrieb zum Hinterrad.

MATADOR

Motorenfabrik C. Close, Staßfurt, Bahnhofstraße 9 D 1925–1926

Kleiner Hersteller von Motorrädern mit 269-cm³-Zweitaktmotoren.

MATADOR

Matador Engineering Co., Ltd., Deppdale, Preston GB 1922–1927

348-cm³-Maschinen mit sv- und ohv-Blackburne- und ölgekühlten ohv-Bradshaw-Motoren. Konstrukteur: Bert Houlding.

MATCHLESS

1. H. Collier & Sons. Ltd., Plumstead, London, S. E. 18 GB 1899–1969
2. Associated Motor Cycles Ltd., Plumstead Road, London, S. E. 18
3. Norton Villiers Ltd., Plumstead Road, London S. E. 18

Einst sehr berühmte und erfolgreiche englische Marke, die schon vor dem Ersten Weltkrieg T.T.-Rennen gewann. Baute damals De-Dion-, MMC-, Jap- und auch MAG-Motoren ein. Die letzteren gab es auch noch in den zwanziger Jahren beim 992-cm³-V-Zweizylindermodell. Andere Matchless-Modelle hatten bereits eigene 347-cm³-sv- und (1923!) ohc- sowie 591-cm³-ohv-Einzylindermotoren. 1930 gab es eine 398-cm³-Parallel-Zweizylinder-sv-Maschine, 1931 die vierzylindrige 592-cm³-»Silver Hawk« mit ihrem ohc-Motor sowie orthodoxe Modelle von 246 bis 998 cm³. In den dreißiger Jahren lieferte Matchless Einbaumotoren an Coventry-Eagle, Brough-Superior, OEC, Morgan, Calthorpe und erwarb 1931 die Marke AJS. Ihr folgte 1937 die Marke Sunbeam, die man aber an BSA weiterverkaufte. Nach dem Krieg wurden James, Francis-Barnett, Indian und Norton von der AMC Ltd., wie die Firma nun hieß, erworben. Jahrelang baute man neben der Matchless die AJS mit fast gleichen Spezifikationen.

347 cm³ Matchless (sv-Einzyl.) 1924

596 cm³ Matchless (ohv-Einzyl.) 1925

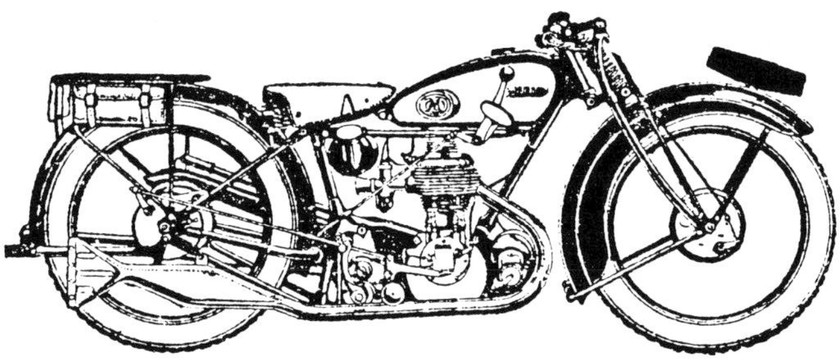

498 cm³ Matchless (sv-Einzyl.) 1928

498 cm³ Matchless (Eig. ohv-Motor) 1928

246 cm³ Matchless
(ohv-Einzyl.) 1930

598 cm³ Matchless
(ohc-Vierzyl. »Hawk«) 1931

996 cm³ Matchless
(sv-V-Zweizyl. »X3«) 1932

498 cm³ Matchless
(sv-Zweizyl. »Arrow«) 1932

498 cm³ Matchless
(ohv-Einzyl. »Sports«) 1936

990 cm^3 Matchless (sv-V-Zweizyl.) 1936

496 cm^3 Matchless (ohv-Einzyl.) 1948

Hauptsächlich 348- und 498-cm^3-ohv-Einzylindermodelle und auch 498-cm^3-Parallel-Zweizylinder-ohv-Maschinen. Diese auch als Rennmaschinen, bevor sie durch die einzylindrige 498-cm^3-ohc-Rennmaschine G 50 ersetzt wurden. In der 350-cm^3-Klasse gab es die ähnliche 7R von AJS. Nach dem Ableben der Gründer Harry und Charlie Collier verlor die Marke an Boden, obwohl man anfangs der sechziger Jahre noch Norton dazunahm. Ende der sechziger Jahre wurde die Firma von dem früheren Autorennfahrer und Finanzier Dennis Poore übernommen, vollkommen reorganisiert und zum Teil nach Andover in ein neues Werk, zum Teil nach Wolverhampton – wo Poore schon die Villiers-Motorenfabrik besaß – transferiert. Bald darauf verschwand der Namen Matchless, der einst bei Rennen, Trials und Moto-Cross mit Fahrern wie den Brüdern Collier, Glover, Farrant, Ennett, Bob McIntyre, Powell, Seeley, Woodman, Viney, Hall, Stevens, E. Hiller, Duff, Stevens und zahlreichen anderen große Erfolge errang.

MATRA

Laszlo Urbach, Motorradwerk, Gömb Str. 91, Budapest XIII — H 1938–1947

Vom früheren ungarischen Rennfahrer Urbach konstruierte 98- und 198-cm^3-Maschinen mit Zweitaktmotoren, die zum Teil von Sachs und Ardie geliefert wurden.

MAURER

1. Automobilfabrik Ludwig Maurer, Nürnberg, Dürrenhofstraße 8 — D 1922–1926
2. Automobilfabrik Ludwig Maurer, Nürnberg, Bahnhofstraße 93

Stellte 1,5-PS-Fahrrad-Hilfsmotoren – Zweitakter mit Drehschieber – und dann wassergekühlte 247-cm^3-Zweitakt-Einzylinder- wie auch 494-cm^3-Boxer-Zweizylindermaschinen, ebenfalls Zweitakter in wassergekühlter Ausführung, her. Die Produktion erreichte keinen größeren Umfang.

MAUSER

1. Mauser-Werke AG., Abt.: Fahrzeugbau, Oberndorf a. Neckar D 1924–1927
2. Gustav Winkler, Fahrzeugbau, Oberndorf a. Neckar

Als »Mauser-Einspurauto« bekannt, handelte es sich hier, grob ausgedrückt, um ein karossiertes Motorrad mit einer Tür zum Einsteigen und auf jeder Seite zwei kleinen Abstützrädern. Als Antriebsquelle wurden wassergekühlte 496-cm³- und 576-cm³-sv-Einzylindermotoren verwendet. Zu einer größeren Verbreitung dieser ungewöhnlichen Konstruktion kam es nicht.

MAVISA

Motocicletas Mavisa, San Cugat E 1957–O

Leichtkraftrad mit horizontalem 248-cm³-Zweizylinder-Zweitaktmotor.

MAWI

Norddeutsche Motorradwerke Marquardt & Winter, Swinemünde D 1923–1930

Guter Konfektionär, dessen erste Maschinen 142- und 173-cm³-DKW-Zweitaktmotoren, spätere Modelle jedoch englische Jap-Motoren von 248 bis 546 cm³ besaßen. Unter diesen war auch eine schnelle 246-cm³-ohv-Version.

490 cm³ Mawi
(Jap-sv-Einzyl.) 1930

MAX

Auto-Motor-Industrie GmbH., Berlin-Schöneberg, Kaiser-Friedrich-Straße 16 D 1924–1925

Kleine Firma, die 180-cm³-Zweitakt- und 446-cm³-sv-Einzylindermaschinen gebaut hat.

MAX

Ets. Motos Max, 178. Rue Révolte, Levallois F 1927–1930

Kleiner Hersteller von Motorrädern mit 98- bis 496-cm³-Einbaumotoren verschiedener französischer und englischer Firmen.

MAXIM

Maxim-Motors, 242 Pentonville Road, London GB 1919–1921

Konfektionsmaschine mit dem 318-cm³-Dalm-Zweitaktmotor.

MAXIMA

Fabbrica Nazionale Motocicli Maxima, Voghera I 1920–1925

Baute gut konstruierte 690- und 747-cm³-Zweizylindermaschinen mit eigenen sv-Boxermotoren, die längs im Fahrgestell lagen.

MAY BROS

May Bros, Motorcycle Works, Wolverhampton GB 1903–1906

Mit Minerva-, Saroléa-, MMC- und anderen Motoren ausgestattete Motorräder.

MAZZUCHELLI

E. Mazzuchelli, Via P. Sarpi 14, Milano I 1925–1928

Mit deutschen 198-cm^3-Alba-Motoren ausgestattete Konfektionsmaschinen.

M.B.

Milos Bondy, Tovarna na Motocykly, Praha II, Poric 30 CS 1927–1928

Bevor Bondy die M.A.T. baute, stellte seine Firma die von Ing. Slechta konstruierte 498-cm^3-M.B. her, deren Einzylindermotor einen Drehschieber im Kopf besaß.

M.B.

Morse-Beauregard Motor Company, Buffalo USA 1916–1920

Hochmoderne Motorräder mit 746-cm^3-Parallel-Zweizylindermotoren und Kardanantrieb zum Hinterrad.

MBM

Motori MBM, Via Roncofreddo 47, 47023 Cesena (Forli) I 1974–

Auch eine erst neue Mopedfirma, die 48-cm^3-Zweitakter verwendet, die sie in moderne Fahrgestelle einbaut.

M.B.R.

I 1924–1926

Kleiner Produzent von 123-cm^3-Zweitaktmaschinen.

M.C.

Motor-Company, Vinarska 16, Praha VII CS 1924–1927

Baute nur ein Modell, dessen Antriebsquelle ein 996-cm^3-V-Zweizylindermotor von Jap mit seitengesteuerten Ventilen war.

MCB

MCB Monark-Crescent AB, Box 141, Varberg S 1902–

Große schwedische Motorradfabrik, die zahlreiche alte Unternehmen wie Nordstjernan, Hermes, Monark (Esse), NV, Apollo vereinigt und jetzt Modelle von 50 bis 123 cm^3 mit Sachs- und Franco-Morini-Zweitaktmotoren erzeugt. Mehr unter Monark.

M.C.C.

Motor-Castings-Company Ltd., London, S. E. GB 1903–C

Gehörte zu den Pionierfirmen in England. Baute De-Dion-, Minerva- und andere Motoren ein. Stellte dann eigene Motoren unter Minerva-Patenten her.

MC EVOY

McEvoy Motor Cycles (1926) Ltd., Leaper Street Works, Derby GB 1926–1929

Michael McEvoy, der Firmengründer, Cecil Birkin, der Finanzier, und George Patchett, der Konstrukteur, der später zu Jawa kam, waren die Hauptpersonen bei dieser Firma, deren Produktionsprogramm Motorräder von 172-cm³- mit Villiers-Zweitaktmotoren bis zu 996-cm³-V-Zweizylinder-Vierventil-Modellen mit »Vulpine«-Motoren von Anzani umfaßte. Dazwischen lagen 248-, 348-, 498-, 746- und 990-cm³-sv- und ohv-Modelle mit Blackburne- und Jap-Motoren. 1928 schuf McEvoy auch eine 346-cm³-ohv-Maschine mit drei Ventilen und eine 498-cm³-Reihen-Vierzylindermaschine mit eigenem ohc-Motor. Er war auch Vertreter der Zoller-Kompressoren, und bereits 1926 fuhr George Patchett eine 990-cm³-V-Zweizylinder mit ohv-Jap-Motor und Kompressor.

MC KECHNIE

McKechnie Motors, Kings Head Chambers, Coventry GB 1922

Eine luxuriöse Zweizylindermaschine mit Hinterradfederung. Als Motor wurde ein 688-cm³-Coventry-Victor-Boxermotor verwendet.

MC KENZIE

Geo H. McKenzie Autocycles Ltd., 28. Warwick Row, Coventry GB 1921–1925

Leichtgewichtsmaschinen mit 169-cm³-Zweitaktmotoren. Gebaut wurden sie für McKenzie bei den Hobart-Werken in Coventry.

M.D.S.

S. r. l. Fratelli Scoccimarro, Via Tortona 4, Milano I 1956–O

Stellte kleine ohv-Einzylindermodelle mit 70, 75 und 80 cm³ Hubraum her. Eigene Motoren.

MEAD

Mead Cycle Co., 11–13 Paradise Street, Liverpool GB 1911–1916

Angeblich wurden diese Maschinen bei Premier in Coventry für Mead gebaut. Sie hatten 198-, 492- und 592-cm³-Precision-, 293-cm³-Jap- und 746- sowie 980-cm³-V-Zweizylinder-Premier-Motoren.

MEAD

Mead Motor Company, Cox Street, Balsall Heath, Birmingham GB 1922–1924

Konfektionär, der 1,75-, 2,75- und 3,75-PS-Motoren von Precision, Villiers und Wall einbaute.

MEGOLA

1. Deutsche Megola Werke GmbH., München 9, Grünwalder Straße 154 D 1921–1925
2. Megola Motoren AG., München 9, Grünwalder Straße 154

640 cm³ Megola (sv-5-Zyl.-Rennmasch.) 1924

Die berühmte Megola, von Fritz Cockerell konstruiert, hatte einen fünfzylindrigen Rotations-Sternmotor mit 640 cm³ Hubraum. Der seitengesteuerte, getriebe- und kupplungslose Motor war im Vorderrad eingebaut und sehr elastisch. Er war auch schnell und gewann mit Fahrern wie Toni Bauhofer, Josef Stelzer und Albin Tommasi zahlreiche große Rennen. Das ungewöhnliche Fahrgestell bestand aus genietetem und geschweißtem Stahlblech. Die Megola gehört jetzt zu den wertvollsten Veteranen-Motorrädern.

MEGURO

Meguro Mfg. Co., Ltd., 575 3-Chome, Osaki-Honcho, Shinagawaku, Tokyo J 1937–1964

Nach englischen Konstruktionstendenzen gebaute ohv-Maschinen von 174 bis 498 cm³ mit eigenen Motoren. Zuletzt gab es auch eine 498-cm³-Parallel-Zweizylinder-ohv-Meguro. Nach dem Zusammenbruch dieser Firma wurde sie von Kawasaki übernommen.

MEIHATSU

Kawasaki Meihatsu Industrie Co., Ltd., 1272 2-Chome, Kanamachi, Katsushika-ku, Tokyo J 1953–1961

Im Gegensatz zu Meguro baute Meihatsu kleine Zweitaktmaschinen von 123 bis 248 cm³ mit Ein- und Zweizylindermotoren. Die zum Kawasaki-Konzern gehörende Motorradfabrik wurde dann ein Betrieb der Kawasaki-Flugzeugwerke.

MEISTER

1. Meister Fahrradwerke, Erhard Doppelt, Bielefeld, An der Pottenau 4 D 1949–P
2. Meister Fahrzeug GmbH., Bielefeld, Finkenstraße 52

Stellte außer 50-cm³-Mopeds mit Zündapp-Motoren auch 98-, 123-, 147-, 173- und 198-cm³-Motorräder mit Sachs- und Ilo-Motoren her. Kam zur Firma Göbel und baute weiterhin Mofas und Mopeds.

MELDI

Officine Meccanicche Guiseppe Meldi, Via Baretti 35, Torino I 1927–1947

Baute hauptsächlich Rennmaschinen mit 248-, 348- und 498-cm³-ohv-Einbaumotoren von Jap und Python in geringer Stückzahl.

MEMINI

Motocicli Memini, Torino I 1946–1947

Kleiner Nachkriegskonfektionär von 123-cm³-Zweitaktmaschinen.

MENON

I 1930–1932

Mit eigenen 174- und 198-cm³-sv-Motoren ausgestattete Leichtkrafträder.

MENOS

Menos-Werke AG., Motorfahrzeugbau, Berlin W 57, Großgörschenstraße 38 D 1922–1923

Die wassergekühlte 614-cm³-Menos besaß einen längs eingebauten zweizylindrigen Boxer-Motor und war mit der Aristos und Sterna identisch. Der Kühler lag seitlich des Hinterrades, der aus geschweißtem Stahlblech gebaute Rahmen war im Zebra-Muster emailliert. Als Mars-Konkurrenz gedacht, errang die teuere Menos bei weitem nicht die Beliebtheit der großen Mars.

MERAY

Meray Motorradwerke Ltd, Zapolya utca 15, Budapest V H 1921–1944

War jahrelang der größte Motorradproduzent in Ungarn und baute Maschinen mit Hubräumen von 172 bis 996 cm³. Die Motoren stammten von Villiers, Jap, Blackburne, Moto-Rêve und Puch. Ab 1936 gab es auch eigene 346- und 496-cm³-Motoren. Méray-Motorräder gewannen zahlreiche Rennen in Ungarn und wurden von Fahrern wie F. Meray, Erdélyi, Dr. Szoter, Weber u. a. gesteuert.

MERCIER

Ets. Mercier, Rue Gutenberg 42, St. Etienne F 1950–1962

Hersteller von 49-cm³-Mofas mit Lavalette-Motoren und von 123- bis 173-cm³-Motorrädern mit Ydral-Motoren.

MERCO

Mercur-Motoren-Gesellschaft mbH., Berlin W 10, Neue Wilhelmstraße 6 D 1922–1924

Sehr primitiv konstruierte und schwach gebaute 148-cm³-Zweitaktmaschine mit einem eigenen Dreikanal-Motor.

MERCURY

Mercury-Industries (Birmingham) Ltd., Mercury Works, Dock Lane, Dudley GB 1956–1958

Leichtkraftrad mit dem 98-cm³-Villiers-Motor und mit diesem auch Hersteller des »Dolphin«-Rollers. Auch der »Whippet«-Leichtroller mit 60-cm³-Zweitaktmotor wurde hier gebaut.

MERKEL

Merkel Manufacturing Co., Milwaukee, Wisconsin USA 1902–1922

Ein großer Name der amerikanischen Motorradindustrie. Gebaut wurden zahlreiche Ein- und V-Zweizylindermodelle mit einem Hubraum bis zu 986 cm³ und schon vor 1914 eine Version mit gefedertem Hinterrad. Die Indian-Werke in Springfield übernahmen 1922 die Firma Merkel.

MERLI

Medardo Merli, Motocicli, Parma — I 1929–1931

Zweitaktmaschinen mit 173-cm³-Train-Motoren. Beschränkte Produktion.

MERLONGHI

Motocicli Merlonghi, Tolentino — I 1927–1930

Eine andere kleine Firma, deren Zweitaktmaschinen 132 cm³ hatten.

MESSNER

Mechanische Werkstätten Franz Messner, Wien II, Fugbachgasse 21 — A 1928–1933

Messner, ein bekannter Rennfahrer, baute zunächst Rennmaschinen mit 248-cm³-ohv-Motoren von Jap, später auch solche mit eigenen 248-cm³-ohc-Motoren.

METEOR

Vyroba Motocyklu Frantisek Radvan, Praha-Vinohrady 393 — CS 1909–1926

Baute 211-cm³-Fahrrad-Hilfsmotoren und Motorräder mit 147- und 169-cm³-Zweitakt-Nasenkolbenmotoren.

METEOR

Motorenwerk Meteor, Hugo & Paul Nimtz, Stettin, Mittwochstraße 18–20 — D 1925–1926

Einfache Konstruktion mit 185-cm³-sv-Einzylindermotor.

METEOR

Meteor Elektrotechnische & Fahrzeugfabrik GmbH., Hannover — D 1924–1926

Mit 172-cm³-Zweitaktmotoren ausgestattete Motorräder, deren Motoren wahrscheinlich von Thumann aus Frankreich bezogen wurden.

METEORA

Moto-Meteora, 40069 Riale di Zola Predosa, Bologna, Via Risorgimento 88 — I 1971–

Eine junge italienische Firma, die zahlreiche 49-cm³-Zweitaktmodelle, inklusive Moto-Cross-Typen, mit Franco-Morini-Motoren herstellt.

METISSE (RICKMAN)

Rickman Brothers (Engineering) Ltd., Stem Lane, New Milton, Hants — GB 1959–

Die Brüder Rickman, erfolgreiche Moto-Cross-Fahrer, schufen die hervorragenden Metisse-Fahrgestelle und damit auch erstklassige Maschinen für Trials und Moto-Cross-Veranstaltungen. Eingebaut werden unter anderem 123 cm³ schlitzgesteuerte Zündapp-Motoren, Montesa-Zweitakter wie auch große Parallel-Zweizylindermotoren von Triumph, Norton, Honda, Kawasaki und anderen Firmen.

METRO

The Metro Mfg. & Engineering Co., Addeley Road, Saltley, Birmingham GB 1912–1919

Robust gebaute 269-cm³-Maschine mit eigenem Zweitaktmotor.

METRO-TYLER

Tyler Apparatus Co., Ltd., Bannister Road, Kilburn Lane,
London, N.W. 10 GB 1919–1923

Aus der Metro wurde 1919 durch Zusammenschluß mit der Londoner Tyler Company die 269-cm³-Metro-Tyler.

MEYBEIN

Willibald Mayer, Motorradfabrik, Hitfeld 77, Bez. Hamburg D 1922–1926

Mit 119- und 142-cm³-DKW-Motoren ausgestattete Leichtkrafträder. Niedrige, aber primitive Fahrgestelle.

MEYBRA

Meybra-Motorenwerk, Georg Meyer, Bayreuth, Austraße 5 D 1923–1925

Kleiner Hersteller einfacher Leichtkrafträder mit eigenem 168-cm³-Zweitaktmotor.

MEZO

1. Medinger & Zoglmann, Motorradbau, Wien IV, Karlsplatz A 1923–1926
2. Motorradhaus Medinger, Wien IV, Gußhausstraße 30.

Medinger, ein Rennfahrer, importierte englische Motoren und baute mit diesen in Österreich auch Motorräder. Unter ihnen waren 172- und 247-cm³-Villiers-Motoren sowie 293-, 346- und 490-cm³-sv- und ohv-Jap-Modelle. Die Produktion war beschränkt.

M.F.

Motorfahrzeugfabrik Max Fischer, Nürnberg-Johannis D 1922–1925

Eine kleine Firma, die außer dem 492-cm³-Boxer-Zweizylinder von BMW auch 347- und 497-cm³-sv-Einzylinder-Blackburne-Motoren einbaute.

M.F.B.

Motorfahrzeugbau GmbH., Hamburg D 1923–1924

Mit 198-cm³-Nabob- und 293-cm³-Jap-sv-Motoren ausgerüstete Maschinen. Die Produktion wurde 1924 an die Firma Hoco in Minden übergeben.

M.F.B.

Telaimotor, Via Fossolo 38, Bologna I 1957–1964

Baute außer 48-, 74- und 124-cm³-Zweitaktmodellen auch 174-cm³-ohv-Einzylindermaschinen.

M.F.Z.

1. Motorfahrzeug GmbH., Berlin W 9, Linkestraße 38 D 1921–1928
2. Motorfahrzeug GmbH., Berlin-Köpenick, Mahldorfer Str. 2

Mit eigenen 198-, 247- und 347-cm³-ohv-Einzylinder-Blockmotoren ausgerüstete Motorräder guter Konstruktion und Qualität. Der bis 1926 verwendete Riemenantrieb wurde beim 347-cm³-Modell 1927 durch Kettenantrieb ersetzt.

346 cm³ MFZ
(Eig. ohv-Einzyl.) 1927

M.G.C.

Ets. Marcel Guignet & Co., Constructeur, Corbelin, Isére F 1927–1939

Ungewöhnliche mit aus Aluminium hergestellten Fahrgestellen ausgerüstete Motorräder. Der Kraftstoffbehälter bildete das Rückgrat dieser interessanten Konstruktion. Es gab 248-, 348- und 498-cm³-Modelle mit sv- und ohv-Jap- und ohc-Chaise-Motoren.

M.G.F.

Motocicli Francesco Garanzini, Via Ariberto 1, Milano I 1921–1925

Als sich Francesco Garanzini von seinem Bruder Oreste Garanzini trennte, machte er ihm auch als Motorradhersteller Konkurrenz. Allerdings konnte er den in Sportkreisen bekannten Namen Garanzini nicht verwenden und nannte deshalb seine mit 248-, 348- und 498-cm³-Blackburne-sv- und ohv-Motoren ausgerüsteten Motorräder M.G.F.

M.G.F.

1. Gesellschaft für Verbrenungsmotoren, Mühlbauer & Co., Berlin-Friedenau, Wielandstraße 19 D 1923–1931
2. Gesellschaft für Verbrennungsmotoren, Mühlbauer & Co., Berlin-Steglitz, Holsteinische Straße 31

Stellte zahlreiche Zweitaktmodelle mit eigenen 122-, 140-, 173- und 198-cm³-Dreikanalmotoren her. Daneben gab es auch Motoren unter Bekamo-Lizenz mit einem Hilfskolben im Kurbelgehäuse.

M.G.-TAURUS

1. V. Guerzoni-L. Guarinoni & Co., Via Ruffini 16, Milano I 1933–O
2. Taurus S.p.A., Piazza Repubblica 8, Milano
3. Taurus S.p.A., Via Mainocchi 9, Milano

Guerzoni, Konstrukteur der Mignon, baute zunächst 247- und 497-cm³-ohv-Modelle und auch ohc-Versionen mit eigenen Motoren. Es gab auch Mofas mit Sachs-Motoren, die auch nach 1945 wieder gebaut wurden. Dazu kamen zahlreiche Zweitakter und ohv-Modelle von 75- bis 198 cm³.

MIAMI

Miami Cycle & Manufacturing Co., Middletown, Ohio USA 1905–1923

Diese Firma baute nicht nur die großen Flying-Merkel-Motorräder, sondern auch die mit 246-cm³-sv-Motoren ausgerüsteten Miami-Leichtgewichtsmaschinen.

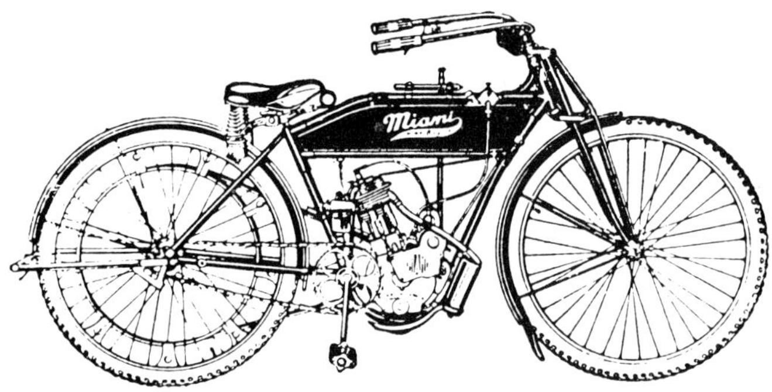

298 cm³ Miami
(Eig. sv-Motor) 1916

MICHAELSON

Michaelson Motor Co., 526–530 Fifth Street South, Minneapolis, Minnesota USA 1910–1915

Gut konstruierte Maschinen einer kleineren Fabrik. Baute hauptsächlich 492- und 992-cm³-Ein- und V-Zweizylindermaschinen mit gegengesteuerten Ventilen.

13 HP Michaelson
(ioe-V-Zweizyl.) 1913

MIDGET-BICAR

Walton Motor Company, Inc., Walton USA 1908–1909

Die von J. F. Brown in England geschaffene Originalkonstruktion hatte Fahrgestelle aus gepreßtem Stahlblech mit 3,5- und 5-PS-Fafnir-Motoren. Walton baute diese Konstruktion unter Lizenz mit selbstgebauten V-Zweizylindermotoren.

MIELE

1. Miele-Werke, Miele & Co., Maschinenfabrik, Bielefeld — D 1933–1962
2. Miele-Werke AG., Gütersloh, Westfalen

Große Firma, die schon vor 1939 Mofas mit 75- und 98-cm³-Sachs-Motoren baute und nach dem Krieg 48-cm³-Mopeds, Mofas und 98- sowie 124- und 147-cm³-Zweitaktmaschinen mit Sachs-Motoren auf den Markt brachte. Gehörte in den fünfziger Jahren zu den größten Leichtkraftradherstellern in Deutschland.

MIGNON

Moto Mignon, Via Paolo Ruffini, Modena — I 1923–1932

Der Konstrukteur baute zunächst 123-cm³-Fahrrad-Hilfsmotore und dann 1925 die Mignon, deren Blockmotor zwei parallel angeordnete Zylinder auf einem Elektronkurbelgehäuse hatte. Sie hatten 246 cm³ und waren seitengesteuert. 1932 schuf er (Vittorio Guerzoni) 498-cm³-Rennmaschinen mit eigenen einzylindrigen und durch Kette gesteuerten ohc-Motoren. Die 174-cm³-Modelle wurden mit gegengesteuerten und ohv-Motoren gebaut.

MILANI

Milani Ciclimotori, 47023 Cesena (FO), Via Longiano 64 — I 1970–

Hauptsächlich für den Markt in den USA baut Milani – eine der jüngeren Firmen in Italien – sehr sportliche 48-cm³-Maschinen mit Minarelli-Zweitaktmotoren. Daneben gibt es auch Trial- und Moto-Cross-Modelle mit dem 124-cm³-Minarelli-Motor.

MILITAIRE (MILITOR)

1. The Militaire Auto Co., Inc., Cleveland — USA 1911–1917
2. The Militaire Motor Vehicle Co., Buffalo, N. Y.
3. Militor Corporation, Jersey City, New Jersey
4. Knox Motors, Springfield, Mass.
5. Militor Motor Corporation, Springfield, Mass.
6. Sinclair Motors Corporation, Springfield, Mass.
7. Sinclair Militor Corporation
8. Bullard Machine Tool Company, Bridgeport, Connecticut

Acht Firmen brachen unter der vierzylindrigen 1115-cm³-Militor mit ihrem luftgekühlten ohv-Reihenmotor zusammen. Eine ungewöhnliche Konstruktion mit einem aus Blechprofilen hergestellten Fahrgestell mit Ner-a-car-ähnlicher Lenkung und Kardanantrieb zum Hinterrad, wurde diese Konstruktion immer wieder in unausgereifter Form auf den Markt geworfen. Bei Sinclair gab es eine Vorserie von 5000 Stück auf dem Papier. In Wirklichkeit wurden kaum mehr als 100 dieser Maschinen komplettiert. Militaire stellte auch ein 480-cm³-Einzylindermodell mit ähnlichem Fahrgestell her.

5 HP Militaire
(Einzyl.-Modell) 1911

1306 cm^3 Militaire
(Reihen-ohv-Vierzyl.) 1915

MILLER-BALSAMO

1. Ernesto Balsamo, Viale Pasubio 1, Milano — I 1921–1959
2. Ernesto Balsamo, Viale Cortosa 60, Milano

Baute jahrelang 123-cm^3-Zweitaktmaschinen und zahlreiche 173-cm^3-Modelle mit Moser-, Python- und eigenen ohv-Motoren. Dann kamen 248-, 348- und 498-cm^3-Modelle mit Python-Vierventil-ohv-Motoren und ab 1934 auch eine 98-cm^3- mit Sachs- und eine 246-cm^3-ohv-Maschine mit eigenem Motor dazu. 1939 kam eine vollverkleidete Maschine mit 198-cm^3-Zweitaktmotor heraus. Nach 1945 gab es 123-, 173-, 196- und 246-cm^3-Zweitakter und eine 249-cm^3-ohv-Einzylindermaschine, doch war die große Periode der Marke in den ersten dreißiger Jahren, als Carlo Fumagalli, Aldo Pigorini, Silvio Vailati und andere Fahrer auf Miller-Balsamo-Maschinen zahlreiche Rennen gewannen und Rekorde brachen.

173 cm^3 Miller
(ohv-Moser-Motor) 1926

MILLIONMOBILE

Strettons Ltd., Cheltenham GB 1902–B

Motorisiertes Fahrrad mit 1,5-PS-Motor über dem Vorderrad.

MIMOA

Mittelbadische Motorradfabrik, Bruno Felber & Sohn, Achern, Baden D 1924

Mit dem von Julius Löwy konstruierten Albertus-Rohölmotor ausgestattete 142-cm³-Zweitaktmaschinen. Kurzlebige, bescheidene Produktion.

MINERVA

Société Anonyme Minerva, Rue Karel Ooms 40, Anvers B 1901–1914

Einst ein großer Name im Motorradwesen, zumal Minerva nicht nur komplette Motorräder von 2- bis 8 PS – letztere in V-Zweizylinderform –, sondern diese Motoren auch als Einbaumotoren für andere Motorradhersteller in großer Zahl lieferte. Minerva-Erzeugnisse – inklusive Automobile – waren durch ihre hervorragende Qualität bekannt.

MINETTI

Fratelli Minetti, Via Livorno 37, Torino I 1924–1927

Kleiner Erzeuger von 123-cm³-Zweitaktmaschinen.

MINEUR

Etablissement Paul Mineur, Herstal, Liége B 1924–1928

Motorrad-Konfektionär, der hauptsächlich 348- und 496-cm³-Einzylindermodelle mit Bradshaw-, Jap-, MAG- und ebenfalls in Lüttich gebauten sv- und ohv-Saroléa-Motoren erzeugte.

MINISCOOT

F 1960–1962

Zusammenlegbarer Roller mit 74-cm³-Zweitaktmotor.

MINNEAPOLIS

1. Minneapolis Motorcycle Co., 517 South 7th Street, Minneapolis, Minnesota USA B–1915
2. Minneapolis Motor Co., 511–513 First Avenue, N.E. Minneapolis, Minnesota

Modern konstruierte Ein- und V-Zweizylindermaschinen mit Zweiganggetriebe im Block und Teleskop-Vordergabel. Minneapolis baute auch dreirädrige Lieferwagen.

MINSK

Nationale Motorrad-Werke, Minsk SU 1954–P

Die russische Motorradindustrie besitzt im Moskauer CKEB ein zentrales Konstruktionsbüro, doch haben die meisten Fabriken ein unabhängiges Herstellungsprogramm, wobei im Bedarfsfall ein Werk dem anderen Hilfe leistet. In Minsk wurde außer anderen Zweitaktern auch eine 246-cm³-Zweitakt-Zweizylindermaschine gebaut.

MIRANDA

Pirol Werke GmbH., Dortmund, Juchostraße 100 D 1951–1954

Als Pirol den Schweppe-Roller übernahm, wurde er auf dem Namen Miranda umbenannt und mit 173-cm^3-Sachs- und 198-cm^3-Küchen-Zweitaktmotoren angeboten.

MISTRAL

F 1902–P

Pionierfirma, die Motorräder mit 1,75-PS-Motoren und nach dem Krieg vor allem Mopeds und Kleinkrafträder mit 48- bis 247-cm^3-Zweitaktmotoren hergestellt hat.

MITCHELL

Wisconsin Wheel Works, Hamilton Avenue, Racine, Wisc. USA 1901–C

Bevor Mitchell den Autobau aufnahm, stellte man dort robuste Einzylindermaschinen mit eigenen, nach hinten geneigten 345-cm^3-Motoren her.

MIVAL

Metalmeccanica Italiana Valtrompia S.p.A., 91. Viale Mateotti,
Gardone Valtrompia (Brescia) I 1950–1966

Eine sehr agile Firma, die im Bauprogramm Zweitakter von 48 bis 198 cm^3 und Viertakter von 123 bis 248 cm^3 hatte. Dies waren ohv-Einzylindermodelle, doch gab es auch eine 173-cm^3-ohc-Rennmaschine bei Mival. Stellte auch zahlreiche Mopedversionen her.

MIYATA

Miyata Works Ltd., 19, 2-Chome, Higashirokugo, Ota-ku, Tokyo J 1909–1964

Alte Firma, die nach dem Zweiten Weltkrieg hauptsächlich 48-cm^3-Mopeds und Leichtkrafträder bis 173 cm^3 mit Zweitaktmotoren gebaut hat.

M.J.

Fürst Hohenzollernsche Maschinenfabrik, Immendingen D 1925

Stellte einige Versuchsmodelle mit 249-cm^3-Zweitaktmotoren her, ging aber nie in Serienproduktion. Lieferte 596- und 746-cm^3-Zweizylinder-sv-Boxermotoren mit Luft- und Wasserkühlung (z. B. an Heller) und wurde 1926 von Mehne übernommen.

M.J.S.

Schönfeld & Schwarz, Motorradbau, Nürnberg D 1924–1925

Mit eigenen 245-cm^3-Zweitaktmotoren ausgestattete, primitive Motorräder. Beschränkte Produktion.

M.M.

American Motor Company, 715 Centre Street, Brockton, Mass. USA 1906–D

Wie andere damalige amerikanische Marken (Thor, Pope, Royal, Thomas, Marsh und Holley) hatte auch die M.M. einen nach rückwärts geneigten Einzylindermotor.

M.M.

1. Societa A. Mattei & Co., Via Galliera 135, Bologna — I 1924–1964
2. Dott. A. Salvia & Co., Via Sebastino Serlio 5, Bologna
3. Dott. A. Salvia & Co., Via Dionisio Calvart 42, Bologna
4. Fabbrica Italiana Motocicli M.M. di Mazzetti Mario, Via Dioniso Calvart 42, Bologna

Gegründet von Angelo Mattei, Mario Mazzetti, Alfonso Morini und Guiseppe Massi, hatte M.M. ein wechselvolles Schicksal, jahrelang aber auch große sportliche Erfolge. Zunächst mit dem kleinen 124-cm³-Zweitaktmotor, der liegend angeordnet in zahlreichen Ausführungen gebaut wurde. Mit ihm errangen Alfonso Morini, Amedeo Tigli und andere Fahrer große Erfolge. Einer ähnlichen 174-cm³-Zweitaktmaschine folgten 174-cm³-ohv- und 348-cm³-ohc-Modelle. Letztere waren Ende der dreißiger Jahre mit Michaele Mangione, Lino Bonazzi u. a. sehr erfolgreich, nachdem auch 174-cm³-ohc-Rennmodelle zahlreiche Rennsiege errangen. Es gab auch 248- und 498-cm³-Modelle mit sv- und ohv-Motoren. Massi und Mattei waren schon 1927 ausgeschieden, während Mazzetti nach dem Krieg alleine die Leitung von M.M. übernahm, da Morini seine eigene Fabrik hatte und Ing. Salvia ausschied. Gebaut wurden nach 1945 hauptsächlich 248- und 348-cm³-ohv-Maschinen modernster Konstruktion.

124 cm³ MM (2T-Rennmodell) 1927

246 cm³ MM (Eig. ohv-Motor) 1936

M.M.M.

Motorenwerk München-Mannheim AG., München, Weinstraße 4 — D 1925–1927

Baute ein Einheitsmodell mit eigenem 148-cm³-Zweitaktmotor.

MOCHET

Ets. Ch. Mochet, Rue Roque-de Fillol 68, Puteaux (S) F 1950–1955

Leichtkrafträder mit Ydral-Motoren bis 150 cm^3 Hubraum.

MOFA

Mofa GmbH., Motoren & Fahrzeugbau, Clausstraße 5, Wittenberg, Bez. Halle und Werk Kemberg D 1920–1925

Diese kleine Firma baute 70- und 148-cm^3-Fahrrad-Hilfsmotoren und auch komplette Leichtkrafträder.

MOHAWK

1. Mohawk Motor & Cycle Co., Ltd., Chalk Farm Road, London N. 8 GB 1903–1925
2. The Mohawk Cycle Co., Ltd., 2 Alexandra Road, Hornsey, London N. 8 (Werk in Coventry)

Die ersten Maschinen hatten 2,25- und 3-PS-Motoren. Nach einer Unterbrechung gab es in den zwanziger Jahren Modelle mit 269-cm^3-Villiers-, 293-cm^3-Jap- und 492-cm^3-Abingdon-Motoren. Es gab auch ein Modell mit dem zweizylindrigen 154-cm^3-Economic-Boxer-Zweitaktmotor, und zuletzt baute Mohawk außer einer 269-cm^3-Villiers-Maschine auch 293-cm^3- und 346-cm^3-sv-Motoren von Jap ein.

MOLARONI

1. Fratelli Molaroni S.A., Pesaro I 1921–1927
2. Societa Moto Molaroni, Pesaro

Baute robuste Zweitaktmaschinen mit eigenen 296- und später auch 344-cm^3-Einzylindermotoren und auch eine 592-cm^3-Boxer-Zweizylinder-Zweitaktmaschine. 1925 kam eine 347-cm^3-ohv-Maschine mit Blackburne-Motor dazu. Im gleichen Jahr wurde ein neues Werk in Bergamo errichtet, doch konnte Molaroni keine großen Erfolge erringen.

MOLTENI

1. Ditta Molteni, Erba, Como I 1925–1927
2. Moto Molteni, Via S. Antonio 16, Milano
3. Flli. Molteni, Off. Mech., Via Candiani 103, Milano

Ungewöhnliche, mit aus Aluminium hergestellten Fahrgestellen und Vordergabeln ausgerüstete Maschinen, die 346-cm^3-Bradshaw- und 492-cm^3-MAG-Motoren besaßen.

MONACO-BAUDO

Officine Monaco-Baudo, Via Baretti 37, Torino I 1926–1928

Bereits 1921 schuf Antonio Baudo drei V-Zweizylinder-sv-Modelle mit 474, 686 und 996 cm^3 Hubraum und baute dann auch 346- und 490-cm^3-Einzylindermodelle mit Blackburne- und Jap-Motoren. Dann tat er sich mit Augusto Monaco zusammen und schuf die 496-cm^3-Monaco-Baudo mit einzylindrigem seitengesteuertem Blockmotor und großem außenliegendem Schwungrad.

MONARCH

Ives Motorcycle Corporation, O-we-go, Tioga Co., N.Y. USA 1912–1915

496-cm³-Einzylinder- und 990-cm³-V-Zweizylindermaschinen mit gegengesteuerten Ventilen und Blattfedern zur Abfederung der Sättel. Die V-Zweizylindermaschine hatte Doppelketten zum Hinterrad.

10 HP Monarch (ioe-V-Zweizyl.-Motor) 1913

MONARCH

R. Walker & Son., Kings Road, Tyseley, Birmingham GB 1919–1921

Die gleiche Firma baute auch »Excelsior«-Motorräder in England. Die einfach gebaute Monarch hatte 269-cm³-Villiers- und 293-cm³-Jap-sv-Motoren.

MONARCH

J 1955–1962

Stellte Norton-ähnliche 346- und 496-cm³-ohv-Einzylindermodelle her.

MONARK

MCB Monark – Crescent AB, Varberg S 1920–

Eine große schwedische Firma, die seit der Gründung auch andere Motorradhersteller, wie Crescent, N.V., Apollo, Hermes, Nordstjernan etc., übernahm. Die ersten unter dem Namen

499 cm³ Monark (ohv-Moto-Cross) 1959

124 cm^3 Monark
(2T-Sachs-»Enduro«) 1972

Esse gebauten Maschinen hatten 172-cm^3-Motoren, später kamen 98-, 246-, 346-, 496- und 596-cm^3-Einzylindermodelle und im Krieg auch eine 998-cm^3-V-Zweizylinder-ohv-Maschine mit eigenen Motoren und auch Modelle mit Ilo-, Sachs- und anderen Zweitaktmotoren dazu. Nach 1945 wurden neue Modelle mit Zweitakt- und ohv-Motoren von 48 bis 498 cm^3 entwickelt, die auch bei Moto-Cross, Trials und Straßenrennen große Erfolge mit Fahrern wie Sten Lundin, Ove Lundell, L. Persson und anderen Fahrern errangen. Monark-Motorräder, bekannt durch ihre Qualität und erklassige Ausführung, werden in viele Länder exportiert. Die Firma baut auch Motoren für Boote, komplette Boote und Fahrräder in großen Stückzahlen, doch liefern jetzt Sachs und Franco Morini die 48-cm^3- bis 124-cm^3-Motorradmotoren.

MONET GOYON

1. Ets. Monet et Goyon, Rue de Pavillon 57, Macon — F 1917–1957
2. Ets. Monet et Goyon, Rue Rambuteau 44, Macon

Gehörte zu den führenden Motorradfabriken Frankreichs. Jahrelang wurden Villiers-Zweitaktmotoren von 172 bis 346 cm^3 – zum Teil unter Lizenz bei Monet Goyon gebaut – und Schweizer 348- und 498-cm^3-MAG-Motoren verwendet. M.G.-Motorräder errangen viele

342 cm^3 Monet-Goyon
(2T-Villiers) 1930

346 cm^3 Monet-Goyon (sv-Blockmotor) 1931

498 cm^3 Monet-Goyon (ohv-MAG-Motor) 1931

Siege mit Fahrern wie Sourdot, Hommaire, Goussorgues und Debaisieux, die nicht nur 172-cm^3-Rennmaschinen, sondern auch solche mit ohc-Motoren von MAG in den Klassen bis 350 und 500 cm^3 steuerten. Ende der zwanziger Jahre kam Koehler Escoffier zu Monet Goyon, wo man auch nach 1945 beide Marken beibehielt und hauptsächlich Zweitakter von 98 bis 246 cm^3 gebaut hat. Zum Teil besaßen diese die J. A.-Grégoire Hinterradfederung.

MONFORT

Motorcycletas Monfort, Esparraguerra — E 1955–O

Kleiner Konfektionär von Motorrädern mit 198-cm^3-Zweitaktmotoren.

MONOPOLE

1. Monopole Cycle & Carriage Co., Ltd., Foleshill, Coventry — GB 1911–1924
2. Monopole Cycle & Motor Co., Ltd., St. Mary's Street, Coventry

Ein guter Motorrad-Konfektionär. Baute Motorräder mit 247- und 269-cm^3-Villiers-, 293- und 680-cm^3-Jap- sowie 499-cm^3-Abingdon-Motoren.

MONOTRACE

Ets. Monotrace, S.A., Courbevoie — F 1926–1928

Baute das deutsche Mauser-Einspurauto mit wassergekühltem 520-cm^3-Einzylindermotor unter Lizenz, doch war auch hier die Produktion gering.

MONTEROSA

I 1954–1958

Kleiner Hersteller von 49-cm^3-Mopeds.

MONTESA

1. Motocicletas Montesa, Permanyer S.A., Ausias March 113, Barcelona 13 E 1945–
2. Permanyer S.A. de Industrias Mecanicas, Avenida de la Electricidad, Esplugas de Llobregat, Barcelona
3. Permanyer S.A. de Industrias Mecanicas, Avenida Virgen de la Paloma 21/53, Esplugas de Llobregat, Barcelona

War die erste Firma in Spanien, die mit ihren Zweitaktmaschinen von 124 cm^3 Hubraum international bekannt wurde. Baut zahlreiche Modelle mit Hubräumen bis 351 cm^3 und eigenen schlitzgesteuerten Motoren. Darunter erstklassige Trial- und Moto-Cross-Versionen mit 48, 124, 247 und auch 351 cm^3. Größeres Unternehmen, erstklassige Verarbeitung. Montesa baute früher auch 124-cm^3-Rennzweitakter. Bekannte Fahrer: M. Cama, F. Gonzalez.

149 cm^3 Montesa (Eig. 2T-Motor) 1958

123 cm^3 Montesa (2T-»Cota«-Trials) 1974

MONTGOMERY

1. W. Montgomery & Co., Bury St. Edmunds GB 1902–1939
2. W. Montgomery & Co., 139 Much Park Street, Coventry
3. W. Montgomery & Co., Gosford Street, Coventry
4. W. Montgomery & Co., Leicester Causeway, Coventry
5. Montgomery Motors Ltd., Walsgrave Road, Coventry

996 cm³ Montgomery (8-Vent.-ohv-Anzani) 1923

490 cm³ Montgomery (ohv-Jap-Motor) 1939

»Papa« Montgomery baute seine ersten Motorräder in Bury St. Edmunds und übersiedelte später nach Coventry, wo er 1914 Zweizylindermaschinen mit 688-cm³-Boxermotoren auf den Markt brachte. Dann wurde er als Hersteller von Seitenwagen bekannt und baute auch die ersten Rahmen der Brough-Superior-Motorräder. 1922 gab es wieder Montgomery-Motorräder mit 147-cm³-Villiers- und 346-, 546- und 996-cm³-Jap-sv-Motoren. Es folgten auch 990-cm³-Modelle mit Jap- und Anzani-V-Zweizylinder-sv- und ohv-Motoren. Ab 1927 wurden hauptsächlich einzylindrige Maschinen mit 346- und 498-cm³-Jap-Motoren – sv und ohv – gebaut. Ab 1938 gab es Hinterradfederungen. Bekannte Rennfahrer: Erich Hiller, Otto Kohfink, Emil Fischer, Syd Jackson. Jack Montgomery, der 1922 die Firma übernahm, war ebenfalls ein erstklassiger Fahrer.

MONTLHERY

Motorradbau Leopold Sykora, Wien XVIII, Kreuzgasse 21 — A 1926–1928

Kleiner Hersteller von Motorrädern mit 346-cm³-Jap-sv- und ohv-Motoren.

MONVISO

Fabbrica Cicli e Motocicli Garetto Michele & Figli, Savigliano — I 1951–1956

Konfektionär, der typisch italienische Leichtkrafträder mit 98-, 123-, 147- und 173-cm³-Sachs-Motoren baute.

MOONBEAM

M.R.P. Trading Co., 62 Pall Mall, London S. W. 1 — GB 1920–1921

In der – falschen – Annahme, der Name Moonbeam sei so wirkungsvoll wie Sunbeam, stellte man unter diesem Namen einfache 269-cm³-Zweitakter mit Villiers-Motoren her.

MORBIDELLI-BENELLI

Benelli S.p.A., Div. Armi, Via della Stazione 50, 61029 Urbino — I 1975–

Giancarlo Morbidellis fabelhafte 123-cm³-Zweizylinder-Zweitakt-Rennmaschinen mit 40 PS bei 14000 U/min, von Ing. Jörg Möller konstruiert, werden in Zusammenarbeit mit Benelli in Kleinserie in diesem neuen Werk gebaut.

MORETTI

1. Giovanni Moretti, Via Nizza 35, Torino — I 1934–1952
2. Giovanni Moretti, Corso G. Marconi, Torino
3. Giovanni Moretti, Corso Valentino 2, Torino

Bekannt als Hersteller exclusiver Kleinautomobile, baute Moretti zunächst Motorräder bis 248 cm³ mit Ladetto-, DKW- und Jap-Motoren. Nach 1945 entstanden 123- und 248-cm³-ohc-Maschinen und auch ein 246-cm³-Zweizylindermodell mit Kardanantrieb. Die Produktion war klein.

MORINI

1. Fabbrica Italiana Motocicli Morini, Via A. Borsani 7, Bologna — I 1937–
2. Fabbrica Italiana Motocicli Morini, Via L. Berti 1, Bologna
3. Fabbrica Italiana Motocicli Morini, Via Oslavia 30, Bologna
4. Fabbrica Italiana Motocicli Morini, Via Bergami 7, Bologna

Gegründet vom berühmten Alfonso Morini, baute diese Firma zunächst schnelle 123-cm³-Zweitakter, später auch zahlreiche 174-cm³-Zweitakter und sehr schnelle ohv-, besonders aber ohc-Modelle. Es gab auch Werksrennmaschinen mit 125-ohv- und 248-cm³-ohc-Motoren, die u. a. von Tarquinio Provini erfolgreich gesteuert wurden. Es gab auch 98-cm³-Morini-ohv-Modelle und die serienmäßige 174-cm³-Doppel-ohc-Rennmaschine »Rebello«. Die Morini-Modellreihe umfaßt ohv-Modelle mit 48, 123, 142 und 153 cm³ und die 344-cm³-V-Zweizylinder mit 35 PS bei 8200 U/min. Die Sportversion 39 PS bei 8500 U/min.

MORRIS

1. William Morris, 48. High Street, Oxford — GB 1902–1905
2. Oxford Automobile & Cycle Agency, 16. George Street, Oxford

Der Gründer dieser Firma, William Morris, baute 2,75-PS-Motoren von De Dion und MMC in eigene Fahrgestelle. Dann wandte er sich dem Autobau zu, wurde Lord Nuffield und einer der größten Männer der englischen Autoindustrie. Tausende von Automobilen tragen seinen Namen: Morris.

MORRIS

1. John Morris, Mill Lane, Knowle, Birmingham — GB 1913–1922
2. Morris Ltd., Bentley Heath, Knowle, Birmingham

Hatte keine Verbindung zu William Morris und stellte nur einen 247-cm³-Typ mit eigenem Zweitaktmotor her.

MORRIS-WARNE

Morris Bros & Warne, 46 Churchfield Road, Acton, London W 3 — GB 1922

Auch Morris-Warne baute nur eine 248-cm³-Zweitaktmaschine, doch wurde diese wahlweise mit vertikalem oder horizontalem Zylinder geliefert.

MORS

Societe Nouvelles des Scooters Mors, Rue des Acacias 37, Paris 17e — F 1952–1956

Die einst weltberühmte Autofabrik Mors baute zwei Roller-Modelle mit 115- und 125-cm³-Zweitaktmotoren, die unter dem Namen »Speed« auf den Markt kamen.

MORSE-BEAUREGARD

Morse-Beauregard Manufacturing Co., 311 Majestic Building, Detroit — USA 1912–1917

Interessante Parallel-Zweizylindermaschinen mit hintereinanderliegenden Zylindern und 492 cm³ Hubraum, Blockmotor und Kardanantrieb – auf Wunsch Kettenantrieb – zum Hinterrad.

MORTON-ADAM

1. The Morton-Adam Co., 272 Foleshill Road, Coventry — GB 1923–1924
2. The Morton-Adam Co., 6 Matlock Road, Coventry

Zweitakter mit 292 cm³ Hubraum bildeten das Rückgrat der kleinen Produktion von Morton-Adam, doch stellte die Firma auch 248- und 348-cm³-ohc-Maschinen her. Konstrukteur: H. Sidney.

MOSER

Motoren & Motorräderfabrik, Fritz Moser, St. Aubin — CH 1905–1935

War in den zwanziger Jahren neben Motosacoche der größte Schweizer Produzent von Einbaumotoren. Besonders erfolgreich die 123- und 173-cm³-ohv-Einzylinder-Motoren und Motorräder, doch baute Moser auch größere ohv-Einzylindermodelle bis 498 cm³. Auch deutsche Firmen, wie z. B. Hercules, verwendeten 198-cm³-Motoren dieser Firma, die in Lehmann, Brehm u. a. gute Rennfahrer hatte. Besonders in Italien waren 173-cm³-Moser-Einbaumotoren beliebt und wurden u. a. von Miller verwendet.

123 cm³ Moser
(Eig. ohv-Motor) 1927

MOSER

Moser & Co., Motorradbau, Mattighofen — A 1953–

Begann den Motorradbau mit 98- und 123-cm³-Zweitaktern von Rotax und bildete den Grundstock für den Motorradbau von K.T.M.

MOSKVA

Nationale Motorrad-Werke, Moskau SU 1940–P

Baute während des Krieges die schweren V-Zweizylinder-M-72-Maschinen der sowjetischen Streitkräfte und begann nach Kriegsende mit der Herstellung von 123- und 174-cm³-Zweitaktern. Andere Modelle: M 31 mit 346-cm³-ohv-Motor und Kardanantrieb und die BMW-ähnliche M 61, die einen 592-cm³-ohv-Boxer-Zweizylindermotor quergestellt eingebaut hatte. Nachfolger der Moskva ist die 174-cm³-Voskhod-2.

MOTAG

Eisenwerk Becker & Co., Leipzig-Leutzsch D 1923–1924

Die von der Motor-Handelsgesellschaft, Berlin W 15, Kurfürstendamm 220, vertriebene Motag wurde auf Grund des von Ing. J. Schneeweiß konstruierten Fahrgestells aus Elektron-Leichtmetall als »Einguß-Zweirad-Auto« bezeichnet. Sie wurde mit 514-, 642- und 804-cm³-Parallel-Zweizylinder-ohv-Motoren mit Luft- und Wasserkühlung angeboten. Ungewöhnliche Konstruktion, die sich nicht durchsetzen konnte.

MOTA-WIESEL

Mota-Maschinenbau GmbH., Nagold, Württemberg D 1948–1952

Hieß ursprünglich Motra-Wiesel und war ein Zwischending von Roller und Moped mit 75- und 98-cm³-Zweitaktmotoren.

MOTEURCYCLE

F 1921–1924

Eine ungewöhnliche 206-cm³-Zweitaktmaschine mit Reibradantrieb.

MOTOBECANE (MOTOCONFORT)

F 1922–

1. Usines Motoconfort, Rue Lesault 16, Pantin, Seine
2. Usines Motobécane, Rue Beaurepaire 31, Pantin, Seine
3. Usines Motobécane, Rue de Paris 53, Pantin, Seine
4. Motobécane S.A., F-93 Pantin, Postfach 202

Große Fabrik, die durch den Zusammenschluß mit Motoconfort entstand. Baute zunächst 98- bis 344-cm³-Zweitakter und 346- und 498-cm³-Modelle mit sv- und ohv-Motoren von Blackburne. Andere Modelle hatten Zurcher-Motoren. Anfangs der dreißiger Jahre baute das Werk auch 498- und 746-cm³-Motorräder mit vierzylindrigen luftgekühlten ohv- und ohc-Reihenmotoren und auch kleinere ohv-Einzylindermodelle. Nach 1945 konzentrierte sich das Werk

348 cm³ Motobécane
(Eig. ohv-Motor) 1939

auf Zweitakter von 48 cm^3 und baut diese in zahlreichen Versionen. Daneben gab es größere Zwei- und Viertakter bis zu 346-cm^3-ohv-Ein- und V-Zweizylinder-Modellen. Dann wurden alle Viertakter durch Zweitaktmodelle ersetzt und zu den Mofas, Mopeds etc. kamen gut konstruierte 124-cm^3-Zweizylinder- und moderne 349-cm^3-Dreizylinder-Zweitaktmodelle, zu denen auch eine 498-cm^3-Zweitaktmaschine kommen dürfte. Ist seit längerer Zeit der einzige Produzent größerer Motorräder in Frankreich und Großhersteller von Fahrzeugen mit 48-cm^3-Motoren. Seit 1974 enge Zusammenarbeit mit der De-Tomaso-Gruppe (Moto-Guzzi und Benelli) in Italien. Motobécane besitzt auch zahlreiche Werke im Ausland. Neuerdings wurde auch Velosolex »einverleibt«.

MOTOBI

1. Fabbrica Auto Moto Veicoli, Strada Adriatica 44, Pesaro — I 1951–
2. Fabbrica Auto Moto Veicoli, Viale Mameli 22, 61100 Pesaro

Von Ing. Giovanni Benelli – einem der Benelli-Brüder – gegründete Motorradfabrik, die später wieder dem Stammhaus einverleibt wurde. Moderne Konstruktion mit liegenden 98-, 114- und 123-cm^3-Einzylinder- und 198-cm^3-Zweizylinder-Zweitaktmotoren. Spätere Modelle hatten liegende ohv-Motoren mit Hubräumen bis zu 248 cm^3 und zwei Zylindern. Harmonische Bauweise und erstklassige Verarbeitung. Der Namen Motobi wurde bei Benelli – jetzt zum De-Tomaso-Konzern gehörend – für einige Modelle, darunter auch 49-cm^3-Moto-Cross-Zweitaktversionen – beibehalten. Desgleichen für 248-cm^3-Trials-Zweitakter.

MOTOBIC

Fabrica de Motores Cyclomotores y Motocicletas Motobic, 152 Apartado de Correos, Eibar — E 1949–P

Stellte Zweitakter mit 49, 74 und 98 cm^3 Hubraum her.

MOTOBIMM

Jose Becocci, Via Siena, 50045 Montemurlo — I 1971

Kleiner italienischer Spezialist, der Moto-Cross- und ähnliche Maschinen mit 49-cm^3-FB-Minarelli-Motoren herstellt.

MOTOBLOC

Société Centrale de Constructions Mécaniques Motobloc, Vichy, Rue de Madrid 14–18 — F 1948–O

Baute außer Mofas mit 44-cm^3-Zweitaktmotoren auch Zweitakt-Motorräder mit 124-cm^3-Villiers- und Aubier-Dunne-Motoren und auch 174-cm^3-Modelle mit Aubier-Dunne- und 198-cm^3-Modelle mit Villiers-Motoren. Andere Motobloc-Modelle hatten den 123- bzw. 248-cm^3-ohv-Einbaumotor von AMC.

MOTO BORGO

S.A. Moto Borgo, Corso Ferruccio 94, Torino — I 1906–1926

Die erste Maschine von Carlo und Alberto Borgo hatte einen wechselgesteuerten 497-cm^3-Einzylindermotor, spätere 493, 693 und 827 cm^3. Dazu kam 1915 eine 990-cm^3-V-Zwei-

496 cm³ Moto Borgo
(V-Zweizyl.-ohv-Motor) 1926

zylindermaschine, später eine ähnliche 746-cm³-Variante. 1921 konstruierte Borgo ein 477-cm³-V-Zweizylindermodell mit ohv-Ventilen, beim Renntyp vier im Kopf jedes Zylinders. Eine 1925 gebaute verbesserte Version mit Blockmotor war die letzte bei Borgo in Serie gebaute Maschine. Von da an verlagerte man den Betrieb ganz auf die Herstellung von Kolben.

MOTOCLETTE

Ets. Motoclette, Genf — CH 1904–1915

Kleiner Produzent von Motorrädern, der hauptsächlich Einzylindermotoren von Moser aus St. Aubien bezog.

MOTO GELIS

Moto Gelis, Gral Roca 4250, Florida, Buenos Aires — RA 1963–

Baut Zweitaktmaschinen von 48 bis 246 cm³ mit zum Teil aus Italien bezogenen Komponenten.

MOTO GUZZI

1. Moto Guzzi S.p.A., Mandello del Lario — I 1921–
2. Moto Guzzi SEIMM, 22054 Mandello de Lario (Como), Via E. V. Parodi 57

War einst die berühmteste und international erfolgreichste und bekannteste italienische Marke. Baute jahrelang ausschließlich 496-cm³-Einzylindermodelle mit wechselgesteuerten ohv- und ohc-Motoren, die liegende Zylinder hatten. Dasselbe betraf auch 246-cm³-Modelle, die es ab

499 cm³ Moto Guzzi
(ioe-Einzyl.-Motor) 1921

492 cm^3 Moto Guzzi
(Eig. ohc-Einzyl.-
Rennmotor) 1926

494 cm^3 Moto Guzzi
(V-Zweizyl.-ohc-Werks-
rennmasch.) 1935

248 cm^3 Moto Guzzi
(ohc-»Albatros«-Rennmasch.)
1947

499 cm^3 Moto Guzzi
(2×ohc-8-Zyl.-Werks-
rennmasch.) 1955

248 cm³ Moto Guzzi
(2T-Zweizyl.) 1975

1926 mit ohc-Motoren gab und die bei Rennen sehr erfolgreich waren. Erst nach 1945 baute Moto Guzzi auch kleinere Modelle mit Hubräumen von 44, 48, 65, 73, 98, 192 und auch 123 sowie 153 cm³, diese mit Zweitakt- wie auch ohv-Motoren. Die Firma baute auch zahlreiche Rennmaschinen für das Werksteam, die zweizylindrige 248- und 498-cm³-ohc-Motoren, aber auch einzylindrige 320- und 346-cm³-Motoren besaßen. Daneben baute Moto Guzzi schon 1932 vierzylindrige 498-cm³- und 1938 auch derartige dreizylindrige Doppel-ohc-Kompressorrennmaschinen. 1939 wurden auch in der 250-cm³-Klasse Kompressor-Einzylindermodelle erfolgreich eingesetzt. Vier- und achtzylindrige 498-cm³-Werksrennmaschinen gab es in den fünfziger Jahren, deren Konstrukteur Ing. Giulo Carcano war. Berühmte Moto-Guzzi-Rennfahrer: Tenni, Ghersi, Mentasti, Pagani, Alberti, Prini, Arcangeli, Bandini, Aldrighetti, Cerato, Moretti, Woods, Brusi, Ruffo, Lorenzetti, Anderson, Dale, Cann, Lomas, Campbell, Foster, Wood, Kavanagh, Thorn Prikker, Barrington, Juhan, Balzarotti, Leoni, Wheeler etc. Moto Guzzi gehörte jahrelang den Guzzi- und Parodi-Familien, wurde aber Anfang der siebziger Jahre von der Alessandro-de-Tomaso-Gruppe – zu der nun auch Benelli gehört – übernommen. Stellt seit 1969 auch 748-, nunmehr 844- und 949-cm³-ohv-Zweizylindermodelle mit quergestellten V-Blockmotoren und Kardanantrieb zum Hinterrad, außerdem eine 123-cm³-ohv-, 345- und 397-cm³-ohc-Vierzylinder, wie auch 123- und 232-cm³-Zweitakter – die letztere zweizylindrig – her.

MOTOM

1. S.p.A. Motom (Motom Italiana), Via Jacomo Palma 27, Milano — I 1947–P
2. S. 2. S.p.A. Motom (Motom Italiana), Via L. Sacco 2., Milano

War als Hersteller kleiner Maschinen mit eigenen ohv-Einzylindermotoren von 48, 51 und 98 cm³ bekannt und baute auch andere Leichtkrafträder wie den rollerähnlichen 160-cm³-Delfino. Die Motom-Fahrgestelle waren teilweise Preßstahl-, teilweise Rohrrahmen.

MOTO MONTE

F 1932–K

Hersteller kleiner Maschinen mit 98-cm³-Zweitaktmotoren.

MOTOPEDALE

Ets. Motopédale, 50. Av. Marceau, Courbevoie (S) — F 1933–1939

Stellte 98- und 123-cm³-Zweitakter mit Aubier-Dunne-Motoren her. Außerdem Viertakter mit 248-, 348- und 498-cm³-Jap-, Python- u. a. Motoren.

MOTOPIANA

S.A. Motopiana, Via Campo D'Arrigo 94, Firenze 28 — I 1926–1931

Konfektionierte zunächst 147- bis 246-cm³-Zweitakt mit Villiers- und bis 346-cm³-Viertakt-Modelle mit Jap-Motoren. Mehr unter Piana.

MOTORMEYER

NL 1949–1951

Ungewöhnliche 346-cm³-Zweitakt-Doppelkolben-Einzylindermaschine, die in begrenzter Stückzahl gebaut wurde.

MOTO REVE

1. S.A. Moto Rêve, Rue de Lancy 35, Genéve — CH 1904–1925
2. Moto Rêve Ltd., Acton Vale, Middlesex
3. Moto Rêve Co., Ltd., Alperton, Wembley

Moto Rêve gehörte einst zu den führenden Motoren- und Motorradherstellern Europas. Die zweite und dritte Adresse sind die englischer Zweigwerke, doch gab es solche auch in Frankreich und Italien. Berühmt durch 298-, 403- und 497-cm³-V-Zweizylinder, baute die Firma auch kleinere Einzylindermodelle und bereits 1909 Parallel-Zweizylinderversionen. Nach dem Ersten Weltkrieg ging die Firma zurück, und obwohl sie noch 1925 mit einem 346-cm³-ohv-Motor herauskam, konnte auch dieser das Ende der einst so erfolgreichen Marke nicht abwenden.

MOTOSACOCHE

1. Société en Commendite H. & A. Dufaux & Cie, Carouge, Genéve — CH 1899–1957
2. S.A., H. & A. Dufaux & Cie., Rue Acacias 56, Genéve
3. Motosacoche S.A., Rue Acacias 56, Genéve

Motosacoche (MAG) war einst Europas größter Hersteller von Viertakt-Einbaumotoren, später der größte außerhalb Englands. Alles begann mit den von Henry und Armand Dufaux konstruierten 241- und 290-cm³-Fahrrad-Hilfsmotoren, denen dann Ein- und V-Zylindermotore und komplette Motorräder mit wechsel- und obengesteuerten Ventilen folgten. Erst Ende der zwanziger Jahre ersetzte man wechselgesteuerte Motoren durch seitengesteuerte Modelle. Gebaut wurden 246-, 346-, 496-, 596-, 746- und 996-cm³-Versionen, die 496-

498 cm³ Motosacoche
(ioe-V-Zweizyl. MAG) 1924

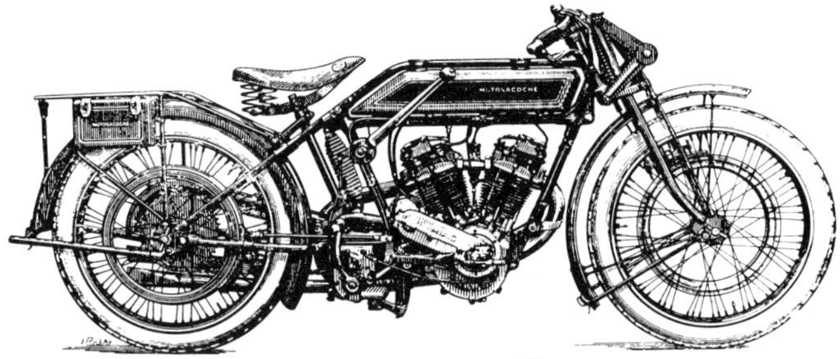

496 cm^3 Motosacoche
(ohv-Zweizyl.-MAG-Motor)
1926

348 cm^3 Motosacoche
(ohv-MAG-Motor) 1927

348 cm^3 Motosacoche
(ioe-MAG-Motor) 1928

498 cm^3 Motosacoche
(ohv-Sportmasch. MAG)
1929

498 cm^3 Motosacoche
(sv-Einzyl.-MAG-Motor)
1931

498 cm^3 Motosacoche
(ohv-Einzyl.-MAG-Motor)
1931

746 cm^3 Motosacoche
(ioe-V-Zweizyl. MAG) 1931

498 cm^3 Motosacoche
(ohv-Serienmasch.
MAG) 1931

246 cm^3 Motosacoche
(Zweizyl.-»Opti«-ohc-
Motor) 1957

cm^3-Type mit ein- und zwei Zylindern. Werksrennfahrer hatten ab 1927 von Dougal Marchand konstruierte ohc-Einzylindermotoren mit 347 und 497, ab 1929 auch 247 cm^3. Als Marchand 1930 zu FN ging, kam Bert Le Vack als Chefkonstrukteur zu Motosacoche, wo er u. a. auch eine 846-cm^3-V-Zweizylinder-sv-Maschine schuf. Motosacoche-Erzeugnisse zeichneten sich durch hervorragende Qualität aus. Berühmte Rennfahrer: Franconi, Martinelli, Simcock, Handley, Oilter, Arcangeli, Barsanti, Dodson, Hänny, Gex, Kühler, Uroic, Graf Alvensleben, Casagranda, Bizzozero etc. Es gab Zweigwerke der Firma in Lyon und Turin. In den dreißiger Jahren auch schon 98-cm^3-Motoren. Nach 1945 konstruierte Marchand einen 235-cm^3-Prototyp, dem in den fünfziger Jahren eine 248-cm^3-ohv-Einzylinder-Blockmotorversion mit Kardanantrieb und 1953 ein 246-cm^3-Modell mit dem zweizylindrigen ohc-Motor von Opti (Küchen-Konstruktion) folgten. Zum Serienbau kam es aber nicht mehr. Tragisch, wenn man bedenkt, daß Motosacoche einst so große Firmen wie Brough Superior, Ariel, Matchless, Rex-Acme, Lea-Francis, Standard, OD, Triumph, Ernst-Mag, Monet-Goyon, Imperia, DFR und andere mit hervorragenden Motoren belieferte.

MOTOTRANS (DUCATI)

Maquinaria Y Elementos de Transporte S.A. (Mototrans),
Almogalvares 181, Barcelona — E 1957–

Baut unter Lizenz Ducati-Motorräder in Spanien. Stellt außerdem eigene Mopeds her. Die einzylindrigen, den italienischen Ducati-Modellen äußerlich sehr ähnlichen Modelle wurden mit 157, 204, 247 cm^3 etc. gebaut. Später fand eine Konzentration auf hauptsächlich sportliche, auch nach den USA exportierte Modelle mit 247- und 340-cm^3-ohc-Blockmotoren statt. Stellt nunmehr auch eine 73-cm^3-Zweitaktmaschine her.

MOUNTAINEER

Mountaineer Motor Co., Manchester Road, Marsden, Yorks — GB 1902–1926

Eine kleine Firma, die mit Unterbrechungen Motorräder gebaut hat. Diese hatten Minerva-, Fafnir- und MMC-, zuletzt eigene, sehr primitive 269-cm^3-Zweitaktmotoren mit außenliegendem Schwungrad.

MOVESA

Motocicletas Y Vehiculos S.A., Simon de Anda 6, Vitoria — E 1952–P

Mit Peugeot eng verbunden, waren diese Motorräder hauptsächlich mit dem 173-cm^3-Peugeot-Zweitaktmotor ausgerüstet.

MOVEO

Loxhams Garage, Preston, Lancs — GB 1907–C

Kleiner Konfektionär, dessen Maschinen Jap-Motoren hatten. Es gab 3,5-PS-Einzylinder- und 5-PS-V-Zweizylinder-Modelle.

MÖWE

Eckhard Walter & Co., GmbH., Mühlhausen, Thüringen — D 1903–1908

Diese Fabrik wurde in späteren Jahren durch ihre Walter-Zweitaktmaschinen bekannt. Die »Möwe« hatte dagegen von Fafnir bezogene 3,25- und 3,5-PS-Einzylinder- und 5-PS-V-Zweizylindermotoren.

MOY

Fabrika Motocyklova »Moy«, Katovice PL 1937–1940

Mit Preßstahlfahrgestellen ausgerüstete 172-cm³-Zweitaktmaschinen einer kleinen polnischen Fabrik.

M.P.

Ditta Motocicli Mario Penazio, Torino I 1934–1935

Auch Penazio schuf sportliche Fahrgestelle aus gepreßtem Stahlblech. Die von ihm eingebauten 347- und 497-cm³-ohv-Einzylindermotoren, die nach vorn geneigt im Rahmen saßen, stammten von Sturmey-Archer in England.

M.P.H.

Peter Hay, 67 Havelock Road, Tyseley, Birmingham GB 1920–1924

Die der Mountaineer nicht unähnliche primitive M.P.H. hatte ebenfalls einen 269-cm³-Zweitaktmotor, doch stammte dieser hier von Wall.

M.R.

1. Mandille et Roux, Constructeurs, Rue des Prairies 30, Paris 20a F 1926–1955
2. Mandelle et Roux, Rue Duris 7 & 9, Paris XXe

Einst bekannter Hersteller von – auch bei Sportveranstaltungen – erfolgreichen kleinen Zweitaktmaschinen mit Motoren von 49 bis 124 cm³, die von Ydral, Aubier-Dunne und Sachs kamen.

M.R.

Officine Meccaniche Romeo Raimondi, Milano I 1924–1926

Konfektionierte Motorräder mit französischen 98- und 123-cm³-Train-Zweitaktmotoren.

M.T.

Teresio Muratore, Tollegno, Biella I 1947–1954

Interessante 248-cm³-ohc-Parallel-Zweizylindermaschine mit nach vorn geneigten Zylindern. Nur wenige dieser Maschinen wurden gebaut.

M.T.

1. Motorradwerk Max Thun, Mühlbachgasse 137, Traiskirchen A 1925–1937
2. M.T. Motorräder Max Thun, Wien X, Siccardburggasse 75
3. M.T. Motorräder Max Thun, Wien X, Laxenburger Straße 86

Hauptsächlich aus englischen Komponenten konfektionierte Motorräder mit 172-, 247- und

344-cm^3-Villiers- sowie 346-, 490- und 746-cm^3-Jap-Motoren. Es gab aber auch Rennmodelle mit 248-cm^3-Blackburne- und 496-cm^3-MAG-ohv-Motoren. Typisch englische Konstruktionen, die auch bei Rennen – von Philipp Graf Boos-Waldeck, Opawsky, F. J. Meyer, R. Wolf, F. Schwarz u. a. gesteuert – Erfolge errangen.

MÜCO

Motorenfabrik Paul Müller & Co., Augsburg III — D 1921–1924

Der Müco war ein 118-cm^3-Hilfsmotor, der außerhalb des Hinterrades von Fahrrädern angebracht wurde. Es gab aber auch komplette, mit verstärkten Fahrradfahrgestellen ausgerüstete Fahrzeuge.

MUELLER

1. Moto Müller, Via Lame 356, Bologna — I 1950–
2. Moto Müller, Pontevico, Brescia
3. Moto Müller, Via Cavour, Robecco d'Oglio (Cr)

Kleine, aber renommierte Firma, die während der Jahre zahlreiche Leichtgewichtsmodelle von 49 bis 248 cm^3 mit Motoren von NSU, Franco Morini, Sachs etc. gebaut hat und auch Moto-Cross- und Trial-Modelle herstellt.

M.U.F.I. (IMPERATOR)

Maschinen & Fahrzeug-Industrie, Hannover — D 1925–1926

346-cm^3-Zweitaktmaschine. Begrenzte Produktion.

MÜLLER

Motorradfabrik H. Müller jun., Brunnengasse 5, Wien XVI — A 1924–1926

Mit eigenen 183-cm^3-Nasenkolben-Zweitaktmotoren ausgerüstete Leichtkrafträder.

M & M

Morgan & Maxwell, 80 High Street, Streatham, London — GB 1914

Leichtgewichtsmaschine mit dem damals populären 269-cm^3-Villiers-Motor.

MÜNCH-4

1. Münch Motorradfabrik GmbH., 6472 Altenstadt/Waldsiedlung, Heegwaldstraße 2 — D 1966–
2. Heinz W. Henke – Münch Motorräder, 6472 Altenstadt/Waldsiedlung, Heegwaldstraße 2

Aus der ebenfalls von Friedl Münch konstruierten »Mammut-4« hervorgegangen, besitzt diese mit einem modifizierten NSU-Automotor ausgerüstete luftgekühlte Vierzylindermaschine jetzt einen Hubraum von 1177 cm^3 und obenliegende Nockenwelle. Sie leistet 88 PS bei 6500 U/min, mit Kugelfischer-Saugrohr-Einspritzung 100 PS bei 7500 U/min, und ist damit das stärkste und teuerste derzeit in Deutschland serienmäßig gebaute Motorrad. Im November 1973 wurde die Firma reorganisiert und ging in die Hände von Heinz W. Henke über, wobei jedoch Münch die Betriebsleitung behielt.

M & P

Marechal & Poste, Francesco Ferrier 41. Fives, Lille-Nord F G–K

Baute Leichtkrafträder mit 98-cm³- und 123-cm³-Aubier-Dunne-Motoren.

MUSTANG

1. Gladden Products, Glendale, California USA 1946–1964
2. Mustang Motorcycle Corporation, 635 West Colorado Boulevard, Glendale 4
3. Mustang Motor Products Corporation, 241 Concord Street, Glendale 3

Primitive und auch unorthodoxe Maschine mit eigenem 314-cm³-sv-Einzylindermotor. War hauptsächlich für den Stadtverkehr bestimmt.

MV AGUSTA

Meccanica Verghera Agusta S.p.A., 210120 Verghera (VA), Viale Adriatico 50 I 1946–

Weltberühmte italienische Hubschrauberfabrik, die den Grafen Agusta gehört und jahrelang von Domenico, jetzt nach seinem Ableben von Corrado Agusta geleitet wird. Begann den Motorradbau mit 98-cm³-Zweitaktmodellen und dehnte sich bald auf Viertakter bis 500 cm³ aus. Auch Roller wurden bei MV Agusta hergestellt. Das Werk stieg in den Rennsport ein, und Ing. Remor konstruierte vierzylindrige 498-cm³-Rennmaschinen mit Kardan- und später Kettenantrieb zum Hinterrad. Andere Werksrennmaschinen hatten 123-, 248- und – den 498-cm³-Modellen ähnliche – 348-cm³-Motoren. Dazu kamen Dreizylinder-Versionen und als Experiment auch sechszylindrige 498-cm³-Rennmodelle. Fahrer dieser sehr erfolgreichen italienischen Firma: Surtees, Hocking, Ubbiali, Provini, Taveri, Masetti, Pagani, Graham, Bandirola, Hartle, Lomas, Sandford, Hailwood, Agostini, Read und andere. Stellte jahrelang Zweitakt- und ohv-Modelle bis 348 cm³ her, darunter auch 247- und 348-cm³-Zweizylinder-versionen. Offerierte schon 1952 serienmäßige 498-cm³-Vierzylindermodelle, ging jedoch erst Ende der sechziger Jahre zum Bau derselben, wobei es zur 592-cm³-Version mit 62 PS bei 8200 U/min und zur 743-cm³-Version mit 78 PS bei 7900 U/min kam. Diese hat Elektrostarter und 225 km/h Spitze. Eine Konzentration auf die 743-cm³-Vierzylinder-Modelle führte zu drei Varianten derselben. Deren Motoren haben zwei obenliegende Nockenwellen und Kardanantrieb zum Hinterrad. MV Agusta stellt neuerdings 123- und 349-cm³-ohv-Modelle (die letzteren Zweizylinder) und eine 900-cm³-doppel-ohc-Vierzylinder her, die 105 PS bei 10000 U/min leistet und ca. 250 km/h erreicht. Ähnlich ist auch eine 800-cm³-Version.

499 cm³ MV Augusta (2× ohc-Rennmasch. Vierzyl.) 1952

349 cm³ MV-Agusta
(ohv-Zweizyl. S EL) 1975

743 cm³ MV-Agusta
(2 × ohc-Vierzyl.-Sport) 1975

M.V.B.

Meccanica M.V.B., Viale Montenero 4, Milano — I 1954–1956

Baute Mopeds mit 48 cm³ und Motorräder mit 125- und 147-cm³-Motoren.

M.W.

Motorenwerke Paul Paffrath, Altenburg-Noblitz — D 1923–1926

Paffrath baute ungewöhnliche Motorräder mit Preßstahlfahrgestellen. Die ersten Modelle hatten eigene 248-cm³-ohv-Einzylindermotoren, spätere Versionen einen luftgekühlten 144-cm³-Zweizylinder-Zweitaktmotor, bei dem die separaten Zylinder hintereinander standen. Nach 1945 stellte Paffrath in Linz am Rhein die Eilenriede-Einbau-Fahrradmotoren her.

MYMSA

Motores Y Motos S.A., Po. Toras y Bages 29, Barcelona — E 1953–1962

Kleiner Produzent von 49- bis 175-cm³-Zweitaktmaschinen.

MYSTER

F 1955–P

Mit 48-cm³-Lavalette-, Le-Paulin- und anderen Motoren gebaute Mopeds.

MZ

VEB Motorradwerk Zschopau, Zschopau/Erzgebirge DDR 1946–

Eine der größten Motorradfabriken Europas, entstand die nunmehr nationalisierte Firma aus den ursprünglichen DKW-Werken. Zunächst unter dem Namen Ifa bekannt, bekamen diese Zweitakter später den Namen MZ. Gebaut werden 123-, 143- und 243-cm³-Einzylindermodelle. Darunter auch sehr erfolgreiche Geländeversionen, die zahlreiche Veranstaltungen – inklusive Sechstagefahrten – gewannen. Die modern konstruierten und preiswerten Maschinen werden auch stark exportiert. Erfolge errang MZ auch bei Straßenrennen, und in diesem Zusammenhang seien nur Fahrer wie Hailwood, Woodmann, Fügner, Degner, Rosner, Grassetti, Williams, Musiol, Krumpholz u. a. erwähnt.

NAMAPO

Bernhard Nagl, Maschinen- und Motorenfabrik, Stettin, Giesebrechtstraße 6 D 1921–1924

Baute außer 147-cm³-Fahrrad-Einbaumotoren auch komplette 147- und 197-cm³-Leichtkrafträder mit eigenen sv-Einzylindermotoren.

NARCISSE

Narcisse SARL, Rue Alphonse-Helbronner 24, St. Quen F 1950–1953

Kleiner Konfektionär von Zweitaktmaschinen bis 123 cm³ Hubraum.

NARCLA

Industrias Narcla S.L., Pedret 1-A, Gerona E 1955–Q

Auch Narcla stellte Zweitaktmaschinen bis 124 cm³ her.

NASSETTI

Ettore Nassetti, Via della Torre 24, Milano I 1951–1957

Gehörte zu den ersten Nachkriegs-Mopeds mit 49-cm³-Zweitaktmotor in Italien. Es gab Modelle mit Rohr- und Preßstahlrahmen.

NASSOVIA

Wiesbadener Fahrrad GmbH., Wiesbaden D 1925

Kleiner Produzent, der in eigene Fahrgestelle 2,75-PS-Anzani-Motoren einbaute.

NAZZARO

Eugenio Nazzaro, Via G. Camerana 10, Torino I 1926–1928

Eugenio Nazzaro war ein Bruder des berühmten Felice Nazzaro. Seine Leichtkrafträder hatten einen eigenen 174-cm³-ohv-Motor.

NEALL

Neall Bros Ltd., Western Motor Works, Daventry GB 1910–1914

Bekannte Firma, die hauaptsächlich 2,5- und 3-PS-Precision-Einbaumotoren verwendete.

NEANDER

1. Neander Motorfahrzeuge GmbH., Euskirchen D 1924–1929
2. Neander Motorfahrzeuge GmbH., Köln, Lindenburger Allee
3. Neander Mfg., Düren-Rölsdorf, Rheinl.

Ernst Neumann-Neander gehörte zu den einfallsreichsten Konstrukteuren Deutschlands. Seine aus Duralumin hergestellten Fahrgestelle hatten zunächst 122- und 172-cm³-Villiers-Zweitaktmotoren, die ab 1928 gebauten verbesserten Maschinen mit ihren ungewöhnlichen Blattfedergabeln und Schalensitzen sv- und ohv-(sowie wechselgesteuerte)Motoren von 346 bis 996 cm³, die von Küchen, MAG und Jap geliefert wurden. Opel baute damals die Neander-Fahrgestelle mit eigenen 496-cm³-sv- und ohv-Blockmotoren unter Lizenz.

996 cm³ Neander
(ioe-V-Zweizyl. MAG) 1929

NECCHI

G. Necchi, Via Rosmini 3, Milano I 1951–1953

Baute Leichtkrafträder mit 98- und 123-cm³-Villiers-Motoren.

NECO

August Negedly & Co., Motorfahrzeugfabrik, Bratislava CS 1923–1927

Kleiner Hersteller von 348- und 490-cm³-sv- und ohv-Maschinen mit englischen Jap-Motoren.

NEGAS & RAY

Negas & Ray, Via Legnano 32, Milano I 1925–1928

Die ersten Modelle hatten 173-, 247- und 344-cm³-Motoren von Blackburne. 1926 schuf Ing. Remondini – später bei Jonghi – neue 348-cm³-Einzylindermodelle mit sv- und ohv-Blockmotoren und außenliegenden Schwungrädern.

NEGRINI

1. Moto Negrini, Via Claudia 847, 41056 Savignano sul Panaro, Modena I 1954–
2. Mauro Negrini, 41056 Savignano sul Panaro, Via Claudia 847, Modena

Spezialisierte die Produktion auf zahlreiche Mofa- und Moped-Modelle mit 48-cm³-Motoren und stellt auch Leichtkrafträder mit 110- und 123-cm³-Motoren her.

NEMALETTE

Netzschkauer Maschinenfabrik, Fritz Stark & Söhne, Netzschkau i. Sa. D 1924–1925

War ein karossiertes Motorrad mit zwei Hinterrädern und 173-cm³-DKW-Zweitaktmotor.

NERA

1. Raiser & Söhne, Rollerbau, Kirchentellinsfurt, Wttbg. D 1949–1950
2. Waizel, Bingen b. Sigmaringen

Gehörte zu den ersten Nachkriegsrollern in Deutschland und besaß einen 120-cm³-Ilo-Motor. Konstrukteur Ing. W. Neuscheler schuf auch den Neroba-Roller mit 149-cm³-Sachs-Motor.

NERACAR

1. Neracar Corporation, 204 South Geddes Street, Syracuse NY USA (GB) 1921–1926
2. Sheffield Simplex Ltd., Tinsley nr. Sheffield
3. Sheffield Simplex Ltd., Canbury Park Road, Kingston-on-Thames

Von C. A. Neracher konstruiert, hatte die Neracar ein autoähnliches Fahrgestell tunnelförmiger Bauart, das zum Großteil verdeckt war und ursprünglich einen 269-cm³-Zweitaktmotor mit Reibradantrieb zum Hinterrad besaß. 1923 wurde die Lizenz nach England vergeben, wo der Zweitaktmotor durch 346-cm³-sv- und ohv-Einzylinder-Blackburne-Motoren ersetzt und die ganze Konstruktion verbessert wurde. Hier gab es nun auch Kettenantrieb zum Hinterrad. Jetzt ist die Neracar – oft auch Ner-a-car geschrieben – ein wertvolles Objekt für Sammler. Schon wegen des oben offenen Rahmens und der ungewöhnlichen Lenkung.

283 cm³ Neracar
(Eig. 2T-Einzyl.) 1922

347 cm³ Neracar
(sv-Blackburne-Motor) 1925

NERVOR

J. Chapolard et Goubet Pére et Fils, Constructeurs, Bourg F 1947–O

Baute die gleichen Zweitakt-Modelle mit Motoren von 98 bis 248 cm³ wie Radior. Diese waren eigene Erzeugung, kamen teilweise aber auch von NSU und der französischen AMC. Nervor baute auch Mopeds und eine 248-cm³-Parallel-Zweizylinder-Zweitaktversion.

NESTOR

Nestor Motor Company, 74 Church Street, Blackpool GB 1913–1914

Baute kurz vor dem Ersten Weltkrieg billige Motorräder mit 269-cm³-Villiers- und 296- sowie 347-cm³-Precision-sv-Motoren.

NESTORIA

1. Nestoria Motorenwerk GmbH., Nürnberg, Solgerstraße 6 D 1923–1931
2. Nestoria Motorenwerk GmbH., Nürnberg, Äußere Rollnerstr. 55
3. Bischoff & Pedal, Motorradfabrik, Nürnberg 23

Mittelgroße Fabrik, die 289- und dann 346-cm³-Zweitaktermodelle mit eigenen Motoren baute, 1925 die Firma Astoria übernahm und ab 1926 auch 348- und 498-cm³-K-Motoren verwendete. Zu diesen ohc-Versionen kamen wechsel- und obengesteuerte 496- und 596-cm³-MAG-, später – ab 1929 – auch 497-cm³-sv- und 198-cm³-ohv-Sturmey-Archer-Einbaumotoren.

NETTUNIA

Off. Meccaniche Busi, Via Fossolo 38, Bologna I 1950–1953

Bei Busi hergestellte 123- und 158-cm³-Zweitaktmaschinen moderner Konstruktion.

NEVA

Ets. Moteurs et Motorcycles Néva, Grenoble F 1926–1927

Kleiner Hersteller, dessen Motorräder den 347-cm³-Anzani-ohv-Einzylindermotor besaßen.

NEVE-ILO

Heinrich Neve GmbH., Neumünster, Altonaer Straße D 1924–1926

Gehörte zu den ersten Firmen, die 132- und 170-cm³-Ilo-Zweitaktmotoren einbauten.

NEW COMET

A. H. Haden, Princep Street, Birmingham GB 1905–1932

Kleiner – aber langlebiger – Konfektionär, der zunächst Villiers-, Peco-, Jap- und Precision-Einbaumotoren verwendete und dann eine 293-cm³-Maschine mit Climax-Zweitaktmotor gebaut hat. Nach einer Unterbrechung von 1924 bis 1931 gab es wieder 198-cm³-Maschinen mit Villiers-Motoren in sehr geringen Quantitäten.

NEW COULSON

H. R. Backhouse & Co., Ltd., Kings Rd., Tyseley, Birmingham GB 1922–1924

Backhouse übernahm Ende 1922 die Coulson-B von Coulson und machte daraus die New Coulson mit 269-cm³-Zweitakt- und 346- sowie 498-cm³-Viertakt-Motoren, die von Blackburne und Bradshaw geliefert wurden. Ansonsten war die New Coulson durch ihre Blattfeder-Hinterradfederung bekannt. Eric Longden gewann mit ihr zahlreiche Rennen.

NEW ERA

New Era Autocycle Co., Dayton, Ohio USA C–1913

Fortschrittliche Konstruktion mit offenem Rahmen, den Motor unter dem Klubsesselsitz und dem Kraftstoffbehälter über dem Hinterrad. Der sv-Einzylindermotor hatte 546 cm³.

NEW ERA

Era Motor Co., Ltd., Miller Street, Dingle, Liverpool GB 1920–1922

Verwendete hauptsächlich 311-cm³-Zweitaktmotoren von Dalm, doch wurden einige Maschinen auch mit Jap- und Precision-Einbaumotoren gebaut.

NEW GERRARD

1. New Gerrard Motors, Gayfield Square, Edinburgh GB 1922–1940
2. New Gerrard Motors Ltd., Liverpool Street, Nottingham
3. New Gerrard Motors, 27. Greenside Place, Edingburgh

Diese Firma gehörte dem schottischen Rennfahrer Jock Porter, der auf diesen Maschinen unter anderem zwei TT-Rennen (1923 und 1924) gewann. Er verwendete jahrelang 173-, 246- und 498-cm³-Blackburne-ohv-Motoren, und da seine Produktionsmöglichkeiten zwischen 1924 und 1927 nicht ausreichten, wurden New Gerrard-Motorräder bei Campion in Nottingham gebaut. Dann kehrten sie zu Porter nach Edinburgh zurück, wo er sich auf 348-cm³-ohv-Modelle mit Blackburne- und später Jap-ohv-Motoren konzentrierte. Kontinentale New-Gerrard-Fahrer: Karl Gall, Gartner, Putzker, Melichar. Porter selbst gewann 1926 die 250-cm³-Klasse beim GP von Deutschland auf der Avus. Baute auch ein 346-cm³-Modell mit B.&.S.-Motor.

NEW HENLEY

1. Henley Engineering Co., 114 Spring Hill, Birmingham GB 1920–1929
2. Henley Engineering Co., 18 Doe Street, Birmingham
3. New Henley Motors Ltd., 17–18. Warstone Road, Birmingham
4. New Henley Motors, Wellington Works, Park Road, Oldham

Gut konfektionierte Maschinen mit Motoren von 246- bis 748-cm³-Hubraum. Verwendete hauptsächlich Blackburne-Motoren, doch gab es auch sv- und ohv-Modelle mit Jap-, MAG- und Villiers-Motoren. Siehe auch unter Henley. Das Wort »New« kam 1927 nach einer Reorganisation dazu.

NEW HUDSON

1. New Hudson Cycle Co., Ltd. Parade Mills, Birmingham — GB 1909–1957
2. New Hudson Ltd., St. George Works, Icknield Street, Birmingham
3. New Hudson Ltd., Garrison Lane, Birmingham 9
4. New Hudson Ltd., Waverley Works, Birmingham 10

Einst eine berühmte und erfolgreiche Motorradfabrik, die 346-, 496- und 598-cm^3-Einzylinder-sv- und ohv-Maschinen gebaut hat. Stellte auch Dreiradwagen mit MAG-Motoren her und engagierte 1926 den berühmten Bert Le Vack als Konstrukteur. Errang dann auch große Rennerfolge durch Le Vack auf der Brooklandsbahn und belegte den zweiten Platz bei der Senior-T.T. 1927 mit Jimmy Guthrie. Auch der große Tom Bullus fuhr damals für New Hudson, wo man trotz neuer – teilweise verschalter – Konstruktionen in den dreißiger Jahren an Boden verlor und zuletzt von der BSA-Gruppe übernommen wurde. Nach 1945 gab es nur noch 98-cm^3-Mopeds mit Villiers-Motoren, die den Namen New Hudson trugen. Vor 1914 gab es auch V-Zweizylinder-New-Hudson-Maschinen und nach 1918 eine 211-cm^3-Zweitaktmaschine.

346 cm^3 New Hudson
(Eig. ohv-Motor) 1926

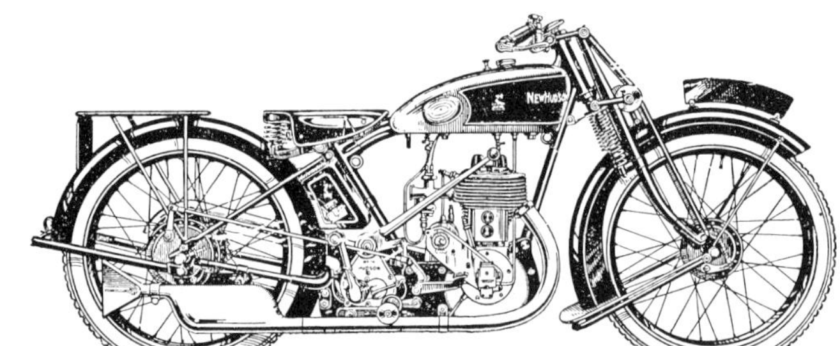

496 cm^3 New Hudson
(Eig. sv-Motor) 1929

496 cm^3 New Hudson
(Eig. ohv-Motor) 1930

NEW IMPERIAL

1. New Imperial Cycles Ltd., Hack Street, Birmingham — GB 1903–1939
2. New Imperial Cycles Ltd., Lower Loveday Street, Birmingham
3. New Imperial Motors Ltd., Princep Street, Birmingham
4. New Imperial Motors Ltd., Spring Road, Hall Green, Birmingham

Die Norman Downs gehörende Firma verwendete bis Mitte der zwanziger Jahre Einbaumotoren von 246 bis 996 cm³, die bei Precision und bei Jap gebaut wurden. Dann stellte man die Motoren selbst her, konzentrierte aber im Laufe der Jahre die Produktion auf Modelle mit 146, 248, 346 und 496 cm³ Hubraum und obengesteuerten Ventilen. Ab 1936 gab es teilweise Blockmotoren, ab 1938 auch Hinterradfederung bei diesen typisch englischen Konstruktionen. Jack Sangster, bereits Chef von Ariel und Triumph, erwarb 1939 New Imperial, doch verhinderte der Krieg Übersiedlung und Weiterbau dieser bekannten und bei Rennen sehr erfolgreichen Maschinen. Besonders erwähnenswert die 248-cm³-ohv-Einzylinder- und 1934 nur für Werksfahrer gebauten 498-cm³-ohv-V-Zweizylinder-Rennmaschinen. Bekannte New-Imperial-Fahrer: Mellors, Davenport, K. und E. Twemlow, Foster, S. Wood, Nash, K. Gall.

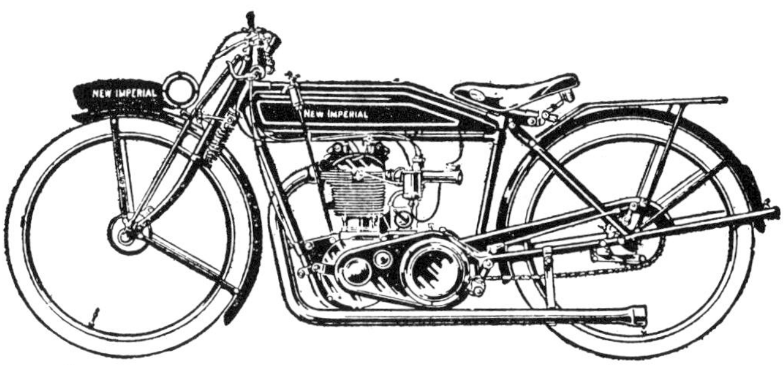

246 cm³ New Imperial (ohv-Jap-Motor) 1926

248 cm³ New Imperial (Eig. ohv-Motor) 1931

248 cm³ New Imperial (Eig. ohv-Rennmasch.) 1931

348 cm³ New Imperial
(Eig. ohv-Motor) 1936

NEW KNIGHT

1. Holloway & Knight, 84 Foster Hill Road, Bedford — GB 1923–1931
2. Lantons Garage & Engineering Ltd., Peterborough

Konfektionsmaschinen mit Villiers-147- bis 342- und 293-cm³-sv-Motoren von Jap. Kleiner Produzent.

NEW MAP

Motorcycles New Map, Avenue Lacassagne 124, Lyon-Montchat — F 1920–O

Alter, einst bekannter französischer Motorrad-Konfektionär, der zahlreiche Modelle von Zurcher, Jap, Blackburne, MAG, Chaise und später von Ydral, AMC, Aubier-Dunne, Sachs, Opti und anderen Einbaumotorenherstellern verwendete. Baute starke Rahmen und nach 1945 hauptsächlich Modelle mit 98- bis 248-cm³-Ydral- und AMC-Zweitakt- und ohv-Motoren sowie auch ein 123-cm³-Kleinauto. Auch Mopeds mit Mistral-Motoren.

NEW MOTORCYCLE

Ets. New Motorcycle, Avenue d'Anthony, Chatenay, Seine — F 1925–1930

Baute außer Rohrrahmen auch Preßstahlfahrgestelle und hatte außer 246-cm³-Zweitaktmodellen mit eigenen Motoren auch 348- und 499-cm³-Einzylindermodelle mit ohv- und ohc-Motoren von MAG und Chaise.

NEWMOUNT

1. Newmount Trading Co., Ltd., Reform Chambers, Coventry — GB 1929–1933
2. Newmount Trading Co., Ltd., Victoria Garage, All Saints Lane, Coventry

Hier handelte es sich um deutsche Zündapp-Maschinen, die zum Teil in England zusammengestellt und verkauft wurden. Sie hatten 348- und 498-cm³-Vierventil-Python-(Rudge-Coventry-)ohv-Motoren und auch aus Deutschland kommende 198-, 248- und 298-cm³-Zweitakter von Zündapp.

NEW PARAGON

1. Paragon Motor Manufacturing Co., Ltd., Manningtree, Essex — GB 1919–1923
2. F. M. Cooper, Cressing Road, Braintree, Essex

Kleine Firma, die Motorräder mit eigenen 346-cm³-Zweitakt-Dreikanalmotoren baute.

NEW RAPID

Motorenfabriek P. J. Meijer, Amsterdam (West) NL 1903–1935

Alte Firma, die schon vor dem Ersten Weltkrieg rollerähnliche Fahrzeuge gebaut hat und dann nach langer Unterbrechung der Produktion 1935 mit dieser 346-cm^3-ohv-Einzylindermaschine – ohne größere Erfolge – auf den Markt kam.

NEW RYDER

1. New Ryder Motor Co., 153b Corporation Street, Birmingham GB 1913–1922
2. New Ryder Motor Co., 76 Belmont Row, Birmingham
3. New Ryder Motor Co., 41 Cape Hill, Smethwick, Birmingham
4. New Ryder Motor Co., 7 & 8 Broad Street, Birmingham

Konfektionär, der zuerst Ein- und V-Zweizylinder-Precision-Motore, zuletzt aber nur den 269-cm^3-Villiers-Zweitakter einbaute.

NEW SCALE

1. Roberts & Hibbs Ltd., Bank Street, Droylsden, Manchester GB 1913–1925
2. New Scale Motor & Engineering Co., Ltd., Bank Street, Droylsden, Manchester

Gut konstruierte Konfektionsmaschinen. Hatten zuerst 346-cm^3-Precision-Zweitaktmotoren, später auch 348- und 490-cm^3-Bradshaw-, Jap- und Blackburne-Motoren. Der ölgekühlte Bradshaw hatte 348 cm^3. Es gab auch einige 347-cm^3-Rennmaschinen mit dem ohc-Motor von Dart. Firma wurde 1925 von Dot übernommen.

NEWTON

Newton Bros, Chapel Street, Manchester GB 1921–1922

Orthodoxe 269-cm^3-Zweitaktmaschinen mit Villiers-Motoren.

NICHOLAS

Nicholas Motor- & Cycle Co., 34 Stroud Green Road, London N GB D

Eine ganz vergessene kleine Firma, die Motorräder mit 1,5-PS-Motoren gebaut hat.

NICKSON

J. Nickson, 230 Station Road, Bamber Bridge, Preston, Lancs GB 1920–1924

Kleiner, aber vielseitiger Konfektionär. Baute hauptsächlich sv-Maschinen mit 346- und 499-cm^3-Blackburne-Motoren, aber auch solche mit 346-cm^3-ohv-Bradshaw- sowie 247- und 269-cm^3-Villiers-Zweitaktmotoren.

NIESNER

Josef Niesner, Mechanische Werkstätte, Wien VI, Schmalzhofgasse 10 A 1905–1911

Der spätere österreichische Norton-Importeur baute selbst Motorräder mit 3-, 3,5- und 5-PS-Einbaumotoren von Fafnir und Minerva.

NIMBUS

Fisker & Nielsen Ltd., Peter Bangtsvej 30, Kopenhagen DK 1920–1957

Die einzige größere Motorradfabrik Dänemarks konzentrierte sich auf den Bau einer 746-cm³-Vierzylindermaschine mit luftgekühltem Reihenmotor und Kardanantrieb zum Hinterrad. Die ersten Modelle hatten einen Rohrrahmen mit Rundtank und Spiralfeder-Hinterradfederung. Spätere Versionen bekamen verbesserte und weiterentwickelte Motoren und Preßstahl-Fahrgestelle.

746 cm³ Nimbus (ioe-Vierzyl.) 1924

746 cm³ Nimbus (ohv-Vierzyl.) 1955

NINON

Motorcycles Ninon, Paris 10e F 1931–1935

Kleiner Hersteller von 499-cm³-ohv-Einzylindermaschinen.

N.I.S.

Fahrzeugfabrik Schönfeld & Schwarz, Nürnberg D 1925–1926

Nur wenige dieser Konfektionsmaschinen mit 293-cm³-sv-Jap-Motoren wurden gebaut.

NISSAN

Nissan Motor Co., Ltd., Yokohama J 1951–1956

Baute eine Reihe von 60-cm³-Modellen mit eigenen ohv-Motoren. Große Autofabrik.

N.K.F.

Norddeutsche Kühlerfabrik AG., Berlin-Tempelhof D 1924–1925

Mit unter Bekamo-Lizenz von M.G.F. gebauten 132-cm^3-Zweitakt-Hilfskolbenmotoren ausgestattete Leichtkrafträder.

N.L.G.

North London Garage, Corsica Street, Highbury, London GB 1905–1912

Wurde dadurch bekannt, daß eine N.L.G. in 1909 mit einem 2913-cm^3-(Kein Irrtum!)V-Zweizylinder-ohv-Jap-Motor 144 km/h erreicht hat. Serienmodelle hatten 490- und 768-cm^3-Jap-Ein- und V-Zweizylinder-Motoren.

N.M.C.

J N–P

Kleinerer Produzent von 123- und 173-cm^3-Zweitaktmaschinen.

NOBLE

Noble Motor Co., Pocock Street, Blackfriars Rd., London, S. E. GB 1901–C

War zu ihrer Zeit eine bekannte Motorradfabrik, die 2,25- bis 4-PS-Einbaumotoren von De Dion, MMC, Minerva, Coronet und anderen Herstellern verwendete.

NORBRECK

D. H. Valentine, 24. Finedon Road, Wellingborough GB 1921–1924

Baute hauptsächlich Zweitaktmaschinen mit 246- und 269-cm^3-Villiers- und Arden-Motoren; lieferte auf Bestellung auch Modelle mit 346- und 499-cm^3-sv-Blackburne-Motoren.

NORDSTERN

Nordstern-Fahrzeugwerke GmbH., Wasserelfingen, Wttbg. D 1922–1924

Baute 2,5-PS-Zweitakter, die später auch unter dem Namen S.F.W. in geringer Anzahl auf den Markt kamen.

NORICUM

Ladislav Svestka, Mechanicka dilna, Praha-Smichov CS 1903–1906

Wie neuere Nachforschungen ergaben, handelte es sich hier um von Cless & Plessing in Granz gebaute 2,75- und 3,5-PS-Einzylinder- sowie 5-PS-V-Zweizylindermaschinen, die unter dem Namen Noricum in den tschechischen Gebieten der früheren Ö.-U.-Monarchie von Svestka vertrieben wurden.

NORMAN

1. Norman Cycles Ltd., Beaver Road, Ashford, Kent GB 1937–1961
2. Raleigh Industries Ltd., Lenton Boulevard, Nottingham

Kam mit 98-cm^3-Mopeds auf den Markt, erwarb 1939 die Fabrikation der 98-cm^3-Rudge »Autocycles« und Ende der fünfziger Jahre auch die Produktion, das heißt die Reste der Achilles-Werke. Für den Motorradbau wurden 98- bis 248-cm^3-Villiers-Zweitaktmotoren verwendet. In einigen Ländern wurden Norman-Motorräder unter dem Namen »Rambler« verkauft.

NORTON

1. Norton Manufacturing Co., Bradford Street, Birmingham GB 1901–
2. Norton Manufacturing Co., Floodgate Street, Birmingham
3. Norton Manufacturing Co., Sampson Road North, Birmingham
4. Norton Motors (1926) Ltd., Bracebridge Street, Birmingham
5. Norton Motors Ltd., Plumstead Road, Woolwich, London, S. E. 18
6. Norton Villiers (Europe) Ltd., Central Way, Walworth Industrial Estate, Andover Hamps
7. Norton Triumph Europe Ltd., Andover, Hamps
8. Norton Triumph International Ltd., Kitts Green, Birmingham

Einer der größten Namen in der englischen Motorradindustrie und im Sport. Gegründet vom 1924 verstorbenen J. L. Norton, errang Norton bereits bei der ersten T. T. 1907 den Sieg. H. Rem Fowler war damals der Fahrer. Diese Norton hatte einen Peugeot-V-Zweizylindermotor, doch baute man bald eigene Motoren mit 490 und 633 cm³, Einzylinder mit seitengesteuerten Ventilen. 1923 kamen die ersten ohv- und 1927 die ersten ohc-Einzylindermodelle mit 490 cm³ Hubraum dazu. Es folgten auch 347-cm³-ohv- und ohc-Versionen. Berühmt die »International«- und »Manx«-Modelle und Norton-Konstrukteure wie Arthur Carrol, Walter Moore und Joe Craig. Berühmt auch die vielen erfolgreichen Spitzenfahrer, unter diesen S.

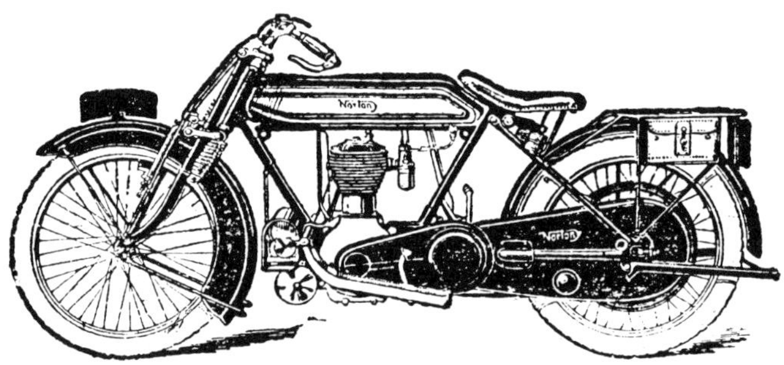

597 cm³ Norton
(Eig. sv-Motor) 1921

490 cm³ Norton
(Eig. ohv-Motor) 1927

490 cm³ Norton
(Eig. ohc-Motor) 1928

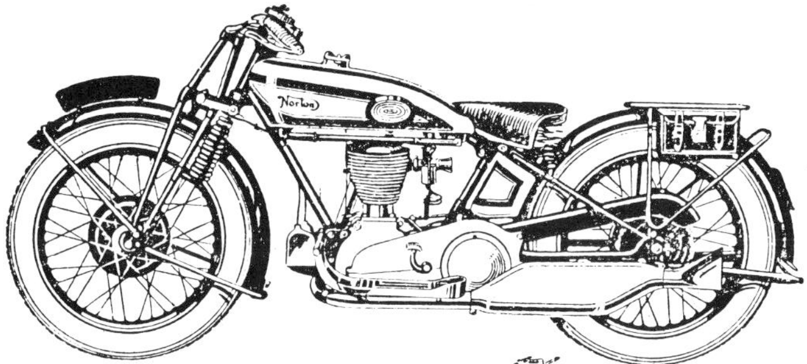

633 cm³ Norton
(Eig. sv-Motor) 1929

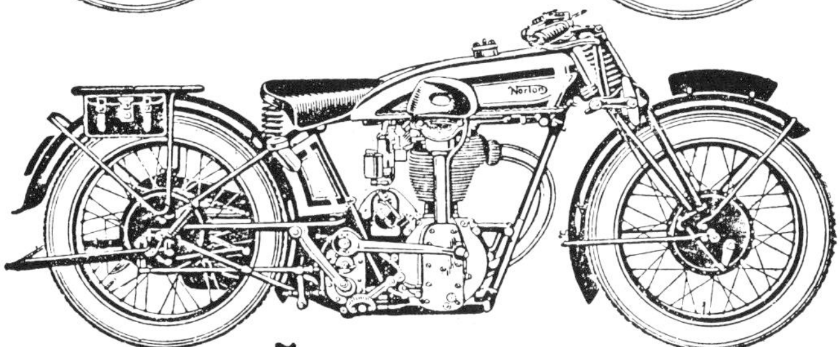

490 cm³ Norton
(Eig. ohc-Motor Mod: CSl)
1929

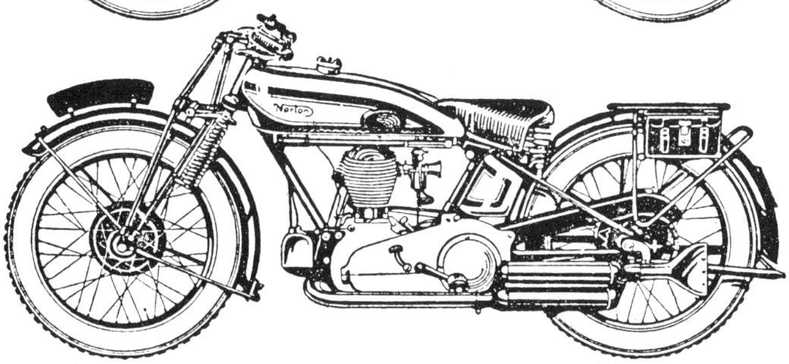

490 cm³ Norton (Eig.
sv-Motor Mod.: 16H) 1931

490 cm³ Norton (Eig.
ohc-Motor Mod: CSl) 1931

496 cm³ Norton
(ohc-»International«) 1935

498 cm³ Norton
(ohc-»Manx«-Rennmasch.)
1938

498 cm³ Norton
(2× ohc-»Manx«-Renn-
masch.) 1962

828 cm³ Norton
(ohv-Zweizyl.-»Commando«)
1974

Woods, P. Hunt, F. Frith, H. Daniell, G. Duke, J. Surtees, R. Amm, A. Bennett, J. Shaw, D. Mansell, G. Walker, G. Tucker, J. Guthrie, J. Simpson, W. Rusk, J. White, A. Bell, W. Doran, J. Lockett, J. Brett, H. Armstrong, R. McIntyre, M. Hailwood, E. Oliver, J. Hartle, R. Anderson, F. Anderson, D. Minter, O. Steinbach, G. Cordey, R. Runtsch, O. Ley, A. Brudes, X. Gmelch, A. Goffin, P. Taruffi, B. Schneider, um nur einen Teil zu nennen. Jahrelang waren die »Manx«-Modelle an der Spitze in der 350- und der 500-cm^3-Klasse und auch bei Seitenwagenrennen.
Nach dem Zweiten Weltkrieg baute Norton zahlreiche 246- bis 646-cm^3-Parallel-Zweizylindermodelle und auch ohv-Einzylinder sowie die erfolgreichen ohc-Renn-Einzylindermodelle. Norton-Chef war damals C. Gilbert Smith, als Nachfolger von Bill Mansell. Associated Motor Cycles Ltd, in London – die Firma, die Matchless und AJS-Motorräder baute – erwarb 1956 die Norton-Fabrik, und diese übersiedelte 1962 nach London. Dann brach AMC Ltd. zusammen und wurde von Dennis Poore, Millionär und Ex-Autorennfahrer 1967 erworben. Dieser transferierte die Firma nach Andover in eine neue Fabrik; später aber einen Teil davon nach Wolverhampton, wo ihm auch die Villiers-Werke gehören. Anfangs der siebziger Jahre konnte er auch die BSA-Gruppe (mit Triumph in Coventry) dazunehmen. Bei Norton konzentrierte er die Produktion auf Parallel-Zweizylinder-ohv-Modelle mit 745 und dann 828 cm^3, die mit Fahrern wie Peter Williams, Paul Smart und anderen auch offiziell bei Rennen eingesetzt wurden. Der Bau der »Manx«-ohc-Renneinzylinder wurde inzwischen aufgegeben. Die Struktur des Unternehmens wurde in den letzten Jahren sehr kompliziert und in kommerzieller Beziehung, besonders nach der Einverleibung von Triumph, ein Problem.
Im Oktober 1975 kam es zum Torschluß bei Norton-Villiers in Wolverhampton. Dadurch auch zu großen Veränderungen, die zur Zeit der Niederschrift dieser Zeilen noch keine endgültigen Schlüsse auf die Zukunft von Norton zulassen.

NORWED

Norddeutsches Fahrzeugwerk GmbH., Hannover, Vahrenwaldstraße 50a — D 1924–1926

Konfektionierte in kleinem Umfang Einzylindermaschinen mit 348- und 498-cm^3-Kühne-ohv- und 498-cm^3-svc-Motoren. Auf Bestellung konnten auch der 347- und 548-cm^3-sv-Motor von Blackburne eingebaut werden.

NOVA

1. Gép és Vasutfelszerelési Gyar R.T. Motorkerékpar Oststalya, Budapest VI., Liszt Ferenc tér 7 — H 1925–1928
2. Machinery & Railway-Equipment Works, Ltd., Motor Cycle Department, Kistarcsa

Baute sportliche Maschinen typisch englischer Bauweise mit 248- bis 498-cm^3-Motoren von Jap und Blackburne. Unter den erfolgreichen Rennfahrern auf Nova-Maschinen befanden sich die Söhne des damaligen ungarischen Reichsverwesers, Nikolaus und Stephan v. Horthy, ferner Karl v. Haupt, Stephan Kiss und Karoly v. Hild.

NOVY

Etabl. »Novy« Hil. Lannoy & Zonen, Rue de Menin, Courtrai — B H–P

Maschinen mit Zweitaktmotoren von 48- bis zu zweizylindrigen 244-cm^3-Versionen von Ilo. Baute auch zahlreiche Moped-Modelle.

N.S.H.

A. Nöding & Söhne, Motorradfabrik, Hersfeld D 1923–1928

War ein kleiner, aber guter Motorradkonfektionär. Baute zunächst 185- und 198-cm^3-Paqué-ohv-Motoren, nachher auch Villiers-Motoren von 122 bis 346 cm^3 und 346- sowie 490-cm^3-sv-Jap-Motoren ein. Es gab auch ein Modell mit dem 344-cm^3-Villiers-Parallel-Zweizylindermotor.

N.S.U.

1. Neckarsulmer Fahrradwerke AG, Neckarsulm, Württemberg D 1901–1958
2. Neckarsulmer Fahrzeugwerke AG, Neckarsulm, Württemberg
3. NSU Vereinigte Fahrzeugwerke AG, Neckarsulm, Württemberg
4. NSU Werke Aktiengesellschaft, Neckarsulm, Württemberg
5. NSU Motorenwerke AG, Neckarsulm, Württemberg

Eine große Motorradfabrik aus der Pionierzeit, die zunächst 1,25-PS-Zedel-Motoren, bald darauf aber auch schon eigene Motoren in hochwertige Fahrgestelle einbaute. Stellte bis zur zweiten Hälfte der zwanziger Jahre zahlreiche Ein- und V-Zweizylindermodelle bis 996 cm^3 mit – zum Großteil – wechselgesteuerten Motoren, teilweise auch mit Hinterradfederung, her. Ursprünglich stand »Neckarsulmer-Motorrad« am Kraftstoffbehälter, später dann das weltberühmt gewordene NSU. Weltberühmt durch hervorragende Konstruktionen und hochwertige Ausführung, weltberühmt aber auch durch Sporterfolge, die Fahrer wie Franz und Ernst Islinger, Martin Geiger, Karl Scherer, Franz Mazzuvana, Walter und Wilhelm Glöckler, Josef Müller, Jupp Wenzel, Karl Schul, Tom Bullus, Paul Rüttchen, Toni Ulmen, Sepp Giggenbach, Oskar Steinbach, Rudolf Runtsch, Werner Mellmann, Hans Soenius, Heiner und Toni Fleischmann, Wilhelm Herz, Hermann Böhm, Guglielmo Sandri, Ted Mellors, Werner Haas, H. P. Müller, Rupert Hollaus, Hans Baltisberger, Bill Lomas, Reg. Armstrong, Roberto Colombo, John Surtees, Mike Hailwood, Otto Daiker, Karl Hofmann und andere große Fahrer auf NSU errangen. Hierbei seien auch Bernd Rosemeyer nicht vergessen und Karl Bodmer sowie Leonard Fassl. NSU baute jahrelang sehr erfolgreiche 246-cm^3-Modelle mit seiten- und obengesteuerten Motoren und auch 492-cm^3-sv- und ohv-Maschinen, anfangs der dreißiger Jahre auch schon 98-cm^3-Leichtkrafträder und die von Walter William Moore konstruierten 498-cm^3-ohc-Einzylindermaschinen. Während der Jahre kamen 49-, 123-, 174-, 198-, 298- und 346-cm^3-Maschinen mit Zweitakt- und ohv-Motoren dazu. Berühmt die 48- und 97-cm^3-Quick-, Quickly- und Fox- und auch die 248-cm^3-Max-Modelle. Letztere gab es auch in

746 cm^3 NSU
(ioe-V-Zweizyl.) 1925

248 cm³ NSU (Zweizyl.-
2×ohc-Werksrennmax)
1952

Rennausführung, und sie wurden von zahlreichen Privatfahrern erfolgreich bei Rennen gefahren. Für Werksrennfahrer gab es nach den von Moore geschaffenen 348- und 498-cm³-ohc-Einzylindermodellen die von Moore und Albert Roder geschaffenen 348- und 498-cm³-Doppelnocken-Parallel-Zweizylinder-Kompressorrennmaschinen, 1950 eine kompressorlose 498-cm³-Vierzylinder-Rennmaschine und dann die sehr erfolgreichen 123-cm³-Rennföxe und 248-cm³-Rennmäxe, für die außer Albert Roder auch Ewald Praxl und Walter Froede verantwortlich waren. NSU baute auch bis Ende der zwanziger Jahre Automobile – im Werk Heidelberg zuletzt – und veräußerte dieses dann an Fiat. Man lieferte auch Motorradmotoren an andere Hersteller und veräußerte 1957 die Motorradproduktion an die jugoslavischen Pretis-Werke in Sarajevo, um sich ganz dem Automobilbau zuzuwenden. Dann fiel NSU an die Auto-Union und zuletzt mit dieser an VW. Eine Zeitlang wurde in Neckarsulm auch der Lambretta-Roller gebaut, dem eine Eigenkonstruktion, die »Prima« von NSU, folgte. Als NSU den Motorradbau aufgab, war dies ein schwerer Schlag für die deutsche Motorradindustrie. Unvergessen nur, daß noch in den fünfziger Jahren Wilhelm Herz auf NSU-Zweizylinder-Kompressormaschinen der schnellste Motorradfahrer der Welt wurde.

N.U.T.

1. Sir Wm. Angus Sanderson & Co., Ltd., St. Thomas Street, Newcastle-on-Tyne — GB 1912–1933
2. Newcastle-on-Tyne Motor Co., Ltd., St. Thomas Street, Newcastle-on-Tyne
3. Hugh Mason & Co., Ltd., Derventhaugh, Newcastle-on-Tyne
4. N.U.T. Engine & Cycle Co., Derventhaugh, Newcastle-upon-Tyne
5. N.U.T. Engine & Cycle Co., Ltd., Station Road, Walker, Newcastle-upon-Tyne
6. N.U.T. Motor Co., Whitworth Street, Walker, Newcastle-upon-Tyne

Wurde durch robuste V-Zweizylindermaschinen bekannt. Verwendete zunächst Schweizer Moto-Rêve, nachher speziell für N.U.T. bei Jap gebaute Motoren. Bereits 1913 gewann Hugh Mason die Junior T.T. und baute später eigene V-Zweizylindermotoren mit 678, 698 und 746 cm³ sv und 498 und 746 cm³ ohv. Berühmt einige ohv-Modelle, die vier Auspuffrohre besaßen. Zuletzt gab es 172-cm³-Zweitakter mit Villiers-Motoren und 248-cm³-ohv-Modelle mit speziell für N.U.T. bei Jap gebauten Einzylindermotoren.

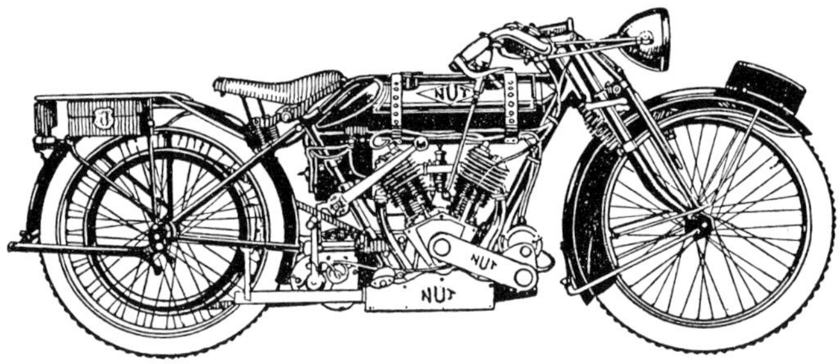

678 cm³ NUT
(sv-Zweizyl.-Jap-Motor) 1923

NUX

Nux-Motorfahrzeug GmbH., Berlin-Lichterfelde D 1924–1925

Kleiner Produzent von 170-cm^3-Zweitaktmaschinen mit eigenen Motoren.

N.V.

Nymanbolagen A.B., Uppsala S 1926–

Baute zunächst mit eigenen Motoren ausgestattete 246-cm^3-ohv-Einzylindermodelle und später hauptsächlich Zweitakter bis 123 cm^3. Im Krieg entstand dort die 996-cm^3-V-Zweizylinder-ohv-Maschine für die schwedische Armee. Gehört jetzt zur großen MCB-Monark-Gruppe. Die Zweitakter hatten Motoren von DKW, Royal Enfield, Sachs und auch eigene.

OASA

Fratelli Aliprandi, Via S. Maurilio 9, Milano I 1930–1932

Die zweite Marke der Brüder Aliprandi besaß 174-cm^3-ohv-Motoren von Ladetto. Daneben gab es auch 246- und 346-cm^3-Modelle mit ohv-Einzylindermotoren von Jap.

O.B.

Opel & Beschlag, Wien I, Canovagasse 5 A 1904–1907

Die bekannte Wiener Opel-Handelsfirma schuf moderne 2-PS-Einzylinder und 3,5-PS-V-Zweizylinder-Motorräder mit eigenen Motoren und Kardanantrieb zum Hinterrad, doch war die Produktion klein.

OBERLE

Eugen Oberle, Motorfahrzeugbau, Singen-Hohentwiel, Hegaustraße 9 D 1927–1929

Mit 147- und 172-cm^3-Villiers-Motoren ausgerüstete Konfektionsmaschinen, die von Oberle auch erfolgreich bei Rennen gesteuert wurden.

O.C.M.A.

O.C.M.A.-Devil S.p.A., Fiorano al Serio, Bergamo I 1953–1957

Hier handelt es sich um die bereits unter Devil beschriebenen Zwei- und Viertakter von 123 bis 244 cm^3. Die Firmenzentrale war in Mailand, das Werk in Bergamo.

OCRA

1. Ottomar Cramer, Kleinkraftradfabrik, Nürnberg, Untere Turmstraße 16 D 1923–1925
2. Ottomar Cramer, Kleinkraftradfabrik, Nürnberg, Poppenreutherstraße 56

Cramer, dem auch die Lloyd-Motorradfabrik in Nürnberg gehörte, baute zunächst 137-cm³-Fahrrad-Hilfsmotoren, später auch 298- und 346-cm³-Motorräder mit sv- und ohv-Jap-Motoren. Aber weder Ocra noch Lloyd-Maschinen errangen eine größere Verbreitung.

O.D.

1. Fahrzeugfabrik Willy Ostner, Dresden, Bürgerstraße 56 D 1927–1935
2. Fahrzeugfabrik Willy Ostner, Brand-Erbisdorf/Sa

Sehr gut gebaute, hellblaue Maschinen mit 347-, 497-, 597- und 996-cm³-MAG-Motoren mit gegen- und obengesteuerten Ventilen. Die große V-Zweizylindermaschine hatte Rückwärtsgang. Es gab auf Bestellung auch Jap-Motoren in O.D.-Fahrgestellen und ab 1932 auch 198-cm³-Zwei- und Viertakter mit geschraubten Rahmen und Bark-Motoren. Erfolgreiche O.D.-Fahrer: Arno Zaspel, Franz Heck, Bocktenk, Zwolle. Ostner stellte auch Personen- und Lasten-Dreiräder her und baute diese in den früheren Elite-Diamant-Werken in Brand-Erbisdorf, nach dem Zweiten Weltkrieg in Sulzbach/Rosenberg.

ODA

Oda-Werke Aktiengesellschaft, Hamburg D 1925–1926

Primitiv konstruierte Motorräder mit 293-cm³-sv-Motoren von Jap.

O.E.C.

1. Osborn Engineering Co., Lees Lane, Gosport, Hants GB 1901–1954
2. O.E.C. Ltd., Atlanta Works, 5. Highbury Street, Portsmouth
3. O.E.C. Ltd., Stamshaw Road, Portsmouth

Anfang der dreißiger Jahre gab es auch die O.E.C. Ltd. in den Riverside Works in Weybridge, Surrey. Bereits 1901 baute Frederick Osborn Motorräder. Sein Sohn John übernahm zusam-

996 cm³ OEC (sv-V-Zweizyl. Blackburne) 1923

498 cm³ OEC (ohv-Matchless-Motor »Douplex«) 1937

498 cm³ OEC (ohv-Matchless-Motor) 1938

men mit Fred Wood dann 1920 den Bau der kompletten Blackburne-Maschinen, nachdem sich Blackburne ganz der Herstellung von Einbaumotoren widmete. Deshalb hießen auch die ersten Maschinen OEC-Blackburne. Es gab 346-, 498-, 676- und 1096-cm³-Modelle mit diesen Motoren. Berühmt wurde OEC durch die ab 1923 gebaute 990-cm³-V-Zweizylinder-ohc-Rennmaschine von Claude Temple mit dem von Walter Hagen konstruierten Anzani-Motor. 1927 entstand die Duplex-Steuerung, schon fünf Jahre vorher eine 1096-cm³-Zweizylindermaschine für Taxi-Seitenwagenbetrieb mit einem Lenkrad anstatt der Lenkstange. In den dreißiger Jahren baute O.E.C. auch 348- und 498-cm³-ohv-Matchless-Motoren und nach dem Krieg 198-cm³-Villiers-Zweitakter sowie 499-cm³-Jap-Speedway-Motoren in OEC-Speedway-Maschinen ein.

OFRAN

Ofran-Motorrad AG., Magdeburg-Sudenburg — D 1923–1925

Baute nur ein Modell mit eigenem luftgekühltem 425-cm³-Zweitakt-Einzylindermotor.

OGAR

Machek & Spol., »Autfit«, Praha XII, Rimska Ulice 20 — CS 1934–1950

Baute sportliche 246-cm³-Zweitaktmaschinen mit eigenem Dreikanalmotor, und mit diesen grün-schwarzen Motorrädern errangen Fahrer wie Liska, Fiala, Lucak, Vlk, Steiner und andere sportliche Erfolge. Nach dem Krieg wurde die Firma nationalisiert und baute erst die spätere 346-cm³-Zweizylinder-Zweitakt-Jawa unter dem Namen Ogar. Eine 499-cm³-Ogar-Spezial-Speedwaymaschine mit ohv-Motor fuhr auch der Vater des Eisspeedway-Weltmeisters von 1974, Spinka.

O.G.E.

Motorfahrzeug- und Maschinenbau GmbH., Leipzig-Gohlis D 1921–1924

Oskar Giebels Fahrrad-Hilfsmotoren und Leichtkrafträder hatten 118 cm^3 und arbeiteten nach dem Dreikanal-Zweitaktsystem.

OGSTON

The Wilkinson T.M.C. Co., Ltd., Oakley Works, Southfield Road, Acton, London W. GB 1911–1913

Dieser Name wurde eine Zeitlang für die Wilkinson-T.M.C.-Motorräder verwendet. Mehr unter Wilkinson-T.M.C.

O.H.B.

Kraftfahrzeug- & Fahrrad-Fabrik Otto Hoffmann, Berlin S. 42, Luckauerstraße 11 D 1928

Mit seitengesteuerten 490-cm^3-Jap-Motoren ausgerüstete Konfektionsmaschinen, die nur in geringen Stückzahlen gebaut wurden.

OK (OK-SUPREME)

1. Humphries & Dawes Ltd., Hall Green, Birmingham GB 1899–1939
2. OK-Supreme Motors Ltd., Bromley Street, Birmingham
3. OK-Supreme Motors Ltd., Warwick Road, Greet, Birmingham

Die ersten OK-Motorräder hatten De-Dion-, Minerva-, Precision- und Green-Motoren. Später kamen Modelle mit 246- und 348-cm^3-Villiers-, Bradshaw-, Blackburne- und eigenen Motoren dazu. Mit Jap-Motoren ausgerüstete 248-cm^3-ohv-Rennmaschinen – von Bennett,

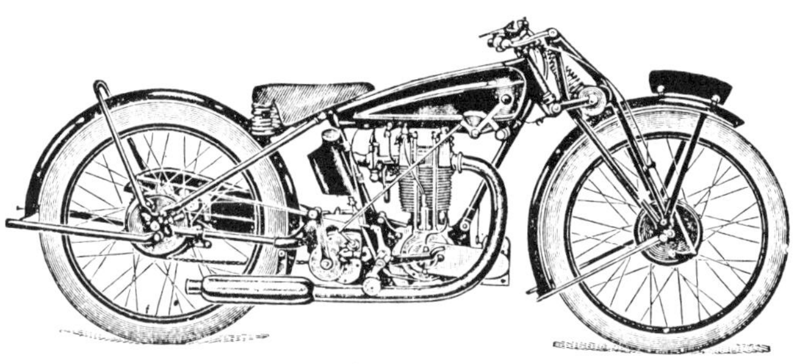

346 cm^3 OK-Supreme (ohv-Jap-Rennmasch.) 1929

248 cm^3 OK-Supreme (Eig. ohc-Motor) 1936

Ashby, Longmann, Taylor, Anstice, Runtsch, Hild, Sarkis u. a. gesteuert – gewannen zahlreiche Rennen. In den dreißiger Jahren baute OK von Jones konstruierte 248-cm³-ohc-Modelle und auch zahlreiche 248-, 348- und 498-cm³-Einzylinder-Modelle mit eigenen und ohv-Jap-, ab 1937 auch ohv-Matchless-Motoren. Es gab auch serienmäßige Straßenrennmaschinen und 348-cm³-Grasbahnmodelle, diese mit ohv-Motoren von Jap.

OLIVA

Motocicli Fratelli Oliva, Vado Ligure — I 1920–1923

Kleiner Produzent von 173-cm³-Zweitaktmaschinen mit Train-Motoren.

OLIVOS

Olivos Motors, 120 Bollo Bridge Road, Acton, London, W. 3 — GB 1920–1921

Mit Hinterradfederung ausgestattete 492-cm³-sv-Einzylindermaschinen, deren Motor von Blackburne stammte.

OLIVERIO

I 1929–1932

Kleiner Hersteller von 346- und 496-cm³-ohv-Maschinen mit Sturmey-Archer-Motoren und Hinterradfederung.

OLLEARO

Fabbrica Motocicli Ollearo, Via Mezzenile 13, Torino — I 1923–1952

Die Ollearo-Produktion begann mit 131-cm³-Leichtkrafträdern. Dann kamen 124-cm³-Sportmodelle und 1929 auch robuste 173-cm³-Versionen dazu, mit Zweitakt- und ohv-Motoren, genau: Blockmotoren mit Kardanantrieb zum Hinterrad. Derartige Maschinen mit 346- und 496-cm³-ohv-Blockmotoren gab es in den dreißiger Jahren. Nach dem Krieg gab es außer 45-cm³-Mopeds weiterhin 249- und 499-cm³-Einzylinder-ohv-Modelle mit Kardanantrieb und eigenem Blockmotor.

OLMO

Industria della Biciclette Giovanni Olmo, Celle Ligure — I 1951–1961

Stellte hauptsächlich Mofas mit 38-cm³-Mosquito- und anderen 48-cm³-Hilfsmotoren her.

OLYMPIC

1. Frank H. Parkyn Ltd., Olympic Cycle Works, Wolverhampton — GB 1903–1923
2. Olympic Cycle & Motor Co., Granville Street, Wolverhampton

Die ersten Olympic-Motorräder hatten 2,75-PS-MMC-Motoren. Dann baute die Firma nach längerer Produktionsunterbrechung 1919 den 269-cm³-Verus-Motor ein. Andere Modelle bekamen Villiers-, Orbit-, Jap- und Blackburne-Motoren. Unter dem Namen »New Courier« stellte die Firma auch einfachere und billigere Motorräder her. Sie lieferte außerdem Fahrgestelle an andere Produzenten.

OLYMPIQUE

Ets. Olympique, Rue de President Krueger 1, Courbevoie F 1922–1934

Konfektionierte Einzylindermaschinen von 173 bis 498 cm^3 mit Motoren von Zurcher und Jap. Die 173- und 246-cm^3-Modelle hatten Zurcher-Zweitaktmotoren.

OLYMPUS-KING

J 1956–1960

Nach englischen Vorbildern gebaute 123-cm^3-Zweitakt- und 346-cm^3-ohv-Maschinen.

O.M.

Ostdeutsche Motorradwerke, Breslau X, Michaelisstraße 20–22 D 1923–1925

Baute einen Typ, dessen seitengesteuerter Motor 197 cm^3 hatte.

OMB

Officine Meccanica Broglia, Piazza S. Giula 6, Torino I 1933–1934

Die von A. Blatto konstruierte OMB hatte einen 173-cm^3-ohv-Motor.

OMC

Officine Meccaniche Calabresi, Gerace Marina I 1933–1935

Von Vittorio Bruzzese konstruierte 173-cm^3-ohv-Maschine mit eigenem Blockmotor.

O.M.C.

C. G. Vale-Onslow, 84 Maxey Road, London, S. E. 18 GB 1930

172-cm^3-Maschine mit Villiers-Motor und Trials-Specification.

OMEA

Ditta Omea, Via Semplicita 8, Milano I 1951–1953

Eine ungewöhnliche 124-cm^3-Zweitaktmaschine, deren Fahrgestell aus Leichtmetall gegossen war.

OMEGA

Omega Motor Cycle Co., Sedgley Street, Wolverhampton GB 1909

Konstruiert von A. J. Dorsett, der später Mitinhaber von Diamond war, hatten diese ersten Omegas einen horizontal eingebauten 1,5-PS-Motor.

OMEGA

1. W. J. Green Ltd., Hill Street, Coventry GB 1919–1927
2. W. J. Green Ltd., Croft Road, Coventry
3. W. J. Green Ltd., Swan Lane, Coventry

Nach dem Ende des Motorradbaues bei Premier-Coventry und dem Krieg, gründete Green, einst Geschäftsleiter bei Premier, die neuen Omega-Werke, wo er außer Maschinen mit eigenen 170- und 348-cm^3-Zweitaktern auch solche mit Jap-, Blackburne-, Barr-&-Stroud- und Bradshaw-Motoren bis 676 cm^3 gebaut hat.

170 cm^3 Omega
(Eig. 2T-Motor) 1923

346 cm^3 Omega
(ohv-Jap-Motor) 1926

OMEGA

Ken Kay Distributing Co, 13054 Sherman Way, North Hollywood, Calif. 91605 J P–Q

Bei diesen Omega-Maschinen handelte es sich um nach den USA exportierte Kawasaki-Modelle.

OMER

Omer Fabbrica Italiana Motocarri, Via C. Cattaneo 3, Reggio Emilia I 1968–

Stellt sportliche 49-cm^3-Mopeds mit FB-Minarelli-Zweitaktmotoren her.

O.M.N.

Motocicli O.M.N., Navarra I 1924–1925

Kleiner Konfektionär, dessen Zweitaktmodelle 147- und 172-cm^3-Villiers-Motore hatten.

OMNIA

Omnia Handelsgesellschaft m.b.H., Bad Godesberg D 1931–1933

Von Imperia in Bad Godesberg gebaute Leichtkrafträder mit 98- und 147-cm^3-Villiers-, zuletzt auch 198-cm^3-Bark-Zweitaktmotoren.

O.M.T.

Teresio Muratore, Tollegno, Biella — I 1953–1954

Die von dieser Firma gebauten 248-cm^3-Parallel-Zweizylindermaschinen kamen auch unter dieser Bezeichnung und nicht nur als M.T. auf den Markt.

ONAWAY

Onaway Motor Eng. Co., 107 St. Albans Rd., Watford, Herts — GB 1904–1908

Ungewöhnliche Konstruktion, zumal hier Klubsesselsitze und tiefe Dreiecksrahmen verwendet wurden. Als Motoren wurden der 5-PS-V-Zweizylinder von Kelecom und der 5-PS-Parallel-Zweizylinder von Barkley eingebaut.

OPEL

1. Adam Opel, Fahrräder-, Nähmaschinen und Motorwagenfabrik, Rüsselsheim am Main — D 1901–1930
2. Adam Opel, Motorfahrzeug- & Fahrradwerke, Rüsselsheim a. M.
3. Adam Opel, Automobilwerke, Rüsselsheim a. M.
4. Adam Opel AG., Motorradabteilung, Rüsselsheim a. M.

Bei Opel gab es mehrere Perioden der Motorradproduktion. Die erste, als solide 1,75- und 3,5-PS-Einzylindermodelle mit Riemenantrieb gebaut wurden. Anfangs der zwanziger Jahre gab es 140-cm^3-Fahrrad-Einbaumotoren und auch komplette 148-cm^3-Leichtkrafträder mit eigenen sv-Motoren. Daneben auch wassergekühlte 204-cm^3-ohv-Rennmaschinen, die u. a. von Fritz von Opel erfolgreich bei Rennen gefahren wurden. Die letzte Motorradperiode begann 1929 mit dem Lizenzbau der von Ernst Neumann-Neander konstruierten Duralumin-Konstruktion, in die von Opel hergestellte 496-cm^3-sv- und ohv-Einzylinder-Blockmotore eingebaut wurden. Hergestellt wurden diese in den damals zu Opel gehörenden Elite-Diamant-Werken.

2-3/4 PS Opel
(Eig. sv-Motor) 1904

O.P.R.A.

Officine di Precisione Romane Automobilistiche, Roma — I 1927–1929

Die von Ing. Remor konstruierte 490-cm^3-O.P.R.A.-Rennmaschine hatte einen quergestellten, luftgekühlten Vierzylinder-ohc-Motor. Remor schuf später mit Ing. Giannini die berühmte Rondine, aus der die vierzylindrige wassergekühlte Gilera-Rennmaschine wurde.

O.R.

Officine Riunite di Costruzioni Meccaniche, Milano I 1928–1931

Stellte außer Fahrrad-Hilfsmotoren auch 175-cm³-Maschinen mit eigenen sv- und ohv-Motoren her.

ORBIT

Orbit Motors Ltd., Sedgley Street, Wolverhampton GB 1913–1924

Die ersten Orbit-Modelle hatten eigene 346-cm³-sv-Motoren. Nach 1919 kamen eine 261-cm³-Zweitaktmaschine und Modelle mit Barr & Stroud-, Bradshaw- und Blackburne-Motoren bis 348 cm³ dazu. Konstrukteur: Dorsett.

OREOL

Ets. Oreol, Rue du Centenaire 20, Puteaux F 1903–D

Baute Ein- und V-Zweizylindermodelle. Cissac, der Werksrennfahrer, brach mit einer 333-cm³-Oreol zahlreiche Rekorde.

ORI

Otto Rierl & Co., Ori-Präzisionswerk, Brake/Westf. D 1923–1925

Mit horizontalem 145-cm³-Zweitaktmotor ausgestattete Leichtkrafträder.

ORIAL

Ets. Orial, Rue du Plat 11, Lyon F 1919–1926

Hauptsächlich mit 346- und 496-cm³-M.A.G.-Motoren ausgerüstete Ein- und V-Zweizylindermaschinen mit wechsel- und obengesteuerten Ventilen.

ORIAL

Triumph Werke AG., Nürnberg, Fürther Straße 212 D 1929–1931

Als sich 1929 Triumph Nürnberg von Triumph Coventry trennte, wurden die für den Export bestimmten deutschen Triumph-Modelle – damals mit 346- bis 746-cm³-M.A.G.-Motoren ausgerüstet – auf Orial umbenannt. Später hießen sie TWN.

ORIENT

Waltham Manufacturing Co., Waltham, Mass. USA 1900–C

Von H. Metz konstruierte Motorräder, die mit 2,25- und 2,5-PS-Aster-Motoren ausgerüstet wurden.

ORIGAN F 1933–N

Leichtkrafträder mit 98- bis 174-cm³-Zweitaktmotoren.

ORIGINAL-KRIEGER

Motorfahrzeugbau Gebr. Krieger GmbH., Rimbachstraße 37, Suhl, Thüringen D 1925–1926

Als sich die Schöpfer der berühmten KG-Motorräder von ihrer Firma trennten, bauten sie diese KG-ähnlichen Maschinen. Allerdings nur mit 346-cm^3-Blackburne-sv-Motoren und Kettenantrieb zum Hinterrad.

ORION

Tovarna na Motocykly Orion, Vilém Michl, Slany CS 1902–1933

Michl gehörte zu den Pionieren im Motorradbau und stellte schon vor 1914 hochklassige Ein- und V-Zweizylindermaschinen her. 1923 wurde der Motorradbau mit einer 346-cm^3-Zweitaktmaschine weitergeführt. Dazu kamen eine 594-cm^3-Doppelkolben-Zweitaktkonstruktion und Viertaktmodelle mit 496 und 598 cm^3 Hubraum, wobei es die 496-cm^3-Version auch mit ohv gab. Alle diese Maschinen wurden von Ing. Zdenêk Michl konstruiert und die Motoren im eigenen Werk gebaut. Bekannte Orion-Rennfahrer: Ing. Michl, V. Liska, J. Melzer, F. Holoubek.

497 cm^3 Orion (Eig. ohv-Motor) 1929

ORIONE

Guido Carpi, Viale Ludovica 13, Milano I 1923–1928

Sehr gute und schnelle Zweitakter mit 124-, 157- und 173-cm^3-Motoren eigener Herstellung. Gewannen zahlreiche Rennen mit Fahrern wie Nello Pagani, Raffaele Alberti, Martino Soffientini u. a.

ORIONETTE

Orion Gesellschaft für Motorfahrzeuge, Oranienstraße 6, Berlin SO 26 D 1921–1925

Stellte Zweitakter mit 129, 137, 148 und 346 cm^3 her. Chefkonstrukteur Zaschka arbeitete auch an einer 246-cm^3-Zweitaktmaschine mit Einlaßsteuerung durch Ventil, doch wurden nur wenige dieser interessanten Maschinen vor Torschluß bei Orionette hergestellt.

ORIX

Stabilimenti A. Prina, Corso Alessandria 31–33, Asti I 1949–1954

Mit 123- und 173-cm^3-Ilo-Zweitaktmotoren ausgestattete Leichtkrafträder und Roller einer kleinen Fabrik.

ORMONDE

Ormonde Motor Co., Wells Street-Oxford Street, London W. GB 1900–C

Eine einst beliebte Maschine mit 2,25- und 2,75-PS-Kelecom- und 3,5-PS-Antoine-Motoren, die nach hinten geneigt unter dem Sattel eingebaut waren.

ORTLOFF

Ortloff-Automobil AG, Berlin-Charlottenburg 9, Kaiserdamm 33 — D 1924–1926

Leichtkrafträder mit 185- und 198-cm³-Gruhn-sv-Motoren.

ORTONA

Ortona Motor Co., Egham, Sussex — GB 1904–1906

Baute Einzylindermaschinen mit 3,5-PS-Motoren als »Einheitsmodell«.

ORUK

Oruk-Motorradwerke AG., Chemnitz-Altendorf, Burgstraße 5 — D 1922–1924

Das Wort Oruk kam von vier Anfangsbuchstaben der Worte: »Ohne Riemen und Kette.« Tatsächlich lag der 189-cm³-Viertakt-Einzylindermotor an der linken Seite der Hinterradachse und trieb diese direkt an.

OSA

Warszawska Fabrika Motocyklova, Warszawa — PL 1958–P

Von der großen W.F.M.-Motorradfabrik gebaute 124- und 174-cm³-Roller mit eigenen Zweitaktmotoren.

OSA-LIBERTY

Ets. Omer Samyn S. r. L., Rue Ambroise Thomas 1, Argentieul — F 1926–1932

Verwendete eigene 173- und 246-cm³-Zweitaktmotoren und bei Staub unter Lizenz hergestellte 346- und 490-cm³-sv- und ohv-Einzylinderversionen.

OSCAR

Motocicli Oscar, S. Andrea di Sesto, Rastignano, Bologna — I 1965–

Mit Franco-Morini-49- und 84-cm³-Zweitaktmotoren gebaute Leichtkrafträder einer kleinen Firma.

OSCHA

Otto Schaaf, Motorradbau, Böhlitz-Ehrenberg b. Leipzig — D 1924–1925

Interessante 496-cm³-Zweizylindermaschine mit seitengesteuertem Boxer-Motor, der der Länge nach eingebaut und wassergekühlt war.

OSMOND

Osmonds (1911) Ltd., The Tower, Tomey Road, Greet, Birmingham — GB 1911–1924

Zu den James-Werken gehörend, baute Osmond zunächst 485-cm³-Einzylindermaschinen mit Precision-Motoren und nach dem Ersten Weltkrieg 110-cm³- und zuletzt 239-cm³-Zweitaktmaschinen gangbarer Konstruktion.

OSSA

Macquinaria Cinematografica S.A., Poligno Industrial Zona Franca, Barcelona — E 1951–

Baute zunächst Zwei- und Viertakter – mit ohv-Motoren – bis 174 cm³, um sich dann ganz auf sportliche Zweitakter von 125 bis 246 cm³ zu konzentrieren, darunter Trial- und Moto-Cross-Modelle. Bestritt werksseitig auch Straßenrennen mit 124- und 245-cm³-Zweitakt-Rennmaschinen.

173 cm³ Ossa (Eig. 2T-Sport) 1966

244 cm³ Ossa (Eig. 2T-»Sixdays«) 1973

OTTO

Otto-Werke, München, Schleißheimer Straße 135–143 — D 1921–1937

Hier handelte es sich um Flottweg-Maschinen, die zum Teil auch mit dem »Otto«-Markenzeichen auf den Markt kamen. Das betraf besonders die Ende der zwanziger Jahre gebauten 293- und 198-cm³-sv-Modelle mit Jap-Motoren.

OTTOLENGHI

1. Ottolenghi & Actis, Caluso, Aosta — I 1928–1932
2. Umberto Ottolenghi, Motocicli, Torino

174-cm³-ohv-Maschinen mit Piazza- und Ladetto & Blatto-Motoren. 1930 kamen auch Modelle mit 246- und 346-cm³-ohv-Jap-Motoren dazu.

OVERDALE

Overdale Motor Co., Glasgow GB 1921–1922

Unbedeutende Firma, die in eigene Fahrgestelle 269-cm³-Villiers-Motoren einbaute.

OVERSEAS

The Overseas Motor Co., Ltd., Johnstone Street 1 a, Ladywood, Birmingham GB 1909–1915

Eine Firma, die hauptsächlich für die Britischen Kolonien robuste Motorräder mit 842-cm³-V-Zweizylinder-sv-Motoren gebaut hat. Daher auch der Name »Übersee« (= Overseas).

P.A.

1. Praillet & Antoine, Rue Haute-Marexhe 224, Herstal, Liége B 1921–1929
2. D. Hanlet & Cie., Rue Haute-Marexhe 224, Herstal, Liége
3. Motorcycles P.A., Anvers

Die großen Tage von P.A. waren zwischen 1921 und 1925, als das Werk englische 174-, 247- und 347-cm³-sv- und ohv-Motoren von Blackburne einbaute. Mit diesen gewann die Firma auch viele Rennen. Ab 1925 gab es eigene 245-cm³-Zweitakt- und 345-cm³-ohv-Motoren, ab 1927 auch 348- und 490-cm³-Jap- und MAG-Motoren. Bekannte – englische – P.A.-Fahrer: Johnston und Remington.

PACER

Millards Cycles, Bosq Lane 11, Esplanade, Guernsey GB 1914

Eine zweifach »einmalige« Maschine. Mit ihren 1-PS-Motor war sie wohl das schwächste damals gebaute Motorrad. Sie wahr wohl auch die einzige je auf der Insel Guernsey hergestellte Maschine. Motor: 116 cm³ J.E.S.

PAFFRATH

Motorenwerke Paul Paffrath, Altenburg-Noblitz D 1923–1926

Wurde bereits unter M.W. beschrieben. Paffrath schuf ungewöhnliche, interessante und fortschrittliche Konstruktionen mit eigenen 248-cm³-ohv- und dann mit 144-cm³-Parallel-Zweizylinder-Zweitakt-Blockmotoren in Preßstahlfahrgestellen mit Tankrohr. Baute nach 1945 in Linz am Rhein »Eilenriede«-Fahrrad-Hilfsmotoren.

PAGLIANTI

Antonio Paglianti, Via 4. Novembre, Dosson di Casier, Treviso I 1958–1966

Stellte außer 49-cm³-Mopeds auch 75-cm³-Zweitakt-Miniroller her.

PALLION

Frank Smith, Pallion Road Motor Works, Pallion Road, Sunderland GB 1905–1914

Mit Minerva-, Fafnir-, Jap- und Villiers-Motoren gebaute Ein- und V-Zweizylinder-Konfektionsmaschinen.

PALOMA

S. N. E. Paloma, Av. Michelet 32, Saint-Queen/Seine F N–Q

Konzentrierte die Produktion hauptsächlich auf 49-cm³-Mopeds mit Lavalette-Zweitaktmotoren. Motorräder hatten 123-cm³-Zweitaktmotoren von René Gillet.

PAMAG

Paderborner Maschinenfabrik A.G., Paderborn, Borchener Straße D 1952–1953

Übernahm von den Bielefelder Anker-Werken die Konfektion der 123-, 174- und 197-cm³-Zweitaktmaschinen mit Ilo- und Sachs-Motoren.

PAN

Konstruktor GmbH., Potsdamer Straße 78, Berlin W 57 D 1924–1925

Mit ungewöhnlicher Blattfedergabel ausgestattete Motorräder mit 348-cm³-ohv-Kühne-Motoren.

PANDRA

Tosho Motor Co., Ltd., 4 Hanabusa-cho, Kanda, Chiyoda-ku, Tokyo J N–P

In großen Stückzahlen hergestellte 147-cm³-Roller.

PANNI

Czepel Stahl- und Metallwerke, Budapest H 1959–1962

Leichtgewichts-Roller mit eigenem 48-cm³-Zweitaktmotor.

PANNONIA

Czepel Stahl- und Metallwerke, Budapest H 1951–P

Ungarns größte Motorradfabrik, Nachfolger der Weiß-Manfred- und Czepel-Motorräder, hatte sich auf den Bau robuster Maschinen mit eigenen 247-cm³-Ein- und Zweizylinder-Zweitaktmotoren konzentriert. Diese schönen und sportlichen Tourenmaschinen wurden auch stark exportiert.

PANTHER (P.&.M.)

Phelon & Moore Ltd., Cleckheaton, Yorks GB 1900–1965

Einst eine weltberühmte Pionierfirma im Motorradwesen. Baute von Anfang an Maschinen mit nach vorn geneigtem Zylinder. Humber in Coventry hatte die Lizenz von P.&.M., deren Gründer Harry Rayner, Jonah Phaelon und Richard Moore waren. Baute jahrelang 498- und 598-cm³-Einzylindermodelle mit eigenen ohv-Motoren, zeitweise aber auch 248- und 348-cm³-ohv-Modelle. Die billigeren Ausführungen hießen »Red Panther«. Zuletzt bestand die Modellreihe aus 248-, 348-, 598- und 646-cm³-ohv-Einzylinder- und 197-, 247- und 324-cm³-Zweitaktmaschinen mit Villiers-Motoren. Die letzteren waren Parallel-Zweizylinder. Berühmt die von Granville Bradshaw 1926 konstruierte »Panthette« mit dem quergestellten 246-cm³-V-Zweizylinder-Blockmotor. Berühmte P.&.M.-Rennfahrer: Tom Bullus, C. T. Ashby, H. M. Walters.

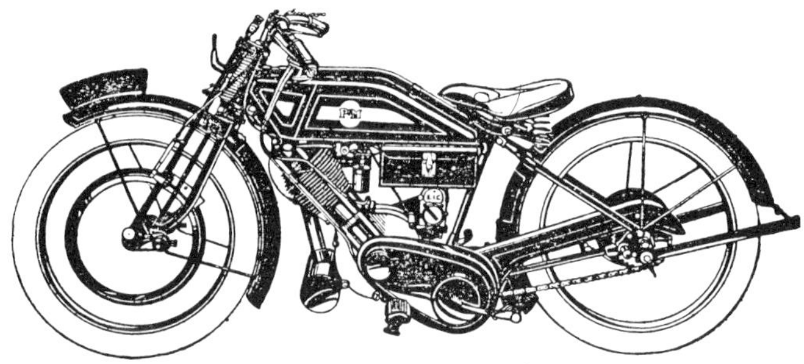

498 cm³ Panther
(P&M ohv-Sportsmasch.)
1923

499 cm³ Panther
(P&M ohv-Sportsmasch.)
1925

499 cm³ Panther
(P&M ohv-TT-Modell) 1926

598 cm³ Panther
(P&M ohv-Sports-Modell)
1955

PANTHER

Panther-Fahrradwerke AG., Magdeburg — D 1903–1907

Mit verstärkten Fahrradrahmen ausgestattete Motorräder, die 2,5- und 3,5-PS-Motoren von Fafnir hatten.

PANTHER

1. Panther-Werke AG., Braunschweig, Ludwigstraße 23–24 D 1933–
2. Pantherwerke Aktiengesellschaft, 359 Bad Wildungen

Stellte schon vor dem Zweiten Weltkrieg Mofas mit 73- und 98-cm³-Ilo- und Sachs-Motoren her. Baute nach 1945 Mopeds mit 32- und 48-cm³- und Motorräder mit 98-, 123-, 147- und 174-cm³-Sachs-Motoren. Zur Panther-Gruppe gehört jetzt auch Göricke in Bielefeld, wo Mofas hergestellt werden. Aus markenschutzrechtlichen Gründen hießen deutsche Panther-Motorräder in England »Leopard«.

PAQUE

1. August Paqué, Motoren- und Motorradfabrik, Augsburg, Friedrich-List-Str. 6a D 1921–1925
2. Paqué & Co., Motoren- und Motorradfabrik, Augsburg, Friedrich-List-Str. 6a

Mit 140-cm³-Fahrrad-Hilfsmotoren begann Paqué. Es folgten 147- und 197-cm³-Modelle mit eigenen ohv-Einzylindermotoren, die auch an andere Motorradhersteller, wie Busse, Zürtz, Ammon etc., geliefert wurden. In geringen Stückzahlen wurden auch 197-cm³-ohc- und 497-cm³-sv-Motorräder gebaut.

PARAGON

Motor Mfg. Co., Paragon Works, Manningtree GB 1919–1923

Baute ein einziges Modell, dessen Antriebsquelle ein eigener 348-cm³-Dreikanal-Zweitakter war.

PARAMOUNT-DUO

F.E.W. Patents & Engine Co., South Avenue, Kew Gardens, London GB 1926–1927

Sehr ungewöhnliches Motorrad mit zwei Sitzen und kompletter Verschalung der 498- und 990-cm³-Jap- und Blackburne-Motoren. Siehe auch F.E.W.-Paramount.

490 cm³ Paramount-Duo (sv-Jap-Einzyl.) 1927

PARILLA

1. Moto G. Parilla, Viale Lucania 7, Milano I 1946–1967
2. Moto G. Parilla, Via Antonelli 3, Milano

Parilla stieg mit 98- und 123-cm³-Zweitaktern ins Motorradgeschäft ein, baute aber auch bald

248-cm^3-ohc-Rennmaschinen, die mit Fahrern wie Gablenz, Böhrer, Grieco etc. gute Erfolge errangen. Roland Schnell fuhr auch eine derartige 348-cm^3-Version, während Parilla serienmäßig einen Parallel-Zweizylindertyp baute. Das weitreichende Produktionsprogramm umfaßte zahlreiche Zwei- und Viertaktmodelle. Letztere mit ohv- und ohc-Motoren von 49 bis 348 cm^3 und auch mehrere Roller. 1955 baute Victoria in Nürnberg den 174-cm^3-Parilla-Motor ein.

98 cm^3 Parilla
(ohv-»Impala«-Modell) 1960

PARVUS

Motocicle & Motori Parvus, Prova & Sgarbi, Milano — I 1921–1926

Führender Hersteller von Fahrrad-Hilfsmotoren, die Zweitakter mit 104 cm^3 Hubraum waren. Ab 1923 folgten Leichtkrafträder mit eigenen 123-cm^3-Zweitaktmotoren.

PASCO

McCrae & Pasco, 242 Elisabeth Street, Melbourne — AUS 1919–1922

Kleiner Konfektionär, dessen Maschinen ein- und zweizylindrige 548- und 746-cm^3-sv-Motoren von Jap hatten und teilweise nach Vorbildern amerikanischer Motorräder gebaut waren.

PASQUET

F 1932–K

Mit 98- und 123-cm^3-Aubier-Dunne-Zweitaktmotoren ausgerüstete Maschinen.

PASSONI

Fabbrica Italiana Motocicli Passoni, Milano — I 1902–1904

Italienische Pionierfabrik, die eigene 2-PS-Motoren verwendete.

PATRIA

1. Weyersberg, Kirschbaum & Cie., Solingen — D 1925–1950
2. Patria-W.K.C. Fahrzeug-Gesellschaft m.b.H., Solingen, Beethovenstraße 135–139

Die ersten Patria-Motorräder hatten von Johannes Rössig gebaute 248- und 348-cm^3-ohc-

Roconova-Einzylindermotoren mit Königswelle. Von 1927 bis 1949 ruhte der Motorradbau, wenn man von Mofas mit Sachs-Motoren absieht. Dann kamen Motorräder mit 98- und 123-cm^3-Sachs- und 98-cm^3-Imme-Motoren dazu. Dann starb der Chef, Hans A. May, und das bedeutete das Ende dieser Firma im Motorradbau.

PATRIARCA

1. Gustavo Patriarca, Via Toricelli 3, Torino
2. Gustavo Patriarca, Via G. Pomba 14, Torino

I 1925–1933

Baute sportliche 124- und dann auch 174- und 248-cm^3-ohv-Maschinen.

173 cm^3 Patriarca
(Eig. ohv-Motor) 1927

PAUVERT

Ets. Pauvert, Lyon

F 1933–K

Konfektionär von Zweitaktmaschinen mit 98 bis 198 cm^3 Hubraum.

PAWA

1. Vis Gesellschaft für Kleinfahrzeuge mbH., Berlin NW 7, Dorotheenstraße 35
2. Pawa GmbH., Kaiserallee 158, Berlin-Wilmersdorf

D 1922–1923

Die ungewöhnlich lange, von Passow konstruierte 225-cm^3-Pawa war ein sehr unorthodoxes Sesselmotorrad mit völlig eingeschlossenem Motor. Der Traum eines Konstrukteurs, aber kein gutes Objekt für die Verkaufsabteilung.

PAWI

1. Pawi Automobilwerke AG, Berlin O 17, Lange Straße 101
2. Pawi Automobilwerke AG, Berlin W 52, Kirchstraße 10a

D 1922–1924

Mit von BMW gebauten 492-cm^3-Boxer-SV-Zweizylindermotoren ausgerüstete Motorräder. Beschränkte Produktion.

PAX

Pax Engineering Co., Station Road, Acocks Green, Birmingham

GB 1920–1922

Orthodoxe englische Konstruktion mit 345- und 496-cm^3-sv-Motoren von Blackburne.

P.D.C.

Imperial Motor Co., 228 Brixton Hill, London, S.W. GB 1903–1906

Von der alten Imperial-Company hergestellte Maschinen mit 2-, 2,75- und 3,5-PS-Coronet-Motoren.

PE

Pergamenter & Co., Motorrad- und Fahrzeugbau, Hamburg 30 D 1923–1924

Kleine Zweitaktmotorräder mit eigenem 132-cm³-Nasenkolbenmotor.

PEARSON

Pearson Bros., Elm Grove, Southsea, Hants GB 1903–1904

Eine schon lange vergessene Marke mit französischem 3-PS-Aster-Motor.

PEARSON & COX

Pearson & Cox Ltd., Shortlands, Kent GB 1914–1917

Eine der wenigen Firmen, die Dampf als Antrieb für ihre Motorräder verwendeten. Nicht viele dieser 3-PS-Maschinen wurden gebaut.

PEARSON & SOPWITH

1. Norfolk Engineering Works, Chapel Rd., Worthing, Sussex GB 1919–1921
2. Pearson & Sopwith Ltd., 60 Mortimer Street, London, W.
3. Pearson & Sopwith Ltd., 89 Long Acre, London, W.C. 2

Sopwith war ein bekannter Luftfahrt-Pionier, seine konventionell gebauten Motorräder hatten 318-cm³-Dalm-Zweitakt- und 293-cm³-sv-Jap- sowie 499-cm³-Blackburne-sv-Einzylindermotoren.

PEBOK

Pebok Motorcycle Co., 98 Leadenhall Street, London, E.C. GB 1903–1909

Gehörte zu den führenden Motorradherstellern in England; die mit eigenen Motoren ausgestatteten Motorräder hatten 2,25, 2,75 und 3,5 PS.

PECO

Pearson & Cole, Ltd., Duddeston Mill Road, Birmingham GB 1913–1915

Baute außer 349-cm³-Zweitaktmotorrädern auch Einbaumotoren, die an Firmen wie Regal, Endrick, Ixion und Trump sowie an andere Hersteller geliefert wurden. 1915 erwarb Calthorpe die Peco-Fabrik.

PEERLESS

Bradbury & Co., Oldham GB 1902–C

Diese mit 2- und 2,5-PS-Motoren ausgerüsteten Maschinen waren in Wirklichkeit Bradbury-Motorräder mit unter Birch-Patenten gebauten Einzylindermotoren mit stehendem Zylinder.

PEERLESS

International Mfg. Co., Ltd., 76–77 High Street, Birmingham GB 1913–1914

Kleiner Motorradkonfektionär, der 292- und 499-cm³-Veloce-(später Velocette-)Motoren verwendete. Es ist möglich, daß die Firma ein »Ableger« der Veloce Ltd. war.

PEERLESS

Peerless Motorcycle Co., 179 Hunting Ave., Boston, Mass. USA 1913–1916

Baute robuste Ein- und V-Zweizylindermodelle mit 4, 5 und 8 PS – und eigenen Motoren, Kardanantrieb, Doppelrohrrahmen und einer Art Teleskop-Vordergabel.

PEGASO

Societa Italiana Motori, Via B. Ramazzini 6, Milano I 1956–1964

Leichtkraftrad mit eigenem 48-cm³-ohv-Motor auf einer modernen Triebsatzschwinge. Wurde in größeren Stückzahlen gebaut.

P.E.M.

Waverley Mfg. Co., Jefferson, Wisconsin USA 1910–1915

Bekannte Firma, die unter diesem Namen eine 4-PS-Maschine mit einzylindrigem ohv-Motor baute.

PENNINGTON

Humber Works, Ford Street, Coventry GB 1897

Galt als Pionier, war aber ein Scharlatan. Das charakterisiert den amerikanischen »Erfinder« E. J. Pennington, der nach England kam und bei Humber zwei Maschinen baute, die im Gegensatz zu seinen Versprechungen wertlos waren. Er bekam für diese »Erfindung« £ 100000!!! Lawson, der ihn nach England brachte, um die Motorradproduktion einzuführen, verlor an ihm – angeblich – eine Million englische Pfund.

PER

1. Per Kraftfahrzeugbau Kurt Passow AG, Braunschweig-Klein Stöckheim D 1924–1926
2. Kraftfahrzeug Verkaufs GmbH., Braunschweig-Klein Stöckheim
3. Passow & Co., GmbH, Reichenbacher Straße 70, Zwickau (Sa.)

Passow, Konstrukteur der unglücklichen Pawa, schuf nach ihr die besser aussehende Per, doch konnte auch diese 308-cm³-Zweitaktmaschine mit ihrem Stahlblechfahrgestell und völlig verdecktem Motor keine größeren kommerziellen Erfolge erringen.

PERFECTA

1. Ets. Motocycles Perfecta, Courtedoux CH 1946–1950
2. Ets. Perfecta, Kohlbrunner & Cie., Courbevoie

Mit 173-cm³-ohv-Motoren der französischen Marke AMC ausgerüstete Maschinen einer kleinen Fabrik. Es gab auch 123-cm³-ohv-Modelle.

PERIPOLI

Fratelli Peripoli, S.n.c., 36041 Montecchio Magg., Viale Industrie 25, Alte (Vi) I 1957–

Großhersteller von 48-cm³-Mofas, Mopeds etc., teilweise mit Zweitaktmotoren von Zündapp.

PERMO

Permo-Betriebe, Robert C. Groll, Holzhausen/Ammersee D 1952–1954

Beschränkte Produktion eines Mopeds mit dem 38-cm³-Victoria-Motor.

PERKS & BIRCH

Perks & Birch, Motorcycle Works, Coventry GB 1899–1901

Ein mit einem 222-cm³-sv-Motor ausgerüstetes Rad zum Einbau in existierende Fahrräder. Die Konstruktion wurde dann von Singer übernommen und in verbesserten Ausführungen in Zwei- und Dreiräder eingebaut.

PERNOD

Ets. Moteurs Pernod, Paris X F 1899–B

Auf einem besonderen Fahrgestell montierter 1-PS-Motor, der hinter dem Hinterrad verstärkter Fahrradrahmen lag.

PERPEDES

Albert R. Stouratz, Fockygasse 36, Wien XII A 1922–1926

Fahrrad-Hilfsmotoren und 110-cm³-Leichtkrafträder, bei denen der einzylindrige Zweitaktmotor über dem Hinterradkotflügel lag.

PERPLEX

Ernst Burkhardt, Beilstraße 30–32, Mannheim D 1924–1926

Kleiner Hersteller von 197-cm³-sv-Maschinen mit Gruhn-Motoren.

PERSCH

Persch-Motoren-Gesellschaft m.b.H., Fellergasse, Graz A 1922–1925

Ein 110-cm³-Fahrrad-Einbaumotor, den man auch komplett mit dem Fahrgestell bekommen konnte.

PERUGINA

Fonderie Officine A. Menicucci, Castel del Piano, Perugia I 1953–1962

Stellte 123-, 173- und 243-cm³-ohv-Einzylindermaschinen und auch 173-cm³-ohc-Rennversionen mit eigenem Einzylindermotor her.

PERUN

1. Vyroba motocyklu F. & J. Zdarsky, Turnov — CS 1904–1924
2. Vyroba motocyklu F. Zdarsky, Podoli u Svijan

Baute 3,5-PS-Einzylinder- und 4,5-PS-V-Zweizylindermodelle und nach 1918 1,4-PS-Hilfsmotoren für Fahrräder.

PETA

1. Peta Spol., Tovarna na Motocykly, Plzen, Premyslova 18 — CS 1921–1924
2. Peta Spol. SRO, Plzen, Vankova 3
3. Motorfahrzeugfabrik & Rollerbau, Jan Tajc, Plzen

Mit 170-cm³-Einzylindermotoren ausgerüstete Kleinkrafträder und Roller. Geringe Produktion mit nur lokaler Bedeutung.

PETERS

Peters, Steingrüber & Co., Grätzstraße 7, Berlin SO 36 — D 1924

Leichtkraftrad, das mit einem 143-cm³-Zweitaktmotor in kleiner Stückzahl gebaut wurde.

PETERS

1. Peters Motors Ltd., Ramsey, Isle of Man — GB 1919–1925
2. J. A. Peters, 28. Victoria Street, London S. W. 1

Ungewöhnliche Konstruktion mit einem eigenen 347-cm³-Zwietaktmotor, außenliegender Schwungscheibe, Tankrohrfahrgestell mit Hinterradfederung. Gehörte zu den zwei je auf der Insel Man gebauten Marken (die andere war Aurora).

PEUGEOT

1. Cycles Peugeot S. A., 25700 Valentigny (Doubs.) — F 1899–
2. Motorcycles Peugeot, Avenue de la Grande Armée 42, Paris.
3. Motorcycles Peugeot, Avenue Sainte Foy 21, Neuilly-sur-Seine

Berühmte, alte französische Firma, die schon Ein- und V-Zweizylindermaschinen vor dem Ersten Weltkrieg baute und mit Fahrern wie Cissac, Giuppone u. a. viele Rennen gewann. Bereits 1913 schuf Antoinescu für Peugeot 498-cm³-ohc-Parallel-Zweizylinder-Rennmaschinen, die in den zwanziger Jahren mit ein und zwei obenliegenden Nockenwellen, von Péan, Gillard und Richard gesteuert, viele große Rennen gewannen. In den zwanziger Jahren gab es Zweitakter, sv- und ohv-Modelle bis 347 cm³. Dann kamen Zweitakter von 98 bis 246 cm³ dazu, die durch ihre solide Konstruktion auffielen. Dazu kamen Roller, während in den letzten Jahren das Hauptgewicht auf den Bau von 48-cm³-Mofas, Mopeds und Leichtkrafträdern gelegt wurde. Terrot wurde von Peugeot übernommen.

P.G.

Ditta Motocicli Giuseppe Parena, Torino — I 1927–1931

Kleiner Hersteller von 124-cm³-Fahrrad-Hilfsmotoren und 124- sowie 174-cm³-Motorrädern.

PHÄNOMEN

Phänomen-Werke, Gustav Hiller AG., Zittau/Sa. D 1903–1940

Alte Autofabrik, die schon 1903 Motorräder mit Fafnir-Motoren baute und ab 1930 wieder Fahrräder mit 75-cm³-Sachs-Motoren, ab 1938 aber auch 98- und 123-cm³-Motorräder modernster Konstruktion mit Sachs-Motoren herstellte.

PHÄNOMEN

Phänomen Vertriebs GmbH., An der Pottenau 4, Bielefeld D 1950–1956

Lieferte dieselbe Modellreihe wie Meister und Mammut, wobei es sich um Maschinen mit Sachs- und Ilo-Motoren von 98 bis 197 cm³ handelte.

PHANTOM

1. Phantom-Werke, Engen & Auders, Bergstraße 34, Berlin-Neukölln D 1921–1928
2. Phantom-Motoren-Fabrik, Gebr. Henke & Bittner, Bergstraße 34, Berlin-Neukölln

Verwendete zunächst eigene Motoren mit 148, 198 und 246 cm³, später englische Jap-Motoren von 173 bis 490 cm³. Alle waren seitengesteuert.

PHILLIPS

Phillips Cycles Ltd., Birmingham GB 1954–1964

Die zur Raleigh-Gruppe gehörende Firma baute Mofas und Mopeds mit eigenen 49-cm³-Zweitaktmotoren.

PHOENIX

1. J. V. Hooydonk, Phoenix Motor Cycle Works, 737 Holloway Road, London, N. GB 1900–1908
2. Phoenix Motors, Blundell Street, Caledonian Road, London, N.

Hooydonk, ein berühmter Fahrrad- und Motorradrennfahrer, gehörte zu den ersten Fabrikanten, die 211- und 345-cm³-Minerva-Motoren in größerem Maßstab in ihre Motorräder einbauten. Seine Konstruktionen gehörten zur Spitzenklasse der damaligen Periode.

PHÖNIX

1. Phönix Motorradwerk GmbH., Wenholthausen, Kr. Meschede D 1933–1939
2. R.M.W.-Motorradwerke GmbH., Neheim-Ruhr
3. Phönix-Fahrzeugbau GmbH., Neheim-Ruhr

Durch ihre im Gesenk geschmiedeten Stahlrahmen bekannt, hatten diese Maschinen außer 198-cm³-Bark-Zweitaktmotoren auch 246-cm³-Zweitaktversionen. Daneben wurden Modelle mit seitengesteuerten und auch ohv- und ohc-Motoren von Sturmey Archer, Moser, Bark, MAG und Küchen – mit 348 und 498 cm³ – ausgerüstet. Ein Versuch, nach 1945 in den Motorradbau einzusteigen, hatte nicht viel Erfolg.

PIAGGIO

Piaggio & C., S.p.A., Via A Cecchi 6, Genova I 1946–

Weltberühmter Hersteller von Rollern (Vespa) mit 49 bis 198 cm³ und von 48-cm³-Mofas, -Mopeds etc. Besitzt seit 1970 auch die Gilera-Werke in Arcore bei Mailand.

PIANA

1. Fratelli Piana, Via Borgo de la Croce 1, Firenze 19 — I 1923–1931
2. S.A. Motopiana, Via Campo d'Arrigo 94, Firenze 28

Gualtiero Piana baute zunächst 147-cm³-Zweitakter mit Villiers-Motoren. 1926 rekonstruierte er seine Firma, stellte auch 246-cm³-Modelle mit Villiers-Motoren her und wandte sich dem Bau von 346- und 496-cm³-Maschinen mit Jap-Viertaktmotoren zu.

PIATTI

Anc. Ets. D'Letéken Fréres SA., Chaussé de Mons 95, Bruxelles — B 1955–1958

Ein internationaler Roller, der von einem Italiener konstruiert, in England gebaut und als belgische Marke gehandelt wurde. Er hatte 123 cm³ Hubraum. Piatti konstruierte später für die Londoner AMC Zweitaktmotoren, hatte aber nicht mehr Erfolg als mit dem Piatti-Roller.

PIAZZA

Ditta A. Piazza & Figli, Via Carena 10, Torino — I 1924–1934

Antonio Piazza fing mit 124-cm³-Zweitakt-Fahrrad-Hilfsmotoren an und baute nachher komplette Motorräder, denen 174-cm³-sv- und ohv-Versionen folgten. Diese Motoren wurden auch an andere Motorradhersteller geliefert. In den dreißiger Jahren gab es auch Piazza-Modelle mit Motoren bis 498 cm³.

PIERCE (ARROW)

Pierce Motorcycle Co., Buffallo/N. Y. — USA 1909–1913

Mit ihrem interessanten Tankrohrrahmen gehörte die Pierce-Arrow zu den fortschrittlichsten amerikanischen Konstruktionen. Es gab u. a. eine 2,75-PS-Einzylinderversion und einen schönen 4-PS-Reihenvierzylinder mit Kardanantrieb zum Hinterrad.

PIERTON

Ets. Pierton, Rue Louis Blanc 39, Courbevoie Seine — F 1922–1925

Kleiner Konfektionär, dessen Maschinen Aubier-Dunne-, Train-, Villiers-, Jap- und Blackburne-Motoren von 98 bis 500 cm³ besaßen.

PILOT

1. Pilot Cycle & Motor Co., Soho Road, Birmingham — GB 1903–1915
2. Pilot Cycle & Motor Co., Farm Street, Birmingham

Baute außer eigenen 318-cm³-Zweitaktmotoren auch Precision- und Jap-Motoren von 174 bis 598 cm³ ein. In ihrer Zeit eine bekannte und größere Motorradfabrik.

PIMPH

Pimph-Motorrad GmbH., Grafenberger Allee 186, Düsseldorf D 1924–1926

Kleiner Produzent von 498-cm^3-Einzylinder-sv- und ohv-Maschinen mit Jap- und V-Zweizylindermaschinen mit MAG-Motoren.

PIOLA

Ditta Motocicli Francesco Piola, Torino I 1919–1921

Mit 620-cm^3-sv-Boxermotoren ausgerüstete Zweizylindermaschinen. Kleine Firma und Produktion.

PIRATE

Milwaukee Motorcycle Co., 834–836 Muskego Av., Milwaukee USA 1911–1915

Ambitionierte Firma, die rassige Ein- und V-Zweizylindermaschinen mit 3, 6 und 8 PS baute.

948 cm^3 Pirate (ioe-V-Zweizyl.) 1911

PIROTTA

Off. Mecc. Gerolamo Pirotta, Gorgonzola, Milano I 1949–1954

Baute zahlreiche Mopeds und Leichtkrafträder mit Motoren von 43 bis 123 cm^3.

PITTY

V.E.B. Motorradwerk, Lichterfelde DDR 1955–Q

Ein in großen Stückzahlen gebauter Roller mit 124-cm^3-MZ-Motor.

PLANET

Planet Engineering Co., 15. Francis Street, Ashted, Birmingham GB 1919–1920

Konfektionär, der Maschinen mit 269-cm^3-Villiers- und 293- bis 546-cm^3-Union- und Blackburne-Motoren anbot.

PLASSON

Moteurs et Motorcycles Plasson, Rue Trepot, Grenoble F 1921–1924

Mit eigenen 197-cm^3-sv-Motoren ausgestattete Leichtkrafträder. Baute auch Zweitaktmodelle.

P.M.C.

1. Premier Motorcycle Company, Cornwall Street, Birmingham GB 1908–1915
2. Premier Motorcycle Company, Aston Road, Birmingham

Dies war nicht die »richtige« Premier Company aus Coventry, sondern ein indirekt verbundenes Unternehmen, das auch den Firmen Wall (Roc) und Rex nahestand. Baute Motorräder, teilweise auch Dreiradwagen, mit Jap-Motoren von 393 bis 996 cm^3 unter den Namen P.M.C., Warwick, Premo und Rex-Jap.

P.M.Z.

Mechanische Werke, Podolsk SU 1931–L

Eine der ältesten russischen Fabriken. Baute zunächst Fahrrad-Hilfsmotoren, später 746- und 996-cm^3-Boxer- und V-Zweizylinderversionen für die Armee.

P.O.

Ditta Pagni & Occhialini, Firenze I 1921–1923

Baute mehrere Versionen eines 346-cm^3-Einzylinder-Zweitaktmodells.

POINARD

F 1951–1956

Leichtkrafträder einer kleinen Firma mit 123 bis 248 cm^3 Aubier-Dunne, mit Ydral- und AMC-Einbaumotoren.

POINTER

Shin Meiwa Industry Co. Ltd., Agenaruo-cho 125, Nishinomyia City, Hyogo-Pref. J 1946–1962

Schöne Zweitaktmaschinen mit 123-, 174- und 247-cm^3-Motoren eigener Erzeugung.

POLET

Motocicla Achille Poletti, Milano I 1923–1924

Mit einem gegengesteuerten 481-cm^3-Einzylindermotor ausgerüstete Motorräder. Begrenzte Produktion.

POLENGHI

Officine Meccaniche Mario Polenghi, Via G. Pallavicino, Codogno I 1950–1955

Baute in kleinem Maßstab Mopeds und Leichtkrafträder mit 48-cm^3-Zweitaktmotoren.

PONNY

Horstmann & Schwidde GmbH., Bielefeld-Schildesche D 1924–1926

Leichtkrafträder, die zum Teil 142- und 173-cm^3-DKW-Motoren besaßen.

PONY

Pony-Motoren & Fahrzeugbau, Baus-Fritz & Co., GmbH., Frankfurt/M. D 1924–1926

Kleiner Hersteller von Maschinen mit 185-cm³-sv-Motoren.

PONY-MONARK

J 1951–P

Baute 147-cm³-ohv- und nachher Zweitaktmodelle von 123 bis 247 cm³.

POPE

Pope Manufacturing Co., Hartford, Conn. USA 1911–1918

Sehr gute und leistungsfähige ohv-Maschinen mit 3,5-PS-Einzylinder- und 7- bis 8-PS-V-Zweizylindermotoren eigener Erzeugung. Hinterradfederung. Bekannte Autofabrik.

499 cm³ Pope (ohv-Einzyl.) 1913

998 cm³ Pope (ohv-V-Zweizyl.) 1913

POPET

J 1957–P

Bekannter 47-cm³-Kleinroller mit Zweitaktmotor.

POPMANLEE

Hirano Seisakusho Ltd., 1-chome, Tamafune-cho, Nakagawa-ku, Nagoya J O–Q

Mit 49- und 79-cm³-Motoren ausgerüstete Roller und 124- sowie 174-cm³-Motorräder mit eigenen Zweitaktmotoren.

PORTLAND

Maudes Motor Mart, Gt. Portland Street, London W. GB 1910–1911

Die Marke eines Londoner Motorrad-Großhändlers. Eingebaut in diese Maschinen wurden 498-cm³-sv-Motore von Jap und Peugeot.

POSDAM

Fratelli Posio, Via T. Grossi 30, Torino I 1926–1929

Kleinkrafträder mit eigenen wechselgesteuerten 123- und 149-cm³- sowie obengesteuerten 172-cm³-Motoren.

POSTLER

Motorläuferwerke Walter Postler, Niedersedlitz/Sachsen D 1920–1924

Gehörte zu den ersten deutschen Rollerherstellern. Seine schönen Maschinen hatten eigene wechselgesteuerte 252-cm³-Motoren. Zuletzt baute er in kleinen Stückzahlen auch 246-cm³-ohv-Einzylinder-Motorräder.

POTTHOFF

Fritz Potthoff, Mech. Werkstätten & Motorradbau, Breslau D 1924–1926

Baute in kleiner Zahl Leichtkrafträder mit englischen 185-cm³-Norman-ohv-Einzylindermotoren.

POUNCY

1. A. J. Pouncy, Overmoigne, Dorchester GB 1930–1938
2. A. J. Pouncy, St. John Hill, Wareham, Hants

Stellte sehr schöne 147-, 247- und 346-cm³-Zweitakter mit Villiers-Motoren und ab 1935 auch mit O.E.C.-Hinterradfederung her.

POUSTKA

1. Frantisek Poustka, Mech. Dilny, Praha-Vinohrady, Divisova 15 CS 1924–1934
2. Frantisek Poustka, Mech. Dilny, Praha-Vinohrady, Italska 8

Aus englischen Komponenten zusammengebaute 147-, 247-, und 346-cm³-Zweitaktmaschinen mit Villiers-Motoren.

POWELL

Powell Bros. Ltd., Cambrian Iron Works, Wrexham GB 1921–1926

Die erste Powell hatte einen nach vorn geneigten 547-cm³-sv-Motor von Blackburne. Nachher gab es 168-, 198- und 245-cm³-Zweitaktmodelle.

POWERFUL

H. W. Clark & Co., Gosford Street, Coventry GB 1903–C

Mit französischen 2,25-PS-Buchet und englischen MMC-Motoren versehene Motorräder.

P. & P.

1. Packmann & Poppe, Moor Street, Coventry GB 1922–1930
2. Packmann & Poppe, 37 Ford Street, Coventry
3. P. & P.-Motorcycles, Orleans Road, Twickenham, Mddx.
4. P. & P.-Motorcycles Ltd., Slough, Bucks
5. Wooler & Gittens, P. & P.-Motorcycle Co., Chatsworth Av. Wembley
6. Almack Engineering Co., Chatsworth Av., Wembley

Bauten zunächst die »geräuschlose Drei« (»Silent Three«) mit einem 346-cm^3-Barr & Stroud-Schiebermotor, die den Motor ganz verdeckt hatte. Dazu kamen Modelle mit bis 996-cm^3-Motoren von Jap. Eine Zeitlang wurden diese schönen Maschinen bei Montgomery gebaut.

344 cm^3 P.&P. (B&S-Einzyl.-Schiebermotor) 1923

PRAGA

Ceskomoravska Kolben Danêk A.S., Praha X-Karlin, Karlova Ulice 22 CS 1929–1935

Übernahm mit den Breitfeld-Danêk-Werken auch die schöne von J. F. Koch geschaffene Kon-

499 cm^3 PRAGA (Eig. ohc-Motor) 1928

struktion der einzylindrigen 499-cm^3-ohc-Blockmaschine. 1932 kam eine ebenfalls von Koch konstruierte 346-cm^3-ohc-Version mit nach vorne geneigtem Zylinder, Blockmotor, Kardan und Preßstahlrahmen dazu.

PRECISION

1. F. E. Baker Ltd., Moorsom Street, Newton Row, Birmingham GB 1912–1919
2. F. E. Baker Ltd., Precision Werk, Kings Norton, Birmingham

Der Konstrukteur und Besitzer der Precision-Einbaumotorenwerke begann 1919 mit der Herstellung kompletter Motorräder mit 342-cm³-Zweitaktmotoren, doch wurde das Unternehmen bald von den großen Beardmore Lokomotieve-, Auto- und Flugzeugwerken übernommen. Komplette Motorräder gab es vor 1914 nur für den Australien-Export.

PRECISION

Precision Motor Co., Derngate, Northampton GB 1902–1906

Baute belgische 211-cm³-Minerva-Motoren unter Lizenz und stellte mit diesen auch komplette Motorräder her. Keine Verbindung zu F. E. Bakers Precision-Werke.

PREMIER

Premierwerke AG., Fahrrad & Maschinenfabrik (J. C. Braun), Nürnberg,
Wächterstraße 2 D 1910–1913

Eine Zweigfabrik der englischen Premierwerke, die dann knapp vor dem Ersten Weltkrieg nach Eger (Cheb) übersiedelte und englische Premierkonstruktionen mit 269-cm³-Zweitakt- und 293- und 348-cm³-sv-Viertaktmotoren baute.

PREMIER

Premier Fahrrad & Maschinenfabriks AG., Eger (Cheb) CS 1913–1933

War ursprünglich die von Nürnberg nach Eger übersiedelte Zweigfabrik der Coventry-

346 cm³ Premier
(sv-Jap-Motor) 1926

746 cm³ Premier
(Eig. sv-V-Zweizyl.) 1927

746 cm³ Premier
(Eig. sv-Motor) 1928

Premier-Werke. Baute zunächst 269-cm³-Zweitakter, später 346-ohv- und 498-cm³-Einzylinder-Modelle mit Jap- und eigenen sv- und ohv-Motoren. Auch eine 746-cm³-sv-V-Zweizylinder mit eigenem Motor. Ab 1929 eine 499-cm³-Langhub-ohv-Maschine und zahlreiche Rennmodelle mit 348- bis 990-cm³-ohv-Motoren von Jap und 497-cm³-Vierventil-Python-Motoren. Bekannte Premierfahrer: Kraus, Liska, Matcha, Tauber, Haubner, Stipek und Weiner. Generaldirektor war der Engländer Geoffrey Rotherham.

PREMIER

1. Hillmann, Herbert & Cooper Ltd., Coventry — GB 1908–1920
2. Premier Cycle Co., Ltd., Read Street, Coventry
3. Coventry Premier Ltd., Read Street, Coventry

Einst ein großer Name in der englischen Motorradindustrie, baute Premier 348-, 490- und 445-cm³-Einzylinder- und vorher auch 90grädige V-Zweizylindermaschinen mit großen außenliegenden Schwungscheiben. Zuletzt auch Dreiräder und kleine Automobile. 1921 wurde Coventry-Premier von den Singer-Werken übernommen, nachdem 1915 noch dort ein 322-cm³-Parallel-Zweizylinder-Zweitaktmotorrad entstand, das nie in Serie ging.

PREMO

Premier Motor Co., Aston Road, Birmingham — GB 1908–1915

Eine der Marken, unter denen die von Premier-Birmingham offerierten Maschinen gehandelt wurden. Mehr unter P.M.C.

PREMOLI

Moto Garage Guido Premoli, Via Veratti 6, Varese — I 1935–K

Baute Sport- und Rennmaschinen mit 498-cm³-Rudge-, OMB- und zuletzt auch eigenen 174-cm³-ohc-Motoren, die von ihm auch bei Rennen gefahren wurden.

PRESTER

1. M. H. Clergé, Boulevard Carnot, Troyes — F 1926–1936
2. Eichel Fréres, Avenue Marceau 50, Courbevoie, Seine
3. Jonghi, Rue Saint Denis 86, La Courneuve (Seine)

Hatte ein großes Modellprogramm mit Zwei- und Viertaktmaschinen von 98 bis 499 cm^3 mit Aubier-Dunne-, Chaise- und anderen Motoren. Wurde zuletzt von Jonghi übernommen, wo nach 1945 Zweitakter bis 249 cm^3 entstanden.

PRESTO

1. Günther & Co., Maschinenfabrik, Chemnitz — D 1901–1940
2. NAG – Presto-Werke AG., Chemnitz

Hatte mehrere Motorrad-Produktionsperioden, wurde aber nie so wie im Autobau bekannt. Die ersten Motorräder hatten Zedel-, Minerva- und Fafnir-Einbaumotoren, und als Presto 1921 wieder Motorräder baute, wurden die 197-cm^3-Motoren von Alba geliefert. Bald zog man sich vom Motorradbau zurück, um 1932 wieder mit 74- und 98-cm^3-Mopeds auf den Markt zu kommen. Diese hatten Sachs-Motoren.

PRIDE & CLARKE

Pride & Clarke Ltd., 158–160 Stockwell Rd., London, S.W. 9 — GB 1938–1940

Leichtmotorrad einer großen Londoner Motorradfirma mit 63 cm^3 Hubraum.

PRIM

A. Money & Co., Motorcycles, 21 Eastern Street, High Wycombe — GB 1906–1907

Ein breiter Kraftstoffbehälter bildete das Rückgrad dieser mit 5-PS-V-Zweizylindermotoren von Sarolea ausgerüsteten Maschine.

PRINA

Stabilimenti A. Prina, Corso Alessandria 31-33, Asti — I 1949–1954

Die von Prina gebauten Roller und Leichtkrafträder waren auch unter dem Namen Orix am Markt. Sie hatten 123- bis 173-cm^3-Ilo-Motoren.

PRINCEPS

J. E. Hutton Ltd., Thames Ditton, Surrey — GB 1903–1907

Einst bekannter Hersteller von Ein- und V-Zweizylindermaschinen.

PRINETTI & STUCCHI

Prinetti & Stucchi, Via Tortona 11, Milano — I 1898–1911

Der große Ettore Bugatti war bei dieser Firma, als dort Dreiradwagen mit De-Dion-Motoren und 1901 auch schon Motorräder gebaut wurden. Diese hatten 2-PS-Motoren. Später baute man auch größere Modelle. Prinetti & Stucchi gehörte zu den großen Pionierfirmen im Motorradwesen.

PRIOR

Hercules Werke GmbH., 191–193 Fürther Straße, Nürnberg D 1904–

Genau ausgedrückt, gibt es keine Prior-Motorräder mehr. Und doch stimmt dies nicht ganz, zumal Prior-Motorräder in den dreißiger und fünziger Jahren nach England importierte Hercules-Motorräder und Roller waren.

PRIORY

Priory Engine Co., 82 Priory Road, Kenilworth GB 1919–1926

Kleiner Konfektionär, der 269-cm³-Arden- und 292-cm³-Union-Zweitakt-Motoren verwendete. Zuletzt wurden 147- bis 247-cm³-Villiers-Motoren eingebaut.

PROGRESS

Progress Motoren- & Apparatebau GmbH., Wilmersdorfer Straße 39, Berlin-Charlottenburg D 1901–1914

Pionierfirma, die Zedel- und Fafnir-Motore einbaute, bevor eigene Konstruktionen mit 532 (Einzylinder) und 698 cm³ (V-Zweizylinder) in die robusten Progress-Fahrgestelle kamen.

PROGRESS

Progress-Werk AG., Stadelhofen/Baden D 1951–1957

Stellte den schönen und guten »Strolch«-Roller von Gassmann mit 98-, 147-, 173- und 198-cm³-Sachs-Motoren her.

PROGRESS

Progress Cycle Company, Ltd., Foleshill Rd., Coventry GB 1902–1908

Eine bekannte Fabrik die in starke Fahrgestelle Motoren von Minerva, Antoine, MMC und anderen Motorenherstellern einbaute.

PROMOT

Promot-Motoimport, Warszawa PL Q–

Mit 123-cm³-Puch-Zweitaktmotoren ausgestattete moderne Gelände- und Moto-Cross-Modelle.

PROPUL

Motorcycles Propul, Rue de Gravel 6 & 7, Levallois-Perret F 1923–1926

Als Propul-cycle bekannt, wurden hier 124- und 174-cm³-Zweitakt- und 174-cm³-ohv-Motoren verwendet.

PROPUL

Motorradbau Karl Salzburger, Köln/R. D 1925–1926

Kleiner Konfektionär, der Motorräder mit 246-, 346- und 498-cm³-Motoren von Jap, Blackburne und MAG verwendete.

P.S.W.

R.M.P. Schorch, Lübecker Straße, Wandsbeck — D 1924–1929

Baute 247-cm³-Zweitakter mit vorn liegendem Ein- und Auslaßkanal, motorisierte Kinderautomobile und auch Rennmaschinen mit 248- bis 498-cm³-Einbaumotoren von Jap und Blackburne.

PUCH

1. Johann Puch, Erste Steiermärkische Fahrrad-Fabriks AG., Graz — A 1903–
2. Puchwerke Aktiengesellschaft, Graz, Steiermark
3. Austro Daimler Puchwerke AG, Wien-Graz
4. Steyr-Daimler-Puch Aktiengesellschaft, Wien-Graz
5. Steyr-Daimler-Puch AG, Puchwerke, A-8010 Graz/Thondorf

Österreichs älteste und größte Motorradfabrik begann mit wechselgesteuerten 2,75-PS-Einzylindermaschinen und baute dann zahlreiche Ein- und V-Zweizylindermodelle, 1916 sogar einige Maschinen mit zweizylindrigen Boxermotoren. Eine neue Epoche begann 1923 mit von Ing. Marcellino konstruierten Doppelkolben-Zweitaktmotoren, die es mit 122, 174, 218, 248, 346 und sogar 492 cm³ gab. Nur zwei Viertaktmodelle wurden noch gebaut: 1928 eine 490-cm³- mit dem sv-Jap-Motor und ab 1936 ein 792-cm³-Vierzylindertyp mit dem quergestellten,

398 cm³ Puch
(Eig. sv-Motor) 1914

496 cm³ Puch
(Eig. Zweiz.-2T-Motor) 1932

248 cm³ Puch
(Eig. 2T-Motor S4) 1934

792 cm³ Puch
(Eig. Vierzyl.-sv-Boxermotor
querg.) 1936

348 cm³ Puch
(Eig. 2T-Motor, Geländesport)
1938

49 cm³ Puch (2T-»Racing«
M50) 1974

luftgekühlten sv-Boxermotor. Ab 1930 gab es Werksrennmaschinen mit 248-cm³-Ladepumpenmotoren mit Wasserkühlung, die große Rennerfolge errangen. Berühmte Puch-Fahrer: Höbel, Karner, Cmyral, Toricelli, Sandler, Runtsch, Hunger, Faraglia. Nach 1945 wurden noch Zweitakter – zum Teil Doppelkolbenversionen – bis 248 cm³ gebaut, doch liegt jetzt das Hauptgewicht bei schlitzgesteuerten Zweitaktern mit 49, 123 und 174 cm³, wobei es zahlreiche Moped-, Mofa- und Mokickmodelle gibt. Erwähnt seien auch große Puch-Erfolge bei Geländefahrten und Moto-Cross-Veranstaltungen. Bekannte deutsche Puch-Fahrer: Jurisch, Zenconimierski, Stolze, Stumfoll, Günther, Köster. Puch liefert auch Motoren an andere Produzenten und arbeitet jetzt auch mit Rotax eng zusammen.

PUMA

RA 1954–P

In Argentinien gebaute Mopeds mit 98-cm³-Zweitaktmotoren.

P. & S.

Pearson & Sopwith, Long Acre, London — GB 1919–1921

Wurden bereits unter Pearson beschrieben, doch kamen die letzten Modelle unter dem Namen P. & S. auf den Markt. Bemerkt sei, daß alle Motorräder dieser Firma für sie bei Excelsior in Birmingham gebaut wurden.

P. V.

1. Elliston & Fell, Perry Vale, Forrest Hill, London S.E. 23 — GB 1910–1925
2. P.V. Motor Cycles Ltd., Perry Vale, Forrest Hill, London, S.E. 23

Bekannt durch ihre Hinterradfederungen, hatten P.V.-Motorräder einen guten Ruf. Man bekam sie mit Jap-Motoren von 293 bis 996 cm³, mit 247-, 269- und 347-cm³-Villiers-Motoren, wie auch mit 346-cm³-Barr-&-Stroud-Schieber- und ölgekühlten Bradshaw-ohv-Motoren.

976 cm³ PV (sv-V-Zweizyl.-Jap-Motor) 1923

P.Z.I.

Panstwowe Zaklady Inzynierji, Warszawa — PL 1936–1937

Kleiner polnischer Hersteller von 598-cm³-sv-Einzylindermaschinen und von 1196-cm³-V-Zweizylinder-sv-Versionen.

QUADRANT

1. Quadrant Works, Sheepcote Street, Birmingham — GB 1901–1929
2. Quadrant Motor Co., Earlsdon, Coventry
3. Quadrant Works, 45 Lawley Street, Birmingham
4. March, Newark & Co., Ltd., 45 Lawley Street, Birmingham
5. Quadrant Motors, 97 Woodcock Street, Birmingham

Die W. L. Lloyd gehörenden Quadrant-Werke zählten zu den Pionieren der englischen Motorradindustrie. Zuerst wurden 211-cm³-Minerva-Motoren, ab 1903 bereits eigene Motoren verwendet. Unter diesen befanden sich 374-cm³-Zweitakter- und 498-, 554-, 654-sv- und sogar 780-cm³-Einzylinder- sowie 1130-cm³-V-Zweizylinder-sv-Maschinen. Außerdem gab es 498-cm³-ohv-Einzylindermodelle, die ab 1924 gebaut wurden. Quadrant-Motorräder hatten einen guten Ruf als robuste Tourenmaschinen. Es gab auch ein 292-cm³-Zweitakt-Quadrant-Modell. Und solche mit Jap-Einbaumotoren.

499 cm³ Quadrant
(Eig. sv-Einzyl.) 1924

654 cm³ Quadrant
(Eig. sv-Einzyl.) 1926

QUAGLIOTTI

Motocicle Carlo Quagliotti, Corso Re Umberto 31, Torino — I 1902–1907

Stellte 2-PS-Einzylinder-, später auch 3-PS- und V-Zweizylindermodelle mit 5-PS-Motoren her.

RABBIT

Fuji Heavy Industries Ltd., 18, 2-chrome, Marnouchi, Chiyoda-ku, Tokyo — J 1946–1968

Gehörte zu den berühmtesten und weitverbreitetsten 90-, 123- und 199-cm³-Rollern in Japan.

RABENEICK

August Rabeneick GmbH, Friedrichsdorfer Str. 80, Brackwede D 1933–1958

Das Werk kam mit 75-cm³-Mofas und nach dem Zweiten Weltkrieg auch mit 98-, 123-, 147-, 173-, 244- und 247-cm³-Zweitaktmotorrädern auf den Markt. Dazu kamen 38-, 48- und 49-cm³-Mofas und Mopeds. Alle hatten, mit Ausnahme der 38-cm³-Mofa-Version, Ilo und Sachs-Motoren. Ende der fünfziger Jahre übernahm die Firma Fichtel & Sachs die Firma Rabeneick.

RACER

Ets. »Racer«, Rue Volte-Lepadde 5, St. Etienne F 1953–1956

Leichtkrafträder mit 49- und 74-cm³-Zweitaktmotoren.

RADCO

E. A. Radnall & Co., Vauxhall Works, Dartmouth Street, Birmingham GB 1913–1932

Verwendete eigene Zweitaktmotoren mit 211 und 246 cm³, in den Jahren nach 1926 auch 147- bis 246-cm³-Villiers- und 248- bis 499-cm³-Jap-sv- und ohv-Motoren. Gut konfektionierte Maschinen, die ab 1928 Satteltanks besaßen.

269 cm³ Radco
(Eig. 2T-Motor) 1915

490 cm³ Radco
(ohv-Jap-Rennmasch.) 1928

RADEX

Expresswerke AG., Neumarkt bei Nürnberg/Oberpfalz D 1951–O

Dieser Name wurde für einige Nachkriegsmodelle von Express verwendet. Es gab auch den Namen Radexi. Mehr unter Express.

RADIOLA

F 1933–1939

Fahrrad-Hilfsmotoren und Motorräder mit 98 cm^3 Hubraum.

RADIOR

J. Chapolard & Goubet, Avenue Pierre Sémard 9, Bourg F 1904–1960

Alte renommierte Firma, die den Motorradbau mit Einbaumotoren von Antoine, Peugeot u. a. begann und in den zwanziger Jahren mit eigenen 173- und 246-cm^3-Zweitaktern und Jap-Motoren von 248 bis 490 cm^3 weiterführte. Robuste Fahrgestelle kennzeichneten diese Maschinen, die sich nach 1945 mit Zweitaktmotoren von Nervor und auch Viertaktern bis 248 cm^3 von AMC und NSU wiederfanden. NSU lieferte auch 98-cm^3-Zweitaktversionen für die Mopeds und Mofas von Radior.

174 cm^3 Radior
(ohv-AMC-Motor) 1952

RADMILL

Bradbury, Rinman & Co., 230 Shaftesbury Ave., London, E. 4 GB 1912–1914

Baute Modelle mit Precision-Motoren und dem 269-cm^3-Villiers.

RADVAN

Vyroba Motocyklu, Frantisek Radvan, Praha-Vinohrady 393 CS 1909–1926

Wurde bereits unter »Meteor« erwähnt, doch baute Radvan ab 1924 unter seinem Namen auch 174- und 198-cm^3-Zweitakter mit DKW-Motoren.

RAGLAN

1. Raglan Cycle Co., Ltd., Sampson Road, Birmingham GB 1909–1913
2. M. Adler Ltd., Sampson Road, Birmingham

Maschinen mit 292-, 347- und 496-cm^3-sv-Motoren von Precision, dem wassergekühlten 3,5-PS-Green-Precision-Motor und auch mit eigenen Antriebsquellen.

RALEIGH

1. Raleigh Cycle Co., Ltd., Feraday Road, Nottingham GB 1899–
2. Raleigh Industries Ltd., Lenton Boulevard, Nottingham

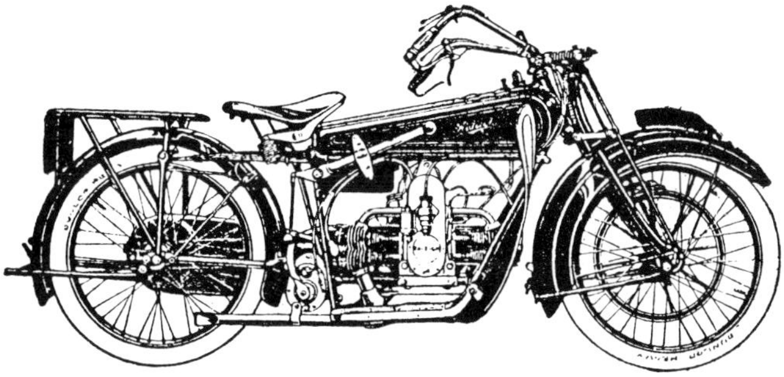

698 cm³ Raleigh
(Eig. sv-Zweizyl.-Boxer) 1921

174 cm³ Raleigh
(Eig. sv-Motor) 1925

497 cm³ Raleigh (ohv-Sturmey-Archer-Motor) 1929

Der riesige und weltberühmte Fahrrad-Konzern, jetzt zu Tube Investments Ltd. gehörend, baute bis 1906 und dann von 1919 an Motorräder und alle Arten motorisierter Leichtkrafträder. In ihm gingen so berühmte Fahrradhersteller wie BSA, Triumph, Rudge und andere Marken auf. Baute u. a. 698-cm³-Maschinen mit zweizylindrigen Boxer-Motoren und 798-cm³-V-Zweizylindermodelle. Die Einzylinder-sv-Versionen hatten 174, 346 und 399 cm³, später auch 496 cm³ Hubraum. Die ebenfalls zu Raleigh gehörende Getriebe- und Motorenfabrik Sturmey-Archer lieferte ihre 173- bis 499-cm³-Motoren auch an andere Hersteller und baute für Raleigh auch sehr schnelle 348- und 498-cm³-ohv-Einzylinderversionen, wie sie sich u. a. auch bei den Marken Horex, Victoria, Soyer u. a. fanden. Mitte der dreißiger Jahre wurde der Motorradbau aufgegeben, der Bau von Mopeds etc. jedoch weitergeführt. Berühmte Raleigh-Fahrer: Bullus, Williams, Tyler, McGregor, Uvira.

RAMBLER

Jefferey & Gormeley, Motocycles, Racine, Wisc. — USA 1903–D

Hersteller von 4-PS-Ein- und 6-PS-V-Zweizylindermaschinen.

RAMBLER

Norman Cycles Ltd., Beaver Road, Ashford, Kent GB 1937–1961

Unter diesem Namen wurden Norman-Motorräder in einigen Ländern auf den Markt gebracht. Es war dies hauptsächlich das 198-cm^3-Modell mit Villiers-Motor.

RANZANI

Ditta Ranzani, Via Vanvitelli 4, Milano (Aquabella) I 1923–1931

Kleiner Konfektionär, dessen Maschinen deutsche 174-cm^3-sv-Heros- und englische 170-cm^3-ohv-Norman-Motoren hatten. Zuletzt waren sie mit eigenen 173-cm^3-ohv-Motoren ausgestattet.

RAS

A. Fusi & Co., Via L. Mascheroni 27, Milano I 1932–1935

Teilweise aus FN-Teilen gebaute Maschinen mit Jap-ohv-Motoren von 173 cm^3 bis 490 cm^3. 1936 entstanden eigene Motoren und RAS-Motorräder bekamen den Namen Fusi. Die Firma Fusi war jahrelang italienischer FN-Importeur.

RASSER

Ets. Rasser, Constructeur, Paris F 1922–1923

Baute genietete Stahlblechrahmen und verwendete 98-cm^3-Zweitaktmotoren.

RATIER

Compagnie Generale de Telegraphie, Boulevard Gabriel, Péri, Molakoff F 1955–1962

Nachfolgefirma von C.M.R. und C.E.M.E.C. Stellte zunächst BMW-ähnliche 746-cm^3-sv-Boxer-Zweizylindermodelle, ab 1959 auch 494- und 597-cm^3-ohv-Maschinen ähnlicher, aber weiterentwickelter und modernerer Konstruktion her.

597 cm^3 Ratier
(Eig. ohv-Zweizyl.-Boxer)
1961

RATINGIA

Ratingia, F. Müller & Co., GmbH., Ratingen, Rheinland D 1923–1925

Leichtkrafträder mit 170- und 195-cm³-sv-Motoren.

RAVAT

Ets. Moteirs Ravat, St. Etienne, Loire F 1898–O

Eine alte Fabrik, die Motorräder bis zu 499 cm³ Hubraum baute.

RAY

Ray Motor Co., Brick Street, Piccadilly, London, W. 1 GB 1919–1920

Kleiner Produzent, dessen Motorräder einen eigenen 331-cm³-Zweitaktmotor hatten.

RAY

1. W. H. Raven & Co., Ltd., 223 Castle Boulevard, Nottingham GB 1922–1925
2. W. H. Raven & Co., Ltd., Leicester

Leichtgewichtsmaschinen mit eigenen 193-cm³-sv-Motoren und 172-cm³-Villiers-Jardine-Zweitaktern.

RAYNAL

1. Raynal Mfg. Co. Ltd., 41–43 Fleet Street, Birmingham GB 1914–1953
2. Raynal Mfg. Co. Ltd., Woodburn Rd., Handsworth, Birmingham

Die ersten Raynal-Motorräder hatten Villiers- und Precision-Motoren. Anfangs der zwanziger Jahre wurde nur der 269-cm³-Villiers eingebaut. Mitte der dreißiger Jahre und nach 1945 gab es Raynal-Maschinen mit 98-cm³-Zweitakt-Villiers-Motoren.

READING-STANDARD

Reading-Standard Co., Reading, Pa. USA 1903–1922

Gehörte zu den führenden US-Motorradfabriken. Baute 4-PS-Einzylinder- und 990- sowie 1170-cm³-sv-V-Zweizylindermodelle. Für Rennzwecke gab es außer ohv-Versionen auch einige ohc-V-Zweizylindermaschinen.

990 cm³ Reading-Standard (sv-V-Zweizyl.) 1917

READY

D. Read & Co., Weston Super Mare GB 1920–1922

Einfache Konfektionsmaschinen mit 293- und 346-cm³-sv-Jap-Motoren.

READY

1. Motorcycles Norbert Vanneste, Courtrai B 1924–1939
2. Motos Ready, Chaussée de Mons, Bruxelles
3. Motos Ready, Chaussée de Ninove 240 b, Bruxelles

Belgische Konfektionsmaschinen mit englischen 173- bis 499-cm³-Motoren von Villiers, Jap und Blackburne. Auf Wunsch MAG-Motoren und zuletzt auch Rudge-Python-Einbaumotoren.

REBRO

Read Bros., 4–6 Goods Station Street, Tunbridge Wells GB 1922–1928

Billige 147-cm³-Maschinen mit Villiers-Motoren, die nach dem Torschluß, bei Ready in Weston Super Mare gebaut wurden.

RECORD

Mercur Motoren Gesellschaft mbH., Neue Wilhelmstraße 6, Berlin N.W. 7 D 1922–1924

Primitiv gebaute 147-cm³-Zweitaktmaschinen mit eigenen Motoren.

REDDIS

Motocicletas Reddis, Gamoto S.A., Verdaguer 4, Reus E 1957–1960

Kleiner Hersteller von 124-cm³-Zweitaktmaschinen.

REDRUP

1. Boyle & Redrup, Engineers, St. Stephen Rd., Burmantoffs, Leeds GB 1919–1921
2. C. Redrup, Cambridge Road, Cardiff

Redrup, ein Flugmotorenkonstrukteur, schuf Motorräder mit dreizylindrigen 304-cm³-sv-Radialmotoren, die auch in Beaumont- und British-Radial-Motorrädern angeboten wurden. Er baute auch einen sechszylindrigen 608-cm³-Prototyp. Die echte Produktion war klein.

RED STAR

Moteurs Red Star, Anvers B 1902–B

Mit 211-cm³-Minerva-Motoren ausgerustete Motorräder.

REFORM

Motorradwerk Thein & Goldberger, Löwengasse 18, Wien III A 1903–1905

Mit 2,25-PS-sv-Motoren ausgestattete Motorräder, die in Birmingham von der Firma Monarch (Walker) für die österreichische Firma gebaut wurden.

REGAL

Regal Motors, Smith & Woodhouse, Ltd., 15 High Street, Saltley, Birmingham GB 1909–1915

Bekannter Hersteller, der 346-, 492- und 602-cm³-V-Zweizylinder-Precision- aber auch wassergekühlte Green-Precision-Motoren und den 349-cm³-Peco-Zweitaktmotor in robuste Fahrgestelle einbaute.

REGENT

Regent Motors Ltd., Hampton Wick, St. Johns Rd., London GB 1920–1921

Nur wenige dieser mit 688-cm³-Coventry-Victor-Zweizylinder-Boxermotoren ausgerüsteten Maschinen erreichten den Markt.

REGINA

Ilford Motor Car & Cycle Co., High Rd., Ilford, Essex GB 1903–1915

Minerva-, Fafnir-, MMC- und andere Motoren wurden bis 1907 verwendet. Nach einer mehrjährigen Unterbrechung baute das Werk eigene 292-cm³-Zweitaktmotoren ein.

REGINA

S. Parnett, Engineer, Pelham Street, Derby GB 1914–1915

Da diese Firma auch 292-cm³-Zweitakter anbot, scheint es einen Zusammenhang mit der Ilforder Firma gegeben zu haben.

REGINA

Pagis & Co., Avenue de la Grande Armee, Paris F 1905–D

Französische Konfektionsmaschinen mit Zurcher-, Buchet- und Peugeot-Motoren.

REH

Motorradbau Ing. Richard Engelbrecht, Maienweg 293, Hamburg-Fuchsbüttel D 1948–1953

Baute nach dem Zweiten Weltkrieg in Kleinserie gute und schöne Zweitakter mit 173-, 198-, 244- und 248-cm³-Ilo-Motoren.

REITER

Ditta Timone & Fresia, Torino, Piazza Sabotino/Via Cesana No. 4 I 1927–1929

Trotz des deutschen Namens eine italienische Firma, die 248- und 348-cm³-Blackburne-sv- und ohv-Motoren wie auch 346-cm³-ohv-Bradshaw-Motoren verwendete. Die Produktion war beschränkt.

RELIANCE

Reliance Motor Cycle Co., 100 John Street, Owego, Tioga County, N.Y. USA 1912–1915

Kleiner Hersteller von Motorrädern mit eigenen 4,5-PS-Einzylindermotoren.

RENE-GILLET

1. Ets. René Gillet, Rue Beranger 3, Paris — F 1898–1957
2. Ets. René Gillet, Route d'Orléans, Montrouge, Seine
3. Ets. René Gillet, Avenue Aristide Briand 126 bis, Montrouge, Seine

Alter und renommierter Hersteller robuster Motorräder. Besonders berühmt durch die 746- und 996-cm³-V-Zweizylinder-sv-Maschinen, die auch bei der französischen Armee und Polizei jahrelang gefahren wurden. Baute frühzeitig Hinterradfederungen und auch 346-cm³-sv-Maschinen. Nach 1945 gab es außer den modernisierten großen Zweizylindermodellen 48-cm³-Mofas und Zweitaktmaschinen mit 123 und 247 cm³ Hubraum. Die Motoren entstammten immer eigener Erzeugung.

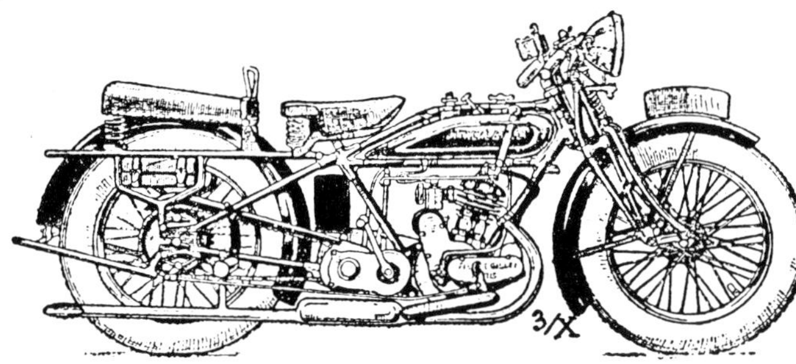

346 cm³ René Gillet
(Eig. sv-Motor) 1928

RENNER-ORIGINAL

Renner & Poppe GmbH., Henzestraße 10, Dresden-A. — D 1924–1932

Einzeln hergestellte Motorräder, die mit 198- bis 996-cm³-sv-Motoren von Jap – in geringer Anzahl auch mit Kühne- und Küchen-Motoren – ausgerüstet waren.

RENNSTEIG

Hermann Schilling, Motorradwerk, Suhl/Thüringen — D 1925–1930

Den »Original-Krieger«-Maschinen nachempfundene Motorräder mit sv-Blackburne-Motoren von 198 bis 497 cm³. Robuste Konstruktion, einzeln gefertigt.

REPUBLIC

Laurin & Klement, Mlada Boleslav — CS 1899–1908

Die seinerzeit weltberühmten Laurin & Klement-Motorräder wurden in einigen Ländern unter diesem Namen verkauft.

REVERE

W. H. Whitehouse & Co., Ltd., Friars Rd., Coventry — GB 1915–1922

Konventionell konstruierte Maschinen mit dem 269-cm³-Villiers-Motor.

REVOLUTION

New Revolution Cycle Co., Ltd., Birmingham — GB 1904–1906

Trotz des Namens kein revolutionierendes Motorrad mit 2,75-PS-Einbaumotoren von NRCC.

REX (ACME)

1. Rex Motor Manufacturing Co., Ltd., Earlsdon, Coventry GB 1900–1933
2. Rex-Acme Motor Manufacturing Co., Earlsdon
3. Mills-Fulford (1932) Ltd., Stoney Stanton Rd., Coventry

Einst ein großer Name in England, baute Rex erstklassige Motorräder mit eigenen 349-, 372-, 532- und 550-cm³-Einzylinder- und 896- sowie 940-cm³-V-Zweizylinder-sv-Motoren. Nach dem Ersten Weltkrieg wurden 499- und 998-cm³-Blackburne-Motoren, dann auch zahlreiche Versionen mit 172- bis 344-cm³-Villiers-, 173- bis 548-cm³-Blackburne-sv- und ohv- sowie auch Jap-Motoren bis 746 cm³ und Sturmey-Archer-Motoren bis 499 cm³ gebaut. Auf Bestellung gab es auch MAG-Motoren. Das aber erst, nachdem sich Rex anfangs 1922 mit Acme

346 cm³ Rex (sv-Blackburne-Motor) 1922

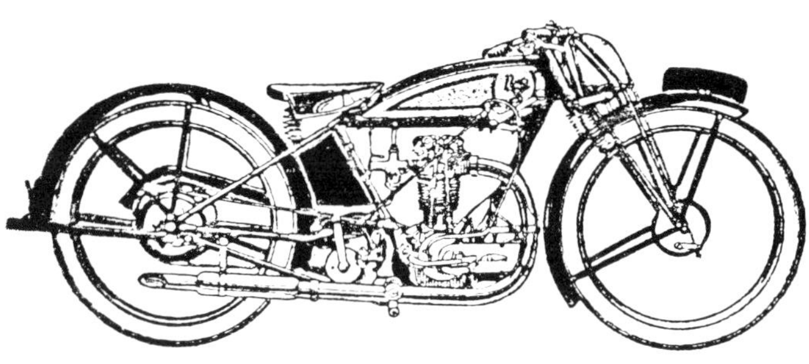

348 cm³ Rex Acme (ohv-Blackburne) 1928

zusammengetan hatte. Berühmt wurde die Marke durch die großen Rennerfolge von Walter Handley, der dann auch Direktor der Firma wurde, mit diesen rassigen Maschinen. Besonders erfolgreich die 248-cm³-ohv-Rennmodelle mit Blackburne-Motoren. Erfolgreiche Rex-Acme-Fahrer: Handley, Needham, Machu, Bonetto, H. Ryll, G. Ryll, Hasenauer. 1929 wurde die einst große Firma von der Seitenwagenfabrik Mills-Fulford erworben, baute später noch 248- bis 499-cm³-Maschinen mit Jap- und Python-Motoren und schloß 1933 die Tore. Handley war schon 1928 ausgeschieden.

REX

Rex Kraftfahrzeug GmbH., Behringersdorf b. Nürnberg D 1923–1925

Beschränkte Produktion von 283-cm^3-Zweitaktmaschinen.

REX

1. Rex Motorenwerk GmbH., Zielstattstraße 19, München 25 D 1948–1964
2. Rex Motorenwerk, E. & K. Bagusat, München 25, Zielstattstraße 19
3. Rex Motorenwerk GmbH., München 25, Forstenrieder Straße 75

Baute zunächst Fahrrad-Hilfsmotoren mit 31, 34 und 40 cm^3, danach in ebenfalls großer Anzahl Mofas, Modeps und Leichtkrafträder mit eigenen 48-cm^3-Zweitaktmotoren.

REX

A.B. Maskinfabriken Rex, Halmstad S 1908–

Begann mit dem Einbau Schweizer Motosacoche-Motoren und hatte 1911 auch schon eigene 2,5-PS-V-Zweizylindermotoren. Es folgten bis 1934 Modelle mit Villiers- und Jap-Motoren von 147 bis 746 cm^3 und nachher hauptsächlich Zweitakter von 49 bis 248 cm^3 mit Antriebsquellen von Sachs, Ilo und auch Husquarna.

REX-JAP

Premier Motor Co., Ltd., Aston Road, Birmingham GB 1908–1915

Wie schon unter P.M.C. erwähnt, baute diese Firma Jap-Motoren von 293 bis 996 cm^3 ein. Die Rahmen wurden – höchstwahrscheinlich – bei Rex in Coventry gebaut.

REYNOLDS-RUNABOUT

1. Jackson Car Manufacturing Co., Pankbourne, Berks GB 1919–1922
2. A. W. Wall Ltd., Tyseley, Birmingham

Schöne Roller-ähnliche Fahrzeuge mit 269-cm^3-Liberty-Zweitakt- und 346-cm^3-Jap-sv-Motoren. Der ganze Mechanismus war gekapselt, die Räder klein und der Schwerpunkt lag sehr tief.

REYNOLDS-SPECIAL

A. E. Reynolds Motorcycles, Berry Street, Liverpool GB 1930–1933

Gut modifizierte 498- und 598-cm^3-Scott-Zweizylinder-Zweitaktmaschinen. Reynolds baute Ende der dreißiger Jahre die AER.

RHONSON F 1952–1958

Orthodoxe 124-cm^3-Zweitaktmaschinen einer kleinen Fabrik.

RHONY-X

1. Ets. Rhony-X, Place du Bachut 3, Lyon F 1924–1932
2. Ets. Rhony-X, Rue de Grenoble 28, Lyon

3. Ets. Rhony-X, Chemin de Mountechat, Lyon
4. Ets. Rhony-X, Avenue Rockefeller 60, Lyon

Hatte eine große Modellreihe mit eigenen 185-cm³-Zweitaktern und später auch 246-cm³-Zweitaktern. Außerdem wurden Jap- und Chaise-Motoren von 247 bis 498 cm³ eingebaut. Diese mit sv-, ohv- und – bei Chaise – ohc-Blockmotoren.

RIBI

1. Binneweis & Sprecher, Weberstraße 40b, Berlin NO 18 — D 1923–1925
2. Binneweis & Sprecher, Fruchtstraße 36, Berlin O 17

Mit eigenen 196- und 248-cm³-ohv-Motoren gebaute Motorräder.

RICHARD

Georges Richard, Quai National 1, Puteaux — F 1901–1904

Baute außer Motorrädern mit Zurcher-, Peugeot- und anderen Motoren auch nach ihm benannte Automobile.

RICKMAN

Rickman Brothers (Engineering) Ltd., Sten Lane, New Milton, Hants — GB 1959–

Wurde bereits unter »Metisse« als Hersteller hervorragender Fahrgestelle für kleine 124-cm³-Zündapp-Zweitakter wie auch für große Mehrzylinder-Viertaktmotoren von Triumph, Norton, Honda und andere Firmen erwähnt.

RIEJU

Riera Y Juanola S.A., Borrassa 41. Figueras, Gerona — E 1952–Q

Hatte im Bauprogramm außer Zweitakt-Motorrädern und Rollern auch ohv-Einzylindermodelle bis 174 cm³ mit französischen AMC-Motoren.

RIGAT

Ditta Motocicli Rigat, Luigi Rigat, Milano — I 1912–1914

Stellte mit 487-cm³-Fafnir-Motoren ausgerüstete Motorräder her.

RIKUO

J 1953–1962

Baute Harley-Davidson-ähnliche 996- und 1198-cm³-V-Zweizylindermodelle, nachher BMW-ähnliche 248- und 348-cm³-ohv-Einzylindermodelle.

RILEY

Riley Cycle Co. Ltd., City Works, Coventry — GB 1901–C

Baute schon Dreiräder mit De-Dion-Motoren, bevor der Motorradbau aufgenommen wurde. Motorräder hatten Minerva- und MMC-, ab 1904 auch eigene 2-, 2,5- und 2,75-PS-Ein- und V-Zweizylindermotoren. Nach dem Ersten Weltkrieg ging Riley zum Autobau über und verschwand zuletzt im Leyland-Empire.

RINNE

1. Rinne-Motoren GmbH., Gitschinerstraße 107, Berlin SW 61 D 1924–1932
2. Rinne-Motoren GmbH., Greifswalder Straße 140, Berlin NO 55

Liegende Einzylinder-Zweitaktmotoren, die teilweise mit Verdampfungskühlung gebaut und auch an andere Motorradproduzenten geliefert wurden, zumal Rinne hauptsächlich Motorenwerk dar. Die bei Max Hucke gebauten kompletten Rinne-Motorräder hatten 124, 174 und 248 cm^3 Hubraum. Rinne-Rennfahrer: Hucke, Rannacher, Lücke.

RIP

Rip Motor Mfg. Co. Ltd., 14 Leystone Road, Stratford, London E. GB 1905–1908

Hersteller von Motorrädern mit Hinterradfederung und Peugeot-, Stevens- sowie White & Poppe-Einbaumotoren.

RIVIERRE

Ets. Automotrice Rivierre, Gaston Rivierre, Paris F 1903–B

Besaß einen Megola-ähnlichen 1,75-PS-Zweizylinder-Sternmotor im Hinterrad. Der Fabrikant offerierte ähnliche Motoren auch bis zu 20 PS. Sie arbeiteten als Zweitakter mit einem Gegenzylinder zum Ansaugen; d. h. einer Art Ladepumpe.

RIWINA

Riwina Motorradbau, Gebr. Ridder, Bielefeld D 1924–1925

Ein kleiner Motorradkonfektionär im damaligen Zentrum der deutschen Fahrradindustrie. Baute außer 142-cm^3-DKW-Motoren auch andere Motoren ein.

RIXE

1. Rixe-Fahrradwerke, Brake bei Bielefeld D 1934–
2. Rixe & Co., GmbH., Brake bei Bielefeld

Gute Konfektionsmaschinen. Baute vor 1939 Mofas mit 74- und 98-cm^3-Sachs-Motoren, nach 1949 auch schöne Motorräder mit Ilo-Motoren bis 248-cm^3-Hubraum. Konzentrierte dann die Produktion auf 47-cm^3-Mofas, -Mopeds und -Mokicks sowie auf 49-cm^3-Kleinkrafträder.

RIZZATO

1. Allessandro Rizzato, Viale Navigazione Interna 71, 35100 Padova I 1972–
2. Rizzato Cesare & Co., S.p.A., Via Venezia 29, 35100 Padova

Eine der jüngeren italienischen Marken. Baut unter anderem schöne Sportmaschinen – besonders Geländesportversionen – mit 123-cm^3-Motoren von FB-Minarelli.

R.M.W.

1. R.M.W.-Motorradwerke (Ravensberger) GmbH., Neheim-Ruhr D 1925–1955
2. Ruhrtal Motorradwerke GmbH., Neheim-Ruhr

Begann den Motorradbau mit 132- und 148-cm^3-Zweitaktern und baute dann – nach Übernahme der Marke Phoenix – zahlreiche Modelle mit MAG-, Jap-, Sturmey-Archer-, Moser-, Bark- und Küchen-Motoren bis 499 cm^3. Solide Konstruktion, gute Verarbeitung. Das betraf auch die mit eigenen Motoren ausgerüsteten Zweitaktmodelle.

ROA

Industrias Motorizadas Onieva S.A., Virgin de la Encina 5, Madrid 17 E 1952–P

Baute außer 49-cm³-Mopeds und Dreiradfahrzeugen auch 198- und 325-cm³-Motorräder, die teilweise mit in Spanien gebauten Villiers-Zweitaktmotoren ausgerüstet wurden.

ROBAKO

Robert Bartsch & Co., Motorradbau, Berlin D 1924–1926

Kleiner Motorradkonfektionär, der u. a. 129-cm³-Bekamo- und 132-cm³-MGF-Zweitaktmotoren verwendete.

ROC

1. A. W. Wall Ltd., Guildford GB 1904–1915
2. A. W. Wall Ltd., Roc Motor Works, Aston Rd., Birmingham
3. A. W. Wall Ltd., Hay Mills, Birmingham

Walls Roc-Motorräder waren durch ihre sehr langen Fahrgestelle bekannt. Eingebaut wurden hauptsächlich 2-, 2,5- und 3,5-PS-V-Zweizylinder-Precision-Motoren. Der Schriftsteller Conan Doyle finanzierte diese Firma, während Wall ständig neue Konstruktionen wie »Autoräder« – motorisierte Hilfsräder für Fahrräder – Mehrganggetriebe, kuriose Dreiradfahrzeuge u. a. schuf.

ROCHESTER

1. Motos Rochester, Rue G. H. Marsaud 48, Gennevilliers F 1923–1929
2. Motos Rochester, Grande Rue 10, Le Pré, St. Gervais (S)

Einst eine agile und bekannte Fabrik, deren Motorräder bis 173 cm³ eigene Zweitaktmotoren besaßen.

ROCHET

Société Rochet, Rue de la Folie Regnault 24, Paris 11 e F 1902–C

Pionierfirma, die schon 1903 ihre 1,75-PS-Einzylindermodelle mit Zweiganggetriebe ausgerüstet hat. Die tief im Rahmenzentrum liegenden wechselgesteuerten Motoren waren eigene Erzeugung.

ROCKET

S.p.A. Industria Meccanica Neapoletana, Via Medina 40, Napoli I 1953–1958

Eine hochmoderne, von I.M.N. gebaute 198-cm³-ohv-Zweizylindermaschine mit quergestelltem Boxermotor und Kardanantrieb zum Hinterrad. Ähnlich der Hoffmann-»Gouverneur«.

ROCKSON

J. S. Rock & Sons., Beecher Works, Cradley, Staffs GB 1920–1923

Kleiner Konfektionär, der außer 269-cm³-Villiers-Motoren auch 346-cm³-sv-Motoren von Blackburne einbaute.

ROCO

Roco Motorfahrzeuge AG., Am Lützowufer 9, Berlin-Charlottenburg D 1922–1925

110- und 147-cm^3-Zweitakt-Blockmaschinen mit nach vorn liegendem Zylinder. An der Firma waren u. a. die Rennfahrer Johannes Rössig (Konstrukteur) sowie Hermann und Heinrich Rossner beteiligt, beide ebenfalls bekannte Rennfahrer.

ROCONOVA

J. Rössig, Motorenbau, Salzufer 23, Berlin-Charlottenburg D 1924–1926

Die 248- und 348-cm^3-ohc-Motoren dieser schnellen Motorräder gehörten zu den ersten serienmäßig in Deutschland gebauten Königswellenmotoren. Sie wurden auch an andere Hersteller, wie Patria, geliefert und gewannen zahlreiche Rennen. Erfolgreiche Fahrer außer dem Konstrukteur Johannes Rössig: Thevis, Zadek, Graf Bismark, Perl, Nakonzer, Elsner, Pohle.

RÖHR

Maschinenfabrik Erich Röhr, GmbH., Landshut, Bayern D 1952–1958

Unter dem Namen »Roletta« gebaute Roller mit 197-cm^3-Ilo-Motoren.

ROES

Ets. G. Roés, Boulevard de la Gare 152, Paris F 1932–1934

Leichtkrafträder mit 98- und 123-cm^3-Zweitaktmotoren.

ROESSLER & JAUERNIGG

Maschinenfabrik Roessler & Jauernigg, Inh. E. & R. Fehres, Austraße 14, Außig A (CS) 1902–1907

Baute Motorräder mit Hinterradfederung und eigenen 2-, 2,75- und 4-PS-Ein- und V-Zweizylindermotoren.

ROLAND

Hugo Marschin, Motorradbau, Lindenstraße 75, Berlin SW 68 D 1923–1924

Kleiner Hersteller von Zweitaktmaschinen mit 132-cm^3-Bekamo- und 145-cm^3-DKW-Motoren.

ROLAND

Köln-Lindenthaler-Motorenwerke AG., Köln-Lindenthal, Neuenhöfer Allee 90 D 1904–1907

Die Roland gehört in den Bereich der von derselben Firma gebauten Tiger-, Allright-, Vindec-Special- und anderer Motorräder. Sie hatten unter Kelecom und FN-Lizenzen gebaute KLM-Motoren, daher das »Motorenwerke« anstatt »Metallwarenfabrik« in der Adresse. Bemerkenswert, daß diese 2,15-PS- und 2,75-PS-Einzylinder- und 5-PS-V-Zweizylindermaschinen auch mit den bekannten Truffault-Gabeln geliefert wurden.

ROLEO

Ets. Rollet & Cie., Rue de la Folie 64, Méricourt, Paris F 1924–1939

Mit Rohr-, teilweise auch Preßstahl-Fahrgestellen ausgerüstete Zwei- und Viertakt-Maschinen. Die 248-, 348- und 498-cm^3-Einzylindermotoren stammten von Voisin, LMP, Jap-Staub und Chaise. In den Preßstahlrahmen war der Tank eingebaut.

ROLFE

Rolfe Manufacturing Co. Ltd., Bridge Street, Smethwick, Birmingham GB 1911–1914

Konfektionsmaschinen einer ambitionierten Fabrik. Es wurden 3,5-PS-Jap- und 746-cm^3-Jap-V-Zweizylindermotoren verwendet.

ROMEO

Ditte Fratelli Po di Edoardo Po, Via Dei Tornitori 11, 41100 Modena I 1969–

Gehört zur neueren Generation der italienischen Industrie und stellt mehrere Leichtkrafträder sportlicher Natur mit 49-cm^3-Motoren her, außerdem Mopeds. Die Motoren stammen von Minarelli.

ROMP

GB 1913–1914

Kurzzeitig gebaute einfache Einzylindermaschinen mit 499-cm^3-Precision-Motor.

RONDINE

Compagnia Nazionale Aeronautica, Littorio Aeroporto, Roma I 1934–1935

Von Ing. Carlo Giannini konstruierte 498-cm^3-Rennmaschinen mit wassergekühlten, vierzylindrigen Kompressormotoren. Waren damals die schnellsten europäischen Straßenmaschinen. Der vom Grafen Bonmartini finanzierte Bau, wurde 1936 von Gilera übernommen. Berühmte Rondine-Fahrer: Taruffi und Rosetti.

RONDINE

Ditta Prinelli & Co., Melegnano I 1923–1928

Mit 98-cm^3-Train-Zweitaktmotoren ausgestattete Leichtkrafträder.

RONDINE

S.p.A. F.I.M.L.E., S. Martino Siccomario, Pavia I 1951–1954

Eine weitere Firma, die Rondine-Motorräder baute. Alle hatten 124- oder 147-cm^3-Zweitakt-Sachs-Motoren.

RONDINE

Alfredo Copeta & Co., Via Persani 14, 27029 Vigevano I 1968–R

Der Ex-MV-Agusta-Rennfahrer Copeta baute schöne Moto-Cross- und Rennmaschinen mit 49-cm^3-Zweitaktmotoren. Die Produktion war allerdings nicht bedeutend.

ROND-SACHS

Rond-Sachs Motorenbau, Schoolstraat 33, Bennekom NL 1971–

Jüngere Firma, die sich hauptsächlich auf den Bau von Moto-Cross-Maschinen mit 49- und 123-cm³-Sachs-Motoren befaßt.

ROSENGART

Lucien Rosengart, Avenue du Champs-Elysées 21, Paris F 1922–1923

Die einst bekannte Autofabrik stellte auch Zweitakter mit 98-cm³-Train-Motoren her.

ROSELLI

Fabbrica Automobili e Motori, Ing. E. di A. Roselli, Via Nizza 29, Torino I 1899–1910

Pionier der italienischen Kraftfahrzeugindustrie, dessen erste Motorradkonstruktionen 1,75 und 2,5 PS (258 cm³) hatten. Baute auch Motorräder mit offenem Rahmen für Damen sowie Automobile.

ROSSI

Ing. A. Rossi, Via Paisello 8, Parma I 1950–1955

Konfektionär von Motorrädern mit 123-cm³-Sachs-Motoren, die auch erfolgreich Geländefahrten bestritten.

ROSSI

Officina Meccanica Paolo Rossi, S. Andrea di Cocquio Trevisago, Varese I 1929

Ungewöhnliche Konstruktion mit Aluminiumrahmen und quergestelltem 346-cm³-V-Zweizylinder-ohv-Motor.

ROTARY

Rotary Mfg. Co., Ltd., Tokyo J N–1961

Moderne Zweitaktmaschinen mit 124 cm³ Hubraum.

ROTER TEUFEL

Bismarck-Motoren GmbH., Berlin-Charlottenburg, Bismarckstraße 102 D 1923–1925

Hatte im Gegensatz zu anderen Berliner Erzeugnissen einen 170-cm³-sv-Motor.

ROTTER

Motorfahrzeugfabrik Schönebeck, Schönebeck a. d. Elbe D 1924–1925

Vor 1914 baute diese Firma das Welt-Rad, Mitte der zwanziger Jahre Leichtkrafträder mit 142-cm³-DKW-Zweitaktmotoren in geringer Zahl.

ROULETTE

Roulette Cycle Co., 84 Gosford Street, Coventry GB 1918–1919

Kleiner Konfektionär, der 269-cm³-Villiers-Motoren verwendete.

ROUSSEY

1. P. P. Roussey, Rue Bondreme 17, Meadon, S & O F 1951–1956
2. P. P. Roussey, Boulevard du Parc, Neuilly (Seine)

Rollerhersteller, dessen Konstruktionen 123- und 173-cm³-Motoren hatten.

ROVA – KENT

Eglington & Clarke, Adelaide AUS 1913–1914

Eine der wenigen in Australien gebauten Maschinen. Der 496-cm³-ohv-Einzylindermotor hatte vier Ventile und bildet mit dem Getriebe einen Block.

ROVER

1. The Rover Co., Ltd., Coventry GB 1902–1925
2. The New Rover Co., Meteor Works, Coventry
3. The Rover Cycle Co., Ltd., Meteor Works, Coventry

Hervorragend konstruierte und gebaute 499-cm³-sv-Einzylinder- und 654- und 678-cm³-V-Zweizylindermaschinen. Baute nach 1918 eine 485-cm³-sv-Einzylindermaschine und nachher 246- und 346-cm³-ohv-Einzylindermodelle mit eigenen Blockmotoren. Gab dann den Motorradbau zu Gunsten der Autoherstellung auf.

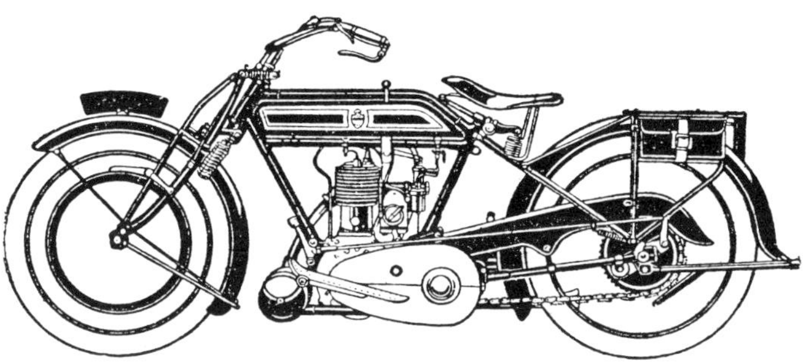

496 cm³ Rover
(Einz.-sv-Motor) 1921

678 cm³ Rover
(sv-Jap-V-Zweizyl.) 1921

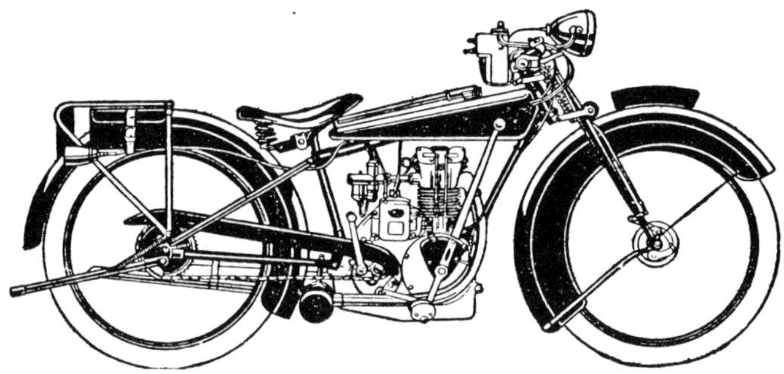

247 cm³ Rover
(Eig. ohv-Blockmotor) 1922

ROVETTA

Officine Meccaniche Giovanni Rovetta, Brescia — I 1900–1906

Einst bekannte Fabrik, die schon 1904 wassergekühlte Einzylindermaschinen mit vor den Pedalen nach vorn geneigten 2,55-PS-Motoren gebaut hat.

ROVIN

1. Ets. R. de Rovin, Rue de Colombes 2, Asniéres — F 1920–1934
2. Ets. R. de Rovin, Rue de Tilsit 32, Paris
3. Ets. R. de Rovin, Boulevard Brune, Paris
4. Ets. R. de Rovin, Rue Haxo 9 & 11, Paris 20e

Bekannter Motorrad-, Dreirad- und Autorennfahrer, baute zahlreiche Modelle mit 100- bis 248-cm³-Zweitaktmotoren und auch Viertakter von 174 bis 499 cm³ mit sv- und ohv-Jap- wie auch MAG- und anderen Motoren. Schloß sich 1929 mit San-Sou-Pap zusammen. Baute nach 1945 schöne Kleinautomobile.

ROVLANTE

F 1929–1935

Kleiner Produzent von 98- und 123-cm³-Zweitaktmaschinen.

ROYAL

Royal Motor Works, Spalding-Bidwell Building, New York — USA 1901–C

Mit dem nach hinten geneigten 445-cm³-Zylinder und dem Kraftstoffbehälter über dem Hinterrad des verstärkten Fahrradrahmens war diese Maschine typisch für damalige amerikanische Konstruktionen.

ROYAL

Philipp Zucker, Helvetia Fahrradfabrik, Basel, Brantgasse 12 — CH 1900–1908

Gehörte zu den ersten Motorradherstellern der Schweiz. Die von Zedel stammenden Einzylindermotoren hatten 1,5 und 2 PS.

ROYAL

Fratelli Santogastino. Milano — I 1923–1928

Erzeugte zuerst 132-cm³-Zweitakter, nachher eine beschränkte Anzahl von 346- und 498-cm³-Modellen mit Jap-Motoren.

ROYAL-AJAX

1. British Cycle Mfg. Co. Ltd., 1 & 3 Berry Street, Liverpool — GB 1901–C
2. Silver Queen Cycle Co. Ltd., 18 Grays Inn Road, London

Baute Einzylindermaschinen mit 2,5-PS-Motoren, deren Herstellung nach London verlegt wurde.

ROYAL-EAGLE

1. Coventry Eagle Cycle & Motor Co., Stoney Stanton Road, Coventry — GB 1901–1939
2. Coventry Eagle Cycle & Motor Co., Foleshill Rd., Coventry

In der Periode bis 1910 konnte man Coventry-Eagle Motorräder auch mit dem Namen »Royal-Eagle« erwerben.

ROYAL-ENFIELD

Enfield India, Tiruvottiyur, Madras — IND 0–

Ursprüngliches Zweigwerk von Royal Enfield, werden dort hauptsächlich 173-cm^3-Zweitakter nach Villiers-Konstruktionen gebaut, zumal das Werk der Firma Norton-Villiers (England) gehört.

ROYAL-ENFIELD

1. Enfield Cycle Co. Ltd., Redditch, Worcs — GB 1898–1967
2. Enfield Precision Engineers Ltd., Upper Westwood, Bradford-on-Avon

Ursprünglich ein Zweigwerk von Eadie, baute Royal-Enfield zunächst Dreiräder mit De-Dion-Motoren, 1901 schon Motorräder mit 211-cm^3-Minerva-Motoren, die über dem Vorderrad lagen. Berühmt unter den späteren Modellen waren die wechselgesteuerten 346-cm^3-V-Zweizylinder, deren Motoren für R–E bei MAG gebaut wurden. Berühmt auch 225-cm^3-Zweitakter und 965-cm^3-V-Zweizylinder-sv-Maschinen. Dann gab es mit Jap-Motoren ausgerüstete 248-cm^3- und 498-cm^3-Modelle, später wurden ausschließlich eigene Motoren von 124 bis 1140 cm^3, darunter 148-cm^3-ohv- wie auch 225-, 248-, 348-, 499-, 570-sv- und ohv-Versionen, verwendet. Es gab auch ohv-Modelle mit vier Ventilen. Nach 1945 kamen zahlreiche neue Modelle von 123-cm^3-Zweitaktmodellen bis zum 736-cm^3-Intercepter-Parallel-Zweizylinder in Erzeugung, wobei besonders auch 246-cm^3-ohv-Modelle forciert wurden. Royal-Enfield war sehr erfolgreich in Trials und auch gut bei Rennen. Erfolgreiche Fahrer: Barrow, Reynard, Burney, Rogers, Brittain, Stocker, Ellis, Magner, Booker.

225 cm^3 Royal Enfield (Eig. 2T-Motor) 1922

346 cm³ Royal Enfield
(ohv-Jap-Motor) 1926

996 cm³ Royal Enfield
(Eig. sv-V-Zweizyl.) 1929

346 cm³ Royal Enfield
(Eig. ohv-Motor) 1931

348 cm³ Royal Enfield
(ohv-»Bullet«) 1938

ROYAL MOTO

Ets. Royal-Moto, Rue Dupuytren 12, St. Etienne F 1923–1933

Mit von Massardin gebauten 100-, 174- und 244-cm³-Zweitakt- und 246- bis 500-cm³-sv- und ohv-Motoren ausgestattete Motorräder. Bekannt durch robuste Konstruktion.

ROYAL NORD

Ets. Royal Nord, Hufkens Bros., Hasselt B 1950–P

Baute außer zahlreichen 48-cm³-Mofas, Mopeds etc. auch Zweitaktmotorräder bis 248 cm³ mit Motoren von Villiers, Sachs, Maico u. a.

ROYAL-RUBY

1. Royal-Ruby Cycle Co., Ltd., Royal-Ruby Works, Cannel Street, Ancoats, Manchester GB 1909–1933
2. Ruby Cycle Co., Ltd., Moss Lane, Altrincham nr. Manchester
3. Royal-Ruby Cycle Co., Bradshawgate, Bolton

Erstklassige Motorräder mit eigenen 349-, 375- und 976-cm³-Jap-V-Zweizylindermotoren. Ab 1927 gebaute Modelle hatten Doppelrohrrahmen, Satteltanks und 172-cm³- bis 346-cm³-Villiers- sowie 248-cm³- und 348-cm³-ohv-Jap-Motoren. Dreiradwagen wurden mit 346-cm³-Villiers- und 596-cm³-sv-Jap-Motoren gebaut.

ROYAL SCOT

1. Donaldson & Kelso, Strathcona Drive, Anniesland. Glasgow GB 1922–1924
2. Knightswood Motors Ltd., Strathcona Drive, Anniesland, Glasgow
3. Knightswood Motors Ltd., 98 West George Street, Glasgow

Eine rein schottische Marke, deren Motoren 346-cm³-Versionen waren (Von Barr & Strouds-Schiebermotorenfabrik in Glasgow). Und die Fahrgestelle von den ebenfalls in Glasgow befindlichen Victoria-Werken kamen. Vom »Hersteller« kam wohl nur das Abziehbild am Tank!

ROYAL SOVEREIGN

London Machinists Co., 119 High Street, Kingsland, London N. GB 1902–B

Etwas ungewöhnliche Motorräder mit 211-cm³-Minerva-Motoren.

ROYAL STANDARD

1. J. Pauchand & Cie., Roue de Hollande 13., Genéve CH 1928–1937
2. Ateliérs des Charmilles, S.A., Route de Lyon 109., Genéve

Baute unter anderem eine sehr interessante 398-cm³-Parallel-Zweizylindermaschine, deren Blockmotor bei Zurcher entstand.

ROYAL SUPER

Fratelli Santagostino, Via Pier Lombardo 28, Milano 22 I 1923–1928

Identisch mit den 132-cm³-Zweitaktmaschinen von »Royal« (s. dort).

ROYAL WELLINGTON

Shakespeare, Kirkland & Frost Ltd., Birmingham GB 1901–B

Mit 211-cm³-Minerva-Motoren ausgestattete Leichtkrafträder mit Fahrradrahmen.

R.S.

1. Zweitakt-Motorradfabrik Rogge & Stiller, Friedrichstr. 42, Berlin, SW 68 D 1924–1925
2. Zweitakt-Motorradfabrik Rogge & Stiller, Weißenburger Str. 45, Berlin-Spandau

Genaue Daten liegen nicht vor, doch soll diese R.S. 380 cm³ und zwei hintereinanderstehende Zylinder mit Kurbelzapfendrehschieber im Blockmotor gehabt haben.

R.S.

Scheid-Henninger, Motorfahrzeugbau, Gerwigstraße 18, Karlsruhe D 1925–1928

Mit doppelten Dreiecksrahmen ausgestattete Motorräder. Wurden mit 492-cm³-BMW-Boxer-Zweizylindermotoren, aber auch mit 346- und 496-cm³-ohc-Küchen-Motoren und Jap-Motoren von 346 bis 996 cm³ handwerksmäßig gebaut.

RUBINELLI

1. Cost. Mecc. Icaro Rubinelli, Chignolo Verbano, Stresa I 1921–1927
2. Cost. Mecc. Icaro Rubinelli, Rho, Milano

Kleinerer Hersteller guter 122- und 172-cm³-Zweitaktmodelle. Rubinelli-Motoren wurden auch von anderen Produzenten verwendet.

RUCHE

F 1952–1954

Einer der vielen kleinen französischen Hersteller von Motorrädern mit 123- und 173-cm³-Zweitaktmotoren.

R.U.D.

Motorradbau Richard Uhlmann, Dresden D 1927–1930

Nur in geringer Anzahl hergestellte Konfektionsmaschinen mit 348- bis 748-cm³-Motoren von Kühne, MAG und Jap.

RUDGE-WHITWORTH

1. Rudge Whitworth Ltd., Crow Lane, Coventry GB 1911–1940
2. Rudge Whitworth Ltd., Hayes, Mddx.

Durch ihre guten Konstruktionen und Rennerfolge weltberühmt gewordene Motorradfabrik. Baute zunächst 499-cm³-Einzylinder- und 998-cm³-V-Zweizylindermodelle mit eigenen wechselgesteuerten Motoren und – teilweise – den berühmten Multi-21-Ganggetrieben. Ab 1925 jedoch hauptsächlich Vierventil-Einzylindermaschinen mit 346 und 498 cm³ Hubraum. Es gab auch 246-cm³-Modelle mit Jap- sowie eigenen Zwei- und Vierventilmotoren. Berühmt die »Ulster« und »TT-Replica«-Rennmodelle. Rudge baute auch vierventilige »Python« Einbaumotoren für andere Motorradhersteller zu denen Imperia, Zündapp, Miller, Eysink, Lady, Italia, Grindlay-Peerless, AJW, HRD, Newmount, Cotton etc. gehörten. War von 1928 bis 1934 eine der beliebtesten Rennmaschinen. Berühmte Rennfahrer: Walker, Tyrell-Smith, Nott, Handley, Davenport, Simpson, Pullin, Abbott, H. Winkler, Giggenbach, Richnow, Port, Kohlus, Buttler, Schneeweiß, Walla, Killmeyer, Rzehak, Bandini, M. Ghersi, Ashby, Longmann. Und Techniker: Anstey, Hack, Pugh, Whitlock. Letzte Konstruktion war 1939 ein 98-cm³-Mofa mit Zweitaktmotor.

499 cm³ Rudge
(ioe-»Multi«) 1914

499 cm³ Rudge (4-Vent.-ohv-
»Standard«) 1926

498 cm³ Rudge
(4-Vent.-ohv-Motor »Sport«)
1926

492 cm³ Rudge (4-Vent.-ohv-
»Ulster«-Rennmasch.) 1929

498 cm³ Rudge
(4-Vent. ohv »Special«) 1931

248 cm³ Rudge
(2-Vent. ohv »Sports«) 1936

498 cm³ Rudge (4-Vent.-ohv-
»Ulster«) 1938

RUEDER

Franz Gaul, Motorradbau, Hamm D E–F

Kleiner Konfektionär der – angeblich – 346-cm³-ohv-Maschinen baute.

R. & F.

Motorradbau Kraftfahrzeugwerk München AG.,
Dreimühlenstraße 21, München D 1924–1926

346-cm³-ohv-Maschinen mit eigenen Motoren. Kleine Produktion.

R. & K.

Richter & Kroboth, Motorfahrzeuge, Sternberg, Mähren CS 1924–1926

Mit Villiers-Motoren von 147 und 172 cm³ ausgerüstete Maschinen. Kroboth baute nach 1945 in Seestall/Lech, BRD-Roller.

RULLIERS

1. Frantisek Bousek & Frantisek Venda, Na Sloupi 11, Praha II — CS 1924–1929
2. Ladislav Fiser & Spol, Slezska 48, Praha II

Rulliers-Zweitaktmaschinen waren ebenfalls mit 147-, 172- und 346-cm³-Villiers-Motoren ausgerüstet.

RUMI

1. Moto Rumi, Via G. B. Moroni 255, Bergamo — I 1949–O
2. Fonderie Officine Rumi, Via G. B. Moroni 266, Bergamo

Mit ihren liegenden zwei Parallel-Zylindern, war die 123-cm³-Zweitakt-Rumi, eine rassige kleine Sportmaschine, die man als »Biene« bezeichnet hatte. Es gab dann auch 173- und 193-cm³-Modelle, Roller und zuletzt von Dr. Rumi konstruierte 98-, 124- und 174-cm³-»Einblock«-V-Zweizylinder mit ohc-Motoren. Sehr unkonservative Konstruktionen, die sich nicht durchsetzen konnten und auch zu teuer in der Herstellung waren.

123 cm³ Rumi
(Eig. 2T-Zweizyl.-Motor)
1952

RUNGE

Fahrzeugfabrik Harold Runge, Hannover 401 — D 1923–1926

Stellte in kleinem Maßstab gut gebaute 197-cm³-Maschinen mit einzylindrigen sv-Motoren her.

R. & P.

Robinson & Price Ltd., Chatham Street, Liverpool — GB 1902–C

Eine der ersten, serienmäßig in England gebauten Maschinen. Die 346-cm³-Einzylinder-Motoren »saßen« bereits in der zentralen Werner-Position.

RUPP

1. Rupp-Fahrzeugbau, Grüne Fläche, Swinemünde — D 1928–1932
2. Rupp Motorrad AG., Grüne Fläche, Swinemünde

498 cm³ Rupp
(3-Vent.-»K«-ohc-Motor)
1931

Hatte ein Zweimodellprogramm, das aus einer 198-cm³-ohv-Maschine mit eigenem Motor und aus einer 498-cm³-ohc-Maschine mit Küchen-Motor bestand.

RUPPE

1. Ruppe Motor GmbH., Nürnberger Straße 4, Berlin W 50 — D 1927–1929
2. Ruppe Motor GmbH., Mühlenstraße 35, Berlin W 50

Hugo Ruppe, Konstrukteur der ersten DKW- und Bekamo-Motorräder, war auch für diese 98-cm³-Fahrrad-Hilfsmotoren, die über dem Tretlager und auch über dem Hinterrad montiert wurden, verantwortlich.

RUSH

Motocyclettes Rush, J. van Geert, Chaussée de Wavre, Anderghem, Bruxelles — B 1922–1934

Sportmaschinen mit 248- und 348-cm³-Blackburne-ohv-Motoren. Ab 1927 baute die Firma auch Modelle mit eigenen 347-, 497- und 597-cm³-sv- und ohv-Motoren. Van Geert gewann außer anderen Rennen 1924 den G.P. der Nationen in Monza auf einer Rush-Blackburne.

RUSPA

Motocicli Luigi & Franco Ruspa, Torino — I 1926–1929

Schön konstruierte 124-cm³-Zweitaktmodelle und 124- sowie 174-cm³-ohv-Versionen. Die 347-cm³-Einzylindermaschine mit kettengesteuerter ohc, wurde nur in wenigen Exemplaren 1929 gebaut.

RUSSELL

Russell Motor Company, Wolverhampton — GB 1913

Bescheidene Herstellung von 172- und 492-cm³-ohv-Maschinen.

RUT

August Gernet, Motorfahrzeugbau, Nürnberg — D 1923–1924

Primitive 132-cm³-Zweitaktmaschine mit außenliegendem Schwungrad.

RUTER

Motocicletas Ruter, Figueras — E 1957–1960

Mit 98- und 125-cm³-Zweitaktmotoren ausgestattete Maschinen einer kleinen Firma.

RUWISCH

Karl Ruwisch, Fahrzeug & Maschinenfabrik, Köln-Ehrenfeld D 1948–1959

Kleinroller, bei dem 38-cm³-Victoria-Zweitaktmotoren als Antriebsquelle dienten.

R.W.C.

Fahrradfabrik Franz Tresnak, St. Christophen bei Neulengbach A 1949–O

Kleinkrafträder mit 98-cm³-Rotax-Sachs-Zweitaktmotoren.

R.W.-SCOUT

R. Wheaterell & Co., Ltd., Terrace Works, High Road, Kilburn,
London N.W. 6 GB 1920–1922

Einer der kleineren Hersteller von Motorrädern mit 269-cm³-Villiers-, 318-cm³-Dalm- und 348-cm³-ohv-Blackburne-Motoren.

SACI

Costrucciones Meccanicas Grassi, Sao Paulo BR 1959–Q

In verschiedenen Ausführungen gebaute 174-cm³-Roller.

SADEM

Ets. Sadem, Rue Hoche 52, Bois-Colombes (Seine) F 1951–1954

Leichtgewichtsmaschinen mit Motoren bis 98 cm³ Hubraum.

SADRIAN

Adrian Viudes e Hijos S.R.C., Floridablanca 75, Murcia E 1956–1963

Bekannt als Hersteller von Dreiradfahrzeugen. Baute auch Motorräder mit spanischen 123- und 198-cm³-Villiers-Lizenzmotoren.

SAGITTA

Ferrum AG., Legerova ulice 82, Praha-Vinohrady CS 1928–1930

Mit 247-cm³-Villiers-Motoren ausgerüstete Motorräder.

SALIRA

S.A. Lion-Rapide, Alost, Belgium B 1955–P

Konfektionär, der außer Villiers-Motore von 98 bis 197 cm³ auch andere Einbauzweitakter verwendete.

SALTLEY

Saltley Cycle Co., Queens Chambers, 86 Snow Hill, Birmingham GB 1919–1924

Motorradkonfektionär, dessen Maschinen 269-cm³-Villiers-, 347-cm³-Vulcanus- und 497-cm³-sv-Blackburne-Motoren besaßen.

SALVE

Societa Automotociclette Lombardo-Veneto-Emilia, Milano I 1925–1926

Moderne 496-cm³-Einzylindermaschine mit eigenem Blockmotor und seitengesteuerten Ventilen.

SANCHOC

Motos Sanchoc, Paris X F 1922–1924

Stellte Zweitakter von 98 bis 248 cm³ und sv-Maschinen bis 345 cm³ her.

SAN CHRISTOPHORO

Societa San Christophoro, Via Bergunuovo 18, Milano I 1951–1954

Kleine 123-cm³-Zweitaktmaschinen einer kleinen Firma.

SANGLAS

Tazzéres Sanglas S.A., Rambla Justo Oliveras, Hospitalet de Llobregat, Barcelona E 1949–

Hält seit Jahren am Bau von einzylindrigen ohv-Maschinen von 248 bis 499 cm³ mit eigenen Blockmotoren fest und baut auch eine 423-cm³-Version mit elektrischem Starter.

SAN-SOU-PAP

1. Ets. Motex, Bvd. Hausmann, Paris F 1923–1936
2. Ets. San-Sou-Pap, Pantin, Seine
3. Motocyclettes San-Sou-Pap, Boulevard de Valmy 114, Colombes, Seine
4. Ets. Rovin-San Sou Pap, Boulevard Brune 35, Paris
5. Ets. Rovin-San Sou Pap, Rue Haxo 9 & 11, Paris XXe

Der Name San-Sou-Pap bedeutet »ohne Ventile«. Das war hier aber nur bis 1929 richtig. Bis dahin gab es wirklich nur Zweitaktmodelle von 98 bis 248 cm³ mit Train-Motoren. Dann wurde die Firma von Rovin übernommen und baute nunmehr auch 248- und 498-cm³-Jap- und MAG-sv- und ohv-Motoren ein.

SANTAMARIA

Giuseppe Santamaria, Via E. Raggio 20, Novi Ligure, Alessandria I 1951–1963

Gut ausgeführte Zweitaktmodelle – Mofas, Mopeds, Leichtkrafträder – mit 49-, 69-, 98-, 123- und 147-cm³-Motoren von Zündapp, Sachs und Ilo.

SAN YANG

San Yang Industry Co., Ltd., Taiwan RC 1962–

Baut unter Lizenz zahlreiche Honda-Modelle in Taiwan.

SANYO J 1958–1962

Sportmaschinen mit 246-cm³-ohv-Motoren eigener Herstellung.

S.A.R.

1. S.A.R.-Automobilgesellschaft, Motorradwerk, Dahlmannstraße 13, Berlin-Charlottenburg 4 — D 1923–1930
2. Maschinenfabrik Raetsch, Dahlmannstraße 13, Berlin-Charlottenburg 4

Baute 122-, 147- und 198-cm³-Dreikanal-Zweitaktmotoren, die auch an andere Motorradhersteller geliefert wurden.

S.A.R.

Metallurgica Ossolana di Villadossola, Villadossola — I 1920–1925

Von der Elect abgeleitet, war die 498-cm³-S.A.R. eine schöne Zweizylindermaschine mit sv-

346 cm³ SAR (ölgekühlter Bradshaw-ohv-Motor) 1924

und ohv-Boxermotoren. Es gab ab 1924 auch eine 346-cm³-ohv-Einzylinderversion, deren ölgekühlter Motor von Bradshaw in England stammte.

SARACEN

1. Saracen Engineering Ltd., Stafford Mills, Thrupp, Stround — GB 1967–
2. David Brand & Co. Ltd. (Saracen Division), Old's Approach, Tolpits Lane, Watford, Herts
3. David Brand & Co., Ltd. (Saracen Division), Melinite Industrial Estate, Hatfield Rd., Watford, Herts.

Die mit 123-cm³-Sachs-Motoren ausgestatteten Saracen-Sportmaschinen, besonders Trial- und Geländemaschinen, haben schon ein bewegtes kommerzielles Leben hinter sich und werden hauptsächlich für den Export gebaut. Es gibt auch ein 188-cm³-Trial-Modell und 244-cm³-Moto-Cross-Version mit Mickmar-Zweitaktmotor.

SARCO

1. Sanders-Rehders & Co., Ltd., 108 Fenchurch Street, London, E.C. 3 — GB 1920–1923
2. Sarco Engineering & Trading Co. Ltd., 36. Kingsway, London WC 2

Mit 269-cm³-Villiers-Motoren ausgerüstete Maschinen, doch gab es auch eine 259-cm³-Version, die den Sarco-Reliance-Zweitaktmotor besaß. Deshalb auch der Name »Sarco-Reliance« bei diesen Modellen am Tank.

SARENKA

Wytwornia Sprzetu Komunikacyjnego »Delta«, Swidnik — PL 1961–

Diese 123-cm^3-Zweitaktmaschine gehörte zur Modellreihe der großen polnischen WSK-Motorradwerke. Mehr unter WSK.

SARKANA-SWAIGSNE

Motorcycle Works, Riga. LE 1958–

Litauischer Hersteller von 49-cm^3-Mopeds und ähnlichen Kleinfahrzeugen.

SAROLEA

Ets. Sarolea, Herstal, Liége. B 1898–1957

Gehörte mit Minerva und FN zu den Pionierfabriken Belgiens. Baute gute Ein- und V-Zweizylindermaschinen und lieferte Motoren an andere Motorraderzeuger. Die 346- und 496-cm^3-sv- und ohv-Einzylinder der zwanziger Jahre waren typisch englischer Bauweise. Dann kamen 124-, 147- und 174-cm^3-Zweitakter und 596-cm^3-ohv-Modelle. Nach 1945 auch 398-cm^3-Einzylinder, sowie neue 498- und 598-cm^3-Parallel-Zweizylinder-ohv-Modelle und 500-cm^3-Moto-Cross-Einzylindermaschinen. Dann kam es zu einer Zusammenarbeit führender belgi-

496 cm^3 Saroléa
(Eig. ohv-Rennmasch.) 1927

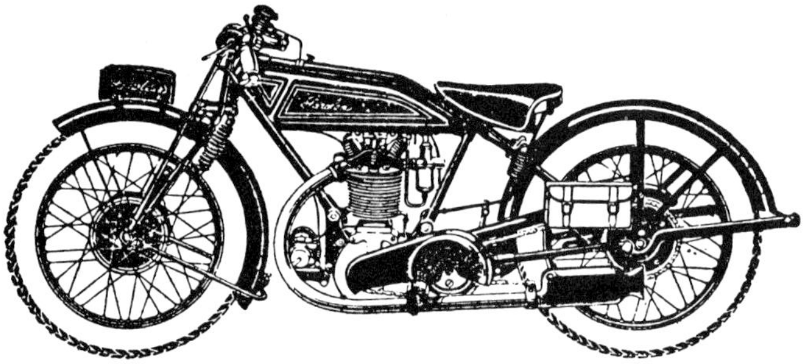

346 cm^3 Saroléa
(Eig. ohv-Motor) 1928

347 cm^3 Saroléa
(Eig. ohv-Motor) 1931

123 cm³ Saroléa
(Eig. 2T-Motor) 1939

scher Motorradhersteller und Saroléa stellte nur noch 49- bis 248-cm³-Zweitakter mit Motoren von Ilo, Sachs, Mi-Val u. a. her. Berühmte Saroléa-Rennfahrer: Claessens, Grégoire, Poncin, »Grizzly« (G. de Ridder), Dirtl, Gayer, Arcangeli, Colombo, Tom, Vidal, Stobart.

SARTORIUS

Fahrzeugwerk Paul Schubert, Bunzlau, Schlesien — D 1924–1926

Baute außer 195-cm³-Maschinen mit Zweitaktmotoren auch eine 348-cm³-ohv-Maschine mit Kühne-Motor.

SATAN

Sikyr-Rott, Strojirna, Na Sloupi 452, Praha II — CS 1929

Nur wenige dieser 548-cm³-sv-Einzylindermaschinen wurden gebaut.

SATURN

Horst Steudel, Motorenfabrik, Kamenz i. Sachsen — D 1921–1927

Steudel war eine bekannte Auto- und Bootsmotorenfabrik. Die dort hergestellten Motorräder hatten 246-cm³-Zweitakt-, 348-cm³-ohv- und gegengesteuerte 497-cm³-V-Zweizylindermotoren, wobei bei letzteren der Antrieb zum Hinterrad mittels Kardan erfolgte. Es gab auch einen seitengesteuerten 149-cm³-Fahrrad-Hilfsmotor.

SATURN

Williams & James (Engineers) Ltd., Chequers Bridge, Gloucester — GB 1925–1926

Baute in geringer Anzahl 346-cm³-Einzylindermaschinen mit eigenen Zweitaktmotoren.

SAXESSORIES

Saxelbys Accessories Ltd., Coventry — GB 1923–1924

Bei Hobart für diese Firma konfektionierte Maschinen mit 248-cm³-Villiers-Motoren. Nur wenige Maschinen wurden gebaut.

S.B.D.

Münchner Motorfahrzeuge KG., Damenstiftstraße 5, München — D 1923–1924

Mit liegenden 298-cm³-Bosch-Douglas-Boxer-Zweizylindermotoren ausgerüstete Motorräder.

SCARAB

G. Ancilotti & F., Via Delle Gore, 50020 Sambuca Val di Pesa, Firenze I 1967–

Auch unter dem Namen Ancilotti bekannt gewordene 49- und 124-cm³-Moto-Cross- und ähnliche Maschinen mit Sachs- und Franco-Morini-Motoren. Gewannen zahlreiche Trials und Moto-Cross-Veranstaltungen.

SCARABEO

Aprilia di Beggio Cav. Alberto & C., Via Roma, Noale, Ve I 1968–

Bereits unter Aprilia erwähnte 49- und 123-cm³-Sport-, Trial-, Moto-Cross- und Rennmaschinen mit Franco-Morini-Motoren.

SCHEIBERT

Motorradbau Anton Scheibert, Josefstätter Str. 43, Wien VIII A 1911–1913

Motorräder mit über dem Vorderrad verstärkter Fahrräder angebrachten 197-cm³-sv-Motor.

SCHICKEL

Schickel Motor Co., Stamford, Conn. USA 1912–1915

Hochinteressante Konstruktion mit gegossenem Leichtmetallrahmen, wobei auch der Kraftstoffbehälter in den Guß einbezogen war. Interessannt auch der luftgekühlte Einzylindermotor, ein Zweitakter mit 648 cm³ Hubraum.

648 cm³ Schickel
(Eig. 2T-Einzyl.-Motor) 1913

SCHLIHA

1. Schlüpmannsche Industrie- & Handelsgesellschaft mbH., Fließstraße 15, Berlin-Niederschönweide D 1924–1933
2. Schliha GmbH., Fließstraße 15, Berlin-Niederschönweide

198 cm³ Schliha
(Eig. 2T-ohv(!)-Motor) 1930

Schlüpmann, der zu den zahlreichen Berliner Zweitaktkonstrukteuren gehörte, baute seine patentierten »obengesteuerten« Zweitaktmaschinen mit Hubräumen von 129 bis 596 cm^3. Sehr schöne, himmelblaue Motorräder, doch – besonders bei großen Hubräumen – technisch nicht ganz perfekt.

Schlimme

Motorradbau Oskar Schlimme, Falkenberg — D 1924–1925

Motorradkonfektionär, der 142- und 173-cm^3-DKW-Motoren einbaute.

SCHMIDT

Maschinenfabrik Robert Schmidt, Fischendorf b. Leisnig. — D 1921–1924

Fahrrad-Einbaumotoren und 196-cm^3-Leichtkrafträder. Die Motoren entstammten eigener Erzeugung und hatten seitengesteuerte Ventile.

SCHNEIDER

B. Schneider, Motor- & Fahrradbau, Spengbergerstr. 8, Görlitz — D 1924–1926

Baute in kleinem Maßstab Zweitaktmaschinen mit 142-, 173- und 206-cm^3-DKW-Motoren.

SCHNELL-HOREX

Schnell-Motoren KG., Gottesauerstraße 4–6, Karlsruhe — D 1952–1954

In Zusammenarbeit mit Horex in Bad Homburg v. d. H. gebaute einzylindrige 248-, 348- und 498-cm^3-ohc-Rennmaschinen, die vom Konstrukteur Roland Schnell und von Hermann Gablenz, H. P. Müller, Fritz Kläger, Georg Braun u. a. erfolgreich bei Rennen gesteuert wurden.

SCHROFF-RECORD

Georg Schroff, Motorradbau, Berlin NW 6 — D 1923–1925

Einfache 148-cm^3-Zweitaktmaschinen mit nach vorn geneigtem Motor.

SCHÜRHOFF

1. Schürhoff & Co., GmbH., Motor & Fahrzeugwerke, Bielefeld, Herforder Straße 146–166 — D 1949–1953
2. Schürhoff & Co., Gevelsberg i. W.

Baute außer Mofas, Mopeds etc. mit 48-cm^3-Motoren von Sachs, Ilo und Zündapp auch Motorräder mit 123- und 173-cm^3-Ilo-Motoren.

SCHÜTT

Paul Schütt, Motorenbau, Flensburg — D 1933–1934

Duralumin-Fahrgestelle mit quergestellten 196-cm^3-V-Zweitakt-Zweizylindermotoren. Beschränkte Herstellung.

SCHÜTTOFF

1. Schüttoff & Baessler GmbH., Maschinenfabrik, Chemnitz D 1924–1933
2. Schüttoff AG., Abt. Motorradbau, Rößlerstraße 30, Chemnitz
3. Auto-Union AG, DKW-Werke, Zschopau/Sa.

Eine Maschinenfabrik, die auch die 247-cm³-sv-, 348-cm³-sv- und ohv- sowie 498-cm³-sv- und ohv-Einzylindermotoren ihrer guten Motorräder selbst hergestellt hat. Es gab auch einige 348-cm³-Rennmaschinen mit ohc-Motoren, und ab 1930 hatten 198- und 298-cm³-Zweitaktmodelle Motoren von DKW. 1932 übernahm DKW das Werk von Schüttoff und baute kurze Zeit diese Maschinen – auch die Viertaktmodelle. Erfolgreiche Schüttoff-Fahrer: Ihle, Lohse, A. Müller, H. Kirchberg, E. Hirth, J. Mittenzwei, Laßnack.

246 cm³ Schüttoff
(Eig. sv-Blockmotor) 1924

SCHWALBE

Gebrüder Spiegler, Motorfahrzeugfabrik, Aalen/Württemberg D 1922–1924

Bekannt durch ihre Spiegler-Motorräder, bauten die Brüder vorher die mit 124- und 198-cm³-Boxer-Zweizylindermotoren ausgestatteten Schwalbe-Leichtkrafträder, wobei es sich um verstärkte Fahrradgestelle mit diesen kleinen Motoren handelte.

SCHWALBE

Ruegg & Co., Maschinenfabrik & Fahrradwerk, Uster, Zürich CH 1901–1905

Mit Schweizer 2,75-PS-Einzylindermotoren von Zedel ausgerüstete Motorräder.

SCHWEPPE

Schweppe-Mechanik, Dillenburg D 1949–1950

Mit seiner beiderseitigen Schwinghebelfederung und 143- bzw. 184-cm³-Ilo-Motoren war er der Vorgänger des Rollers von Pirol.

S.C.K.

S.C.K.-Motorradwerk GmbH., Köln/R. D 1924–1925

Kleiner Motorradkonfektionär, der 348- und 498-cm³-Motoren von Jap und MAG in typisch englische Fahrgestelle eingebaut hat.

SCOOTAVIA

A. Morin, Paris 19e, Rue Manin 117 F 1951–1956

Luxuriöse Roller mit obengesteuertem 173-cm^3-AMC-Motor und vier Gängen.

SCORPION

1. Scorpion Motorcycle Developments, 40. Rochford Rd., Bishops Stortford, Herts GB 1963–1964
2. Scorpion Motor Cycles Ltd., Whitfield, Bracley, Northhants.

Maschinen mit Preßstahlfahrgestellen und Villiers-Zweitaktmotoren mit 197 und 246 cm^3, die allerdings nur in sehr geringen Quantitäten gebaut wurden, bevor Scorpion die Tore schloß.

SCOTO

F 1949-N

Kleinroller mit von Garelli in Italien gebauten 38-cm^3-Mosquito-Motoren.

SCOTT

1. Scott Engineering Co., Ltd., Mornington Works, Bradford
2. Scott Engineering Co., Ltd., Saltaire Road, Shipley
3. Scott Motor Cycle Co., Ltd., Saltaire Road, Shipley
4. Scott Motor Cycle Co., Ltd., 2 St. Mary's Row, Birmingham
5. Aerco Jigs & Tools, 558 Bromford Lane, Birmingham GB 1909–

495 cm^3 Scott
(2T-Zweizyl. wasserg) 1925

596 cm^3 Scott
(2T-Zweizyl. wasserg.) 1926

595 cm³ Scott
(2T-Zweizyl. wasserg.) 1927

495 cm³ Scott
(2T-Zweizyl. »Sport«) 1928

499 cm³ Scott
(2T-Zweizyl.-»TT-Modell«)
1929

495 cm³ Scott (2T-Zweizyl.
»Flying Squirell«) 1929

499 cm³ Scott (2T-Zweizyl.-»Sprint-Modell«) 1930

Nach mehrjährigen Entwicklungsarbeiten begann Angas Alfred Scott 1909 mit dem Serienbau seiner Scott-Zweizylinder-Zweitaktmaschinen. Diese hatten 333, 354 und zuletzt 498 cm^3 und 598 cm^3, und bereits 1911 verwendete er für Rennmodelle Motoren mit Einlaß-Drehschieber. Nach kurzer Zeit hatte er von luftgekühlten Motoren und Zylindern auf wassergekühlte Konstruktionen umgewechselt und auch zahlreiche große Erfolge bei Rennen mit seinen Maschinen errungen. Scott selbst starb 1923 und W. Cull betrieb die technische Weiterentwicklung dieser Maschinen. 1929 kam ein luftgekühlter 297-cm^3-Einzylindertyp, 1934 die berühmte dreizylindrige 996-cm^3-Zweitakt-Scott mit Wasserkühlung. Die 498- und 598-cm^3-Zweizylindermodelle wurden in verschiedenen Ausführungen gebaut und ständig weiterentwickelt. 1950 ging Scott freiwillig in Liquidation und wurde von Shipley in eine neue Firma nach Birmingham verlegt, wo der Bau in beschränktem Umfang weitergeführt wurde. Berühmte Scott-Fahrer: Myers, Philipp, F. A. Applebee, H. O. Wood, Hatch, Kitchen, Mainwaring, Langton, Varey und Langmann.

SCOTTA

F 1952–1955

Ungewöhnliches Motorrad mit Roller-Rädern und 123-cm^3-Ilo-Motoren.

SCOTT – CYC-AUTO

1. Cyc-Auto Ltd., Bashley Road, Park Royal, London, N.W. — GB 1934–1950
2. Cyc-Auto Works Company, 381 Uxbridge Rd., London, W. 3

Typisches englisches Moped, das den bei Scott gebauten 98-cm^3-Zweitaktmotor quergestellt vor dem Tretlager eines verstärkten Fahrradfahrgestelles hatte.

SCOUT

Taylor & Hands, 353 a Coventry Road, Birmingham — GB 1912–1913

Kleine Firma, die 498-cm^3-Precision-sv-Einzylindermotore verwendete.

SCYLLA

Ets. Scylla, Avenue Marceau 50, Courbevoie, Seine — F 1931–1937

Leichtkrafträder mit 98- und 123-cm^3-Aubier-Dunne-Motoren.

SEAL

1. Haynes & Bradshaw, 348 Stretford Road, Hulme, Manchester — GB 1914–1921
2. Seal Motors Ltd., 348 Stretford Road, Hulme, Manchester
3. Haynes Economy Motors, Percy Place, Stretford Rd., Hulme, Manchester

Ungewöhnliches Fahrzeug, bei dem es sich um ein »normales« Seitenwagen-Motorrad mit 986-cm^3-V-Zweizylinder-Jap-Motor handelte. Ungewöhnlich deshalb, weil es keinen Lenker, sondern ein Lenkrad für den Seitenwagenpassagier zur Steuerung des Fahrzeuges hatte. Etwas aufwendig, da das Fahrzeug trotz des Seitenwagens nur eine Person befördern konnte.

SEARS

Sears, Roebuck & Co, Chicago, Illinois — USA 1912–1916

Große 9- bis 10-PS-V-Zweizylindermaschinen typisch amerikanischer Bauweise mit bei Spacke gebauten Motoren.

SEEGARD

Fietz, Paul & Co., Ing. R. Seegard, Potsdamer Straße 48, Berlin, W 35 — D 1924–1925

Viertakt-Leichtkrafträder mit 146 und 197 cm^3. Kleiner Produzent.

SEELEY

1. Colin Seeley Ltd., Stapley Rd., Belvedere, Kent — GB 1966–
2. Colin Seeley Racing Developments Ltd., Stapley Rd., Belvedere, Kent
3. Seeley Frames Ltd., Old Forge Works, Stapley Road, Belvedere, Kent

Ex-Rennfahrer, der die 348-cm^3-AJS- und 498-cm^3-Matchless-ohc-Renn-Einzylindermodelle weiterentwickelte und in Kleinserie baute, als AMC in London die Tore schloß. Spezialist im Bau von Fahrgestellen für Rennmaschinen. Ging später mit B. Ecclestone, dem Hersteller der Brabham-Rennwagen (Motor Components), zusammen. Jetzt wieder selbständig.

SEILING

A. Scoppio S.A., Via Brioschi 53, Milano — I 1938–1939

Als Ing. Alberico Seiling die Marke MAS verließ, konstruierte er diese 297- und 347-cm^3-Einzylindermodelle mit sv-Blockmotoren und Hinterradfederung.

346 cm^3 Seiling
(Eig. sv-Blockmotor) 1938

SEITH

Seith & Sohn, Fahrzeugbau, Hof/Saale-Krötenbruck — D 1949–1950

Miniaturfahrzeuge für Kinder, die 38-cm^3-Zweitaktmotoren von Victoria besaßen.

SENIOR

Ditta Motocicli Bonzi e Marchi, Milano I 1913–1914

Mit Schweizer Moser-Motoren ausgestattete 296- und 330-cm^3-Einzylinder- und 499-cm^3-V-Zweizylindermaschinen.

SERTUM

Off. Mech. Fausto Alberti, S.A., Viale Certosa 226, Milano I 1931–1951

Größere Firma, die mit dem Bau von 173-cm^3-sv- und 120-cm^3-Zweitaktmotorrädern ins Geschehen eingriff. 1934 gab es bereits 496-cm^3-Parallel-Zweizylinder-sv-Modelle und auch 246-cm^3-sv- und ohv-Maschinen. Daneben wurden auch einzylindrige 498-cm^3-Versionen gebaut und auch Transportdreiräder. Die sehr robust und gut konstruierten Maschinen errangen große Erfolge bei Zuverlässigkeitsfahrten, auch bei der Int. Sechstagefahrt. Erfolgreiche Fahrer: Grieco, Ventura, Fornasari.

496 cm^3 Sertum
(Zweizyl. sv-Motor) 1938

SERVETA

Serveta Industrial S.A., Avenada Bilbao 3, Elbar E 1973–

Leichtkrafträder mit 48-cm^3-Zweitaktmotoren.

SERVICE

Service & Colonial Ltd., 292–293 High Helborn, London W.C. 2 GB B–1912

Die unter diesem Namen verkauften Motorräder stammten von verschiedenen Herstellern, zu denen Wartnaby & Draper und Connaught gehörten.

SESSA

1. Costruzione Meccaniche Sessa, Motazzone, Varese I 1950–1956
2. Moto Sessa, Via Cenisio 4, Milano

Kleiner Konfektionär, der mit 147-cm^3-Ilo-Motoren schöne Motorräder gebaut hat.

SETTER

E 1954–1956

Mit 60-cm^3-Zweitaktmotoren ausgerüstete Leichtkrafträder.

SEWÜT

1. Sewüt Motoren & Fahrzeugbau, Schweinfurt — D 1924–1926
2. Sewüt Motoren & Fahrzeugbau, Bauerstraße 1, Würzburg

Konfektionsmaschinen, die in kleiner Stückzahl mit 142-, 173- und 206-cm³-DKW-Motoren gebaut wurden.

S.F.M.

Szczecinska Fabrika Motociklova, Szezecin — PL 1956–1964

Im Gegensatz zu anderen osteuropäischen Motorradherstellern baute dieses Werk Viertaktmotorräder, das heißt die »Junak«-Maschinen mit obengesteuerten 246- und 346-cm³-Einzylinder-Blockmotoren.

S-FORTIS

Fortis-Werke AG, Jaktar bei Troppau — CS 1929–1931

Baute nur ein Modell, dessen 598-cm³-ohv-Einzylindermotor von Saroléa aus Belgien bezogen wurde.

S.F.W.

Schwäbische Fahrzeug-Werke GmbH., Wasseralfingen/Wttbg. — D 1924–1926

Übernahm den Bau der früheren 2,5-PS-Nordstern-Motorräder, nachdem diese Firma in Konkurs gegangen war.

S.G.S.

Syd Gleave, Engineering Works, Davenport Street, Macclesfield — GB 1926–1933

Ein berühmter Rennfahrer, der außer Rennmaschinen mit 248-, 348- und 490-cm³-ohv-Motoren von Jap auch Motorräder mit 147- bis 346-cm³-Villiers-Motoren – teilweise in den Wolverhamptoner Diamond-Werken – hergestellt hat. Er selbst gewann die 1933 Lightweight TT auf einer 248-cm³-Vierventilrennmaschine von Excelsior.

S.H.

Scheid-Henninger, Motorfahrzeuge, Gerwigstraße 18, Karlsruhe — D 1925–1928

Hier handelte es sich um dieselben Maschinen, wie sie bereits bei R.S. beschrieben wurden. Der Unterschied lag nur im Namen am Tank.

SHARRATT

Sharratt Motors Ltd., 16 Carters Green, West Bromwich — GB 1920–1930

Orthodox gebaute 986-cm³-V-Zweizylinder-sv-Maschinen einer kleinen Firma, die auch Einzylindermodelle mit Jap-Motoren von 293 cm³ aufwärts gebaut hat. Nach 1924 nur noch beschränkte Herstellung, teilweise auch mit Villiers- und MAG-Motoren. Zuletzt 348-cm³-Modelle mit sv- und ohv-Jap-Motoren.

SHAW

Shaw Mfg. Co., Galesburg, Kansas — USA 1909–1923

Baute zwei Einzylindermodelle mit 2,5 und 3,5 PS, die kupplungslose sv-Motoren eigener Herstellung besaßen. Später auch einen 115-cm^3-Fahrrad-Hilfsmotor.

SHAW

Shaw Motor Co., Birmingham — GB 1904–1922

Diese Maschinen hatten Kelecom- und Minerva-Motoren. Dann gab es eine jahrelange Unterbrechung, und erst 1919 hatte man wieder 115-cm^3-Fahrrad-Hilfsmotore, die aus den USA kamen.

SHEFFIELD-HENDERSON

Henderson Motors, Aero Works, 73, Fitzwilliam Street, Sheffield — GB 1919–1923

Eine Seitenwagenfabrik, die zuerst 498-cm^3-sc-Maschinen und dann 346-cm^3-ohv-Modelle, alle mit Blackburne-Motoren, hergestellt hat.

SHIN MEIWA

Shin Meiwa Industry Co., Ltd., 125 Agenaruo-cho, Nishinomiya City, Hyogo Pref. — J N–P

Baute zum Teil rollerähnliche Maschinen auf Preßstahlfahrgestellen. Die liegenden einzylindrigen Zweitaktmotoren hatten 89, 123 und 153 cm^3.

S.H.L.

1. Huta Ludwikov S.A. Kielec — PL 1935–
2. Warszawska Tovarna Motocyklowa, Zavod Kielec

Wohl die älteste polnische Motorradfabrik, die schon vor 1939 Motorräder mit 123-cm^3-Viliers-Motoren gebaut hat. Nach 1945 wurden 123-, 148- und 174-cm^3-Zweitakter – teils im Werk Mielec – von diesem großen Unternehmen hergestellt.

SHOWA

Showa Works Ltd., 178 Matsunaga-cho, Namuzu City, Shizuoka Pref. — N–1960

Gehörte zu den Herstellern von 48-cm^3-Mopeds, Motorrädern mit 123- bis 247-cm^3-Zweitakt- und 174-cm^3-ohv-Motoren.

SIAMT

Societa Italiana Automobili Motocicli, Torino — I 1907–1914

Hier schuf der berühmte Konstrukteur Luigi Semeria Einzylindermodelle mit 260, 262 und 344 cm^3 sowie V-Zweizylinderversionen mit 494, 688 und 731 cm^3 Hubraum, die bei Sportveranstaltungen große Erfolge errangen.

SIAT

Soc. Italiana di Applicazioni Tecniche, Senigallia — I 1924–1926

Ein beliebter Fahrrad-Hilfsmotor mit 75 cm^3 Hubraum.

SIATA
Ditta Siata, Via Leonardo da Vinci 21–25, Torino I 1953–O

Gehörte zu den zahlreichen Herstellern von Leichtkrafträdern in Italien. Baute Zweitakter und ohv-Modelle von 98 bis 198 cm³.

S.I.C.
Motos S.I.C., Rue Nouvelle 12, Paris 9 F 1921–1925

Konfektionierte Motorräder mit Aubier-Dunne-, Zurcher-, Train- und anderen Motoren von 98 bis 346 cm³.

SICRAF
Paul Vallée, Rue Sadi Carnot 59, Aubervilliers F 1947–1953

Sehr ambitionierte Firma, die 48-cm³-Mofas, Motorräder von 123 bis 246 cm³ mit Ydral- und AMC-Motoren und gleichzeitig auch Roller, Dreiradfahrzeuge und auch dreirädrige Transportroller gebaut hat.

SIEG
Motorradfabrik H. Jüngst GmbH., Dahlbruch, Kreis Siegen D 1922–1930

Motorradkonfektionär, der zahlreiche Einbaumotoren von DKW, Ilo, Cockerell, Bober, Alba, Hansa, Villiers, Jap, Mag und besonders Blackburne in zum Teil ebenfalls auswärts gekaufte Fahrgestelle montiert hat. Es handelte sich um Modelle von 110 cm³ bis zu zweizylindrigen 598-cm³-ohv-Maschinen.

SIEGFRIED
Siegfried-Werke, Kyritz-Priegnitz D 1925

Mit 142-cm³-DKW-Motor ausgerüstete Maschine.

SIGNORELLI
Ditta Signorelli, Torino I 1928–1930

Baute in kleinem Maßstab 173-cm³-Zweitaktmaschinen.

SILK
Silk Engineering (Derby) Ltd., Boars Head Mill, Darley Abbey, Derby GB 1974–

Kann als Nachfolgerfirma von Scott betrachtet werden und die 700 S von Silk ist der alten wassergekühlten, zweizylindrigen Scott-Zweitaktmaschine nicht unähnlich. Die von George Silk und David Midgelow konstruierte Silk hat 653 cm³ Hubraum, 76 mm Bohrung und 72 mm Hub. Die Herstellung ist begrenzt. Firmenchef: H. B. Cundall.

SILVA
GB 1919–1920

Einer der ersten in England gebauten Roller mit 117-cm³-ohv-Motor.

SILVER PIDGEON

Mitsubishi Heavy-Industries Reorganized Ltd., No. 10, 2-chome, Marunouchi, Chioda-ku, Tokyo
J N–1965

In Großserien gebaute Roller mit 87-cm³-Zweitakt- und 192-cm³-ohv-Motoren.

SILVER PRINCE

New Tryus Cycle Co., Poplar Works, Johnston Street, Birchfield, Birmingham
GB 1919–1924

Hatte eine kleine Produktion von 269-cm³-Zweitaktern mit Villiers- und 346-cm³-sv-Motoren von Blackburne. Baute zuletzt 148- und 248-cm³-Villiers-Motoren ein.

SILVER STAR

Silver Star Motor Mfg. Co., Tokyo J 1953–1958

Leichtkrafträder mit eigenen 123- und 147-cm³-ohv-Motoren.

SIM

SIM-Societa Italiana Motoscooters, Viale dei Mille 6, Reggio Emilia I 1953–1955

Baute Roller mit 123- und 147-cm³-Motoren von Puch und auch 147-cm³-Zweitaktmaschinen mit Kardanantrieb zum Hinterrad.

SIMARD

L. Simard & Fils., Cours Rech 62, Vitton, Lyon F 1951–1954

Lambretta-ähnliche Roller mit 174-cm³-Ydral-Zweitaktmotoren.

SIMONCELLI

Giacinto Simoncelli, Via Dogana 1, Verona I 1927–1935

Begann den Motorradbau mit 172-cm³-Maschinen und Train-Zweitaktmotoren. Spätere Modelle hatten 173-cm³-Jap-sv- und ohv-Viertakter, die Luxusversionen schon 1934 eine Hinterradfederung.

SIMONETTA

Societa S. Christoforo, Via Bergonuovo 18, Milano I 1951–1954

Von San Christoforo gebaute 124-cm³-Zweitaktmaschine.

SIMONINI

1. Enzo Simonini, Via Vandelli 573, 41050 Torre Maina (Mo) I 1970–
2. Div. della Fornetti Impianti s.p.a., Via Sicilia, 41053 Maranello (Modena)

Gehört zu den zahlreichen Herstellern kleiner 49- und 123-cm³-Moto-Cross- und Geländemaschinen mit »heißen« Zweitaktmotoren von Sachs und anderen Firmen.

SIMPLEX

1. Machine, Rijwiel en Automobiel Fabriek Simplex, Overtoom 271, Amsterdam — NL 1899–1956
2. Simplex Machine en Rijwiel Fabriek, Pilotenstraat 35, Amsterdam W

Berühmte Fahrradfabrik, die auch zu den ersten holländischen Motorrad- und Autoherstellern gehörte. Die ersten Maschinen hatten Minerva- und Fafnir-Motoren, spätere zum Großteil MAG-Einbaumotoren bis 746 cm^3. In den dreißiger Jahren und nach 1945 gab es hier hauptsächlich Mofas und Mopeds mit 98- und 48-cm^3-Zweitaktmotoren von Sachs.

SIMPLEX

1. Pellini & Ferraris, Via Vigone 29, Torino — I 1921–1950
2. Luigi Pellini, Via Vigone 29, Torino
3. Luigi Pellini, Via Cumiana 53, Torino

Begann mit 123-cm^3-Zweitaktmodellen und liegenden Zylindern. 1927 folgten 173-cm^3-, später auch 246- und 346-cm^3-ohv-Maschinen mit eigenen, sehr robusten Motoren. Nach 1945 wurden 148- bis 248-cm^3-ohv-Modelle aber nur noch in beschränkter Anzahl hergestellt.

173 cm^3 Simplex (I)
(Eig. ohv-Motor) 1929

SIMPLEX

1. Patrick Engineering Co., Ltd., Brearley Street, Birmingham — GB 1919–1922
2. Small Engines Ltd., 131 Coventry Road, Bordesley, Birmingham

Stellte 105-cm^3-Zweitakt-Hilfsmotoren für Fahrräder her, die über dem Hinterrad angebracht wurden.

SIMPLEX

1. Simplex Manufacturing Corporation, 540 North Carlton Avenue, New Orleans, Lousiana — USA K–Q
2. Valiant Manufacturing Corporation, POB 19243, New Orleans, Lousiana

Primitive Leichtkrafträder für Kurzstreckengebrauch mit amerikanischen 198-cm^3-Industrie-Viertakt-Motoren, die zum Teil von Continental geliefert wurden. Einfacher Doppelrahmen, sehr kleine Räder. Die Firma wurde mehrmals reorganisiert.

SIMSON

1. VEB Autovelo, Suhl in Thüringen — DDR 1949–
2. VEB Fahrzeug- und Jagdwaffenwerk »Ernst Thälmann« Suhl/Th.
3. IFA-Kombinat VEB Fahrzeug & Jagdwaffenwerk »Ernst Thälmann« DDR 60 Suhl/Thüringen

Hier wurden zunächst die Awo- und Simson-Motorräder mit 248-cm³-ohv-Motoren, jetzt ausschließlich 49-cm³- und 75-cm³-Zweitaktmaschinen – auch in Geländesportausführung – gebaut. Der Name »Simson« stand schon vor dem Ersten Weltkrieg auf Waffen und den »Simson-Supra«-Automobilen.

SINGER

Singer & Co., Ltd., Canterbury Street, Coventry — GB 1900–1915

Später eine berühmte Autofabrik, baute Singer zunächst Dreiräder mit Vorsteckwagen. Genau ausgedrückt Motorräder mit zwei Rädern vor dem Fahrer. Interessant aber, daß der einzylindrige Perks & Birch-Motor wie bei der Megola – hier jedoch im Hinterrad – lag und nicht rotierte. Singer hatte diese »Motor-im-Rad-Konstruktion« von P & B erworben und in Serie gebaut. Später baute man normale 299-, 349-, 499- und 535-cm³-sv- und auch 347-cm³-Zweitakt-Modelle, darunter auch wassergekühlte Versionen. 1921 erwarb Singer die Premier-Werke in Coventry und verlegte sich ganz auf den Autobau.

208 cm³ Singer (2T-P&B-Hinterradmotor) 1902

SIPHAX

Ateliérs de Mécanique Siphax, Paris — F 1951–1956

Kleine Firma, die eine sportliche 98-cm³-Zweitaktmaschine mit liegendem AMC-Motor gebaut hat.

SIROCCO

Motorradfabrik Gustav Heinz, Schönberg, Mähren — CS 1925–1928

Heinz, der auch die Velamos-Motorräder und -Fahrräder gebaut hat, konfektionierte Sirocco-Motorräder mit englischen 147-, 172- und 246-cm³-Villiers-Motoren.

SIRRAH

Alfred Wiseman, Ltd., Glover Street, Birmingham GB 1922–1925

Harris hieß der Konstrukteur. Sein Namen von rückwärts gelesen ergab die sportliche Sirrah. Verwendet wurden eigene 211- und 292-cm^3-Zweitaktmotoren und auch 346- und 498-cm^3-ohv-Einzylindertypen von Jap und Blackburne. Bei Wiseman wurden auch die Verus-Motorräder -Motorräder gebaut, die in Italien den Namen Veros am Tank hatten. Es gab auch ein 996-cm^3-V-Zweizylinder-sv-Modell mit Jap-Motor.

S.I.S.

S.I.S.-Veiculos Motorizados, Lda., Apartado 6, Anadia P 1950–

Die im Besitz des Sachs-Importeurs befindlichen S.I.S.-Werke gehören zu den führenden Leichtkraftradherstellern in Portugal. J. Simones Costa, ein erfahrener Techniker, verwendet in seinen Mopeds und 49-cm^3-Motorrädern selbstverständlich auch nur deutsche Sachs-Zweitaktmotoren. Fahrräder stellte die Firma bereits 1936 her.

SISSY

Lohner-Werke GmbH., Wien I, Donaufelder Straße 77/79 A 1957–P

Kleinroller mit 98- und 123-cm^3-Rotax-Zweitaktmotoren.

SITTA

Hummel-Werk, Ordemann & Hauser, Sittensen, Bez. Bremen D 1950–1955

Baute 120- und 123-cm^3-Roller, später auch 49-cm^3-Mopeds und Motorräder mit 123 bis 247 cm^3 Hubraum. Verwendete hauptsächlich Ilo-Zweitaktmotoren.

S.J.K.

J 1956–P

Stellte zahlreiche Modelle mit Motoren von 49 bis 249 cm^3 her und brach dann, wie auch andere japanische Firmen, kommerziell zusammen.

S.K.F.

V/O Avtoexport, Smolenskaja-Sennaja Pl., 32/34 Moskau SU 1961–1965

Russische 348-cm^3-Rennmaschinen mit Jawa-ähnlichen Parallel-Zweizylinder-Doppelnockenwellenmotoren, die nur von Werksfahrern an den Start gebracht wurden.

SKO

1. Sko Motocykly, Praha II, Sokolska 50 CS 1924–1926
2. Ing. F. Skopec, Praha II, Hooverova Trida 96
3. Ing. F. Skopec, Praha-Nusle, Cestmirova 7

Kleine Firma, die trotzdem im eigenen Betrieb eine 348-cm^3-Zweitakt-Monobloc-Maschine gebaut hat, deren Motor vom Firmeninhaber Ing. Skopec konstruiert wurde.

SKOOTAMOTA

Gilbert Campling Ltd., 1 Albermarle Street, Piccadilly, London, W. 1 GB 1919–1922

Roller mit offenem Fahrgestell und von ABC gebautem 123-cm³-ohv-Motor.

S.L.

1. Sutton-Lewis Motors, 14 Church Street, Rickmansworth GB 1924–1925
2. Davis Bros, 14. Church Street, Rickmansworth

Baute in geringer Stückzahl 345-cm³-Einzylindermaschinen mit zwei Einlaßventilen und einem Auslaßventil.

SLADE-JAP

Whittle's Motors, Slade Lane 8, Longsight, Manchester GB 1920–1923

Einfache, typisch englische 346-cm³-sv-Maschine mit Jap-Motor.

SLANEY

H. H. Timbrell, 59 Slaney Street, Birmingham GB 1921–1922

Kleiner Konfektionär, dessen Zweizylindermaschinen 688-cm³-sv-Boxermotoren von Coventry-Victor besaßen.

SLAVIA

Laurin & Klement, Motorrad- und Motorenfabrik, Mlada Boleslav A (CS) 1899–1908

Die berühmten L & K-Motorräder – und auch die unter Lizenz bei Seidl & Naumann in Dresden gebauten Maschinen – trugen zeitweise den Namen Slavia.

SLINGER

J. Slinger, Settle, Yorkshire GB 1900–1901

Ungewöhnliche Konstruktion, zumal hier der 3,5-PS-Einzylinder-De-Dion-Motor auf zwei kleinen, hintereinanderliegenden Vorderrädern saß. Tatsächlich handelte es sich um ein separates Gestell, hinter dem ein »normales« Fahrrad saß.

S.M.

PL 1935

Besaß einen eigenen 346-cm³-ohv-Blockmotor und Kardanantrieb. Die Ventile saßen nebeneinander im Zylinderkopf. Beschränkte Produktion.

SMART

Motorrad- und Seitenwagenbau Eduard Platzer jun., Wöllersdorfer Straße 32, Wiener Neustadt A 1925–1932

Mit englischen 346-, 498- und 596-cm³-sv- und ohv-Motoren von Jap konfektionierte Motorräder.

SMART

F 1922–1927

Mit eigenen 198-cm³-sv-Motoren ausgerüstete Leichtkrafträder.

S.M.S.

S. M. Swingler, Park Lane, Aston Cross, Birmingham GB 1913–1914

Mit einer patentierten Einlaßvorrichtung ausgestattete 211-cm³-Zweitakter.

S.M.W.

Stockdorfer Motoren-Werk AG, Stockdorf bei München D 1923–1933

Stellte zunächst Motorräder mit 492-cm³-BMW-Boxermotoren und ähnlichen 296-cm³- – unter Bosch-Douglas-Lizenz gebauten – Antriebsquellen her. Ab 1928 gab es Modelle mit 196-cm³-Villiers-, 496- und 596-cm³-sv- und ohv-Blackburne- wie auch 198- und 498-cm³-Sturmey-Archer-Motoren. S.M.W. war auch als Hersteller von Schneekufen für Motorräder bekannt. Chefkonstrukteur war Dr. Ing. Karl Rühmer, der auch die Karü- und K.R.-Motorräder baute.

SNOB

1. Rhein-Motorenwerk, Düsseldorf-Oberkassel D 1921–1925
2. Snob Motorenwerk GmbH., Düsseldorf-Oberkassel

Gehörte nach dem Ersten Weltkrieg zu den führenden kleinen Viertaktmaschinen in Deutschland. Der einzylindrige – wechselgesteuerte – Snob-Motor hatte 154 cm³ Hubraum und gewann mit Fahrern wie Pongs und Mischke viele Rennen. Konstrukteur der Snob war Karl Döpfner.

SOCOVEL

Ets. Socovel, Chaussée de Waterloo 614, Brüssel B 1938–1955

Baute Motorräder mit Batterieantrieb, solche mit 98-cm³-Villiers- und auch 246- und 346-cm³-Jawa-Motoren unter Lizenz. Es gab außerdem Modelle mit Ilo-, Sachs- und englischen 296-cm³-Coventry-Victor-Zweizylinder-Boxermotoren.

S.O.K.

Fredrik von Malmborg, Norrkoeping S 1925–1928

Nur ein Modell mit eigenem 346-cm³-ohv-Einzylindermotor wurde von dieser kleinen Firma hergestellt.

SOKOL

Panstwowe Zaklady Inzynierji, Warszawa PL 1936–1939

Robust gebaute 598-cm³-sv-Einzylindermaschine mit nach vorn geneigtem Zylinder.

SOLO

Solo-Kleinmotoren GmbH., 7032 Sindelfingen-Maichingen D 1949–

Konzentriert sich auf die Mofa- und Moped-Herstellung mit eigenen 47-cm³-Zweitaktmotoren. Baut außerdem ein Elektro-Mofa.

S.O.S.

1. S.O.S.-Motors, Hallow nr. Worcester GB 1927–1939
2. W. & H. Evers, 91 Macdonald Street, Birmingham
3. S.O.S.-Motorcycles, Camp Hill, Montpelier Street, Birmingham

Waren ursprünglich Konfektionsmaschinen mit 147- bis 347-cm³-Villiers- und 490-cm³-Jap-Motoren. In den dreißiger Jahren Konzentration auf Villiers-Motoren, inklusive 172-cm³-Rennversionen und wassergekühlten 247-cm³-Modellen. Baute 1930 sogar eine 172-cm³-Speedway-Maschine mit Villiers-»Brooklands«-Rennzweitakter.

SOUPLEX

B 1950–1953

Ungewöhnliche Konstruktion mit kleinen Rädern und quergestelltem 246-cm³-sv-Zweizylinder-Boxermotor von Coventry-Victor.

SOUTHEY

1. C. E. Southey & Co, Elm Grove, Berkhamstead, Herts GB 1905–1925
2. Southey Motor Co., Birmingham

Kleiner Konfektionär, der 269-cm³-Villiers-Motore eingebaut hat. Verwendete auch andere Villiers- sowie 346-cm³-Blackburne-Motoren. Stellte Fahrgestelle für De Havilland und Burney her.

SOYER

1. Ets. Soyer & Cie., Rue de Paris 116, Colombes F 1920–1935
2. Ets. Soyer & Cie., Rue de la Révolte 69, Levallois

Bekannte Marke, die 98-cm³-Zweitakter und hauptsächlich 248- bis 498-cm³-Einzylindermaschinen mit sv- und ohv-Motoren von Jap und Sturmey-Archer, aber auch 498-cm³-ohc-Chaise-Motoren gebaut hat. Es gab auch Modelle mit eigenen Motoren und einen Sieg 1930 beim GP von Frankreich, als die 498-cm³-Soyer mit Sturmey-Archer-ohv-Motor von C. J. Williams als Erste ins Ziel kam.

SPA-JAP

Spa-Motor & Engineering Co., Scarborough GB 1921–1923

Kleiner Konfektionär, dessen Motorräder 246- und 293-cm³-Jap-Motoren besaßen.

SPACKE

Spacke Motorcycle Company, Indianapolis, Indiana USA 1911–1914

Stellte außer gegengesteuerten 550-cm³-Einzylindermodellen vornehmlich 980-cm³-V-Zweizylindermotorräder robuster Konstruktion her.

SPARK

Sparkbrook Manufacturing Co Ltd., Payne's Lane, Coventry GB 1921–1923

Von dieser einst bekannten Fabrik gebaute billige 269-cm³-Maschine mit Villiers-Zweitaktmotor.

SPARK

Spark Motors, 46 Upper Thames Street, London, EC. GB 1903–1904

Besaß einen eigenen 2-PS-Motor und patentiertem Oberflächen-Spritzvergaser.

SPARKBROOK

Sparkbrook Manufacturing Co. Ltd., Payne's Lane, Coventry GB 1912–1925

Einst eine große englische Motorradfabrik, die vor dem Ersten Weltkrieg Maschinen mit 746- und 996-cm³-sv-Jap-V-Zweizylindermotoren gebaut hat und nach 1919 hauptsächlich 247-, 269- und 347-cm³-Villiers-Motoren wie auch 348-cm³-Einzylinder-Motore von Bradshaw, Jap und Barr & Stroud verwendete.

SPARTA

1. Rijwielen-en-Motorenfabriek, Verbeek & Schakel, Apeldoorn NL 1937–
2. Sparta Rijwielen en Motorenfabriek B.V., Apeldoorn

Baut jetzt hauptsächlich 49-cm³-Mofas mit Sachs-Motoren; früher gab es auch Motorräder bis 248 cm³ mit Zweitaktmotoren von Villiers, Ilo, Sachs, Victoria und anderen Firmen.

198 cm³ Sparta
(2T-Villiers-Motor) 1949

SPARTAN

1. Wallis & James, Motorcycles, Nottingham GB 1920–1922
2. Adkins Bros., Windmill Works, Feckenham Rd., Astwood Bank

Kleiner Hersteller von Motorrädern mit 349-cm³-Broler-Zweitaktmotoren.

SPAVIERO

I 1954–1955

Baute in beschränkter Stückzahl 98-cm³-Maschinen mit eigenen obengesteuerten Parallel-Zweizylindermotoren.

SPECIAL-MONNERET

Ets. G. Monneret, Rue de Tocqueville, Paris 17 F 1952–1958

Berühmter Rennfahrer und Rekordbrecher, der neben Motorradvertretungen auch eine eigene Motorradherstellung betrieb und hier hauptsächlich sportliche 49-cm³-Zweitaktmaschinen mit Vap- und Sachs-Motoren gebaut hat.

SPEED

S.I.C.V.A.M., 37 Rue des Acacias, Paris 17 F 1951–1955

Bei der früheren Autofabrik Mors in Großserien gebauter Kleinroller mit 115 cm³ Hubraum.

SPEED-KING-JAP

J. G. Graves Ltd., Motor Cycle Department, Sheffield GB 1913–1914

Billig hergestellte Maschinen mit 298-cm³-sv-Motoren von Jap.

SPHYNX

Ets. Sphynx, Rue Vieille-Montagne, Liége B 1923–1926

Motorräder typisch englischer Bauweise mit 346- und 490-cm³-sv- und ohv-Motoren von Jap.

SPIEGLER

Gebr. Spiegler, Motorfahrzeugfabrik, Aalen, Württemberg D 1923–1932

Nachfolger der ebenfalls von Spiegler gebauten Schwalbe-Motorräder. Mit kastenförmigen Kraftstoffbehältern ausgestattet, hatten diese robusten Maschinen 346-, 498- und 598-cm³-sv- und ohv-Einzylindermotoren von Jap und MAG, wobei einige Teile der Jap-Motoren im eigenen Betrieb hergestellt wurden. Ab 1929 gab es auch eine 198-cm³-Spiegler mit ohv-Motor von Jap, vorher auch eine kleine Anzahl von selbstgebauten Motoren.

SPIESS

Otto Spiess, Berlin-Spandau, Schönwalderstraße 105 D 1903–1905

Motorradkonfektionär, der Motoren von Minerva, Zedel und Fafnir mit 2 bis 2,75 PS eingebaut hat.

SPIRIDITIS

Sarkana-Swaigsne Motorrad-Werke, Riga LE N–

Einzige Motorradfabrik in Lettland. Baut 123- und 246-cm³-Zweitaktmaschinen.

SPINDLER

Spindler Motorfahrzeugbau AG., Kassel D 1922–1925

Baute Zweitakter mit 149-cm³-Motoren von Bekamo.

SPRING

Ateliérs Spring, Tilff nr. Liége B 1910–1940

Baute starke und robuste Motorräder zum Teil mit Federrahmen eigener Konstruktion. Nach 1920 wurden hauptsächlich 746- und 996-cm³-Maschinen gebaut, letztere mit eigenen Blockmotoren und Rückwärtsgang.

246 cm³ Sprite (2T-»Moto-Cross«-Modell) 1966

SPRITE

1. Hipkin & Evans, Sprite Motor Cycles, Eel Street, Oldbury, Worcs GB 1965–
2. Sprite Developments Ltd, 33 Stourbridge Road, Halesowen, Worcs

Hersteller von Trial- und Moto-Cross-Spezialmaschinen, die zum Großteil in Kit-Form geliefert werden. Gute Konstruktion mit schlitzgesteuerten 123-, 244- und 405-cm³-Einzylinder-Zweitaktmotoren.

STABIL

Ph. Depré-Heerinck, Rue Mijndijck, Tirlemont B 1931–1933

Baute Leichtkrafträder mit 98- und 123-cm³-Villiers-Motoren.

STADION

CS 1958–1966

Baute 48-cm³-Mopeds mit von Jawa gelieferten Zweitaktmotoren.

STAFFETT

N 1953–P

Hersteller von 49-cm³-Mopeds in Norwegen.

STAFFORD

Stafford Auto-Scooter, Alvis Eng. Co., Birmingham Road, Coventry GB 1920–1921

Von der einst berühmten Autofabrik Alvis gebauter Roller mit 148-cm³-ohv-Motor.

STAG

Stag Co., 18. Canal Street, Sherwood Forrest, Nottingham GB 1912–1914

In Sherwood Forrest, einem Wald bei Nottingham, lebte der legendäre Robin Hood. Angeblich hatte er keine Verbindung zur dortigen Stag-Motorradfabrik, die Precision-Motoren von 4,5 bis 6 PS einbaute.

STAHL

C.V. Stahl Motor Works, Philadelphia, Pa. USA 1910–1914

Amerikanische Firma, deren Motorräder 4,5-PS-Einzylinder- und 7-PS-V-Zweizylindermotoren hatten. War außerhalb der USA unbekannt.

STANDARD

Motorradwerk B. G. Feder, Alleestraße 39, Hagen/Westfalen D 1922–1924

Baute Leichtkrafträder mit nach vorn geneigten 132- und 148-cm³-Nasenkolben-Zweitaktmotoren.

STANDARD

1. Standard Fahrzeugfabrik GmbH., Ludwigsburg, Hindenburgstr. 40 D (CH) 1925–N
2. Standard Fahrzeugfabrik GmbH., Stuttgart-Feuerbach
3. Standard Fahrzeugfabrik, Wilhelm Gutbrod, Plochingen/Neckar
4. Standard Fahrzeugfabrik GmbH., Gränichen (Schweiz)
5. AG für Motorfahrzeuge, Schleitheim-Oberwiesen, Schaffhausen (Schweiz)

Einst berühmte und erfolgreiche Motorradfabrik. Baute Jap- und besonders MAG-Motoren von 346 bis 998 cm³ ein und stellte dann auch eigene 173- und 198-cm³-Zweitakter- wie auch sv- und ohv-Motoren bis 500 cm³ her. Bekannt auch die 346-cm³-»Rex« mit dem eigenen ohv-Motor und von Ing. Josef Ganz konstruierte Kleinautomobile. Wilhelm Gutbrod, der

496 cm³ Standard
(ioe-MAG-Motor) 1927

498 cm³ Standard
(ohv-MAG-Rennmasch.)
1932

Gründer dieser angesehenen Firma, war bei Klotz und erwarb später die Zehnder-Motorradfabrik in der Schweiz. Erfolgreiche Standard-Fahrer: Dipl.-Ing. Dom, Thevis, Gerlach, Rüttchen, Gall, Lang, Franconi, Charnetzki, Ecker, Dürr.

STANGER

Stanger Engine Co., 13 Steele Road, Tottenham, London N. 17 GB 1921–1923

Eine interessante Zweitaktkonstruktion, zumal die Stanger einen 538-cm³-V-Motor mit zwei geteilten Kurbelgehäusehälften, ein Zündungsintervall von 180 Grad, eine große außenliegende Schwungscheibe und Federrahmen besaß. Die Produktion war nicht groß.

STANLEY

Stanley Bicycle & Motor Co., Coventry GB 1902–B

Berühmte Fahrradfabrik, deren 2,5-PS-Einzylindermaschine Schneckenantrieb zum Hinterrad hatte. Die Produktion wurde später von Singer übernommen.

STAR

Star Fahrrad-Fabrik, K. Kretschmar & Co., Dresden D 1895–A

Diese Firma baute – angeblich – Motorräder unter Werner-Patenten mit dem 1,5-PS-Motor über dem Vorderrad.

STAR

Star Cycle Co. Ltd., Stewart Street, Wolverhampton GB 1898–1914

Baute zunächst Dreiräder mit De-Dion-Motoren. Dann wurden mit diesen auch Motorräder gebaut. Es folgte eine enge Zusammenarbeit mit Griffon in Frankreich und zuletzt der Bau von 625-cm³-Einzylinder- und 770-cm³-V-Zweizylindermaschinen mit Jap-Motoren. Star stellte auch Automobile her.

STAR

Star Motor Co., Westwood Heath nr. Coventry GB 1919–1921

Kleiner Konfektionär, der 269-cm³-Villiers-Motore verwendete.

STAR

1. D-Rad Aktiengesellschaft, Charlottenstraße 6, Berlin SW 68 D 1920–1922
2. Deutsche Werke AG., Haselhorst b. Spandau

Von Ing. H. F. Günther konstruierte 393-cm³-Zweizylindermaschinen mit sv-Boxermotoren. Die Produktion wurde von den Deutschen Werken übernommen und später unter dem Namen D-Rad weitergeführt, bis 1926 das erste 497-cm³-D-Rad auf den Markt kam.

STAR-GEM

Ets. Lummertzheim, Place Sante-Foi, Liége B 1930–1933

Baute 98- und 123-cm³-Maschinen mit eigenen und Sachs-Motoren.

STEFFEY

The Steffey Motorcycle & Manufacturing Co., Philadelphia USA 1902–B

Schon lange vergessene Fabrik, deren 1,25- und 3-PS-Einzylindermaschinen auch mit Wasserkühlung geliefert wurden.

STEIDINGER

Motorfahrzeugbau Steidinger, St. Georgen, Schwarzwald D 1925–1927

Mit Dreiecksfahrgestellen ausgerüstete Leichtkrafträder. Ihr Zweitaktmotor hatte 199 cm^3 Hubraum.

STELLA

1. Ateliers Stella, Boulongier, Avenue D'Issy, Bilancourt F 1921–1936
2. Ateliers Stella, 1-bis, Rue de Clamart, Boulogne (Seine)

Baute Modelle mit Rohr- und Preßstahl-Rahmen und verwendete außer 98-cm^3-Zweitaktmotoren auch 346- und 490-cm^3-Einzylindermotoren, die von Staub in Frankreich unter Jap-Lizenz gebaut wurden.

STELLA

Max Türkheimer et Co., Via Lanzone 22, Milano I 1924–1927

Im Auftrag der großen und alten Firma Türckheimer hergestellte 173-cm^3-ohv-Maschinen mit Blackburne-Motor.

STELLAR

Stuart Turner Ltd., Henley-on-Thames GB 1912–1914

Hochinteressante 784-cm^3-Zweitakt-Blockmaschinen mit parallelen Zylindern und Wasserkühlung. Sehr robuste Konstruktion mit Wellenantrieb zum Hinterrad.

STERLING

F 1952–1954

Roller mit völlig verkleideten 123-cm^3-Ydral-Zweitaktmotoren.

STERNA

1. Sterna Motorfahrzeug GmbH., Berlin W 57, Großgröschenstraße 38 D 1922–1924
2. Sterna Motorfahrzeug GmbH., Berlin 42, Brandenburgstraße 58

Von Ing. Johannes Preißler konstruierte, mit der Aristos und Menos identische 614-cm^3-Maschinen mit zweizylindrigen, wassergekühlten sv-Boxer-Motoren.

STERVA

Ets. Motos-Scooters Sterva, Paris 10e F 1953–1956

Kleine Roller mit 98- und 123-cm^3-Sabb-Zweitaktmotoren.

STERZI

Moto Sterzi, Cologne, Brescia — I 1947–P

Stellte 98-, 123- und 147-cm^3-Zweitaktmaschinen und eine 47-cm^3-ohv-Maschine unter dem Namen »Pony« her.

STEVENS

Stevens Brothers (Wolverhampton) Ltd., Retreat Str., Wolverhampton — GB 1934–1937

Die Gründer der AJS-Werke bauten zuletzt 248-, 348- und 498-cm^3-ohv-Einzylindermaschinen typisch englischer Konstruktion unter diesem Namen. Sie lieferten auch 498-cm^3-Einbaumotoren an AJW.

496 cm^3 Stevens
(Eig. ohv-Motor) 1937

STICHERLING

Kraftfahrzeugwerke W. Sticherling & Co., Engeln b. Magdeburg — D 1923–1926

Einfache Zweitaktmodelle mit 145-, 173- und 206-cm^3-DKW-Motoren.

STIMULA

Ateliers de la Grosne, Cormatin — F 1902–D

Pioniermarke, die außer Einbaumotoren auch eigene 346- und 492-cm^3-sv- und ohv-Motoren verwendete, die Peugeot, Minerva und Buchet lieferten.

STOCK

1. Stock Motorrad AG., Berlin NO 43, Neue Königinstr. 63–65 — D 1924–1933
2. Stock Motorrad AG., Berlin SW 11, Prinz-Albrecht-Str. 8
3. Stock Motorpflug AG., Berlin-Niederschöneweide
4. Stock Motorpflug AG., Berlin-Johannisthal, Berliner Str. 139
5. Stock-Motorradabteilung der Schnellpressen AG., Heidelberg

Die 119-cm^3-Stock entstand aus der amerikanischen Evans. Ab 1928 gab es auch 173-, 198-, 246- und 298-cm^3-Zweitakter, die, von Ing. Heuß konstruiert, Blockmotoren und Kardanantrieb besaßen. Das 119-cm^3-Modell stellte mehrere Weltrekorde auf.

STOEWER

Gebr. Stoewer, Stettin — D 1904–1905

Berühmte Autofabrik, die nur kurze Zeit Motorräder mit 2,75-PS-Fafnir-Motoren baute.

STOLCO

Stollstein & Co., Ostendstraße 83, Stuttgart — D 1922–1924

Mit Grade-Zweitaktmotoren gebaute 148-cm³-Leichtkrafträder.

STROLCH

1. G. Gassmann, Hindelanger Str. 15, Stuttgart-Untertürkheim — D 1950–1958
2. Progreß-Werk AG., Stadelhofen, Baden

98-, 147-, 173- und 198-cm³-Roller mit Sachs-Motoren, die zuletzt den Namen »Progreß« trugen.

STRUCO

Struchtmeier & Co., Motorradfabrik, Bielefeld — D 1922–1925

In beschränkter Stückzahl gebaute 147-cm³-Zweitakter und 198-cm³-sv-Modelle.

STUART

Stuart Turner & Co., Shiplake-Works, Henley-on-Thames — GB 1911–1912

Baute außer Stellar-Motorrädern auch Stuart 298-cm³-Einzylinder-Zweitaktmaschinen.

STURM

Sturm-Fahrzeugwerk Dierssen & Co., Lüneburg — D 1923–1925

Kleiner Motorradkonfektionär. Verwendete 147-cm³-Alba-sv-Motoren.

STUCCHI

1. Prinetti & Stucchi, Milano — I 1901–1927
2. Stucchi & Co., Via Tortona 11, Milano
3. Stucchi & Co., Piazza Luigi di Savoya 28, Milano

Pionierfirma auf dem Gebiete des Kraftfahrzeugwesens, wo berühmte Techniker wie Ettore Bugatti, Ing. Carlo Leidi und Adalberto Garelli tätig waren. Baute hauptsächlich große V-Zweizylindermodelle und stellte nach 1918 noch 346-, 496-, 746- und 996-cm³-Maschinen mit Jap- und Blackburne-Motoren her. War noch bis in die 50er Jahre als Zubehörfirma tätig und importierte die 18-cm³-Lohmann-Dieselmotoren für Fahrräder.

STYLSON

S.A.D. Motorcycles, Adsim le Chambon, St. Etienne, Loire — F 1919–K

Stellte Maschinen bis 996 cm³ mit Jap- und Staub-(Jap-Lizenz-)Motoren her. Modifizierte diese teilweise auf Blockmotoren mit Kardanantrieb zum Hinterrad. Pierre Armort gewann auf einer Stylson mit Seitenwagen zahlreiche Rennen.

STYRIA

Steirische Fahrrad- und Motorradwerke, Steyr A 1905–1908

Mit von Fafnir gebauten 2-PS-Einzylinder- und 5-PS-V-Zweizylindermotoren ausgestattete Maschinen. Hatte keine Verbindung mit Puch in Graz.

SUDBRACK

H. & W. Sudbrack GmbH., Schoetmar b. Bielefeld D 1949–1951

Fahrradfabrik, deren Mopeds und Leichtkrafträder 98- und 123-cm^3-Ilo-Motoren besaßen.

SUDBROOK

Sudbrook Motor Works, Bristol Road, Gloucester GB 1919–1920

Konfektionierte Maschinen mit 269-cm^3-Villiers-Zweitaktmotoren.

SUECIA

Suecia Verkstaeder, Malmoe S 1928–1940

Kleiner Produzent, dessen 248-, 348- und 490-cm^3-Maschinen Jap-Motoren besaßen.

S. & G.

Scharrer & Groß, Maschinenfabrik, Grenzstraße 13, Nürnberg D 1926–1932

Baute zunächst AJS-ähnliche 346-cm^3-Einbaumotoren für Hecker, nachher komplette 346-, 496- und 596-cm^3-sv- und 496-cm^3-ohv- wie auch 172- und 198-cm^3-Zweitaktmodelle, letztere mit Villiers-Motoren und Lieferdreiräder.

SULKY

Usines Motobloc, 14–18 Rue de Madrid, Vichy F 1954–1957

Ein von der Firma Motobloc gebauter Kleinroller mit dem 98-cm^3-Zweitaktmotor der französischen AMC (Ateliers de Mécanique du Centre).

SUMITA

Sumita Motor Co., Tokyo J 1951–1955

Hersteller von 123- und 148-cm^3-ohv-Maschinen.

S. & N.

Seidl & Naumann, AG., Dresden, Hamburger Straße 19 D 1901–1908

Große Fabrik, die auch die »Erika«-Schreibmaschinen baute und die Lizenz der Laurin & Klement-Motorräder für Deutschland besaß. Diese Maschinen hießen hier meist »Germania«, eine Zeitlang auch Slavia.

SUN

1. Sun Cycle & Fittings Co., Ltd., Aston Brook Street, Birmingham 6 GB 1911–1961
2. Raleigh Industries Ltd., 177 Lenton Boulevard, Nottingham

346 cm³ Sun
(ioe-Villiers-Motor) 1912

246 cm³ Sun
(ohv-Jap-Motor) 1931

Sah äußerlich – fast – wie eine Sunbeam aus und verwendete Einbaumotoren. Unter diesen 147, 172, 247 und 347 cm³ Villiers, 248 cm³ Vitesse, 248, 348, 498 und 746 cm³ Jap, 346 cm³ Blackburne und nach 1945 auch den 123 cm³ Villiers. Baute ab 1959 auch 173-cm³-Roller und wurde bald darauf von der Familie Parkes an Raleigh verkauft, zumal Sun auch Fahrräder und Zubehör herstellte.

SUNBEAM

1. John Marston Ltd., Sunbeamland, Wolverhampton — GB 1912–1957
2. Associated Motor Cycles Ltd., Plumstead Road, London S.W. 18
3. Sunbeam Cycles Ltd., 48 Armoury Road, Birmingham 11

Gehörte jahrelang infolge ihrer Konstruktion und Ausführung zu den Spitzenmarken in England. Sunbeam baute auch Automobile; ging in die Hand der I.C.I. und der AMC über, bevor die BSA-Gruppe 1940 die Firma erwarb. Die Trennung von den Automobilen erfolgte schon 1929. Damals gewannen Sunbeam-Motorräder zahlreiche große Rennen. Berühmte Fahrer: Dodson, Karner, Walker, Spann, Simcock, Brittain, Pätzold, Colombo, D'Eternod, Melichar, Linser, Putz, Mühlbacher, Grabecz, Balasz, Varzi, Walla, Abarth u. a. Die ersten Modelle hatten 346- und 996-cm³-Jap-Motoren, spätere Versionen eigene 346-, 498- und 596-cm³-sv- und 248-, 346- und 499-cm³-ohv-Motoren. Es gab 1925 auch 499-cm³-Werksrennmaschinen mit ohc-Motor und in den dreißiger Jahren 599-cm³-ohv-Modelle. Nach 1945 baute Sunbeam nur noch 498-cm³-Parallel-Zweizylinder-ohc-Touren- und Sportmaschinen mit Kardanantrieb, die von Ealing Poppe (früher Chef von P.&P.) konstruiert wurden. Die

493 cm³ Sunbeam
(sv-»Longstroke«-Modell)
1924

493 cm³ Sunbeam
(ohv-»TT«-Rennmod. 90)
1927

493 cm³ Sunbeam
(ohv-»TT«-Rennmod. 90)
1929

493 cm³ Sunbeam
(ohv-„TT"-Rennmasch. 90)
1932

493 cm³ Sunbeam
(ohv-Sportmasch.) 1936

493 cm³ Sunbeam
(ohv-Motor-Sportmod.) 1939

498 cm³ Sunbeam
(Eig. Vert.-Zweizyl.) 1947

berühmten Einzylinder der Jahre bis 1939 schuf dagegen J. E. Greenwood. Berühmt die seitengesteuerten »Longstroke«-Modelle und die 346- und 499-cm³-ohv-Rennmodelle 9, 80 und 90, die ab 1928 Satteltanks bekamen.

SUPERBA

Fratelli Casazza, Genova-Quinto, Via V. Emanuele 30 — I 1928–1935

Sportliche 173-cm³-Maschinen mit ohv-Motoren von Piazza, später solchen von Jap. Kleine Produktion.

SUPERB-FOUR

Superb-Four-Motors, W. F. Hooper, 10 Genoa Road, Anerley, London, S.E. — GB 1920–1921

Kapitalmangel verhinderte den Serienbau dieser 998-cm³-Reihenvierzylindermaschine, die einen Blockmotor mit Dreiganggetriebe und eine obenliegende Nockenwelle besaß.

7264 Motorb.-Verl. Bg. 27

SUPERIA

Ateliers Rémi Claeys SA, Torhoutsteenweg, Zedelgen B N–

Großer und angesehener Hersteller von Mofas, Mokicks etc. der früher auch Motorräder bis 249 cm^3 mit Motoren von Sachs, Ilo, Victoria, Pluvier etc. gebaut hat.

SUPERIA

Superia-Fahrzeugbau Adolf Kornmann, Karlsruhe-Daxlanden D 1925–1928

Bekannt als Rennfahrer auf Mars, Wanderer und seinen eigenen Superia-Maschinen, baute Kornmann hauptsächlich 348- und 498-cm^3-Küchen-(»K«-)Motoren, gelegentlich auch die seltenen ECE-sv-Motoren von E. Cazin, Köln-Ehrenfeld, ein.

SUPER-X

Excelsior Mfg. & Supply Co., 3700 Cortland Street, Chicago III USA 1924–1930

Eine auch in Europa bekannte 746- und 996-cm^3-V-Zweizylindermaschine mit gegengesteuerten Ventilen. Die amerikanische Firma Excelsior gehörte dem aus Deutschland eingewanderten Ignaz Schwinn, dessen Nachkommen auch jetzt noch die bekannten Schwinn-Fahrräder herstellen.

996 cm^3 Super-X (USA-Excelsior Co.-ioe-Motor) 1921

748 cm^3 Super-X (Eig. ioe-V-Zweizyl.-Motor) 1929

SUPPLEXA

1. Ets. Supplexa, Rue Blondel 4, Courbevoie, Seine — F 1922–1932
2. Ets. Motos Supplexa, Avenue Marcau 50, Courbevoie, Seine

Unter den Supplexa-Modellen war die 1922 gebaute 996-cm^3-V-Zweizylindermaschine mit sehr langem Fahrgestell und Vollscheibenrädern. Es gab auch Modelle mit 346- und 490-cm^3-Jap-Motoren.

SUPREMOCO

1. Supremoco Motor Co., Lime Grove Works. Longsight, Manchester — GB 1921–1923
2. Supremoco Motor Co., Chapel Street, Stalybridge

Konfektionsmaschinen mit 247-, 269-, 293- und 346-cm^3-Villiers-, Peco-, Blackburne- und anderen Motoren. Baute auch Defy-All-Motorräder.

SUQUET

Ets. Suquet Fréres, Courbevoie — F 1929–1934

Leichtkrafträder mit 98- und 124-cm^3-Aubier-Dunne-Motoren.

S.U.T.

1. Schulz & Tegener GmbH., Grünstraße 3, Berlin-Charlottenburg 1 — D 1921–1927
2. Schulz & Tegener GmbH., Ost-Pankower-Allee 60, Berlin-Reineckendorf

Baute 148-, 172-, 197-, 247-cm^3-Maschinen mit eigenen sv-Motoren und auch mehrere Modelle mit wechselgesteuerten Blockmotoren.

SUZUKI

1. Suzuki Motor Co. Ltd., 300 Takatsuka nr. Hamamatsu, Shizuoka Pref. — J 1936–
2. Suzuki Motor Co. Ltd., P.O. Box 116, Hamamatsu 430

Begann mit Hilfsmotoren für Fahrräder und gehört jetzt neben Honda, Yamaha und Kawasaki zu den führenden Motorradherstellern in Japan. Bekannt als Hersteller von Zweitaktmaschinen, die von 48 bis 738 cm^3 mit Ein-, Zwei- und Dreizylindern gebaut werden. Suzuki hat auch Moto-Cross-, Gelände- und Straßenrennmaschinen in zahlreichen Ausführungen. Berühmte Fahrer wie Degner, Anscheidt, Takahashi, Schneider, Perris, Anderson, Graham, Woods, Findlay u. a. errangen große Erfolge bei Straßenrennen. Berühmt die 738-cm^3-»GT-750« mit schlitzgesteuertem Dreizylindermotor und Wasserkühlung sowie die »RE-5-Rotary« mit Einscheiben-Kreiskolbenmotor System Wankel, die 65 PS bei 6500 U/min leistet und über 190 km/h erreicht. Ist in letzter Zeit auch bei Moto-Cross-Veranstaltungen mit 123-, 247- und 398-cm^3-Modellen immer mehr in den Vordergrund getreten. Die Typenreihe umfaßt auch 124-cm^3-Ein- und Zweizylindermodelle und sehr schnelle 492-cm^3-Zweizylinderversionen mit Luftkühlung. Werksrennmaschinen dieser Hubraumgröße haben wassergekühlte Vierzylindermotoren und errangen 1974 mit Barry Sheene Erfolge. Letzte Nachrichten besagen, daß Suzuki 1976 mit neuen luftgekühlten 498-, 748- und 998-cm^3-Vierzylinder-Doppelnockenwellen-Maschinen auf den Markt kommt.

738 cm³ Suzuki (Wasserg. 2T-Dreizyl.) 1975

543 cm³ Suzuki (2T-Dreizyl. »GT 550«) 1975

SUZY

Ets. Motos Suzy, Levallois F 1932–1933

Ungewöhnliche Konstruktion mit völlig gekapseltem 498-cm³-Chaise-ohc-Blockmotor. Geringe Produktion.

SWAN

1. Swan Motor Manufacturing Co., Frodsham nr. Warrington GB 1912–1913
2. Cygnus Motors, Frodsham nr. Warrington

Roller-ähnliche Konstruktion mit Aluminium-Fahrgestell, beiderseitiger Abfederung, Verkleidung und Ein- und V-Zweizylinder-Einbaumotoren von Jap und Precision.

SWIFT

1. Swift Cycle Co., Ltd., Cheylesmore, Coventry GB 1898–1915
2. The Swift Motor Co., Ltd., Cheylesmore, Coventry

Einst eine große und berühmte Marke in England. Baute zunächst Dreiräder mit De-Dion-Motoren und auch Automobile. Stellte für Starley Motorräder mit Kardanantrieb und später eigene Modelle mit Motoren von White & Poppe, teilweise auch bei Swift gebauten Motoren mit 492 und 768 cm^3 Hubraum her. Eine enge Verbindung bestand zwischen dieser Marke und Ariel in Birmingham.

SWM

1. Speedy Working Motors, 20030 Palazzolo Milanese, Via Marconi 16 — I 1971–
2. SWM, S.r.l, 20030, Palazzolo Milanese, Via Pascoli 7

Sehr aktive, aufstrebende Fabrik, die erfolgreiche Gelände- und Moto-Cross-Modelle mit 48-, 98- und 123-cm^3-Motoren von Sachs baut. Firmeninhaber: Sironi; Chefkonstrukteur: Vergani. Die Fabrik befindet sich in 26027 Rivolta D'Adda. Gewann 1975 bei der Sechstagefahrt auf der Insel Man mit Gagni, Petrogalli, Rottigni und Brissoni auf 100- und 125-cm^3-Modellen die »Silber Vase«.

123 cm^3 SWM (2T-Sachs-Trialmodell) 1974

SYMPLEX

Symplex Motors, Alma Street, Birmingham — GB 1913–1922

Einfache, von J. J. Allen konstruierte Maschine mit dem 311-cm^3-Dalm-Zweitaktmotor.

SYPHAX

Société Syphax, Rue de Coulmiers 6, Nantes — F 1950–N

Stellte attraktive Motorräder mit dem liegenden 98-cm^3-AMC-Zweitaktmotor und auch mit 123- und 174-cm^3-ohv-Motoren von AMC her. Es gab auch Zweitaktmodelle mit Aubier-Dunne-Motoren gleicher Hubraumgrößen.

TANDON

1. Tandon Motors Ltd., 29 Ludgate Hill, London, EC4 — GB 1948–1957
2. Indian Commerce & Industries Ltd., 29. Ludgate Hill, London EC4
3. Tandon Motors Ltd., Colne Way By-pass-Road, Watford, Herts

Mit 123-, 137-, 197-, 224-, 242- und 322-cm^3-Villiers-Zweitaktmotoren ausgestattete Motorräder in Dreiecksfahrgestellen.

TAPPELLA-FUCHS

Tapella G.s.r, Milano, Via Curi Dentato 1 — I 1957–O

Stellte Mopeds mit 48-cm³-Fuchs-Zweitaktmotor her.

T.A.S.

Trumpf-Ass Fahrradwerk AG., Saarbrücken — D 1924–1931

Arbeitete eng mit der französischen Firma Gnome & Rhone zusammen, deren 173- und 248-cm³-Zweitakt- und 346- und 498-cm³-sv-Motoren auch in T.A.S.-Motorrädern verwendet wurden. Ab 1929 gab es 198-cm³-Zweitakter und 347- und 497-cm³-Modelle mit wechselgesteuertem MAC-Motor.

TAURA

Giulio Doglioli, Corso Valentino 25, Torino — I 1927–1930

Begann mit 173-cm³-Modellen, deren sv-Motor von Jap kam. Es folgten 490-cm³-sv-Maschinen mit Jap- und 346-cm³-ohv-Modelle mit Blackburne-Motoren. Auch andere Hubraumgrößen wurden mit diesen Motoren in der kleinen, aber soliden Firma hergestellt.

TAURUS

1. Cav. A. Fabri, Via N. Battaglia 6, Milano — I 1933–1966
2. S.A. V. Guerzoni – L. Guarinoni & Co., Modena, Via Ruffini 16
3. Taurus S.p.A., Piazza Repubblica 8, Milano
4. Taurus S.p.A., Via Maiocchi 9, Milano

Auch als MG-Taurus bekannt, begann die Firma mit 173-cm³-Zweitakt- und ohv-Modellen und baute schon 1934 robuste 346- und 496-cm³-ohc-Maschinen mit eigenen Blockmotoren. Es folgten 247- und 497-cm³-ohv-Versionen, nach 1945 auch Zweitakter von 48 bis 150 cm³ und Viertakt-ohc-Modelle von 98 bis 248 cm³.

TAUTZ

Franz Tautz, Motorenfabrik, Leipzig-Gohlis, Planitzerstraße 31 — D 1921–1923

Baute Kleinroller (Motorläufer) mit 119-cm³-DKW-Motoren, hatte aber keine größeren kommerziellen Erfolge.

TAVERNIER

Ateliérs Tavernier, Rue du Tage 12, Paris XIII — F 1921–1923

Kleiner Konfektionär, dessen Motorräder mit Motoren von Zurcher, Jap und Blakburne gebaut wurden.

TECNOMOTO

Tecnomoto s.r.l., 41058 Vignola, Modena, Via Modenese 236 — I 1968–

Gehört zu den jüngeren Firmen, die in Italien rassige Gelände- und Moto-Cross-Maschinen, hauptsächlich mit 123-cm³-Zündapp-Motoren, erzeugen, obwohl die Produktion auch auf 48-cm³-Maschinen eingerichtet ist. Diese haben Franco-Morini-Motoren.

TECO

1. Teco Motorenbau GmbH., Altdammer Straße 40 c, Stettin — D 1920–1926
2. Teco-Werke GmbH., Altdammer Straße 40 a, Stettin

Stellte 198-cm³-Motorräder mit seitengesteuerten, wechselgesteuerten und obengesteuerten Motoren, zuletzt auch ein 346-cm³-ohv-Modell mit Kühne-Motor her.

TEDDY

Ateliérs Motorcycles Teddy, Paris 14 e — F 1922–1924

Leichtgewichtsmaschinen mit eigenem 203-cm³-sv-Motor.

TEE-BEE

Templeton Bros., 535 Sauchiehall Street, Glasgow — GB 1908–1911

Mit 293-cm³-sv-Motoren von Jap ausgerüstete Konfektionsmaschinen einer kleinen Firma.

TEHUELCHE

»Capri«, Fernandez, Larripa & Cia, SA., 3716 Lavalle, Santa Fé — RA 1958–1962

Eine in Europa unbekannte argentinische 75-cm³-ohv-Maschine mit eigenem Einzylindermotor.

TEMPLE

Osborn Engineering Co., Gosport, Hants — GB 1924–1928

Die Temple gehörte zur OEC-Modellreihe, nachdem Claude Temple mit einer 996-cm³-V-Zweizylinder-ohc-Rennmaschine zahlreiche Rennen gewann und Rekorde brach. Serienmäßig hatten OEC-Temple-Motorräder den 496-cm³-ohv-Vulpine- und den 497-cm³-ohc-Atlanta-Motor, der für OEC von Anzani gebaut wurde. Ab 1927 hatten diese Modelle die OEC-Duplex-Lenkung.

TEMPO

Jonas Ogland Sykkelfabrikken Aksjeselskap, Sandes — N 1949–

Deutschen Leichtkrafträdern nicht unähnliche Konstruktion, die zunächst mit Motoren von Villiers, Ilo, C.Z. und nunmehr Sachs ausgestattet sind. Gebaut werden mehrere Modelle mit 49- und 123-cm³-Motoren.

TERRA

Carl M. Schmitt, vorm. Eisenhüttenwerk GmbH., Schweidnitz,
Breslauer Straße 57/59 — D 1922–1924

Sehr primitiv gebaute Zweitaktmaschinen mit 127, 143 und 172 cm³ Hubraum.

TERROT

1. Ets. Terrot, Rue André Colomban 2, Dijon — F 1901 P
2. Terrot-Automoto, Beaulieu-Valentigney, Doubs

346 cm³ Terrot
(ohv-Jap-Motor) 1927

348 cm³ Terrot
(Eig. ohv-Sportmasch.) 1932

498 cm³ Terrot
(Eig. ohv-Motor) 1952

Einst Frankreichs größte Motorradfabrik, zu der auch Magnat-Debon gehörte, kam in den fünfziger Jahren unter den Einfluß von Automoto, das heißt des Peugeot-Konzerns. Gebaut wurden zahlreiche Modelle mit 173- bis 498-cm³-Motoren, die teils von Jap stammten, teils im eigenen Werk entstanden. Stellte erfolgreiche Rennmaschinen mit Blackburne-, Jap- und eigenen Motoren her und baute schon 1937 eine obengesteuerte 498-cm³-Parallel-Zweizylindermaschine. Später kamen auch Roller ins Programm. Erfolgreiche Fahrer: Boetsch, Simo, Perrotin, Rolland, Durant, Coulon, Tichy, Riha, Zukal u. a.

TERROT

Ceskoslovenske Terrot Zavody, Olomouc, Trida Csl. Légii 28 — CS 1933–1935

Kleines Zweigwerk der französischen Firma, wo 346-cm³-Maschinen mit sv-Motoren aus dem Mutterwerk in Frankreich zusammengebaut wurde.

TESTI

1. Umberto Testi, Via Augusto Righi 13, Bologna — I 1951–
2. Umberto Testi, Via del Borgo 26, Bologna
3. Motocicli Testi, Via dell'Industria 9, San Lazzaro di Savena, Bologna

Gehört zu den seriösen Herstellern von Leichtkrafträdern, die früher zum Großteil 49-, 98-, 123-, 147- und 173-cm³-Sachs-Motoren, in den letzten Jahren aber »heiße« FB-Minarelli-49- und 123-cm³-Zweitakter besitzen.

TETGE

D 1923–1926

Baute 148- und 172-cm³-sv-Maschinen und auch V-Zweizylindermodelle. Kleine Firma, die sich in Gehlis bei Leipzig befand.

T.G.M.

TGM, Via S. Anna 1, 43027 San Prospero Parmense (Parma) I 1974–

Neuer Produzent von Moto-Cross-Maschinen mit 123-cm³-Hiro- und 248-cm³-Villa-Zweitaktmotoren.

THIEM

Joerns-Thiem Motor Co., 331 American National Building, St. Paul, Minnesota USA 1903–1914

Große, typisch amerikanische Maschinen mit 550-cm³-Einzylinder und 890-cm³- sowie 996-cm³-V-Zweizylindermotoren und Zweiganggetrieben, die bereits 1912 eingeführt und weit bekannt wurden.

THOMANN

Ets. Thomann, Avenue Felix Faure 88, Nanterre, Seine F 1912–1939

Baute hauptsächlich Zweitaktmodelle von 98 bis 247 cm³ mit eigenen Motoren. Wurde in den zwanziger Jahren dem Alcyon-Konzern angegliedert.

THOMAS

J. L. Thomas, Motorcycles, Barnet GB 1904

Kleiner Konfektionär, dessen einzeln gebaute Motorräder Motoren von Minerva und Saroléa besaßen.

THOMAS

The Thomas Auto-Bi Co., 1442 Niagara Str., Buffalo, N.Y. US 1907–1908

Ableger einer Autofabrik, baute Thomas nur ein 3-PS-Einzylindermodell mit nach vorne geneigtem Zylinder und Riemenantrieb. Preis: 175 Dollar.

THOR

1. Aurora Automatic Machinery Co., Aurora, Illinois USA 1903–1916
2. Aurora Automatic Machinery Co., 1307 Michigan Avenue, Chicago, Ill

Baute zuerst Motoren für andere Fabriken, zu denen auch Indian gehörte. Thors eigene 6- und 9-PS-V-Zweizylindermodelle zeichneten sich durch hervorragende Konstruktion und Qualität aus. Sie gewannen auch zahlreiche Veranstaltungen. In Europa allerdings waren Thor-Motorräder unbekannt.

6 HP Thor
(Eig. ioe-V-Zweizyl.) 1915

THOROUGH

G. Featherstone & Son, 234 Bethnal Green Road, London N — GB 1903

Auch diese Firma beschränkte sich auf die Konfektion einiger Maschinen, die mit M.M.C. und Coronet-Motoren ausgerüstet wurden.

THREE-SPIRES

Coventry Bicycles Ltd., Osborne Road Works, Coventry — GB 1931–1932

Nicht besonders großer Erfolg mit billigen 147-cm³-Zweitaktmaschinen, die damals £ 18.18 kosteten.

THUMANN

Meteor Elektrotechnische- & Fahrzeugfabrik GmbH., Hannover — D 1925–1926

Mit eigenen 246- und 346-cm-sv-Motoren ausgerüstete Motorräder einer kleinen Firma.

THUNDER

Thunder Motori S.r.l., Via Roma 8, Reggio Emilia — I 1952–1954

Hochmoderne, etwas vor ihrer Zeit gebaute, 127-cm³-Parallel-Zweizylinder-ohv-Konstruktion. Hatte 5,5 PS bei 5000 U/min.

TICKLE

1. John Tickle (Manx Motorcycles), Cromwell Road, Enesbury, St. Neots, Hunts — GB 1967–
2. John Tickle, 33/35 Ivatt Way, Westwood, Peterborough

Herstellung modernisierter Norton-»Manx«-Rennmotorräder aus Restbeständen und durch Neuanfertigung verschiedener Teile. Zwei Modelle mit 348- und 499-cm³-Doppel-ohc-Einzylindermotoren. Liefert jetzt hauptsächlich Ersatzteile.

TIGER

Tiger Autobike Co., 2231 Prairie Avenue, Chicago — USA 1915–1916

Versuch der Herstellung eines amerikanischen Leichtgewichtsmotorrades. Der von Fredricksen gebaute Zweitaktmotor hatte 241 cm³.

TIGER

Köln-Lindenthaler Metallwerke AG., Köln-Lindenthal — D 1901–1907

Die von der gleichen Firma gebauten Allright- und Vindec-Special-Motorräder waren auch unter diesem Namen zu haben. Nachdem das Werk 1927 den Bau der Allright-(KG-)Maschinen einstellte, trugen die dort gebauten Vorderadgabeln, Bremsen, Naben etc. den Namen Tiger.

TIKA

Tietz & Lohmann GmbH., Obernstraße 2, Bielefeld — D 1921–1924

Primitive 145- und 197-cm³-Maschinen mit sv-Motoren.

TILBROOK

1. R. P. Tilbrook, Bridge Street, Kensington, South Australia AUS 1950–1953
2. Motorcycle, Sidecar & Equipment Co., Adelaide

Rex Tilbrooks Maschinen hatten 123- und 198-cm³-Villiers-Motoren. Mit dem kleineren Motor gab es auch Rennversionen. Die Produktion dieser australischen Fabrik war nie groß.

TILSTON

Tilston Motor Co., Bridlington, Yorks GB 1919

Kurzlebige Firma, deren Motorräder 225-cm³-Precision-Motoren eingebaut hatten.

TITAN

Grazer Motorenwerke AG., Puntigam bei Graz A 1927–1933

Außer der Austro-Motorette baute dieses Werk auch die von Ing. Karl Schüber konstruierte 346-cm³-Titan, deren einzylindriger Zweitaktmotor Einlaßsteuerung mittels Membran besaß. Andere Titan-Modelle hatten seitengesteuerte 498-cm³-Motoren von Jap und zuletzt Blackburne. Werksfahrer: Maierhofer, Gödel, Oswald, Ing. Rath (Direktor der Firma).

TITAN

Motorcycles Titan, Via Galazzano, 47031 Serravalle RSM 1975–

In einer Zeit, als große Länder ihre Motorradindustrie fast begruben, bekam das kleine San Marino eine eigene Motorradfabrik, die hauptsächlich 48-cm³-Moto-Cross-Maschinen moderner Konstruktion baut.

TIZ-AM

Motorcycle Works, Charkov SU 1931–1940

Robuste Maschinen aus der Taganrog-Fabrik mit 596-cm³-sv-Einzylindermotoren.

T.M.

Tecnomoto, Via Modenese 236, Vignola (Modena) I 1972–

Jüngere italienische Fabrik, die 49- und 123-cm³-Zweitakter mit verschiedenen Zündapp-Motoren baut, darunter auch die 49-cm³-Version mit Wasserkühlung.

TOHATSU

Tokyo Hatsudoki Co. Ltd., 11 2-chome, Kyobashi,
Chuo-Ku, Tokyo J 1935–1966

Gehörte einst zu den größeren Motorradherstellern in Japan. Stellte Zweitaktmaschinen von 48 bis 248 cm³ her und hatte auch schnelle 48- und 125-cm³-Zweitakt-Zweizylinder-Rennmotoren mit Drehschieber-Einlaßsteuerung.

TOMASELLI

1. Ugo Tomaselli, 38 Via Stradella, Torino I 1931–1939
2. Ugo Tomaselli, 39 Via A. Cecchi, Torino

Konfektionär von Motorrädern mit 173- bis 498-cm³-Jap-Motoren.

TOMMASI

Ditta Motocicli Tommasi, Genova — I 1926–1927

Baute Zweitaktmaschinen mit 123- und 246-cm³-Della-Ferrera-Motoren.

TOMOS

Tomos-Fahrzeugwerke, Koper (Triest) — YU 1956–

Die führende Motorradfabrik Jugoslawiens konzentriert ihre Produktion auf Mopeds, Mofas und Kleinmotorräder mit 49-cm³-Zweitaktmotoren. Ursprünglich wurden Puch-, dann eigene Motoren verwendet. Das moderne Werk baut auch Trial-, Moto-Cross- und Straßenrennmaschinen moderner Konstruktion.

TOREADOR

1. The Toreador Engineering Co., Ribble Bank Mills, Preston — GB 1924–1926
2. The Toreador Engineering Co., Bow Lane, Preston

Einzige Fabrik, die außer Motorrädern mit 347-cm³-ohv-Bradshaw-Motoren auch Rennmaschinen mit dem 347-cm³-ohc-Bradshaw-Motor baute. Alle hatten Ölkühlung. Andere Modelle hatten 346- und 490-cm³-sv- und ohv-Motoren von Jap und 496-cm³-MAG-Motoren.

346 cm³ Toreador
(Ölg. Bradshaw-ohv-Motor)
1926

TORNAX

1. Tornax Motorfahrzeugfabrik Wewer & Schmidtmann, Wuppertal-Langerfeld — D 1926–1955
2. Tornax GmbH., Wuppertal-Langerfeld 6
3. Tornax-Fahrzeug GmbH., Wuppertal-Langerfeld 1
4. Tornax-Werk Ernst Wewer, Schwelmer Straße 100/08, Wuppertal-Langerfeld

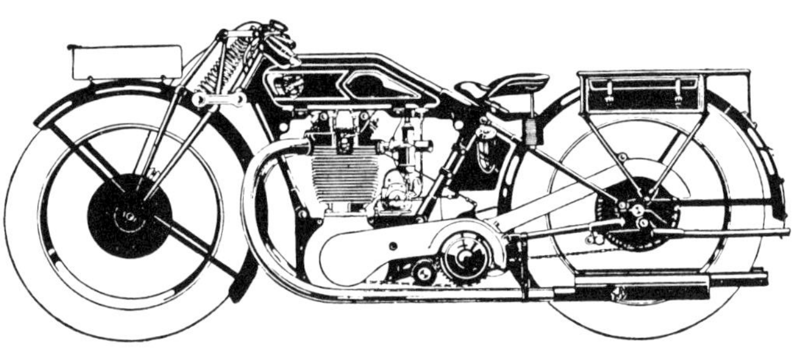

490 cm³ Tornax
(ohv-Jap-Motor) 1927

596 cm³ Tornax (ohv-Columbus-Motor) 1934

247 cm³ Tornax (ohc-Zweizyl.-Opti-Motor) 1954

Bekannter Hersteller erstklassiger Konfektionsmaschinen mit Jap- und Columbus-Motoren von 346 bis 998 cm³. Baute auch 490- und 998-cm³-V-Zweizylinder-ohv-Modelle mit Jap-Motoren sowie 598- und 798-cm³-Parallel-Zweizylindermodelle mit Columbus-Motoren. Ab 1934 gab es auch den Tornax-Sportwagen mit DKW-Motor und schon vorher Zweitakt-Motorräder mit Ilo-Motoren. Diese fanden sich auch nach 1948 mit Hubräumen von 123 bis 248 cm³. Bekannte Fahrer: Kürten, Gosse, Hobelmann, Ehrlenbruch, Ried, Poensgen.

TORPADO

1. Industria Cicli Torpado, Via Tommaseo 55, Padova — I 1950–
2. F. & A. Torresini S.a.s., 35100 Padova, Zona Industriale 1 a.

Hersteller von Leichtkraftfahrzeugen mit 38-cm³-Mosquito- und größeren Minarelli-Zweitaktmotoren, inklusive 48- und 74-cm³-Modellen.

TORPEDO

E. Weichelt, Motorfahrzeugfabrik, Geestemünde — D 1901–1907

Mit Ein- und V-Zweizylinder-Zedel- und Fafnir-Motoren ausgerüstete Konfektionsmaschinen.

TORPEDO

1. Weil-Werke AG., Frankfurt/Main-Rödelheim — D 1928–1956
2. Torpedo-Werke AG., Frankfurt/Main-Rödelheim

Bekanntes Fahrradwerk, dessen bis 198-cm³-Konfektionsmaschinen hauptsächlich Blackburne-sv-Motoren und auch Zweitakter von Ilo und Sachs hatten.

TORPEDO

1. F. Trojan & A. Nagl, Havlickova Ulice, Kolin n. L. CS 1903–1912
2. F. Trojan & Strach, Havlickova Ulice, Kolin m. L.

Motorräder mit eigenen 3,5- und 4-PS-Einzylinder- wie auch 6- und 8-PS-V-Zweizylinder-Motoren mit wechselgesteuerten Ventilen.

TORPEDO

F. Hooper & Co., Ltd., Barton-on-Humber, Lincolnshire GB 1910–1920

Auch eine Fahrradfabrik, deren robuste Motorräder mit 294-, 346- und 499-cm³-Ein- und V-Zweizylindermaschinen mit Precision-Motoren versehen waren.

TORROT

Iriondo S.A., Apartado 206, Vitoria E 1960–

Ursprünglich ein Zweigwerk von Terrot in Dijon, machte sich diese Firma nach dem Torschluß bei Terrot selbständig und änderte den Namen auf Torrot. Baut außer Fahrrädern Leichtkrafträder mit 49-cm³-Motoren.

TOWNEND

New Townend Bros Ltd., Coventry GB 1901–1904

Pionierfabrik, deren Motorräder 2- und 2,5-PS-Einzylindermotoren besaßen.

TOYOMOTOR

Toyomotor Motorcycle Company, Tokyo J 1957–P

Stellte gute Kopien der deutschen 246-cm³-Adler-Zweitaktmaschine her.

TRAFALGAR

G. Lyons & Co. Ltd., 39. East Street-Baker Street, London W GB 1902–1905

Baute außer Motorrädern mit MMC und Minerva-Motoren auch Seitenwagen mit dem Sitz aus Strohgeflecht.

TRAFFORD

Trafford Engineering Co., Old Trafford, Manchester GB 1919–1922

Konfektionsmaschinen mit 269-cm³-Villiers-Motoren. Kleine Produktion.

TRAGATSCH

Erwin Tragatsch-Motors, Zwittau (Svitavy), Brünner Straße 15 CS 1946–1949

Motorrad-Rennstall, wo vom Verfasser dieser Encyclopaedia mit 348- und 498-cm³-Jap-ohv-Rennmotoren ausgestattete Rennmaschinen, besonders Bahnrennmaschinen, konstruiert und hergestellt wurden. Erfolgreichster Fahrer war Hugo Rosak.

498 cm³ Tragatsch (ohv-Jap-Bahnrennmasch.) 1946

TRAIN

Motorcycles et Moteurs Train, Rue Rouget d'Isle 3, Courbevoie F 1925–1939

Bekannt als Hersteller von Einbaumotoren, stellte Train auch komplette Zweitaktmaschinen von 98 bis 346 cm^3 und Viertaktmodelle bis zum 748-cm^3-Reihenvierzylinder – teilweise auch mit Kardanantrieb – her.

346 cm^3 Train (Eig. ohv-Motor) 1931

TREBLOC

Colbert Engineering Co., Bath E 1922–1925

Leichtkrafträder mit 63-cm^3-Hilfsmotoren.

TREMO

Herbert G. Treptau, Berlin 0.112, Frankfurter Allee 293 D 1925–1928

Einzylinder-Motorräder mit eigenen 308-cm^3-sv- und ohv-Blockmotoren.

TRENT

Trent & Co., Wells Road, Shepherds Bush, London GB 1902–C

Kleine Firma, die Fahrräder mit 207-cm^3-Hilfsmotoren ausrüstete.

TRESPEDI

Motocicli Paolo Trespedi, Stradella, Pavia I 1926–1930

Mit eigenen 172- und 247-cm³-Nasenkolben-Zweitaktmotoren ausgerüstete Touren- und Sportmaschinen.

TRIANON

Trianon Fahrrad- und Motorrad-Werke, H. Wittler jun., Herford D 1922–1926

Einfache, aber robust gebaute Maschinen mit eigenen 232-cm³-Zweitaktmotoren.

TRIBUNE

USA 1903–D

Soweit bekannt, hatten diese amerikanischen Maschinen erst Aster- und später Thor-Motoren.

TRIPLE-H

Hobbis, Hobbis & Horrell, Alvechurch Road, West Heath, Birmingham GB 1921– 1923

In kleinen Stückzahlen gebaute Maschinen mit 246-cm³-John-Morris-Dreikanal-Zweitaktmotor.

TRIPLETTE

Hobbis Brothers, Avechurch Road, West Heath, Birmingham GB 1923–1925

Einfache, billig gebaute 147-cm³-Maschine mit Villiers-Motor.

TRIPOL

Tripol-Fahrradfabrik GmbH., Rokycan CS 1925–1926

Bekannter Fahrradhersteller, der auch 246-cm³-Zweitaktmaschinen mit Villiers-Motor in kleiner Stückzahl gebaut hat.

TRIUMPH

1. Triumph Cycle Co. Ltd., Much Park Street, Coventry GB 1903–
2. Triumph Cycle Co., Ltd., Priory Street, Coventry
3. Triumph Engineering Co., Ltd., Meriden Works, Allesley, Coventry
4. TVN-Motorcycles, Armoury Road, Birmingham 11
5. Norton Triumph International Ltd., Kitts Green, Birmingham
6. Norton Triumph Europe Ltd., North Way, Walworth Industrial Estate, Andover, Hampshire SP10 5BD
7. NVT Motorcycles Limited, Lynn Lane, Shenstone, Staffs.

Von den Deutschen Maurice Schulte und Siegfried Bettmann gegründete weltberühmte englische Motorradfabrik. Baute lange Zeit Einzylindermaschinen mit seitengesteuerten – hauptsächlich 498- und 548-cm³-Motoren. 1921 kam die vierventilige 498-cm³-ohv-Typ »Ricardo« dazu. Später auch 345-cm³-sv- und zweiventilige ohv-Modelle mit 498 cm³ Hubraum. Fahrer wie Horsmann, Edmunds, Evans, Quinn, Hobbs, Turek, Högel und andere errangen viele Rennerfolge. In den dreißiger Jahren gab es auch kleine Zweitakter und ohv-Modelle von 174 cm³ bis zum 1934 von Page konstruierten 645-cm³-Parallel-Zweizylinder. Nach einer Reorganisation 1936 kam Triumph zu Jack Sangsters Ariel-Gruppe mit Edward Turner als Chef der Werke in Coventry. 1938 trat dieser mit der berühmten 498-cm³-»Speed-Twin« den Siegeszug von Triumph an. Diese Paralell-Zweizylinder-ohv-Modelle wurden nach 1945 in

492 cm³ Triumph (GB)
(ohv-4-Vent.-»Ricardo«)
1923

496 cm³ Triumph (GB)
(ohv-Motor TT) 1927

498 cm³ Triumph (GB)
(ohv-Motor ST) 1929

348 cm³ Triumph (GB)
(ohv-Motor 3/2) 1935

648 cm^3 Triumph (GB)
(ohv-Zweizyl.) 1935

247 cm^3 Triumph
(ohv-»Tiger 70«) 1938

498 cm^3 Triumph
(ohv-Zweizyl. »Speed Twin«)
1939

498 cm^3 Triumph
(ohv-Zweizyl. »GP«-
Rennmasch.) 1947

648 cm³ Triumph (ohv-Zweizyl. »Trophy« TR6«) 1958

740 cm³ Triumph (ohv-Dreizyl. »Trident«) 1974

zahlreichen Varianten auch mit 649 und 743 cm³ gebaut. In den 50er Jahren ging Triumph – wie auch Ariel – an die BSA-Gruppe in Birmingham über, und 1968 entstand die 740-cm³-Dreizylindermaschine mit ohv-Motor. Bald darauf wurde diese Gruppe von Norton-Villiers übernommen, nachdem kommerzielle Probleme die BSA-Gruppe fast zur Aufgabe des Motorradbaus zwangen. Das war auch mit den BSA-Maschinen der Fall, während die offizielle Triumph-Motorradherstellung in die BSA-Werke nach Birmingham verlegt wurde. Erwähnt seien noch die Grand-Prix-Modelle mit ihren 498-cm³-Parallel-Zweizylinder-ohv-Motoren, die 1946 entstanden und viele Erfolge mit Fahrern wie Lyons, McCandless, Whitworth, Volzwinkler, Schmitz, Crossley, Armstrong, Wheeler, Stevens u. a. errangen. Auch in späteren Jahren konnten Fahrer wie Jefferies, Smart, Tait etc. sowie zahlreiche Fahrer in den USA große Erfolge für Triumph erringen. Zweizylinder Triumph-Modelle werden in Coventry seit 1975 von einer Co-Operative mit Staatsunterstützung gebaut. Zusammen mit dem derzeit nicht gebauten Dreizylinder »Trident« werden sie von NVT vertrieben. Strukturveränderungen sind hier noch möglich.

TRIUMPH

Triumph Werke AG., Fürther Straße 212, Nürnberg — D 1903–1957

Bis 1929 gab es zwischen Triumph-Coventry und Triumph-Nürnberg einen engen kommerziell-technischen Zusammenhang. Alle 545- und 499-cm³-Motoren kamen bis dahin aus England, die 269- und 248-cm³-»Knirps«-Zweitakter entstanden jedoch in Nürnberg, wie auch die später gebauten – meist von Otto Reitz konstruierten – Zweitakter von 48 bis 346 cm³. Nach 1929 gab es vorerst auch MAG-Motoren von 348 bis 746 cm³, später unter Lizenz in Nürnberg gebaut. Im Ausland hießen die deutschen Triumphs ab 1929 Orial, später stand auf allen Nürnberger Modellen das TWN (Triumph-Werke Nürnberg) am Tank. Reitz konstruierte hervorragende Doppelkolben- und Drehschieber-Zweitakter, die nach 1949 vornehmlich von 48 bis 346 cm^3 gebaut wurden. Während der folgenden Krise ging das Werk an Grundig über. Die von 1930 bis 1933 mit Ley und Fleischmann eingesetzten Werksrennmaschinen hatten 348- und 498-cm^3-ohc-MAG-Motore, doch gab es auch ein serienmäßiges 499-cm^3-Rennmodell mit dem ohv-MAG-Rennmotor.

TRIUMPH

Triumph Manufacturing Co., Detroit City, Detroit — USA 1912

Kleine Zweigfabrik der englischen Triumph-Werke, wo hauptsächlich 548-cm^3-Einzylinder-sv-Maschinen gebaut wurden.

TROPFEN

Luftreederei Max Schueler, Osnabrück-Netterheide — D 1923–1924

Bot völlig verkleidete, eiförmige Motorräder mit 248- und 308-cm^3-Zweitaktmotoren an, doch kamen nur sehr wenige wirklich auf die Straße.

TRUMP

1. Liphook Motor Engineering Works, Weybridge, Surrey — GB 1906–1923
2. Trump Motors Ltd., Foxlake Works, Byfleet, Surrey
3. Trump Motors Ltd., 36. John Bright Street, Lombard Street, Brimingham
4. Trump Motors Ltd., 70. Lombard Str., Birmingham

F. A. McNab und Col. Stewart, einst berühmte Rennfahrer, gehörten zu den Besitzern dieser Firma, deren Motorräder Jap-Motoren von 246 bis 998 cm^3 und V-Zweizylinder 990-cm^3-Motoren von British-Anzani besaßen. Es gab auch Typen mit 269-cm^3-Peco-Zweitaktmotoren.

TSUBASA

Tsubasa Motorcycle Co., Tokyo — J N–F

Stellte mehrere Modelle mit eigenen 246-cm^3-ohv-Einzylindermotoren her.

TÜRKHEIMER

Officine Türkheimer, Via Lambro 4, Milano — I 1902–1905

Max Türkheimer importierte schon 1896 Maschinen von Hildebrand & Wolfmüller nach Italien und war später u. a. jahrelang Ariel-Importeur. Seine eigenen Motorräder hatten 1,25-PS-Motoren.

T.X.

Westendarp & Pieper GmbH., Berlin W 66, Mauerstraße 86–88 — D 1924–1926

Baute außer den Bruhnschen Taxameteruhren auch 132- und 173-cm^3-Zweitakt-Motorräder mit interessanten Tankrohrrahmen und Bekamo-Hilfskolbenmotoren. Rennmaschinen hatten Wasserkühlung. Erfolgreiche Fahrer: Chefkonstrukteur Kurt Pohle, Ernst Magnus, Ernst Wittig, Paul Lüdtke, Rudolf Ahrens. Es gab auch einige TX-Rennmodelle mit 247-cm^3-ohc-Motoren von Roconova.

TYLER

1. Tyler Apparatus Co., Ltd., 15. Gerrard Street, London W — GB 1913–1923
2. Metro-Tyler, Metro-Tyler Co., Ltd., Banister Road, London W 10

Kleine Firma, deren Motorräder mit 198-cm³-Precision- und 269-cm³-Villiers-Motoren ausgerüstet waren.

TYPHOON

N. V. Motocykelfabriken Typhoon, Goeteborg — S 1949–1951

Vom berühmten Folke Mannerstedt konstruierte 198-cm³-Zweitaktmaschinen mit eigenen Motoren.

TYPHOON

A. Knibbe, Amersfoort, Nijverheisweg 6 — NL 1955–P

Bekannter Hersteller von Mopeds mit Ilo-, Sachs- und anderen 49-cm³-Zweitaktmotoren.

UDE

F. W. Ude, Fahrzeugbau, Bielefeld, Westf. — D 1924–1925

Mit Ketten- wie auch Riemenantrieb gebaute 249-cm³-Zweitaktmaschinen mit eigenen Einzylindermotoren.

ULTIMA

Motocyclettes Ultima, E. Billion, Rue du Commandant Faurax 24–26, Lyon 6e — F 1908–1958

Baute Motorräder mit Einbaumotoren von Zurcher, Aubier-Dunne und Jap. Eigene Motoren gab es schon in den dreißiger Jahren, und nach 1945 wurden sehr schöne Zweitaktmodelle mit 123- bis 198-cm³-Einzylindermotoren gebaut. Eine 499-cm³-Zweizylinder-Doppel-ohc-Rennmaschine, 1951 gebaut, kam nie zum erfolgreichen Renneinsatz.

UNIBUS

Gloucestershire Aircraft Co., Ltd., Cheltenham — GB 1920–1922

Der von Boultbee konstruierte Unibus-Roller war eine sehr nette Konstruktion, deren Motor ein 269-cm³-Zweitakter war. Trotz großer Vorteile konnte auch er sich nicht durchsetzen.

UNION

Union Motor AB., Charlottenborg — S 1943–1952

Sportliche Maschinen mit 348- und 498-cm³-ohv-Motoren von Jap.

UNIVERSAL (UNIVERSELLE)

1. Maschinenfabrik J. C. Müller & Co., Dresden A-24 — D 1925–1929
2. Uni-Rad GmbH., Dresden-A, Waisenhausstraße 3

Die von Erich Landgrebe konstruierten Maschinen wurden von einer Fabrik erzeugt, die vorher nur Maschinen zur Herstellung von Zigaretten gebaut hatte. Universal-Motorräder hatten 183 cm³, später 197 und 247 cm³ Hubraum und wechselgesteuerte Einzylinder-Blockmotoren. Gute Konstruktion und Ausführung.

183 cm³ Universelle
(Eig. ioe-Blockmotor) 1926

UNIVERSAL

1. Universal AG., Mech. Werkstätte, Willisau (Luzern) CH 1928–1964
2. Universal AG., Zuerlich-Oberrieden

Baute zuerst »Helvetia«-Motorräder mit 170-cm³-PA-Motoren, später zahlreiche Modelle mit Jap-, Python, Anzani-, Ilo- und anderen Motoren bis 1000 cm³. Ab 1936 wurden 678- und 996-cm³-Maschinen mit eigenen V-Zweizylindermotoren für die Armee gebaut. Nach dem Krieg gab es die BMW-ähnlichen 578-cm³-Zweizylinder-sv- und ohv-Modelle mit eigenen Boxer-Blockmotoren und Kardanantrieb, zuletzt auch 246-cm³-ohv-Einzylindermaschinen. Bekannte Fahrer wie Kirsch, Franconi, Alfter etc. fuhren Universal-Rennmaschinen.

980 cm³ Universal
(ohv-V-Zweizyl.-Jap) 1937

578 cm³ Universal
(ohv-Zweizyl.-Boxer) 1955

URANIA

Urania-Fahrradwerke Paul Tanner OHG., Cottbus, N/L. D 1934–1939

Konfektionsmaschinen mit 98- und 123-cm^3-Sachs- und Ilo-Motoren.

URAL

V/O Avtoexport, Smolenskaja-Sennaja Pl., 32/34, Moskau SU O–

Robuste Zweizylindermaschinen mit eigenem 649-cm^3-ohv-Boxermotor und Kardanantrieb. Der quergestellte Motor leistet 32 PS bei 4500 U/min. Die in einer großen sowjetischer Fabrik gebauten Maschinen werden auch bei Behörden viel benützt.

U.T.

1. Motorradbau Hermann Scheihing, Untertürkheim D 1922–1959
2. Bergmüller & Co., Maschinenfabrik, Vaihingen a. d. Filder
3. Schwenk & Schnürle GmbH., Möhringen a. d. Filder

Nach englischen Vorbildern gebaute Motorräder. Hatten zunächst 247-cm^3-Zweitaktmotoren mit Hilfskolben (Bekamo-System), später Blackburne-, Jap-, Küchen- und Bark-Motoren von 246 bis 548 cm^3 und nach 1949 hauptsächlich Ilo- sowie Sachs-Zweitaktmotoren bis 248 cm^3. Erfolgreiche Rennfahrer: Gehrung, Nonnemann, Kiemel, Frentzen, H. P. Müller, Kohfink.

346 cm^3 UT (sv-Jap-Motor) 1929

UTILIA

Ets. Utilia, Rue Achille-Martinet 10, Paris F 1929–1936

Stellte Motorräder von 98 bis 498 cm^3 mit einzylindrigen Zweitaktmotoren wie auch sv- und ohv-Einzylindermotoren, teilweise von Jap und Chaise, her.

VAGA

1. Mario Vaga, Via Pasubio 18, Milano I 1925–1935
2. Mario Vaga, Piazza Vetra 17, Milano
3. Soc. Italiana Motocicli-Auto, Via Lomazzo 13, Milano

Konzentrierte sich jahrelang auf 175-cm^3-Maschinen mit ohv-Motoren von Jap und Blackburne sowie ohc-Motoren von CF. Zuletzt gab es auch ohv-Modelle bis 348 cm^3 mit Sturmey-Archer-ohv-Motoren. Anfangs auch 124-cm^3-Zweitakter.

VAL

Val Motor Co., 314 Bradford Street, Birmingham GB 1913–1914

Seitenwagenfabrik, die auch 488-cm^3-sv-Maschinen mit Jap-Motoren gebaut hat.

VALIANT

Valiant Manufacturing Corporation, New Orleans, Lousiana US 1965–Q

Übernahm die Produktion der ungewöhnlichen Simplex-Maschinen mit umgebautem 124-cm^3-Clinton-Motormäher-Viertaktmotor.

VAP

Société Vap. Rue de Merville 109, Hazebrouck (Nord) F N–P

Großhersteller von 49-cm^3-Mopeds. Verbunden mit Alcyon, Lucer, Rhonson etc.

VAREL

Motorenwerk Varel GmbH., Varel/Oldenburg D 1952–1953

Kleinroller und Mopeds mit eigenen 43-cm^3- und Roller mit 99-cm^3-Mota-Zweitaktmotoren.

VASCO

1. C. E. Taylor, Coombe Road, Kingston-on-Thames GB 1921–1923
2. C. E. Taylor, 136. London Road, Kingston-on-Thames
3. Vasco-Motors, York Works, South Road, Southall, Mddx.

Baute immer nur einen Typ mit Zweitaktmotoren. Zunächst 261-cm^3-Orbit- und später 349-cm^3-Broler-Motoren.

VASSENA

1. Ditta Pietro Vassena, Malnate, Como I 1926–1929
2. Ditta Pietro Vassena, Via Cavour 19, Lecco, Como

124-cm^3-Zweitaktmaschinen mit horizontalem Zylinder des Blockmotors.

VATERLAND

Fahrradfabrik Friedrich Herfeld Söhne, Neurade i. W. D 1933–1939

Mit 98- und 120-cm^3-Sachs-Motoren ausgerüstete Leichtkrafträder, die vom Werk direkt an die Kunden geliefert wurden.

VECCHIETTI I 1954–1957

Moped-Hersteller, der 49-cm^3-Zweitaktmotoren von Victoria verwendete.

VELAMOS

Motorradfabrik Gustav Heinz, Mhr. Schönberg, Mähren CS 1927–1930

Während die Sirocco-Maschinen von Heinz mit Villiers-Motoren ausgestattet waren, hatten seine Velamos-Motorräder eigene 246-, 346- und 496-cm^3-Nasenkolben-Zweitaktmotoren.

VELOCETTE

1. Taylor Gue Ltd., Birmingham GB 1904–1968
2. Veloce Ltd., Fleet Street, Birmingham
3. Veloce Ltd., Victoria Road, Aston, Birmingham
4. Veloce Ltd., York Road, Hall Green, Birmingham 28

Die weltberühmte Velocette war die Nachfolgefirma von Ormonde und hieß ursprünglich VMC und Veloce. Vor 1914 gab es Zwei- und Viertakter, dann bis 1925 hauptsächlich 211- und 248-cm³-Zweitaktmaschinen. Mitte der zwanziger Jahre folgte die hervorragende 348-cm³-ohc-Maschine, aus der die erfolgreiche KTT-Rennmaschine wurde. Es gab auch 248-, 348- und 498-cm³-ohv-Einzylindermodelle und nach 1945 die erfolgreiche 198-cm³-LE mit

249 cm³ Velocette
(Eig. 2T-Motor) 1924

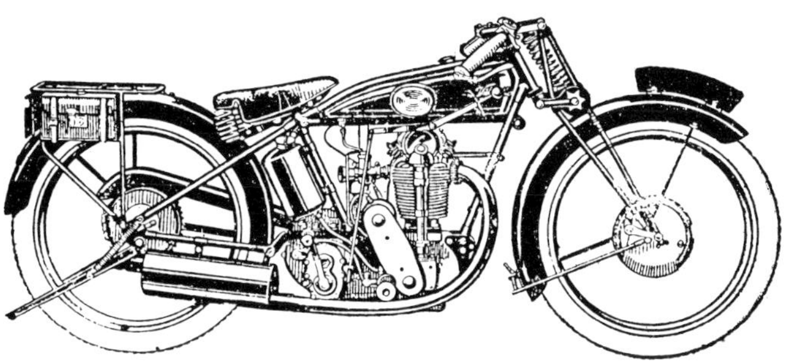

346 cm³ Velocette
(Eig. ohc-Rennmasch.) 1928

346 cm³ Velocette
(ohc-»KTT«-Rennmasch.)
1929

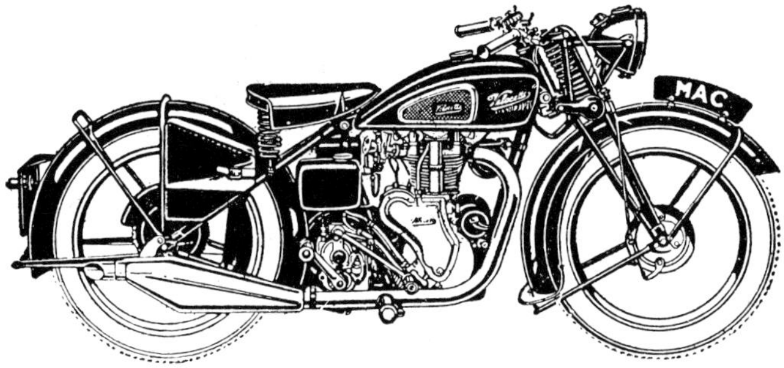

247 cm³ Velocette
(Eig. ohv-Motor) 1935

346 cm³ Velocette
(Eig. ohc-Motor) 1936

348 cm³ Velocette
(ohc-»KTT«-Rennmasch.)
1950

499 cm³ Velocette
(Eig. ohv-Motor) 1960

198 cm³ Velocette
(ohv-Zweizyl. »Valiant«) 1963

dem quergestellten zweizylindrigen sv-Boxer-Blockmotor und Wasserkühlung. Auch die Valiant-ohv-Maschine und der Viceroy-Roller hatten quergestellte Boxer-Zweizylindermotoren. Es gab auch 248-, 348- und 498-cm³-ohc-Werksrennmaschinen und große Rennerfolge mit Fahrern wie S. Woods, Mellors, Thomas, Archer, Frith, Lomas, Foster, Anderson, Bennett, Willis, Hicks, Ulmen, Schneider, Ahlswede, Kucera, Lucak, Deimel, Riedl, Binder, Landi, M. Ghersi, Tada, Sabrnak, Aranda, Kaufmann, Juhan, Houel, Martin, Laurent, Loyer u. a. Führende Konstrukteure: Percy Goodman, Harald Willis, Charles Udall.

VELOX

1. Motocykly Hynek Vohanka, Nepomucka 25, Plzen — CS 1923–1926
2. Motocykly Hynek Vohanka, Radynska 13, Plzen

Bekannter Rennfahrer, dessen Motorräder zunächst 147-cm³-Villiers-, ab 1925 jedoch 123- und 174-cm³-Bekamo-Motoren besaßen.

VELOSOLEX

S.I.F.A.C., Boulevard de Verdun 68, Courbevoie, Seine — F L–

Berühmter Großserienhersteller von Fahrrad-Hilfsmotoren und 48-cm³-Leichtkrafträdern. Ist seit 1975 mit Motobecane eng verbunden.

VENUS

Venus-Motors, 52. Plasket Lane, London, E. 13 — GB 1920–1922

Wurde mit 318-cm³-Dalm-Zweitaktmotoren und mit eigenen 318-cm³-sv-Motoren auch geliefert.

VENUS

Venus GmbH., Fahrzeugbau, Donauwörth, Dillinger Landstraße — D 1953–1955

Roller mit 98-, 147- und 174-cm³-Sachs-Motoren. Beschränkte Produktion.

VERGA

Fratelli Verga, Via Masolino di Panicale 6, Milano — I 1951–1954

Kleiner Hersteller von 73-cm³-Zweitaktmaschinen mit Hinterradfederung.

VERLOR

Ets. Verlor, Argenteuil F 1930–1938

Produzierte Zweitaktmaschinen mit 98- und 124-cm^3-Steinless- und Aubier-Dunne-Motoren.

VEROS

Moto-Veros, Via Londonio 23, Milano (26) I 1922–1924

Dies waren in Wirklichkeit englische 346-cm^3-Verus-Motorräder, die der Importeur Oreste Garanzini für den italienischen Markt auf Veros umtaufen ließ. Auffallend die gekapselte Hinterradkette. Motor: Blackburne.

VERUS

Alfred Wiseman Ltd., Glover Street, Birmingham GB 1919–1925

Mit eigenen 211- und 269-cm^3-Zweitaktmotoren und 246- bis 996-cm^3-Jap- und Blackburne-Motoren ausgerüstete Konfektionsmaschinen. Diese Firma baute auch die Sirrah-Motorräder.

VESPA

S.p.A. Piaggio & Co., Via A. Cecchi 6, Genova I 1946–

Weltberühmter Hersteller von Mopeds, Mofas und Rollern mit 49-, 98-, 123-, 147- und 198-cm^3-Hubraum. Erwarb 1970 auch die Gilera-Motorradwerke in Arcore bei Mailand.

VESUV

Motorraderzeugung Friedrich Bischoff, Dietlingen D 1924–1926

Diese in kleinen Stückzahlen gebauten Maschinen hatten eigene 246-cm^3-Dreikanal-Zweitaktmotoren.

VIATKA

SU 1958–

Sowjetische Roller-Fabrik, die hauptsächlich 148-cm^3-Zweitaktmodelle baut.

VIBERTI

Officine Viberti S.p.A., Corso Peschiera 251, Torino I 1955–Q

Baute 47-cm^3-Mofas, Mopeds etc., zum Teil mit Victoria-Motoren, und auch 123-cm^3-ohv-Motorräder.

VICTA

Victa-Garage, Coventry GB 1912–1913

Kleiner Hersteller, dessen Motorräder 499-cm^3-Precision-Motoren besaßen.

VICTORIA

Victoria Motor- & Cycle Co., Ltd., Dennistoun, Glasgow GB 1902–1926

Die größte Motorradfabrik, die es je in Schottland gab, baute vornehmlich 127- bis 346-cm³-Villiers- und 246- bis 546 cm³-Jap- und Blackburne-Motoren ein. Es gab auch Modelle mit dem 688-cm³-Coventry-Victor-Zweizylinder-Boxermotor, aber keinerlei Verbindung zu Victoria in Nürnberg. Die schottischen Motorräder waren gute Konfektionsarbeit.

VICTORIA

1. Victoria Werke AG., Ludwig-Feuerbach-Straße, Nürnberg — D 1899–
2. Victoria Werke AG., Nopitschstraße 70, Nürnberg 2
3. Zweirad Union AG., Nopitschstraße 70, Nürnberg

Von Max Frankenburger und Max Ottenstein gegründete Firma, die in den ersten Jahren Zedel-, Fafnir- und andere Motoren, ab 1920 auch BMW- und ab 1923 eigene – zuerst bei Sedlbauer in München für Victoria von Martin Stolle konstruierte – 498-cm³-Boxer-Zweizylindermotoren einbaute, die ersten mit sv-, ab 1924 mit ohv-Ventilen. Später kam auch eine 596-cm³-ohv-Boxer-Zweizylindertype dazu. 1926 war Adolf Brudes mit einer 498-cm³-Kompressor-Victoria mit 164 km/h Inhaber des deutschen Geschwindigkeitsweltrekords. Ab 1928 wurden Modelle mit 198- bis 499-cm³-Sturmey-Archer-Motoren, teilweise von Horex-Columbus für Victoria unter Lizenz gebaut, hergestellt. 1945 Bau eines 38-cm³-Fahrrad-Hilfsmotors und vorher von Stolle konstruierter 496-cm³-Parallel-Zweizylindermaschinen. Es gab auch Zweitakter von 98 bis 346 cm³ und in den fünfziger Jahren die 347-cm³-»Bergmeister« mit quergestelltem V-Zweizylinder-ohv-Blockmotor und Kardan. Später Bau von 48-cm³-Mopeds und Leichtkrafträdern, Rollern, der von Norbert Riedel konstruierten 248-cm³-»Swing«, von 173-cm³-Sportmaschinen mit ohv-Parilla-Motoren etc. 1958 Übernahme von DKW und Express, 1966 zusammen mit Hercules von Fichtel & Sachs übernommen. Berühmte und erfolgreiche Victoria-Fahrer: Brudes, Dotterweich, Escoffier, Mayr, Krieger, Richter, Gerlach, Alt, Grohmann, Möritz, Möhring, Mühlbacher, Adam, H. P. Müller, Bodmer, Füglein, Rieß.

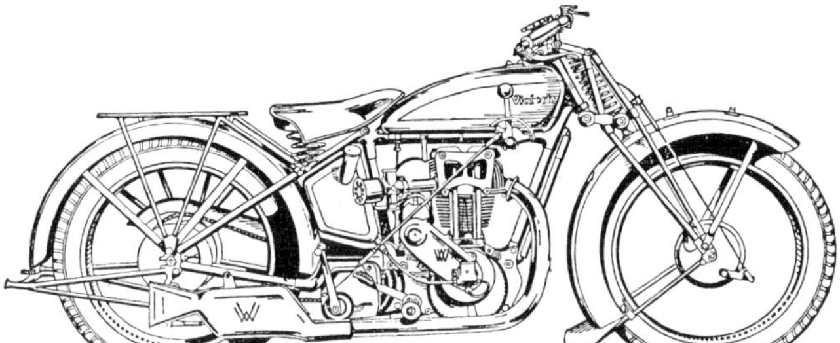

348 cm³ Victoria (D)
(ohv-Sturmey-Archer) 1930

VICTORY

Motocicli Giovanni Francesconi, Via G. de Medici 6, Padova — I 1950–1955

Baute Motorräder mit 98- und 123-cm³-Villiers-Motoren.

VILLA

1. Francesco Villa, Via Pistoia 5, 41100 Modena — I 1968–
2. Francesco Villa, Via Provinciale 128, 40056 Pragatto de Crespellano (Bo.)

Bekannter Rennfahrer, der sich – teilweise in Zusammenarbeit mit Montesa – auf den Bau von 49- und 123-cm³-Zweitakt-Spezialmaschinen für Straßenrennen und Motor-Cross spezialisiert. Baut nunmehr 49-, 123-, 246- und 448-cm³-Enduro- und Moto-Cross-Modelle in Kleinserien.

VILLOF

Construcciones Meccanicas Villof, Avenida del Puerto 121, Valenciă E 1949–P

Kleinere spanische Fabrik, die spanische Villiers-Motoren, aber auch eigene Zweitaktmotoren von 73 bis 123 cm³ eingebaut hat.

VINCENT (Vincent-HRD)

1. Vincent HRD Co., Ltd., Great North Road, Stevenage GB 1929–1956
2. Vincent Engineers (Stevanage) Ltd., Great North Road, Stevenage

Die von Phil Vincent übernommenen HRD-Werke bauten zunächst 246- bis 499-cm³-Einzylindermaschinen mit Jap-, Villiers, Blackburne- und Python-Motoren und Vincent patentierten Federrahmen. Hatte ab 1934 eigene 499-cm³-ohv-Einzylinder- und ab 1937 auch die berühmten 996-cm³-V-Zweizylinderversionen, darunter die »Rapide, Knight, Black Shadow, Black Lightning« etc., die jahrelang die schnellsten 1000er waren und viele Erfolge errangen. Berühmte Fahrer: G. Brown, R. Free, West, J. Williams, Heath, Surtees.

996 cm³ Vincent-HRD
(ohv-V-Zweizyl.-Motor) 1952

VINCO

Vinco Moto Garage, London SW GB 1903–1905

Vergessene Firma, deren Motorräder 211-cm³-Minerva-Motoren hatten.

VINDEC

Brown Bros. Ltd., Great Eastern Street, London. EC 2 GB 1902–1929

Große und berühmte englische Kraftfahrzeug-Zubehörfirma, die 172- und 224-cm³-Zweitaktmaschinen mit eigenen Motoren, aber auch 499- und zuletzt 293-cm³-Modelle mit Jap-Motoren gebaut hat.

VINDEC-SPECIAL

Köln-Lindenthaler Metallwerke AG., Köln-Lindenthal D 1903–1914

Identisch mit Tiger- und Allright-Motorrädern, hießen diese – von der South British Trading Co., Ltd. 13–15 Wilson Street, London EC. – nach England importierten Maschinen (wegen der englischen Vindec) hier Vindec-Special; ab 1909 auch V. C. Hatten FN-, Fafnir-, Minerva-Motoren und schon 1905 Truffault-Vorderschwingen.

VIPER

Viper Motor Company, Hill Street, Kidderminster GB 1919–1922

Kleiner Motorradkonfektionär, der 293-cm³-sv-Jap-Motoren eingebaut hat.

VIRATELLE

Blanc, Garin & Cie., 5, Rue du Débarcadére, Paris F 1907–1924

Baute zahlreiche, oft ungewöhnliche Motorräder mit Ein- und V-Zweizylindermotoren, zuletzt einen schweren 686-cm³-sv-Zweizylindertyp.

VIS

Vis-AG., Fahrzeug- & Motorenbau, Perlacher Straße 8, München D 1923–1925

Interessannte Zweitaktmaschinen mit 249-cm³-Einzylindermotoren und 498-cm³-Boxer-Zweizylindermotoren. Letztere waren im Motorradbau – soweit es Zweitakter betraf – äußerst selten. Auch diese Vis-Duplex setzte sich nicht durch.

VITTORIA

1. S.p.A. Teodoro Carnielli & Co., Viale F. Cavalotti 14, Vittorio-Veneto I 1931–
2. Teodoro Carnielli & Co., S.p.A., 31029 Vittorio-Veneto, Via Dante 47

Begann als Motorrad-Konfektionär mit 98-cm³-Sachs-, 173- und 248-cm³-Jap-, 346- und 496-cm³-Küchen- und 499-cm³-Python-Vierventil-ohv-Motoren. Baut seit dem Krieg hauptsächlich Leichtkrafträder mit 49-cm³-Zweitaktmotoren, aber auch 74- und 98-cm³-Zweitakter und Dreiräder.

VOLLBLUT

Klein, Schäberle & Co., Motorfahrzeugbau, Böblinger Straße 92, Stuttgart D 1925–1927

Kleiner Konfektionär, der 247- und 347-cm³-sv- und ohv-Motoren von Blackburne einbaute.

VOMO

Eugen Seeger, Vomo-Motorräder, München, Trappentreustr. 32 D 1922–1923

Verstärkte Fahrradfahrgestelle mit 1-PS- und 1,75-PS-Viertaktmotoren.

VORAN

Berliner Kleinmotoren-Aktiengesellschaft, Alt Moabit 94, Berlin NW 21 D 1921–1924

Primitiv gebaute Zweitaktmaschinen mit eigenem 143-cm³-Motor.

VOSKHOD

V/O Avtoexport, Smolenskaja-Sennaja Pl., 32/34 Moskau SU M–

Stark verbreitete sowjetische 173-cm³-Zweitaktmaschinen, früher mit DKW-Konstruktionen, später mit Jawa/CZ-Konstruktionen als Vorbild.

VULCAN

1. Vyroba Motocyklu, F. & J. Zdarsky, Turnov — CS 1904–1924
2. F. Zdarsky, Vyroba Motocyklu, Podoli u. Svijan
3. K. Ruzicka, Mechanicke Dilny, Turnov 441

Bereits unter »Perun« beschriebene Maschinen einer alten tschechischen Firma. Ruzicka übernahm nach dem Ersten Weltkrieg das Unternehmen und stellte nur noch Ersatzteile her.

VULCAN

1. Vulcan Works Ltd., Welshpool — GB 1922–1924
2. Vulcan Works Ltd., 13 Stafford Street, Birmingham

Baute eine 248-cm³-Zweitaktmaschine und eine 293-cm³-sv-Einzylindermaschine mit Jap-Motor. Bescheidener Fertigungsumfang.

VULKAAN

Vulkaan Motorrijwielfabriek, Van Ray nr. Venloe — NL 1907–1916

Einst eine bekannte holländische Motorradfabrik, die Zedel- und dann eigene Motoren einbaute. Besonders beliebt war ein 298-cm³-Einzylinder-sv-Modell.

WACKWITZ

Paul Wackwitz, Ürdinger Straße 240, Krefeld — D 1920–1922

Baute 108-cm³-Einzylindermotoren für Fahrräder wie auch komplette Fahrräder mit diesen Viertaktmotoren.

WADDINGTON

Waddington & Sons., Motor Company, Middlesborough — GB 1902–1906

Mit Minerva-, MMC- und anderen Einbaumotoren ausgestattete 2- und 3-PS-Einzylindermaschinen.

W.A.G.

Wright & Gasking, 114 Rea Street, Birmingham — GB 1924–1925

Eine der wenigen Firmen die 496-cm³-V-Zweizylindermaschinen mit Zweitaktmotoren gebaut hat. Wie bei Stanger war auch hier die Produktion klein.

WAGNER

Tovarne na Motocykly Adolf Wagner, Horazdovice — CS 1930–1935

Bot Motorräder mit 98- bis 499-cm³-Motoren an. Offerierte Zweitakter, sv-, ohv- und sogar ohc-Modelle.

WAGNER

Wagner Motorcycle Company, 22 East 4th Street, St. Paul, Minn. USA 1901–1914

Gehörte zu den Pionieren der amerikanischen Motorradindustrie. Baute 1,5-, 2- und 2,5-PS-Motoren eigener Konstruktion und auch solche von Thor ein.

WAKEFIELD

Wakefield Motor & Cycle-Works, The Arches, Clapham, London, S.W. GB 1902–B

Eine der ersten Firmen, die Motoren senkrecht über den Pedalen eingebaut hat. Verwendete Minerva- und MMC-Einbaumotoren.

WALBA

Walba-Fahrzeugbau, Reutlingen, Tübinger Straße 51 D 1949–1952

Von Dr. W. Baibaschewski konstruierte Roller mit Ilo-Motoren von 98 bis 173 cm^3 Hubraum.

WALLIS

Wallis Motors Ltd., Queens Mead Road, Bromley, Kent GB 1925–1926

Technisch interessante 348- und 498-cm^3-ohv-Einzylindermaschinen mit Nabenlenkung, ähnlich der Ner-a-car. Wallis, ein hervorragender Techniker, schuf auch die Comerford-Wallis-Speedway-Maschinen.

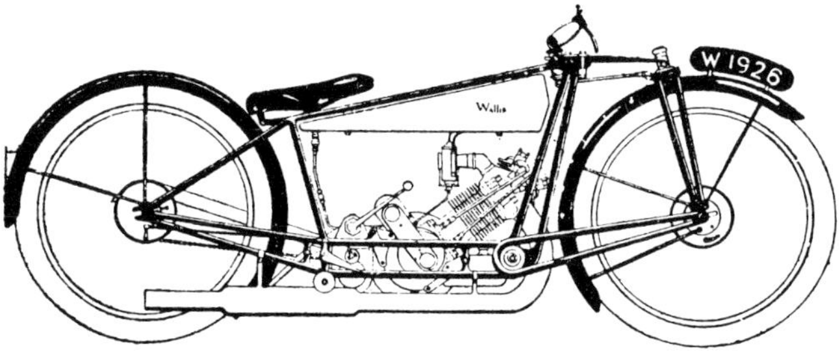

346 cm^3 Wallis
(ohv-Blackburne-Motor) 1926

WALMET

Waldecker Metallwarenfabrik Leopold Weste & Co., Bad Wildungen D 1924–1926

Baute 246-cm^3-Zweitaktmaschinen und 346-cm^3-ohv-Modelle mit Kühne-Einbaumotoren in kleiner Stückzahl.

WALTER

Maschinen- & Fahrradfabrik Walter & Co., GmbH., Mühlhausen, Thüringen D 1903–1942

Einst eine bekannte Motorrad-Konfektionsfirma. Baute Fafnir-Motoren, in den zwanziger- und dreißiger-Jahren vornehmlich 173- bis 347-cm^3-Villiers-Zweitaktmotoren ein. Nach 1935 wurden nur noch Moped mit 98-cm^3-Sachs- und Ilo-Motoren hergestellt.

WALTER (K)

1. Josef Walter, Vyroba Motocyklu, Praha-Smichov, Kinského Trida CS 1900–1949
2. Josef Walter, Vyroba Motocyklu, Praha-Smichov, Na Zatlance
3. Josef Walter & Spol., Praha-Jinonice
4. Josef Walter, Tovarna ozubenych kol, Praha-Kosire, Trebického Ulice 41

Baute bis zum Ersten Weltkrieg erstklassige Ein- und V-Zweizylindermaschinen eigener Konstruktion. Verließ 1922 die Walter-Werke und gründete eine Zahnradfabrik, wo 1926 der Prototyp einer 496-cm^3-sv-Einzylindermaschine entstand. Ein Sohn von Josef Walter – Jaroslav Walter – baute 1938 moderne 248-cm^3-ohv-Rennmotoren und nach 1945 noch zahlreiche 248- und 348-cm^3-ohc-Rennmotoren, die mit Fahrern wie Lucak, Horak, Divis, Sedlak, Fristensky, Richter, Kost, Stanislav, Hajek u. a. viele Erfolge errangen. 1949 wurde er Leiter der Rennabteilung bei CZ. Er starb 1975.

WALTER (J)

Walter & Spol. AS., Tovarna na auta a letecké motory,
Praha-Jinonice 1923–1926

Bereits 1917 wurde von Ing. Jaroslav Zubaty eine 746-cm^3-Zweizylindermaschine mit eigenem Boxermotor konstruiert, aber nicht bei Walter, sondern später bei Itar gebaut. 1923 kam das Werk mit einer von Dir. Plocek konstruierten 748-cm^3-V-Zweizylindermaschine heraus, deren Blockmotor quer ins Fahrgestell eingebaut wurde. Es gab dann auch einige ähnliche 998-cm^3-Rennversionen, die mit Fahrern wie Turek, Knapp, Liska, Chaloupka gute Rennerfolge errangen. Ab 1927 baute Walter nur noch Automobile und Flugmotoren.

WANDERER

1. Winkelhofer & Jaenicke, Poststraße 38, Chemnitz D 1902–1929
2. Wanderer-Werke, vorm. Winkelhofer & Jaenicke, AG, Schönau bei Chemnitz
3. Wanderer-Werke AG., Schönau bei Chemnitz

Renommierte Fabrik, die hochklassige Motorräder gebaut hat. Es waren dies hauptsächlich seitengesteuerte 327- und 387-cm^3-Einzylinder- und 408- sowie 616-cm^3-V-Zweizylindermodelle. Dann gab es 708- und 749-cm^3-ohv-V-Zweizylinder, die zuletzt acht Ventile besaßen. Daneben gab es eine 184-cm^3-ohv-Einzylindermaschine mit liegendem Zylinder und ab 1927 eine 498-cm^3-ohv-Blockmaschine mit Kardanantrieb und Preßstahlrahmen. Diese Kon-

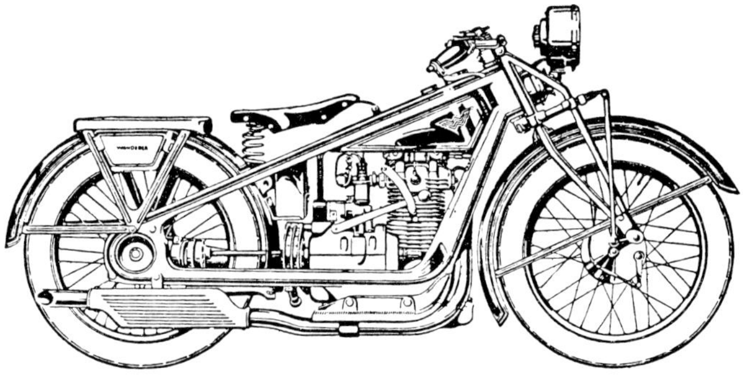

492 cm^3 Wanderer
(ohv-Blockmotor, Kardan)
1928

struktion – mit der Fabrikationseinrichtung – wurde 1929 an Jawa nach Prag verkauft, während Wanderer – trotz des Zusammenschlusses mit NSU – von da ab bis zum Krieg nur noch kleine Mofas mit Sachsmotoren baute. Erfolgreiche Fahrer: Urban, Schuster, Kohlrausch.

WARD

W. Ward & Sons., Motor Engineers, Wetherby, Yorks GB 1915–1916

Der Krieg verhinderte einen Weiterbau dieser 298-cm³-Zweitaktmaschinen.

WARDILL

Wardill & Sons., 174. London Road, Michham GB 1924–1926

Etwas unorthodoxe 346-cm³-Zweitaktmaschinen mit patentiertem Motor, die sich aber nicht bewährten.

WARRIOR

Warrior Motor Cycle Co., Windsor House, Victoria Street, London, SW 1 GB 1921–1923

Stellte ein Einheitsmodell mit 247-cm³-Villiers-Zweitaktmotor her.

WASSELL

W. E. Wassell Ltd., Prospect Road, Burntwood, Walsall/Staff. GB 1970–

Jüngere englische Motorradfabrik, die sich auf den Bau von 123-cm³-Trial- und Moto-Cross-Maschinen mit Sachs-Motor spezialisiert hat.

WATNEY

Watts Ltd., Lydney, Glos. GB 1922–1923

Kleiner Konfektionär, dessen Motorräder 269-cm³-Villiers- und 293-cm³-sv-Jap- sowie 346-cm³-sv-Motoren von Blackburne hatten.

WAVERLEY

Waverley Motors, 137 (145) Lichfield Road, Aston, Birmingham GB 1921–1923

Von Harry Cox konstruierte 269-cm³-Zweitakter mit Peco-Motoren sowie 346- und 496-cm³-sv-Einzylinder mit Motoren von Blackburne.

W.D.

Wartnaby & Draper, 21. Caundon Road, Coventry GB 1911–1913

Moderne 496-cm³-Einzylindermaschinen mit eigenem wechselgesteuertem Motor.

WEARWELL

Wearwell Motor Carriage Co., Ltd., Wolverhampton GB 1901–C

Wearwell-, Wolf- und Wolfruna-Motorräder wurden von dieser Firma gebaut. Später hieß sie auch Wolfruna Engineering Co., Ltd. Die ersten Motorräder hatten 2,5- und 3,25-PS-Stevens-Motoren, gebaut von den Begründern de AJS-Werke.

WEATHERELL

1. R. Weatherell & Co., Ltd., The Terrace, High Road, Kilburn,
London N GB 1922–1923
2. R. Weatherell, South Green, Billercay, Essex

Leichte, rassig aussehende Konfektionsmaschinen mit 248-, 348- und 676-cm^3-V-Zweizylinder-ohv-Blackburne-Motoren.

WEAVER

Alfred Wiseman Ltd., Glover Street, Birmingham GB 1922–1925

Leichtkrafträder mit eigenem 142-cm^3-ohv-Einzylinder- sowie 147-cm^3-Villiers- und Aza-Zweitaktmotoren.

WEBER-MAG

Leo Weber, Motorradbau, Mannheim D 1926–1927

Mit Schweizer MAG-Motoren ausgestattete 346-, 498- und 746-cm^3-Maschinen einer kleinen Firma. Die Motoren hatten wechselgesteuerte Ventile.

WEBER & REICHMANN

Weber & Reichmann, Maschinen- und Kettenfabrik, Warnsdorf CS 1923–1926

Baute unter DKW-Lizenz deren 142- und 172-cm^3-Zweitaktmodelle, wobei Original-DKW-Motoren verwendet wurden.

WECOOB

Westenburger & Co., Motorradwerk, Oberursel im Taunus D 1925–1930

Die ersten Maschinen hatten 142-cm^3-Rinne-Zweitakt-Motoren. Spätere Modelle waren mit 172- bis 346-cm^3-Villiers- und 348- bis 998-cm^3-Jap-Motoren ausgerüstet.

WEE MC GREGOR

Coventry Bicicles Ltd., Wellington Street, Coventry GB 1922–1925

Kleine Zweitaktmodelle mit eigenen 170-cm^3-Dreikanalmotoren, deren Hubraum 1924 auf 202 cm^3 erhöht wurde. Ausgestattet waren sie mit Pedalen.

WEGRO

Vis Gesellschaft für Kleinfahrzeuge GmbH., Dorotheenstraße 35, Berlin NW 7 D 1922–1923

Ungewöhnlich lange, von Passow konstruierte 452-cm^3-Parallel-Zweizylinder-Zweitaktmaschine mit Vollscheibenrädern. Konnte sich nicht durchsetzen.

WELA

Walter Liebau, Fahrzeugbau, Apolda, Thüringen D 1925–1927

Mit 348-cm³-Kühne-ohv-Motor ausgerüstete Konfektionsmaschine.

WELLER

Weller Bros. Ltd., West Norwood, London GB 1902–1905

Pionierfirma, die auch Automobile baute. Die Motorräder hatten eigene 1,75- und 2,25-PS-Einzylindermotoren.

WELS

Motorfahrzeuge Ing. G. Wels, Bautzen in Sachsen D 1925–1926

Konfektionsmaschinen mit 348-cm³-Kühne- und 490-cm³-ohv-Motoren von Jap.

WELT-RAD

Metall-Industrie Schönebeck AG., Schönebeck/Elbe D 1901–1907

Bekannte Pionierfirma (Fahrradfabrik), die Einzylindermaschinen mit eigenen 3,5-PS-Motoren gebaut hat. Es gab aber auch 6-PS-V-Zweizylindermodelle.

WERNER

1. Michel & Eugéne Werner, Avenue de la Grande Armée, Paris F 1897–1908
2. Werner Fréres, Avenue de la Grande Armée, Paris
3. Werner Motors Ltd., 151 c Regent Street, London W
4. Werner Motors Ltd., 19 Woodstock Street – Oxford Street, London W

Die Brüder Werner, aus Rußland stammend, waren wohl die größten Pioniere im Motorradwesen. Die ersten Maschinen hatten die von Labitte konstruierten Motoren über dem Vorderrad angebracht. Aber schon 1901 wanderte der Motor hinter das vordere Rahmenrohr, knapp vor die Pedale. Und in dieser Position ist er noch heute. Die 2-PS-(230-cm³-)Werner war jahrelang ein »Bestseller«; andere Modelle hatten 2,75 und 3,25 PS. Schon 1904 baute Werner einen Parallel-Zweizylindermotor. Die englische Zweigfabrik wurde 1899 von dem englischen Pionier Lawson in Coventry gegründet, hatte aber in Londons vornehmer Regent Street ihren offiziellen Sitz. Zahlreiche englische Firmen bauten dann ihre Motoren unter Werner-Patenten, obwohl Werner auch Einbaumotore an zahlreiche Motorradhersteller lieferte.

WERNER-MAG

1. Friedrich Werner, Rio-Garage, Weißgärberlände 42, Wien III A 1928–1930
2. Heinrich Riedl, Rio-Garage, Weißgärberlände 42, Wien III

Von Ing. Leschan konstruierte 498-cm³-ohv-Einzylinder- und 746-cm³- und 996-cm³-V-Zweizylindermaschinen mit MAG-Motoren. Die Zweizylindermodelle hatten wechselgesteuerte Ventile.

WERNO

W. Noel & Cie., Motorradfabrik, Linienstraße 139/140, Berlin N 24 D 1921–1924

Obengesteuerte Einzylindermaschinen mit eigenen 154- und 197-cm³-Motoren, die außenliegende Schwungmassen besaßen.

WESPE

Thos. G. Harbourn, Mollardgasse 83, Wien VI — A 1937–1938

War österreichischer Importeur der englischen Firmen Triumph und Villiers. Auch seine 123-cm^3-Wespe hatte einen Villiers-Zweitaktmotor, wurde aber wegen der 1938 eingetretenen Situation nur in geringer Stückzahl gebaut.

WESTFALIA

Ramesohl & Schmidt, Oelde (Bielefeld) — D 1901–1906

Mit De-Dion-, Zedel-, Fafnir- und anderen Motoren gebaute 1,75- und 2,5-PS-Motorräder einer einst bekannten Fabrik.

WESTFIELD

Rising Sun Motor & Engineering Works, Brackley Road, London S.E. — GB 1903–B

Kleiner Konfektionär, der hauptsächlich 2,75-PS-MMC-Motoren einbaute.

WESTOVIAN

R. V. Heath & Son., Catherine Street, South Shields — GB 1914–1916

Hatte eine große Modellreihe mit Villiers-, TDC-, Precision- und Jap-Motoren von 197 bis 498 cm^3.

W.F.M.

Wrszawska Fabrika Motocyklova, Warszawa — PL 1947–

Bekannte Marke, die sich auf den Bau von 123-, 147- und 173-cm^3-Zweitaktmaschinen verlegte.

W. & G.

1. William & George Du Cros, Cycle & Motor Cycle Works, Windmill Road, Brentford, Mddx. — GB 1927–1928
2. A. Gough, 108 Windmill Road, Brentford

Ähnlich den ersten DKW-Zweizylindermodellen hatte auch die 490-cm^3-W.&G. einen etwas nach vorn geneigten luftgekühlten Parallel-Zweizylinder-Zweitaktmotor. Nur wenige Maschinen wurden gebaut.

WHEATCROFT

New Era Engineering Co., Moor Street, Coventry — GB 1924

Nachfolger der in Liverpool gebauten New Era mit 318-cm^3-Dalm-Zweitakt- und 546-cm^3-Blackburne-sv-Motoren.

WHIPPET

Whippet Motor & Cycle Mfg. Co., Whippet Works, Falcon Terrace, Clapham Junction, London — GB 1903–C

Diese Firma besaß zahlreiche Patente für Motoren und Motorräder und baute Maschinen mit 1,75, 2,25, 2,50 und 3 PS. Die ursprünglichen Aster- und FN-Motoren wurden durch eigene Konstruktionen ersetzt.

WHIPPET

1. W. G. C. Hayward & Co., Beaufort Works, Cambridge Park, Twickenham GB 1919–1921
2. Brampton Engineering Co., 107 Kings Road, Chelsea, London SW 3

Einer der schönsten Roller nach dem Ersten Weltkrieg mit 16-Zoll-Rädern und eigenem 180-cm^3-ohv-Einzylindermotor.

WHIPPET

Dunkley Motors, National Works, Bath Road, Hounslow, Mddx. GB 1957–1959

Auch ein Leichtkraftrad, eine Kombination Roller-Moped, mit eigenen 49-, 61- und 64-cm^3-ohv-Motoren.

WHIRLWIND

Dorman Engineering Co., Northampton GB 1901–1903

Baute 1,5-PS-Fahrrad-Hilfsmotoren und Motorräder mit 2 und 2,5 PS. Stellte in den Jahren 1925–1927 die ölgekühlten 347-cm^3-Bradshaw-Motoren her.

WHITE & POPPE

White & Poppe Ltd., Lockhurst Lane, Coventry GB 1902–1922

Baute eigene Motorräder mit V-Zweizylinder-Motoren und 1906 auch bereits 489-cm^3-Parallel-Zweizylinder, die teilweise Wasserkühlung besaßen. Groß war der Ausstoß von Einbaumotoren für Automobile und Motorräder, und die 493-cm^3-Ariel-sv-Einzylindermaschinen hatten jahrelang Motoren von White & Poppe, wo nach 1918 auch 347-cm^3-Zweitaktmotoren gebaut wurden.

WHITLEY

Whitley Motor Co., Cow Lane, Coventry GB 1902–C

Stellte komplette 2,75- und 3,5-PS-Einzylindermaschinen, und diese sv-Motoren auch für andere Motorradhersteller her.

WHITWOOD

Osborn Engineering Co., Ltd., Portsmouth GB 1934–1936

Der »Whitwood-Monocar« war ein karossiertes Motorrad, ähnlich dem deutschen – 10 Jahre vorher gebauten – Mauser-Einspurauto. Er wurde mit luftgekühlten 248-, 348- und 490-cm^3-ohv-Jap-Motoren angeboten. Nur wenige wurden gebaut.

WHIZZER

Whizzer International Inc., 350 South Sanford Street, Pontiac USA 1947–1954

Ein mopedähnliches primitives amerikanisches Leichtkraftrad mit 199-cm^3-sv-Einzylindermotor.

WIGA

Wilhelm Gaul, Wiga-Fahrzeugbau, Ludwigshafen am Rhein 5 — D 1928–1932

Bekannt als Hersteller der Pax-Sättel, baute Gaul auch Motorräder mit Motoren von Jap und Küchen. Diese hatten 198, 298, 348 und 498 cm^3 Hubraum, die »K«-Motoren ohc-Dreiventilköpfe.

WIGAN-BARLOW

Wigan-Barlow Motors Ltd., Lowther Street, Stoke, Coventry — GB 1921

Baute Modelle mit 293-cm^3-sv-Jap- und 346-cm^3-Barr & Stroud-Schiebermotoren.

WIKRO

W. G. Krauss & Co., Maschinenfabrik, Köln-Höhenberg — D 1924–1926

Den englischen Toreador-Motorrädern ähnliche Konstruktion mit alten 346-cm^3-Precision-Motoren. Erst 1925 wurden Modelle mit modernen 347- und 497-cm^3-sv-Blackburne-Motoren hergestellt.

WILBEE

Wilbee Motor Co., Rickmansworth — GB 1902–C

Moderne Konstruktion mit vertikalem 2-PS-Minerva-Motor und aus BSA-Rahmenteilen zusammengesetztem Fahrgestell.

WILHELMINA

Hugo Smith Motor-Garage, Amsterdam — NL 1903–1915

Einst eine bekannte Firma, die mit Minerva-, Saroléa- und Precision-Motoren ausgerüstete 2-, 2,5-, 3,75- und 3,25-PS-Motorräder mit Ein- und V-Zweizylindermotoren gebaut hat.

WILIER

Motocicli Wilier, Trieste — I 1962–Q

Kleiner italienischer Hersteller von Leichtkrafträdern mit 49-cm^3-Zweitaktmotoren.

WILKIN

Wilkin Motors Ltd., 91–93 Onslow Road, Sheffield — GB 1919–1923

346- und 496-cm^3-Konfektionsmaschinen mit Blackburne-Motoren, teilweise ganz gekapselten Hinterradkette und mit Hinterradfederung.

WILKINSON-ANTOINE

Cadagan Garage & Motor Co., Ltd., 102 Sydney Street, Chelsea, London, S.W. — GB 1903–1906

Mit belgischen 2,25 und 2,75-PS-Antoine-Motoren ausgerüstete Motorräder.

WILKINSON-TMC

1. Wilkinson T.M.C. Co., Oakley Works, Southfield-Road, Acton, London W. GB 1909–1916
2. The Ogston Motor Co., Ltd., Ogston Works, Acton, London W

Mit 676- und 844-cm³-Reihen-Vierzylindermotoren ausgerüstete Motorräder der jetzt noch bekannten Schwert- und Rasierklingen-Werke. Wurden mit Lenkrädern, aber auch Lenkstangen sowie mit Luft- und Wasserkühlung und Kardanantrieb zum Hinterrad geliefert. Es gab auch Modelle mit Hinterradfederung. Wilkinson baute auch Automobile und eine zeitlang die Wooler-Motorräder.

844 cm³ Wilkinson-TMC (sv-Vierzyl.-Motor) 1912

WILLIAMS

J. Newton Williams, 1931 Broadway, New York USA 1917

Ungewöhnliche Konstruktion mit – der Megola ähnlichem – ins Hinterrad eingebautem Einzylinder-Rotationsmotor. Nur wenige Exemplare wurden hergestellt.

WILLIAMSON

Williamson Motor Co., Ltd., 26. Moor Street, Coventry GB 1912–1920

946-cm³-sv-Maschinen mit von Douglas speziell für Williamson hergestellten zweizylindrigen Boxermotoren, die in luft- und wassergekühlter Ausführung geliefert wurden. Die letzten nach 1919 gebauten Modelle hatten 770-cm³-V-Zweizylinder-sv-Motoren von Jap.

WILLOW

Willow Auto Cycle Co., Willow Street, London S.W. 1 GB 1920

Kurzlebiger Roller mit 269-cm³-Villiers-Motor.

WIMMER

1. B. Wimmer & Sohn, Motorenfabrik, Sulzbach am Inn D 1921–1939
2. Otto Wimmer, Motorenfabrik, Sulzbach am Inn

Baute 134-cm³-Fahrrad-Hilfsmotoren, dann 137- und 172-cm³-ohv-Motorräder mit eigenen, teilweise wassergekühlten Blockmotoren. Ab 1928 wurden ohv-Modelle mit 198 und 247 cm³, bald darauf auch mit 299 und 497 cm³ gebaut. Später kamen 346- und 499-cm³-sv- und ohv-Versionen mit einzylindrigen Bark-Motoren und auch ein 198-cm³-Bark-Zweitakttyp heraus. Die 172-cm³-Wimmer hatte mit Kothbauer, Kolm und anderen Fahrern gute Rennerfolge.

WIN

Wincycle Trading Co., 101. Great Saffron Hill, London, S.W. GB 1908–1914

Orthodox gebaute Motorräder mit 499- und 599-cm³-Precision-Motoren.

WINCO

Wineberg & Co., Cheapside, Birmingham GB 1920–1922

Konfektionsmaschinen mit 261-cm³-Orbit-Zweitaktmotor.

WINDHOFF

1. Windhoff Motorenbau GmbH., Bülowstraße 106, Berlin W 57 D 1924–1933
2. Hans Windhoff Motorenbau, Friedrichstraße 27/29, Berlin-Johannisthal
3. Hans Windhoff Motorenbau, Benningsenstraße 20–22, Berlin-Friedenau

Bekannte Kühlerfabrik, die den Motorradbau mit 122- und 173-cm³-Zweitaktmaschinen, die wassergekühlte Hilfskolbenmotoren System Bekamo (Ruppe) besaßen, begann. Baute ab 1927 eine fahrgestellose 746-cm³-Vierzylinder-Blockmaschine mit Ölkühlung und Kardanantrieb und ab 1929 eine BMW-ähnliche 996-cm³-Zweizylindermaschine mit luftgekühltem, quergestellten sv-Zweizylindermotor. Dieser folgten 174- und 198-cm³-Dreikanal-Zweitaktmaschinen, deren Motoren an andere Motorradhersteller und auch – in modifizierter Form –

746 cm³ Windhoff
(ohc-Vierzyl. ölg.) 1928

996 cm³ Windhoff
(sv-Zweizyl.-Boxermotor)
1930

für stationäre Zwecke geliefert wurden. Berühmte Konstrukteure: Hans Windhoff, Dauben, Kurt Pohle; erfolgreiche Rennfahrer: Thevis, Ebstein, Schirmer, Scholz, Hucke, Lewin etc. Es gab auch einige wassergekühlte 492-cm³- und 518-cm³-Einzylinder-Windhoff-Zweitaktrennmaschinen.

WITALL

1. Witall Garage, 136 b Tanners Hill, Deptford, London S.E. 8 — GB 1919–1923
2. Witall Garage, 1 a Lucas Street, Deptford, London S.E. 8

Konfektionsmaschinen mit 269-cm³-Villiers-Zweitaktmotor.

WITTEKIND

Wittekind-Fahrradfabrik GmbH., Bielefeld, Turnerstraße 58 — D 1952–1954

Mopeds, die mit 40-cm³-Komet-Motoren ausgerüstet waren.

WITTLER

1. Heinrich Wittler & Co., Bielefeld — D 1924–1953
2. Gebr. Wittler GmbH., Bleichstraße 77 a, Bielefeld

Bauten in den zwanziger Jahren 249-cm³-Zweitaktmaschinen, nach 1949 49-cm³-Mopeds mit Sachs- und Zündapp-Motoren und auch 98- sowie 123-cm³-Leichtkrafträder.

248 cm³ Wittler (Eig. 2T-Motor) 1925

WIZARD

Wizard Motor Co., Rhondda, Cardiff — GB 1920–1922

Mit 269-cm³-Wall-Liberty-Zweitaktmotor ausgerüstete Konfektionsmaschinen.

W.K.

Motoren & Maschinenfabrik John Wenskus, Wassertorstraße 51, Berlin S 42 — D 1920–1922

Ein ins Vorderrad eingesetzter 249-cm³-sv-Motor, der in jedes Fahrrad eingebaut werden konnte, das heißt komplett zum Einbau geliefert wurde.

W.K.B.

Kummer, Medinger & Co., Favoritenstraße 4–6, Wien — A 1923–1924

Von Medinger, einem Rennfahrer, konstruierter 183-cm³-Zweitakt-Hilfsmotor für Fahrräder.

W.M.B.

Westfälische Maschinenbau- und Handels-GmbH., Brakel, Kreis Höxter D 1924–1926

Leichtkrafträder mit eigenem 1,8-PS-Viertaktmotor. Kleine Produktion.

W.M.R.

Württemberger Motorfahrzeugwerk Wilhelm Jeckel, Rottenburg/Neckar D 1927–1931

Konfektionierte 348- und 498-cm³-Maschinen mit ohc-Motoren von Küchen und ohv-Motoren mit 198- bis 598 cm³ von Blackburne.

WOLF

1. Wolfruna Engineering Co. Ltd., Great Brickkiln Street, Wolverhampton GB 1901–1939
2. Wearwell Cycle Co., Ltd., New Griffin Works, Horseley Fields, Wolverhampton
3. Wearwell Motor Carriage Co., Ltd., Wolverhampton
4. Wearwell Cycle Co., Ltd., Colliery Road, Wolverhampton

Eine vielseitig engagierte Fabrik, die auch die Wearwell- und Wolfruna-Motorräder baute. Auch Schweizer Motor-Rêve-Motoren wurden unter Lizenz hergestellt. Verwendete hauptsächlich Jap- und Blackburne-Einbaumotoren bis 678 cm³ und ab 1928 Zweitakter bis 248 cm³ der naheliegenden Villiers-Werke. Lieferte auch Fahrgestelle und auf Bestellung extra angefertigte Leichtkrafträder.

WOTAN

1. Wotan-Fahrzeug AG, Schulgutstraße 1, Dresden D 1923–1925
2. Wotan-Werke, Augustusburger Straße 29/31, Chemnitz
3. Wotan-Werke AG., Leipzig

Wotan Motorräder hatten in ihrer Produktionszeit eine scheinbar sehr bewegte Geschichte. Gebaut wurden hauptsächlich primitive 170-cm³-Zweitaktmaschinen.

WOOLER

1. Wilkinson-TMC Co., Ltd., Southfield Road, Acton, London W. GB 1911–1955
2. Wooler Engineering Co., Old Oak Common Lane, Willesden, London N.
3. Wooler Engineering Co., Ltd., Alperton, London
4. Wooler Motor Cyle Co. (1919) Ltd., Alperton, London
5. Dederich Wooler Engineering Co., Ltd., Alperton, London
6. Wooler Motor Cycle Co., Viaduct Works, Eynsford, Kent
7. Wooler Motor Cycle Co., Ltd., 58 Brampton Road, London S.W. 1
8. P.&P.-Motor Cycles Ltd., Orleans Works, Orleans Road, Twickenham
9. Wooler & Gittins, Chatsworth Avenue, Wembley, Middlesex
10. Wooler & Partners Ltd., 4. Broad Street Place, London E.C. 2
11. Wooler & Sequera Ltd., Ruislip, Middlesex

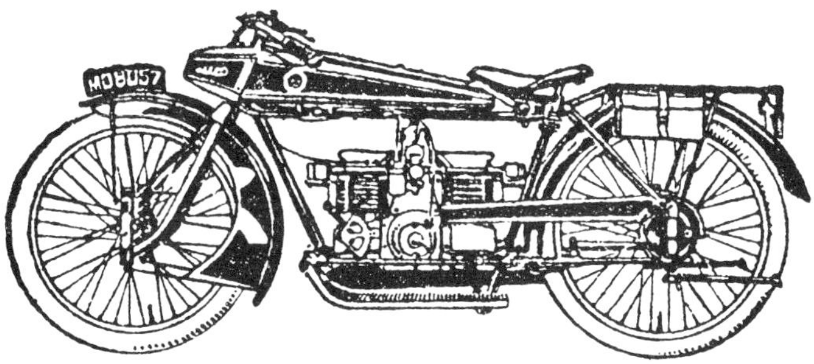

347 cm^3 Wooler
(Eig. Zweizyl.-Boxer) 1922

499 cm^3 Wooler
(ohv-Zweizyl.-Boxer) 1924

499 cm^3 Wooler
(ohv-Vierzyl.-Boxer) 1947

John Wooler war in England dasselbe wie Fritz Cockerell, Kurt Passow, Heinrich Schlüpmann, Ernst Neumann-Neander und einige andere in Deutschland: Ein Techniker mit vielen Ideen, oft guten Ideen, die er aber nie kommerziell richtig auswerten konnte. Deshalb auch seine oftmaligen kommerziellen »Wanderungen«. Baute schon 1909 eine 344-cm^3-Zweitaktmaschine mit Doppelkolben-Kurbelgehäuse Vorkompression. Später hauptsächlich 346- und 496-cm^3-Zweizylinder-Boxermotoren, die er nach 1945 in Blockkonstruktion BMW-ähnlich einbaute und auch mit Kardanantrieb versah. 1926 hatte er auch eine 611-cm^3-ohc-Einzylindermaschine gebaut, und in den fünfziger Jahren kamen verschiedene Versionen mit vierzylindrigen, quergestellten Boxermotoren dazu. Berühmt durch ihre Bananentanks, wurden Wooler-Maschinen nie in großer Stückzahl gebaut. 1926 hatte Wooler auch die Marke P.&P. übernommen.

W.S.E.

Motorenwerk W. Elsel, Obermarkt 12, Görlitz D 1924–1925

Baute eigene 249-cm^3-sv-Motoren und lieferte diese auch als Hilfsmotoren für Fahrräder.

W.S.K.

Wytwornia Sprzetu Komunikacyjnnego, Swidnik PL 1946–

Führende Motorradfabrik Polens, die hauptsächlich 123- und 173-cm^3-Zweitaktmaschinen, aber auch ein 240-cm^3-Modelle als Tourenmaschinen wie auch als Trial-Modell baut. Gut ausgeführte, robuste Konstruktion.

W.S.M.

Wilhelm Sedlbauer, Motorenbau, München D 1919–1923

Wurde durch die 496-cm^3-ohv-Motoren bekannt, die – von Martin Stolle konstruiert – dort für Victoria gebaut wurden. Es handelte sich um zweizylindrige Boxermotoren, die sich in der KR III von Victoria fanden. Victoria übernahm dann auch das Werk von Sedlbauer. Stolle, Seelos, Ischinger u. a. fuhren Sedlbauers Konstruktionen bei sportlichen Veranstaltungen.

WUCO

Gebr. Wurmstich & Co., Fahrzeugerzeugung, Halle a. d. Saale D 1925

Leichtkraftrad mit eigenem 174-cm^3-sv-Motor. Auch 247, 347 und 490 cm^3 mit Jap-Motoren.

WURRING

August Wurring, Motorradfabrik, Breitscheid bei Düsseldorf D 1921–

Wurde bereits unter AWD erwähnt. Baute verschiedene Modelle mit DKW-, Villiers-, Kühne-, Küchen-, Bark-, Columbus-, Ilo-, Sachs- und anderen Motoren. Stellte auch Rennfahrgestelle für bekannte Fahrer her. Bekannt durch erstklassige Konstruktion und Ausführung.

WÜRTTEMBERGIA

1. Württembergia AG, Lützowstraße 84, Berlin W 35 D 1925–1933
2. Württembergia AG, Velten bei Berlin
3. Württembergia AG, Spandauer Straße 116/117, Berlin-Spandau

Ausschließlich mit englischen Blackburne-Motoren ausgestattete Konfektionsmaschinen. Die sv- und ohv-Einzylindermotoren hatten 198 bis 596 cm^3 Hubraum.

W.&W.

Motorradfabrik J. Wild & K. Wildberger, Mollardgasse 63, Wien VI A 1925–1927

Baute 498-cm^3-sv-Einzylindermaschinen und 746- sowie 996-cm^3-V-Zweizylindermodelle mit gegengesteuerten MAG-Motoren.

X.L-ALL

Eclipse Cycle & Motor Co., John Bright Street, Birmingham GB 1902–C

Baute leichte V-Zweizylindermodelle mit eigenen Motoren. Es handelte sich um 2- und 4-PS-Versionen die – angeblich – bei Ausfall eines Zylinders mit einem Zylinder weiterlaufen konnten.

X.L.

Norfolk Engineering Works Ltd., Chapel Road, Worthing GB 1921–1923

Mit sehr robusten Fahrgestellen ausgerüstete Motorräder, bei denen der Doppelrahmen bis zur Hinterachse geführt war. Die meisten Modelle hatten 496-cm³-sv-Motoren von Jap oder Blackburne.

YALE

Consolidated Manufacturing Co., 1763 Fernwood Avenue, Toledo USA 1902–1915

Einst bekannte Marke, deren modernes 950-cm³-V-Zweizylinder-Modell mit Zweiganggetriebe und Kettenantrieb zu den populärsten amerikanischen Maschinen vor dem Ersten Weltkrieg gehörte. 1915 kostete es $ 260.—.

YAMAGUCHI

Yamaguchi Bicycle & Motor Mfg. Co., Ltd., 135 Tokecho, Taito-ku, Tokyo J 1941–1964

Gehörte zu den führenden japanischen Motorradherstellern. Baute 49-cm³-Maschinen inkl. Mopeds etc. und auch 123-cm³-Zweizylinder-Zweitaktmodelle, von denen es auch Trialversionen gab. Nach dem Zusammenbruch übernahm eine amerikanische Firma das Werk und baut dort die Hodaka-Motorräder.

YAMAHA

Yamaha Motor Co., Ltd., 1280 Nakajo, Hamakita-Shi, Shizuoka-Ken J 1954–

Weltberühmte Marke, deren große Modellreihe mit 49-cm³-Zweitaktern beginnt. Baut Zweitakter mit Plattendrehschieber-, Membran- und Schlitzsteuerung. Erzeugt serienmäßig Straßen-, Trial-, Moto-Cross- und vor allem auch sehr erfolgreiche Rennmaschinen. Es gibt 97-, 123-, 195-, 246-, 347-, 351-, 498- und 743-cm³-Modelle, wobei die beiden letzteren Parallel-Zweizylinder-ohc-Versionen – die 498-cm³ – mit vier Ventilen pro Zylinder sind. Yamaha baut auch schon eine 330-cm³-Maschine mit wassergekühltem 330-cm³-Zweischeiben-Wankelmotor. Sehr beliebt und sehr erfolgreich die zweizylindrigen 247- und 347-cm³-Straßenrennmaschinen die 215 und 225 km/h erreichen. Bekannte Fahrer: G. Agostini, J. Saarinen, Rutter, Mortimer, C. Williams, J. Williams, Carpenter, Braun, Lansivuori, Newbold, Horton, B. Guthrie, Grant, Andrews, K. Andersson, Salonen, Kneubühler, Pons, Gallina, Nelson, Kassner, George u. a. Die große Yamaha-Modellreihe soll nunmehr durch weitere 348- und 498-cm³-Zweizylinder-ohc-, 498-cm³-Einzylinder-ohc- und 747-cm³-Doppelnockenwellen-Dreizylinder-Modelle noch erweitert werden. Erfolgreich auch die wassergekühlten TZ-750-4-Zylinder-Rennmaschinen.

743 cm³ Yamaha
(ohc-Zweizyl. »TX 750«)
1974

247 cm³ Yamaha
(2T-Zweizyl. »RD 250«) 1974

247 cm³ Yamaha
(Eig. 2T-Einzyl.) 1974

124 cm³ Yamaha
(Eig. 2T-Zweizyl.) 1974

YANKEE

Yankee Manufacturing Co. Inc., St. Louis, Minn. USA 1922–1923

Baute primitive, aber auch billige 269-cm^3-Zweitakter, die jedoch bald wieder vom Markt verschwanden.

YANKEE

Yankee Motor Company, P. O. Box 36, Schenectady, New York USA 1970–

In Zusammenarbeit mit der spanischen Firma Ossa – deren US-Importeur die Firma Yankee ist – gebaute 488-cm^3-Parallel-Zweizylinder-Zweitaktmaschinen, die 40 PS bei 6500 U/min abgeben.

YORK

1. York Motorfahrzeuge-Fabrik, Robert Sturm, Ledergasse 18, Wien VIII A (D) 1927–1930
2. Robert Sturm, Motorradfabrik, Halle-Trotha

Aus englischen Komponenten – Fahrgestelle von Omega und Motoren von Jap – hergestellte 348-, 498- und 746-cm^3-Konfektionsmaschinen, die zunächst in Österreich, ab 1929 in Deutschland gebaut wurden.

YOUNG

Mohawk Cycle Co. Ltd., Hornsey, London N GB 1919–1923

Der Hersteller der Mohawk-Motorräder offerierte auch den 269-cm^3-Young-Fahrrad-Hilfsmotor, der über dem Hinterrad angebracht werden konnte. 1923 kam eine 130-cm^3-Zweitaktversion heraus, wobei die Herstellung an die Waltham Engineering Co., Ltd., Waltham Cross, London N., überging.

YVEL

Motorcycles et Moteurs Yvel S.A., Paris 20e F 1921–1924

Leichtgewichtsmaschinen mit 174- und 233-cm^3-sv-Motoren.

ZANELLA

Zanella Hnos. y Cia. S.A., Agustin Cafferata 49/50, Caseros RA 1958–Q

Großes argentinisches Industrialunternehmen, das nach italienischen Vorbildern 49-, 98- und 123-cm^3-Zweitaktmaschinen gebaut hat.

ZEDEL

Société Francaise des Moteurs Zedel, Pontarlier, Doubs F 1902–1915

Während das Schweizer Stammwerk Zürcher & Lüthi nur Einbaumotoren für andere Firmen baute, stellte man im französischen Zweigwerk bis zum Ersten Weltkrieg auch komplette Motorräder mit 2-, 2,25-, 2,5-, 2,75- und 3,5-PS-Ein- und V-Zweizylindermotoren her.

ZEGEMO

Zimmer & Gehlich, Inh. H. Knipp, Moszinskystraße, Dresden A D 1924–1925

Bei Zetge (s. diese) ausgeschiedene Teilhaber bauten Motorräder mit dem 248-cm³-Baumi-Motor u. a.

ZEHNDER

1. J. Zehnder & Söhne AG., Maschinen & Fahrzeugfabrik, Gränichen bei Aarau CH 1923–1939
2. Maschinenfabrik Gränichen AG., Gränichen bei Aarau

Eine einst bei Rennen sehr erfolgreiche Firma, deren serienmäßige 110-cm³-Zweitaktmaschinen mit liegendem Zylinder in der Schweiz sehr populär waren. Die Fabrik wurde anfangs der dreißiger Jahre von den deutschen Standard-(Gutbrod-)Motorradwerken übernommen. Zehnder-Rennzweitakter hatten 124-cm³-Motoren mit Wasserkühlung. Es gab auch 148- und 247-cm³-Zweitaktmodelle. Erfolgreiche Fahrer: Graf, O. Zehnder, Jenny, Liechti, Wiedmer.

123 cm³ Zehnder
(2T-wasserg.-Rennmasch.)
1928

ZEHNER

Emil Zehner, Motorradbau, Suhl in Thüringen D 1924–1926

Vom bekannten Otto Dehne konstruierte 197-cm³-sv-Einzylindermaschinen.

ZENIT

Moto Zenit, Via G. Bobsi 21, Firenze I 1954–1956

Kleiner italienischer Produzent, dessen Motorräder französische 123- und 173-cm³-AMC-ohv-Motoren besaßen.

ZENITH

1. Zenith Motor Engineering Co., 101 a Stroud Green Road, London N GB 1904–1950
2. Zenith Motors Ltd., Weybridge, Surrey
3. Zenith Motors, Kennington Cross, London
4. Writers Ltd., Kennington Cross, London

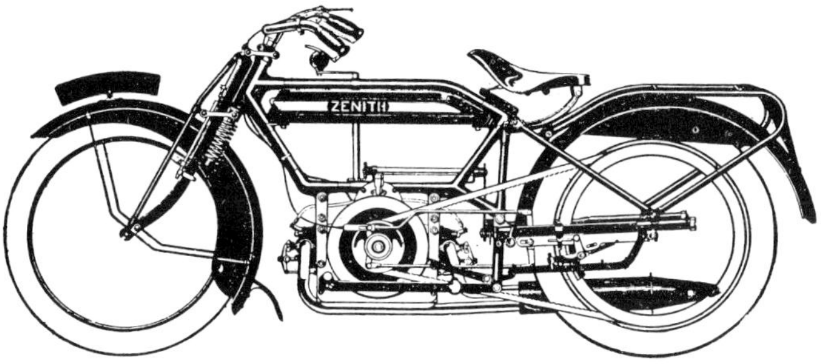

496 cm³ Zenith
(Ölgek. Bradshaw-2Zyl.-
Boxer) 1922

996 cm³ Zenith
(sv-V-Zweizyl.-Jap-Motor)
1923

490 cm³ Zenith
(ohv-Jap-Sportmotor) 1935

Baute zunächst mit Fafnir-Motoren ausgerüstete »Bi-Cars« und dann Motorräder mit Fafnir-, Green-, Green-Precision-, Bradshaw-, Villiers- und Jap-Motoren. Freddy Barnes, der Chef, war ein bekannter Fahrer und Techniker und Zenith-Maschinen mit Gradua-Getrieben waren vor 1914 sehr erfolgreich. Die Firma baute auch zahlreiche, mit Jap-Motoren ausgerüstete Rennmaschinen, die von Himing, Allchin, Ashby, Cpt. Baldwin, Baragwanath, Brewster, Emerson, Bert Le Vack, Riddoch, Walters, Wright u. a. gesteuert wurden. Besonders berühmt die 498-cm³-Modelle mit ölgekühltem Bradshaw-Zweizylinder-Boxermotor und die 996-cm³-Modelle mit ohv-Motoren von Jap. Nach 1945 wurden 746-cm³-V-Zweizylinder sv-Modelle hergestellt. Vorher gab es mit Jap-Motoren ausgerüstete Maschinen von 247 bis 1096 cm³.

ZEPHYR

Small Engines Co., 131. Coventry Road, Birmingham — GB 1922–1923

Leichtkrafträder mit 131-cm³-Zweitaktmotoren, die auch zum nachträglichen Einbau für Fahrräder geliefert wurden.

ZETA

Zoppoli & Co., Via Garibaldi 12, Genova I 1948–1954

Primitive Rollerähnliche Fahrzeuge mit 48-cm³- und 60-cm³-Cucciolo-, Ducati- und ähnlichen Kleinmotoren.

ZETGE

1. Zimmer & Gehlich, Zetge-Fahrzeugwerke, Moys-Görlitz D 1922–1925
2. Zimmer & Gehlich, Zetge-Fahrzeugwerke, Görlitz, Dominianplatz 33
3. Zimmer & Gehlich, Zetge-Fahrzeugwerke, Görlitz, Konsulstraße 18
4. Zimmer & Gehlich, Zetge-Fahrzeugwerke, Dresden A, Gerichtsstraße 27

Primitive Zweitaktmaschinen mit 142-cm³- und 173-cm³-Motoren von DKW.

ZEUGNER

Otto Zeugner, Motorradbau, Motzstraße, Berlin W D 1903–1906

Konfektionär der Pionierzeit, der Fafnir-, Zedel-, Minerva-, FN- und Peugeot-Motoren verwendete.

ZEUS

Zeus-Motorradbau, Klotz & Becker, Lützner Straße 81, Leipzig-Lindenau D 1925–1927

Mit im Doppelrohrrahmen hängenden 348- und 498-cm³-Küchen-ohc-Motoren ausgerüstete Motorräder einer kleinen und kurzlebigen Firma.

ZEUS

Christian Linser, Maschinenfabrik, Reichenberg (Liberec) CS (A) 1902–1912

War als Qualitätserzeugnis bekannt und verwendete eigene 3- und 3,5-PS-Einzylinder- und 4- und 4,5-PS-V-Zweizylindermotoren. Diese Maschinen kamen auch unter dem Namen Linser auf den Markt.

ZIEJANÜ

1. Ziegelgängsberger & Jakob, Untere Kanalstraße 1, Nürnberg D 1924–1926
2. Ziegelgängsberger & Jakob, Tafelfeldstraße 71, Nürnberg

Baute 211- und 246-cm³-Zweitakter und 348- und 496-cm³-sv- sowie ohv-Modelle mit Jap- und Blackburne-Motoren. Eine eigene 449-cm³-Zweitaktmaschine ging nie in Serie. Kleine Produktion.

ZIRO

1. Ziro-Motorenwerke GmbH., Forchheim/Oberfranken D 1919–1924
2. Ziro-Motorenwerke GmbH., Fürth/Bayern

Vom berühmten Albert Roder konstruierte 148- und 346³-Drehschieber-Zweitakt-Motorräder. Das »Ziro« kam von den ersten Buchstaben seines Teilhabers Zirkel und seines eigenen Namens. Roder war später bei Ermag, Zündapp, Victoria und NSU.

ZÜNDAPP

1. Zündapp Gesellschaft für den Bau von Spezialmaschinen mbH., Nürnberg, Moltkestraße 16 — D 1917–
2. Zündapp-Werke GmbH., Nürnberg 20, Dieselstraße 10
3. Zündapp-Werke GmbH., München, Anzingerstraße 1–3

Wurde durch 211- und 246-cm³-Zweitaktmaschinen bekannt, baute dann moderne 198- und 298-cm³-Modelle, ab 1930 auch den 498-cm³-Python-Vierventil-ohv-Motor ein. Errang große Erfolge bei Zuverlässigkeitsfahrten mit Hieronymus, v. Krohn, Kittner, Grenz, Hecker, Stork und anderen Fahrern. Die Konstrukteure Richard und Xaver Küchen schufen dann ganz neue Ein- und Mehrzylindermodelle von 198 bis 797 cm³ mit Preßstahlfahrgestellen. Unter diesen gab es 198-cm³-Zweitakter mit Dreistrom-Motoren, ähnliche 346-cm³-Modelle, 498-cm³-sv- und ohv-Versionen mit quergestellten Boxermotoren und auch die 797-cm³-Vierzylinder-sv-Maschine, deren Boxermotor ebenfalls quergestellt eingebaut war. Die meisten größeren Modelle hatten Kardanantrieb. Später kamen 245-cm³-Modelle, wie auch 596-cm³-Zweizylinderversionen sowie eine 348-cm³-ohv-Maschine dazu. Nach 1945 baute man außer den 596-cm³-ohv-Zweizylindermodellen, die nunmehr Rohrrahmen besaßen, hauptsächlich Zweitakter bis 198 cm³. 1950 wurden Werksgelände in München erworben, und als 1958 das Nürnberger Werk an Bosch überging, vergrößerte man in München und zog ganz dorthin. Während der Jahre gab es auch den Bella-Roller und hauptsächlich Maschinen mit 49 cm³ Hubraum, deren Motoren auch an andere Produzenten geliefert werden. Dann kamen wieder 98- und 123-cm³-Modelle in zahlreichen Ausführungen mit eigenen schlitzgesteuerten Zweitaktmotoren dazu, auch in Trial- und Moto-Cross-Ausführung. Erfolgreiche Nachkriegsfahrer auf Zündapp: Schmider, Witthöft, Brandl, Sengfelder, Specht, Hessler, Leistner, Weiß, Kramer, Wolfgruber u. a. Und 1975 gewannen Neumann, Wolfgruber, Weber, Grisse, Witthöft und Hau auf 100-, 125- und 175-cm³-Zündapp-Maschinen bei der intern. Sechstagefahrt die höchste Auszeichnung, die »Goldene Vase« für Deutschland.

248 cm³ Zündapp
(2T-Einheitsmodell) 1928

ZÜRTZ-REKORD

1. Gebr. Zürtz, Motorradwerk, Darmstraße 10, Darmstadt — D 1922–1926
2. Hessische Motorfahrzeugindustrie »Hemofa« (Zürtz & Hartmann), Darmstraße 10, Darmstadt

Mit Tankrohr-Kastenrahmen ausgestattete Motorräder, deren 142- und 173-cm³-Zweitaktmotoren von DKW kamen; 198-cm³-ohv-Motoren stammten von Paquée, 249-cm³-Motoren von Columbus und spätere 348- und 498-cm³-sv- und ohv-Motoren von Jap.

ZWEIRAD-UNION

Zweirad-Union AG., Nopitschstraße 70, Nürnberg D 1958–

Die Zweirad-Union umfaßte ursprünglich die Firmen DKW, Victoria und Express und hat ihren Sitz in den früheren Victoria-Werken. 1966 kam Hercules dazu und die ganze Gruppe kam unter die Herrschaft von Fichtel & Sachs (Schweinfurt). Deshalb ausschließlich Sachs-Motoren bei den jetzt hergestellten DKW- und Hercules-Modellen.

ZWERG

A. König, Motoren- und Pumpenfabrik, Plärrer 4, Nürnberg D 1924–1925

Leichtkrafträder mit eigenen 147- und 187-cm^3-Nasenkolben-Zweitaktmotoren. War nicht mit der Berliner Außenbordmotorenfabrik König identisch.

ZWI

Zwi-Motorradbau, Stefan Ausländer, Tel-Aviv IL 1952–1955

Einzige Motorradfabrik Israels, die von dem aus Ungarn stammenden Ex-Rennfahrer Stefan Ausländer gegründet wurde. Baute ausschließlich 123-cm^3-Zweitaktmaschinen mit Jap- und Villiers-Motoren.

Z.Z.R.

Tovarna Motocyklowa Z.Z.R., Bydgosc PL 1960–

Spezialisierte sich auf den Bau von Leichtkrafträdern mit 49-cm^3-Zweitaktmotoren die unter dem Namen »Komar« auf den Markt kommen.

Schlüssel zu Abkürzungen:

A	Österreich
AUS	Australien
B	Belgien
BG	Bulgarien
CH	Schweiz
CS	Tschechoslowakei
D	Deutschland
DDR	Deutsche Dem. Republik
DK	Dänemark
E	Spanien
F	Frankreich
GB	Großbritannien
GBM	Insel Man
H	Ungarn
I	Italien
IL	Israel
J	Japan
Mex	Mexiko
N	Norwegen
NL	Niederlande
P	Portugal
PL	Polen
R	Rumänien
RA	Argentinien
RC	Nationalchina
RSM	Republic San Marino
S	Schweden
SU	Sowjetunion
USA	Vereinigte Staaten
YU	Jugoslawien

Datum Abkürzungen:

A bedeutet vor 1900
B ist zwischen 1901 und 1905
C ist zwischen 1906 und 1910
D ist zwischen 1911 und 1915
E ist zwischen 1916 und 1920
F ist zwischen 1921 und 1925
G ist zwischen 1926 und 1930
H ist zwischen 1931 und 1935
K ist zwischen 1936 und 1940
L ist zwischen 1941 und 1945
M ist zwischen 1946 und 1950
N ist zwischen 1951 und 1955
O ist zwischen 1956 und 1960
P ist zwischen 1961 und 1965
Q ist zwischen 1966 und 1970
R ist zwischen 1971 und heute

Schlüssel zu techn. Angaben:

2T	= Zweitaktmotor
sv	= Seitengesteuerte Ventile (side valve)
ioe	= Gegengesteuerte Ventile (inlet over exhaust)
ohv	= Obengesteuerte Ventile (overhead valve)
ohc	= Obenliegende Nockenwelle (overhead camshaft)
2 × ohc	= Zwei obenliegende Nockenwellen (double overhead camshafts)